人民交通出版社"十一五"
高职高专土建类专业规划教材

建筑工程施工质量检查与验收

主　编　鲁　辉　詹亚民
副主编　仝炳炎　王作成
主　审　张瑞生　侯君伟

人民交通出版社
China Communications Press

内 容 提 要

本书根据国家标准《建筑工程施工质量验收统一标准》(GB 50300—2001)及相关专业验收规范,以常见的分项工程检验批质量检查验收为主线进行编写,重点内容包括:建筑工程施工质量检查验收的有关人员、检查与验收的基本规则和验收程序;常见分项工程检验批的质量检查验收标准、内容、方法和数量;分部工程的检查与质量验收;常见的工程实际验收表格;单位工程施工质量检查与验收案例。

本书主要适用于高职高专院校、成人高校及本科院校举办的二级职业技术学院、继续教育学院和民办高校,也可作为相关技术人员的培训教材。

图书在版编目(CIP)数据

建筑工程施工质量检查与验收/ 鲁辉等主编. --北京:人民交通出版社,2007.8
ISBN 978-7-114-06294-0

Ⅰ. 建… Ⅱ. 鲁… Ⅲ. 建筑工程-工程质量-质量检验 Ⅳ.TU712

中国版本图书馆 CIP 数据核字(2006)第 144914 号

书　　名:建筑工程施工质量检查与验收
著 作 者:鲁　辉　詹亚民
责任编辑:陈志敏　邵　江
出版发行:人民交通出版社
地　　址:(100011) 北京市朝阳区安定门外外馆斜街 3 号
网　　址:http://www.ccpress.com.cn
销售电话:(010) 59757973
总 经 销:人民交通出版社发行部
经　　销:各地新华书店
印　　刷:北京市密东印刷有限公司
开　　本:720×960　1/16
印　　张:25
字　　数:436 千
版　　次:2007 年 8 月　第 1 版
印　　次:2014 年 6 月　第 12 次印刷
书　　号:ISBN 978-7-114-06294-0
定　　价:36.00 元

高职高专土建类专业规划教材编审委员会

高职高专土建类专业规划教材出版说明

近年来我国职业教育蓬勃发展，教育教学改革不断深化，国家对职业教育的重视达到前所未有的高度。为了贯彻落实《国务院关于大力发展职业教育的决定》的精神，提高我国土建领域的职业教育水平，培养出适应新时期职业需要的高素质人才，人民交通出版社深入调研，周密组织，在全国高职高专教育土建类专业教学指导委员会的热情鼓励和悉心指导下，发起并组织了全国四十余所院校一大批骨干教师，编写出版本系列教材。

本套教材以《高等职业教育土建类专业教育标准和培养方案》为纲，结合专业建设、课程建设和教育教学改革成果，在广泛调查和研讨的基础上进行规划和展开编写工作，重点突出企业参与和实践能力、职业技能的培养，推进教材立体化开发，鼓励教材创新，教材组委会、编审委员会、编写与审稿人员全力以赴，为打造特色鲜明的优质教材做出了不懈努力，希望以此能够推动高职土建类专业的教材建设。

本系列教材先期推出建筑工程技术、工程监理和工程造价三个土建类专业共计四十余种主辅教材，随后在2—3年内全面推出土建大类中7类方向的全部专业教材，最终出版一套体系完整、特色鲜明的优秀高职高专土建类专业教材。

本系列教材适用于高职高专院校、成人高校及二级职业技术学院、继续教育学院和民办高校的土建类各专业使用，也可作为相关从业人员的培训教材。

人民交通出版社

2007年1月

前言

鉴于重新修订的《建筑工程施工质量验收统一标准》(GB 50300—2001)自2002年1月1日起施行,与其配套的各相关专业验收规范也陆续发布并要求于2003年1月1日起全面实施。为了满足《建筑工程技术》专业和《工程监理》专业学生以及建筑施工企业、监理公司初入工地的管理人员学习和培训的需要,人民交通出版社特组织编写了本套教材。

本书具有以下特点:

(1)编写大纲是在广泛征询建筑行业工程项目管理人员、技术人员、全国建筑类高等职业院校教师等意见的基础上,经反复讨论确定的。

(2)编写人员有诸多的工程实践经验,内容上避开繁杂而缺乏实际应用或较少应用的知识,重点突出工程实际应用的内容。

(3)结构层次清晰,语言浅显易懂,易教易学。

(4)因为不是建筑工程施工验收手册,所以内容上不求面面俱到,只求读者读后能熟知检查与验收的基本知识;同时结合相应的专业验收规范,可以"零距离"上岗。文中黑体部分均为规范原文。

(5)配置了较详细的工程实例,有助于初学者的理解。

本书由徐州建筑职业技术学院鲁辉、湖北职业技术学院詹亚民担任主编,江苏徐州方圆建设监理咨询有限责任公司总工程师仝炳炎、黑龙江建筑职业技术学院王作成担任副主编。全书共分两篇十章,其中第一篇第一章由徐州工程学院高兴元编写;第一篇第二章、第三章、第二篇第二章由鲁辉编写;第二篇第一章由仝炳炎编写;第二篇第三章、第七章由詹亚民编写;第二篇第四章、第七章由王作成编写;第二篇第五章由徐州建筑职业技术学院沈永跃编写;第二篇第六章由徐州华夏建设监理咨询有限责任公司张国强编写。

本书在编写过程中得到教授级高级工程师、《建筑施工手册》编写者侯君伟和山西建筑职业技术学院张瑞生的大力支持和帮助，并对全书进行了审查。

由于时间仓促，经验有限，再加上建筑工程检查与验收类可供在校学生使用的教材极少，缺点和不足之处在所难免，恳请读者批评指正。

编者

2007 年 4 月

第一篇　建筑工程施工质量检查与验收基础知识

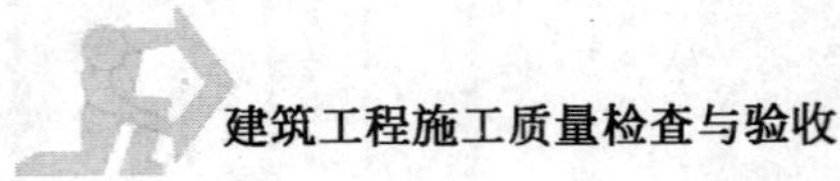

第二篇　建筑工程施工质量检查与验收

第一篇　建筑工程施工质量检查与验收基础知识

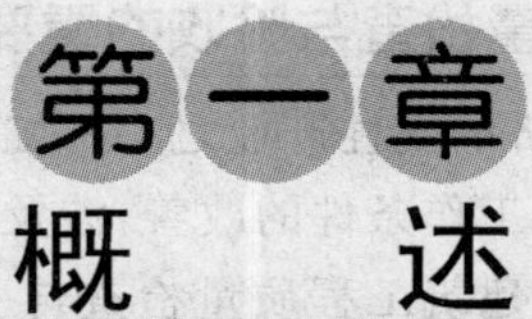

第一章 概述

【职业能力目标】

学完本章，你应会：

1. 正确处理参与验收各方主体的关系。

2. 把握《建筑工程施工质量验收统一标准》(GB 50300—2001)、现行验收规范和规范支撑体系的关系，熟知现行验收规范体系的组成和运用。

【学习要求】

1. 了解参与建筑工程施工质量检查与验收各方主体的职能；了解现行验收规范的特点。

2. 掌握建筑工程施工质量检查与验收的基本思想和基本方法；掌握现行验收规范体系的构成和适用范围。

3. 熟悉现行施工质量验收体系和支撑体系。

【本章说明】

建筑工程施工质量检查与验收至关重要，参与施工质量验收的各方主体必须依据现行验收规范体系，采用一定的检查方法进行验收。本章简要介绍了建筑工程质量检查与验收的重要性；参与施工质量验收的各方主体；现行建筑工程施工质量验收规范体系和支撑体系等内容。

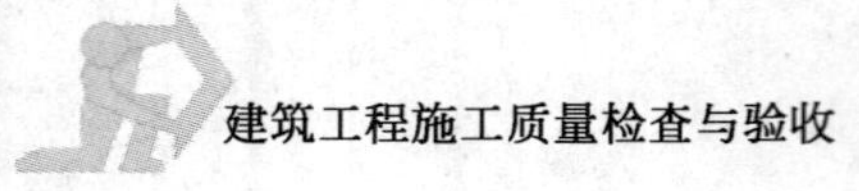

第一节 建筑工程施工质量检查与验收的主体

一 建筑工程施工质量检查与验收的重要性

工程建设是我国国民经济的支柱产业之一。工程建设的质量涉及人、财、物的安全,涉及人民生活环境和工作条件的改善,涉及建筑物的使用功能和社会功能,因此工程质量备受重视。建筑工程质量检查与验收是保障工程质量的基础和前提;是做好工程质量工作有效的、必要的技术保证;是工程施工管理的一个重要内容。作为施工企业、建设单位、监理单位和质量监督机构,在提高工程质量方面有着重要的作用,各方通过对工程质量进行检查和验收,既能发现、协商、更改工程勘察设计阶段的不足,又能对施工过程中的工程质量进行检查控制,实现工程质量的动态控制,便于发现问题、解决问题,便于保证工序质量及其使用功能,最大限度地避免或减少经济损失并保证工程质量。

建筑工程施工质量检查与验收是保证建筑工程施工质量必不可少的重要手段。

二 参与施工质量检查与验收的各方主体

建筑工程施工质量检查与验收是保证工程施工质量的重要手段。在施工质量检查与验收中,施工单位自行进行检查,监理单位、建设单位等参与验收的各方应根据自己的立场,通过抽样检查与复测等形式,从不同角度参加验收,互相合作,互相制约,对工程质量控制起到了积极的作用。可以说,他们都是参与施工质量检查与验收的重要主体。

1.建设方

建设方是建筑物的所有者和使用者的代表,是工程建设市场的重要主体,是工程建设过程和建设效果的负责方,拥有按照法律、法规选定勘察、设计、施工、监理单位和确定建设项目的规模、功能、外观、使用材料和设备等权力。建设方应按国家现行有关工程建设法规、技术标准及合同的规定,定期或不定期地深入工地进行检查和验收。当没有委托监理单位时,参与检验批、分项工程、(子)分部工程等的验收。当工程项目施工委托监理的时候,建设方也应参与施工项目的质量检查,同时须组织单位工程的竣工验收。

2.监理方

监理方受建设单位的委托,代表建设方执行施工监督、控制工程质量并参与各层次的检查与验收工作。

监理方在工程建设的实施过程中，对施工单位已经完成并自检合格的项目须进行抽检检查，进行质量确认，形成验收文件；同时在施工过程中应采取巡视和旁站等手段，对隐蔽工程、下一道施工工序完成后难以检查的重点部位，进行监督检查。监理工程师的质量检查是对承包单位作业活动质量的复核与确认，是验收。

3.施工方

施工方是建筑工程施工的主体，是市场中的生产方，也是工程建设质量责任的主要主体，其行为对工程建设质量起关键性作用。工程施工质量的验收均应在施工方自行检查评定的基础上进行，故施工方应进行各层次的检查。检查合格后再与有关单位一起参与验收。

施工方对检验批、分项、分部（子分部）、单位（子单位）工程应按操作标准（企业标准）等进行自行检查并评定结果。

施工方质量检查体系表现在以下几点：

(1)作业活动的作业者在作业结束后必须自检。

(2)不同工序交接、转换必须由相关人员交接检查。

(3)承包单位专职质检员的专检。

4.设计（勘察）方

设计（勘察）方提出建筑物设计文件及质量要求，对于涉及安全和重要使用功能的（子）分部工程，设计（勘查）方应参与验收，另外设计方应参与单位工程的竣工验收。

勘察单位通过一系列的勘察工作提交工程勘察报告，作为设计的依据之一。在施工阶段，勘察单位参加一定阶段的勘察配合及其验收工作，对施工过程中出现的地质问题要进行跟踪服务，特别是要参加验槽、基础工程验收及与地基基础有关的工程事故的处理工作。

设计单位主要根据建设单位的意图，利用自己的设计和技术手段将意图转化成可以施工的图纸。在施工阶段，图纸要接受施工的检验，设计人员要参与到施工中去，解决图纸中的未尽事宜，参与验槽、基础验收、主体验收和竣工验收等过程，以保证工程项目质量的实现。

5.其他

在工程建设过程中，除上述单位外，检测机构、质量监督机构也在一定程度上、一定范围内参与或影响着工程项目的施工质量检查与验收。

(1)质量监督机构

我国实行建设工程质量监督管理制度。工程质量监督管理的主体是各级政府建设行政主管部门和其他有关部门。但由于工程建设周期长、环节多、点多面广,工程质量监督工作是一项专业技术性强且很繁杂的工作,政府部门不可能亲自进行日常检查工作。因此,工程质量监督管理由建设行政主管部门或其他有关部门委托的工程质量监督机构具体实施。

建设工程质量监督机构通过制定质量监督工作方案,检查施工现场工程建设各方主体的质量行为,检查建设工程实体质量和监督工程质量验收来对建设工程质量进行控制。

(2)检测机构

工程质量检测机构是对建设工程、建筑构件、制品及现场所用的有关建筑材料、设备质量进行检测的法定单位。在建设行政主管部门领导和标准化管理部门指导下开展检测工作,其出具的检测报告具有法定效力。法定的检测机构对本地区正在施工的建设工程所用的材料、混凝土、砂浆和建筑构件等进行随机抽样检测,向本地建设工程质量主管部门和质量监督部门提出抽样报告和建议。

目前,见证检测已经成为工程质量管理中通行的一种方式,在下列三种情况下应进行见证检测:国家规定应进行见证检测时;合同约定应进行见证检测时;对材料的质量发生争议需要进行仲裁时。

对于需要进行见证检测的材料或试件,应由监理单位或建设单位具有见证资格的人员(即见证员)监督,由施工单位有取样资格的人员(即取样员)随即抽取一定数量的材料或试件,在见证员的旁站监督下押送或封样送往检测单位。见证员、取样员须持证上岗。

第二节 工程施工质量检查与验收的依据和基本方法

一 建筑工程施工质量检查与验收的基本思想

建筑工程施工质量检查与验收是工程施工项目质量管理的一部分,通过对工程质量进行检查与验收,可以有效地保障工程质量,避免不合格的施工项目(或过程)流向下一工序,从而确保整个工程质量。

但是,一般的工程施工项目都较为庞大,施工周期长,如果仅是工程结束后才进行验收,或之间只设置几个验收点,都是远远不够保证工程施工质量的。新的验收规则把庞大的工程施工项目层层分解:单位工程分为若干分部(子分部)工程;分部(子分部)工程依然较大,又被划分为较小的分项工程;较小的分项工程又被分为更小的检验批。检验批是施工项目检查与验收的最小单位。进行工程项目施工质量验收的时候，通过对检验批的检查与验收来保证所在的分项工程的合格验收，分项工程的合格从而又保证了分部（子分部）工程的合格，最后保证了整个单位工程的质量合格。

二 建筑工程施工质量检查与验收的依据

施工质量验收是依据国家有关工程建设的法令、法规、标准、规范及有关文件进行验收。主要依据是：

(1)《建筑工程施工质量验收统一标准》及相关质量验收规范。

(2)国家现行的勘察、设计、施工等技术标准、规范。

(3)施工执行的标准，主要是施工的技术标准、工艺标准，它们可以是行业标准(JGJ)、地方标准(DB)、企业标准(QB)、协会标准(CECS)等。这些标准是施工操作的依据，是施工全程控制基础，也是施工质量验收的基础和依据。

(4)施工图设计文件，包括设计变更、洽商文件等。

(5)建设单位与参建单位签订的“合同”。

(6)其他有关规定和文件。

三 建筑工程施工质量检查与验收的基本方法

无论是施工单位还是监理单位，在建筑工程施工质量检查或验收时所采用的方法，主要包括审查有关技术文件、报告以及直接进行现场检查或进行必要的试验两类。

1. 审查有关技术文件、报告或报表

对技术文件、报告、报表的审查，是施工项目部管理人员、监理人员等对工程质量进行全面质量检查和控制的重要手段，如审查有关技术资质证明文件、审查有关材料、半成品的质量检验报告，同时也是各层次验收合格的条件之一。

2. 现场实际项目的质量检查与验收方法

施工项目施工质量的好坏，不仅要进行技术资料的检查和验收，还须进行实际项目的质量检查与验收，如施工单位对某砌筑工程检验批的自检、工序交接检、专职人员检查以及监理单位对某钢筋工程检验批的隐蔽检查和验收。

现场实际项目的质量检查与验收方法归纳起来主要有目测法、实测法和试验法 3 种。

(1)目测法

其手段可归纳为看、摸、敲、照 4 个字。

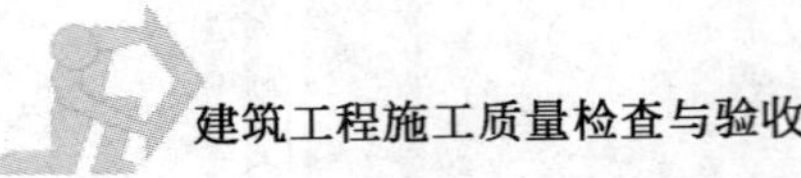

看，就是根据质量标准进行外观目测。如施工顺序是否合理，工人操作是否正确等，均需通过目测检查、评价。进行观察检验的人需要具有丰富的经验，经过反复实践才能掌握标准。所以这种方法虽然简单，但是难度最大，应予以充分重视，加强训练。

摸，就是手感检查，主要用于装饰工程的某些检查项目，如水刷石、干粘石粘结牢固程度，油漆的光滑度，地面有无起砂等，均可通过手摸加以鉴别。

敲，是运用工具进行音感检查。对地面工程、装饰工程中的水磨石、面砖、锦砖和大理石贴面等，均应进行敲击检查，通过声音的虚实确定有无空鼓，还可根据声音的清脆和沉闷，判定属于面层空鼓还是底层空鼓。如果用手敲玻璃，发出颤动声响，一般是底灰不满或压条不实。

照，对于难以看到或光线较暗的部位，则可采用镜子反射或灯光照射的方法进行检查。

(2)实测法

实测法就是通过实测的数据与施工规范及质量标准所规定的允许偏差进行对照，来判别质量是否合格。实测检查法的手段，也可归纳为靠、吊、量、套 4 个字。

靠，是用直尺、塞尺检查墙面、地面、屋面的平整度。对墙面、地面等要求平整的项目大多利用这种方法检验。

吊，是用托线板上吊线锤检查垂直度。

量，是用测量工具和计量仪表等检查断面尺寸、轴线、标高、湿度、温度等的偏差。这种方法使用最多，主要是检查允许偏差项目。如外墙砌砖上下窗口偏移用经纬仪或吊线检查，钢结构焊缝余高用“量规”检查，管道保温厚度用钢针刺入保温层和尺量检查等。

套，是以方尺套方，辅以塞尺检查。如对阴阳角的方正、踢脚线的垂直度、预制构件的方正等项目的检查。对门窗口及门窗框的对角线检查，也是套方的特殊手段。

(3)试验法

试验法指必须通过试验手段才能对质量进行判断的检查方法。如对桩或地基的静载试验，确定其承载力；对钢结构的稳定性试验，确定是否产生失稳现象；对钢筋对焊接头进行拉力试验，检验焊接的质量等。

四 建筑工程质量检验的常用工具

建筑工程施工质量检查的工具较多，不同的分项工程有不同的检查验收内容和不同的检查方法，所使用的检查工具也不同。建筑工程施工验收系列规范在具体的检查项目中，对检查的项目和所采用的工具均有要求。钢尺、水准仪、经纬仪、坍落度筒等工具都是常见的检验工具，这里不再逐一介绍，但要说明的是，用于检验的各工具必须是经过标定计量合格的工具。如最常见的钢卷尺，有2m、3m、5m的，规格不一，但相同的规格，价格相差甚远，在街头巷尾只需3～5元，在正规的五金商店须20元左右，其质量差别可想而知。在某一工程检查中，工人与管理人员发生争执，原因是操作工人的钢尺误差太大所致。

下面仅介绍目前工地较常使用的JZC-D型多功能建筑工程检测器。

1.使用范围

多功能建筑工程检测器，由垂直检测尺、内外直角检测尺等9件组成，主要用于工程建筑、装修装潢、设备安装等工程的施工及竣工质量检测。

2.技术参数

建筑工程检测器的技术参数见表1-1。

建筑工程检测器的技术参数(mm) 表1-1

序号	器具名称	规格	测量范围	精度误差
1	垂直检测尺	2000×55×25	±14/2000	0.5
2	对角检测尺	970×22×13	1000～2420	(标尺)0.5
3	内外直角检测尺	200×130	±7/130	0.5
4	楔形塞尺	150×15×17	1～15	0.5
5	百格网	240×115×53	标准砖	0.5%
6	检测镜	105×65×10		
7	卷线器	65×65×20	线长15m	
8	响鼓槌	25g		
9	钢针小锤	10g		

3.使用方法

(1)垂直检测尺

检测物体平面的垂直度、平整度及水平度的偏差。

①垂直度检测：检测尺为可展式结构，合拢长1m，展开长2m。用于1m检测时，推下仪表盖，活动销推键向上推，将检测尺左侧面靠紧被测面(注意：握尺要垂直，观察红色活动销外露3～5mm，摆动灵活即可)。待指针自行摆动停止时，直读指针所指下行刻度数值，此数值即被测面1m垂直度偏差，每格为1mm。用于2m检测时，将检测尺展开后锁紧连接扣，检测方法同上，直读指针

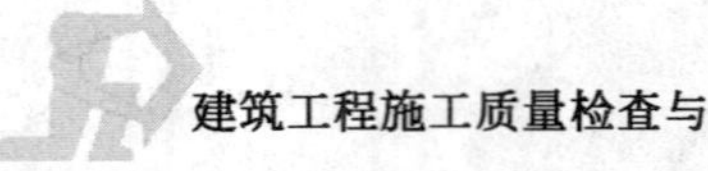

所指上行刻度数值，此数值即被测面 2m 垂直度偏差，每格为 1mm。如被测面不平整，可用右侧上下靠脚(中间靠脚旋出不要)检测。

②平整度检测：检测尺侧面靠紧被测面，其缝隙大小用楔形塞尺检测，其数值即平整度偏差。

③水平度检测：检测尺侧面装有水准管，可检测水平度。用法同普通水平仪。

④校正方法：垂直检测时，如发现仪表指针数值偏差，应将检测尺放在标准器上进行校对调正，标准器可自制、将一根长约 2.1m 平直方木或铝型材，竖直安装在墙面上，由线坠调正垂直，将检测尺靠在标准器上，用十字螺丝刀调节检测尺上的“指针调节”螺丝，使指针对“0”为止。水准管调正，可将检测尺放在标准水平物体上。用十字螺丝刀调节水准管“S”螺丝，使气泡居中。

⑤注意事项：检测尺在出厂前均经严格检验，符合 Q/WNJY 02—2002 标准才允许出厂，但在运输途中，经过长时间的颠簸或装卸中过大的碰撞等因素，可能会造成少部分仪器数值误差，请用户在购买后使用前，都在标准器上进行校对调正(参照④校正方法)。经过调正校对后的仪器，检测数值照样正确，丝毫不会影响使用性能。

(2)对角检测尺

①检测尺为 3 节伸缩式结构。中节尺设 3 档刻度线。检测时，大节尺推键应锁定在中节尺上某档刻度线“0”位，将检测尺两端尖角顶紧被测对角顶点，固紧小节尺。检测另一对角线时，松开大节尺推键，检测后再固紧，目测推键在刻度线上所指的数值，此数值就是该物体上两对角线长度对比的偏差值(单位：mm)。

②检测尺小节尺顶端备有 M6 螺栓。可装楔形塞尺、检测镜、活动锤头，便于高处检测使用。

(3)内外直角检测尺

①内外直角检测。将推键向左推检测时主尺及活动尺都应紧靠被测面，长度的直角度偏差，每格为 1mm。拉出活动尺，旋转 270°即可检测指针所指刻度牌数值即被测面 130mm。

②该尺在检测后离开被测物体时，指针所指数值不会变动(活动尺不会自行滑动)，检测后可将检测尺拿到明亮处看清数值，克服了过去在检测中遇到高处、暗处，墙角处等不易看清数值的缺陷，扩大了使用范围。

③垂直度及水平度检测：该检测尺装有水准管，可检测一般垂直度及水平度偏差。垂直度可用主尺侧面垂直靠在被测面上检测。检测水平度应把活动尺拉

出旋转 270°,使指针对准“0”位,主尺垂直朝上,将活动尺平放在被测物体上检测。

(4)楔形塞尺

①缝隙检测:游码推到尺顶部,手握塑料柄,将顶部插入被测缝隙中,插紧后退出,直读游码刻度(单位:mm)。

②平整度检测:取一平直长尺紧靠被测面,缝隙大小用楔形塞尺去检测,游码所指数值即被侧面的平整度偏差。

③楔形塞尺侧面有 M6 螺孔,可将塞尺装在伸缩杆或对角检测尺顶部,便于高处检测。

(5)百格网

百格网采用高透明度工业塑料制成,展开后检测面积等同于标准砖,其上均布 100 小格,专用于检测砌体砖面砂浆涂覆的饱满度,即覆盖率(单位%)。

(6)检测镜

检验建筑物体的上冒头、背面、弯曲面等肉眼不易直接看到的地方,手柄处有 M6 螺孔,可装在伸缩杆或对角检测尺上,以便于高处检测。

(7)塑料盒式结构,内有尼龙丝线,拉出全长 15m,可检测建筑物体的平直,如砖墙砌体灰缝、踢脚线等(用其他检测工具不易检测物体的平直部位)。检测时,拉紧两端丝线,放在被测处,目测观察对比,检测完毕后,用卷线手柄顺时针旋转,将丝线收入盒内,然后锁上方扣。

(8)响鼓槌(锤头重 25g)

轻轻敲打抹灰后的墙面,可以判断墙面的空鼓程度及砂灰与砖水泥冻结的黏合质量。

(9)钢针小锤(锤头重 10g)

①小锤轻轻敲打玻璃、马赛克、瓷砖,可以判断空鼓程度及黏合质量。

②拔出塑料手柄,里面是尖头钢针,钢针向被检物上戳几下,可探查出多孔板缝隙、砖缝等砂浆是否饱满。

第三节 现行建筑工程施工质量验收系列规范及其支撑体系

建筑工程施工质量检查与验收应执行现行国家标准《建筑工程施工质量验收统一标准》(GB 50300—2001,以下简称“统一标准”)及其相配套的各专业验收规范。

一 现行建筑工程施工质量验收标准和规范体系

建筑工程涉及的专业众多，工种和施工工序相差很大，因此需要许多本专项验收规范才能解决实际工程验收的问题。根据我国施工管理的传统及技术发展的趋势，编制或修订验收规范共15本。此外，为解决各专业验收规范之间的统一和协调问题，以及汇总各专业验收而进行最终单位工程的竣工验收，还需要一本起基础性和指导性作用的标准——“统一标准”。这样，共计16本(1本标准15本规范)标准和规范就构成了我国现行建筑工程施工质量验收规范体系，具体分列如下：

《建筑工程施工质量验收统一标准》(GB 50300—2001)

该项为国家标准。

《建筑地基基础工程施工质量验收规范》(GB 50202—2002)

《砌体工程施工质量验收规范》(GB 50203—2002)

《混凝土结构工程施工质量验收规范》(GB 50204—2002)

《钢结构工程施工质量验收规范》(GB 50205—2002)

《木结构工程施工质量验收规范》(GB 50206—2002)

《屋面工程质量验收规范》(GB 50207—2002)

《地下防水工程质量验收规范》(GB 50208—2002)

《建筑地面工程施工质量验收规范》(GB 50209—2002)

《建筑装饰装修工程质量验收规范》(GB 50210—2001)

以上9项为土建工程部分。

《建筑给水排水及采暖工程施工质量验收规范》(GB 50242—2002)

《通风与空调工程施工质量验收规范》(GB 50243—2002)

《建筑电气工程施工质量验收规范》(GB 50303—2002)

《智能建筑工程施工质量验收规范》(GB 50339—2003)

《电梯工程施工质量验收规范》(GB 50310—2002)

《建筑节能工程施工质量验收规范》(GB 50411—2007)

以上6项为建筑设备安装工程部分。

这里需要说明一下：《建筑工程施工质量验收统一标准》(GB 50300—2001)突出的是“施工质量”，明确的是施工质量验收统一标准，不含设计质量在内，对施工技术有所淡化，但与“统一标准”配套使用的部分专业验收规范，如《屋面工程质量验收规范》、《地下防水工程质量验收规范》、《建筑装饰装修工程质量验收规范》等，因含有设计质量的内容命名时不含“施工”字样，其他规范则加有“施工”二字。

“统一标准”作为整个验收规范体系的指导性标准，是统一和指导其余各专业施工质量验收规范的总纲。

二 现行建筑工程施工质量验收标准和规范支撑体系

上面介绍了我国现行建筑施工验收规范体系，但“统一标准”、规范体系的落实和执行，还需要有关标准的支撑，其支撑体系见图 1-1。

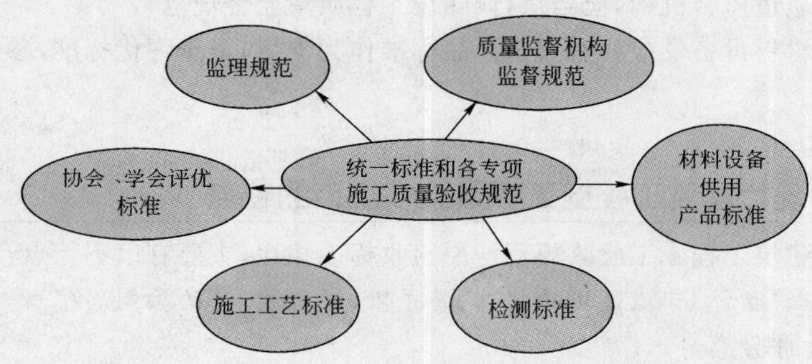

图 1-1　工程质量验收规范支撑体系示意图

1. 施工工艺标准

图 1-1 中的施工工艺标准，是施工单位进行具体操作的方法，是施工单位的内部控制标准，是企业班组操作的依据，是企业操作规程的内容，是施工质量全过程控制的基础，也是验收规范的基础和依据，可由企业制订企业标准，或行业制订推荐性标准，使企业的操作有具体的依据和规程，这样不仅保证了验收规范的落实，也促进了企业技术管理的发展。但是，这些管理标准、施工工艺、工法或操作规程等，虽可以用企业标准的形式表达，但已不再具有强制性质。这样可以适应不同条件下的应用，并尽量反映科技进步和施工技术发展的成果。

施工单位长期以来习惯执行国家、行业或地方标准，特别是一些小施工单位还没有建立起自己的企业标准和施工工艺标准，没有标准是不能施工的。所以可以将一些协会标准、施工指南、手册和地方操作规程等技术规定转化为自己的企业标准，也可以采用其他施工企业的标准。

2. 检测标准

另一类与验收有关的检测标准（即试验方法标准）也必须配套完善，包括原材料检验，施工过程中工艺质量的试验以及施工后对工程实体的检测。试验检测的方法、手段、判断等，必须可操作且科学、合理，并应客观和统一。

3. 监理规范

监理(者)代表建设单位从事质量管理工作,监理工作应执行施工质量验收规范,同时应执行监理行业的自律性规范《建设工程监理规范》(GB 50319—2000)。

4. 监督规范

在整个施工标准体系中,作为代表政府和工程建设主管部门对工程质量进行监督的质量监督机构,应当执行《建设工程质量监督规范》。

对于材料设备供应要有大量产品标准作为支撑,至于评优标准,参见本章第四节内容。

三 现行建筑工程施工质量验收规范的特点

现行建筑工程施工验收规范与原验收标准相比,主要有以下特点:

1. 贯彻"验评分离、强化验收、完善手段、过程控制"的编制思想

(1)验评分离

将原验评标准中的质量检验与质量评定的内容分开,将原施工及验收规范中的施工工艺和质量验收的内容分开,将原验评标准中的质量检验与施工规范中的质量验收衔接合并,形成新体系的工程质量验收规范。

(2)强化验收

将原施工规范中的验收部分与原验评标准中的质量检验内容合并,形成一个完整的工程质量验收规范,作为建设工程必须达到的强制性最低质量标准,是施工单位必须达到的施工质量标准,也是建设单位验收工程质量必须遵守的规定。强制性最低质量标准应在建设工程施工合同中予以约定,施工合同中的质量标准可以高于质量验收规范规定的标准。强化验收主要体现在:

①强制性标准。

②只设合格一个质量等级。

③强化质量指标都必须达到规定的指标。

④增加检测项目。

(3)完善手段

主要是加强质量指标的科学检测,提高质量指标的量化程度。完善手段主要是在三个方面的检测得到了改进:

①完善材料、设备的检测。

②改进施工阶段的施工试验。

③开发竣工工程的抽测项目,减少或避免人为因素的干扰和主观评价不确定性的影响。

工程质量检测,分为基本试验、施工试验和竣工工程有关安全、使用功能抽样检测三个部分。基本试验具有法定性,其质量指标、检测方法都应符合相应的国家或行业标准,其方法、程序、设备仪器以及人员素质都应符合有关标准的规定。其试验一定要符合相应标准方法的程序及要求,要有复演性,其数据要有可比性。施工试验要施工单位内部的质量控制,判定质量时要注意技术条件、试验程序和第三方见证,保证其统一性和公正性。竣工抽样试验要确定施工检测的程序、方法、数据的规范性和有效性,为保证工程的结构安全和使用功能的完善提供数据。

(4)过程控制

过程控制是根据工程质量的特点进行的质量管理,工程质量验收是在施工全过程中通过质量验收进行全方位的过程控制。过程控制主要体现在:

①建立过程控制的各项制度,做到系统化、规范化管理。

②在"统一标准"中,设置了控制的要求,突出重视中间控制、合格控制,强调施工必须具有的操作依据,并把综合施工质量水平的考核作为质量验收的要求。

③验收规范的本身,强调检验批、分项、分部、单位工程的验收,从验收的程序上是过程控制。

2.进一步明确了《建筑工程施工质量验收统一标准》及《建筑工程各专业质量验收规范》服务的对象

这些标准主要的服务对象是施工单位、建设单位和监理单位。即施工单位应制定必要的措施,保证所施工的工程质量达到《验收规范》的规定;建设单位、监理单位要按《验收规范》的规定进行验收,不能随便降低标准。《验收规范》是施工合同双方应共同遵守的标准,也是参与建设工程各方应尽的责任以及政府质量监督和解决施工质量纠纷的依据。

3.同一个对象只有一个标准,避免了交叉,便于执行

现行建筑工程施工质量验收规范系列,达到了一个对象一个标准的目标。在这个系列中,15项规范不论是同时修订还是先修订哪一个,因为相互都是独立的,都不会发生交叉,都能保证正常使用。

4.新验收标准只有一个"合格"的质量等级,取消"优良"等级

新的验收标准只规定一个合格的质量等级,同时要求不能将现行的施工验收规范、检验评定标准的规定降低。故新标准的水平虽只有一个合格等级,但其标准提高了,而且提高的幅度较大,达到了全国的先进管理水平。这个标准对于全国的

一、二级及管理好的三级企业，只要注意管理、加强管理是完全可以达到的。

5.落实了《建筑法》和《建筑工程质量管理条例》的规定，明确了各方的责任

单位工程验收签字的单位和人员，与国家颁发的工程质量竣工验收备案文件的规定一致，对于建设单位、监理单位、施工单位、设计单位、勘察单位，通常这些单位的公章和签字的负责人应该与承包合同的公章和签字人相一致。例如分部(子分部)工程验收签字人，有监理单位的应由监理单位的总监理工程师代表建设单位签字验收，设计单位、地基基础工程还有勘察单位应由单位项目负责人签字，施工单位、分包单位应由项目经理来签字；检验批、分项工程的验收分别由施工单位的项目专业质检员和项目专业技术负责人进行检查，监理单位的专业监理工程师签字验收。这样各个层次的施工质量负责人和质量验收人都比较明确，谁签字谁负责，便于层层追查，责任层层落实，并落实到具体人员。

6.在验收规范的技术标准、质量验收的划分等方面增加了一些至关重要的内容

新的验收规范增加了不少能保证工程质量的重要内容：

(1)验收规范的技术标准中增加了一定比例的质量管理内容，它是确保工程质量、保证工程顺利进行、提高工程管理水平和经济效益的基础。

(2)在建筑工程质量验收的划分上，增加了子单位工程、子分部工程和检验批，尤其是检验批的提出，使验收和管理的层次更加清楚。

(3)增加了竣工项目的见证取样和检测资料核查及其结构安全和功能质量的抽测项目，这些都提高了验收的科学性，能真实地反映工程的实际质量。

(4)增加了施工过程工序的验收。

7.不合格工程的处理较为明确

当建筑工程质量不符合要求时，多发生在检验批，也可能发生在分项或分部工程。对不符合要求的处理分五种情况，全部明确，可参见后述内容。

四 现行建筑工程施工质量验收规范的编制依据和适应范围

现行建筑工程施工质量验收规范的编制依据有《中华人民共和国建筑法》《建设工程质量管理条例》《建筑结构可靠度设计统一标准》以及其他有关设计规范的规定。同时强调本系列各专业质量验收规范必须和本“统一标准”配套使用。

现行建筑工程施工质量验收规范的适用范围适用于建筑工程施工质量的检查与验收，不包括设计和使用中的质量问题，具体包括建筑工程的地基基础、主

体结构、装饰工程、屋面工程以及给水排水工程、电气安装工程、通风与空调工程及电梯工程，另外还包括弱电部分，即智能建筑。由于协调不及时，暂时还没有把房屋中的燃气管道工程包括进来。

第四节　建筑工程施工质量评价

现行建筑工程施工质量验收“统一标准”只设合格标准，不设优良等级，但从有利于提高工程质量，制订“质量评优标准”作为推荐性标准，供评优及签订合同双方约定使用，以鼓励创优，创立“样板工程”，促进施工质量的提高，也是很有必要的。至于推荐性的评优标准，可由行业协会制定，政府决不能干预。

目前国家级的评优标准已经出台，全称为《建筑工程施工质量评价标准》(GB/T 50375—2006)。该标准适用于建筑工程在工程质量合格后的施工质量优良评价，于2006年11月1日实施。因为是推荐性标准，故有“T”字样。

《建筑工程施工质量评价标准》(GB/T 50375—2006)是根据建设部建标[2004]67号文《关于印发“二〇〇四年工程建设国家标准制订”的通知》的要求，由中国建筑协会工程建设质量监督分会会同有关单位组成编制组，编制组在广泛调查研究，认真总结实践经验，并在广泛征求意见的基础上，形成了该评价标准。

该评价标准的主要评价方法是：按单位工程评价工程质量，按单位工程的专业性质和建筑部位划分成五部分，每部分分别从施工质量条件、性能检测、质量记录、尺寸偏差及限值实测、观感质量等五项内容来进行评价。

该评价标准具体章节内容包括：

1 总则

2 术语

3 基本规定

3.1　评价基础

3.2　评价框架体系

3.3　评价规定

3.4　评价内容

3.5　基本评价方法

4 施工现场质量保证条件评价

4.1　施工现场质量保证条件检查评价项目

4.2　施工现场质量保证条件检查评价方法

5 地基与桩基工程质量评价

5.1 地基及桩基工程性能检测

5.2 地基及桩基工程质量记录

5.3 地基及桩基工程尺寸偏差及限值实测

5.4 地基及桩基工程观感质量

6 结构工程质量评价

6.1 结构工程质量检测

6.2 结构工程质量记录

6.3 结构工程尺寸偏差及限值实测

6.4 结构工程观感质量

7 屋面工程质量评价

7.1 屋面工程质量检测

7.2 屋面工程质量记录

7.3 屋面工程尺寸偏差及限值实测

7.4 屋面工程观感质量

8 装饰装修工程质量评价

8.1 装饰装修工程质量检测

8.2 装饰装修工程质量记录

8.3 装饰装修工程尺寸偏差及限值实测

8.4 装饰装修工程观感质量

9 安装工程质量评价

9.1 建筑给水排水及采暖工程质量评价

9.2 建筑电气安装工程质量评价

9.3 通风与空调工程质量评价

9.4 电梯安装工程质量评价

9.5 智能建筑工程质量评价

10 单位工程质量综合评价

10.1 工程结构质量评价

10.2 单位工程质量评价

10.3 单位工程各项目评分汇总及分析

10.4 工程质量评价报告

11 标准用词说明、条文说明等。

现行建筑工程施工质量验收标准规范是有关各方实施监督验收的依据，而

"评优标准"是社会评定优质工程的准绳。

关于工程的评优,目前尚存有争议。赞成者认为具有样板的示范作用,可以促进施工质量的提高。不赞成者认为,这是搞形式主义的一套做法,冲击了标准规范的执行,增加了施工单位的负担和施工成本,同时容易助长不正之风和腐败行为。

小知识

现行建筑工程施工质量验收系列规范的编制过程

"统一标准"是根据建设部《关于印发 1998 年工程建设国家标准制定、修订计划(第二批)的通知》(建标[1998]244 号)精神修订编制的。

"统一标准"由中国建筑科学研究院会同中国建筑业协会工程建设质量监督分会等 10 个单位的 13 位同志组成编制组编写完成的。在修订编制过程中,进行了广泛的调查研究,总结了我国建设工程施工质量验收的实践经验,同时对原《建筑安装工程质量检验评定统一标准》(GBJ 300—88)系列标准和《建筑工程施工及验收规范》系列规范的优点和不足进行了认真的研究。结合《中华人民共和国建筑法》和《建设工程质量管理条例》中对工程质量管理提出的要求,按照建设部标准定额司提出的《关于对建筑工程质量验收规范编制的指导意见》及"验评分离,强化验收,完善手段,过程控制"的指导思想以及技术标准中适当增加质量管理内容的要求等,于 1999 年 4 月提出了统一标准的修订大纲;1999 年 6 月制订了统一标准的框架;1999 年 11 月,完成了统一标准讨论稿;2001 年 3 月完成征求意见稿,发 150 份至全国征求意见,并召开了三次重点征求意见会;2000 年 9 月完成送审稿;2000 年 10 月通过审定,之后进行了广泛协调,于 2001 年 4 月完成报批稿;2001 年 7 月批准发行,于 2002 年 1 月 1 日起施行。

与统一标准同一系列的其他 15 项质量验收规范,在"统一标准"讨论稿的指导下,从 2000 年 7 月开始陆续修订,在"统一标准"批准发布后,又进行了修改,至 2001 年 12 月底已有 13 项通过审定并陆续批准发行实施。最后两项分别为《智能建筑工程施工质量验收规范》和《建筑节能工程施工质量验收规范》(GB 50411—2007),前者因编写单位清华大学改制而于 2003 年出版发行;后者于 2007 年 1 月 16 日通过批准,自 2007 年 10 月 1 日起实施。

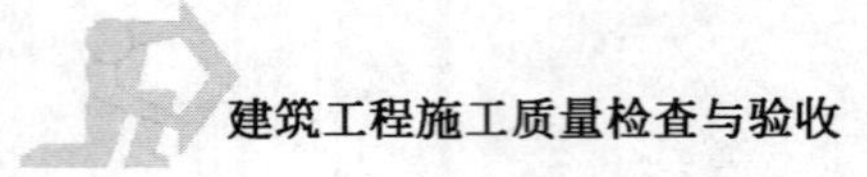

第二章 建筑工程施工质量验收规则

【职业能力目标】

学完本章,你应会:

1.对常见的建筑工程施工项目,能正确地划分分部工程、子分部工程、分项工程和分项工程检验批等验收层次。

2.根据工程实际,按规定的程序组织分部工程、子分部工程、分项工程和分项工程检验批等的验收。

3.结合各专业验收规范,评定分部工程、子分部工程、分项工程和检验批是否合格。

4.对建筑工程质量验收不合格的项目,能按一定的程序提出一定的处理意见。

【学习要求】

1.掌握建筑工程施工质量验收的基本要求。

2.掌握分部工程、子分部工程、分项工程和检验批的划分;掌握分部工程、子分部工程、分项工程和检验批质量验收的合格标准。

3.掌握建筑工程质量验收的程序和组织规定;掌握建筑工程质量验收不合格的处理规定和严禁验收的规定。

【本章说明】

建筑工程施工质量检查与验收应执行现行国家标准《建筑工程施工质量验收统一标准》(GB 50300—2001)(即“统一标准”)及其相配套的各专业验收规

范。在执行“统一标准”时，必须同时执行相应各专业质量验收规范。“统一标准”和其相配套的各专业验收规范共同构成了一个完整的验收规则。“统一标准”共六章、27 条、17 个术语、7 个附录。六章分别为总则、术语、基本规定、建筑工程质量验收的划分、建筑工程质量验收和建筑工程验收程序和组织。本章主要是根据“统一标准”编写。

第一节　验收规则涉及的基本术语

现行建筑工程施工质量验收规范涉及诸多术语，其中“统一标准”给出了 17 个术语，是本标准有关章节所引用的，是现行系列规范各专业施工质量验收规范引用的依据，也是工程实际验收中经常提及的；各专业验收规范中也有部分专业术语，仅在相应专业规范中引用。

“统一标准”中 17 个术语涵义如下：

1. 建筑工程

为新建、改建或扩建房屋建筑物和附属构筑物设施所进行的规划、勘察、设计和施工、竣工等各项技术工作和完成的工程实体。

2. 建筑工程质量

反映建筑工程满足相关标准规定或合同约定的要求，包括其在安全、使用功能及其在耐久性能、环境保护等方面所有明显和隐含能力的特性总和。

3. 验收

建筑工程在施工单位自行质量检查评定的基础上，参与建设活动的有关单位共同对检验批、分项、分部、单位工程的质量进行抽样复验，根据相关标准以书面形式对工程质量达到合格与否做出确认。

上述定义包括：

(1)在施工过程中，由完成者依据规定的标准对完成的工作结果是否达到合格而自行进行质量检查所形成的结论称为“评定”；建设活动有关各方(建设、施工、监理等)对质量的共同确认是“验收”。

(2)“评定”是施工单位的内部行为；“验收”是建设各方的共同行为。前者是施工单位质量控制，自我评价的活动；后者则是市场经济条件下各方对成品质量的确认。

(3)评定是验收的基础。施工质量是由施工过程决定的，检验只是客观反映状态而已。施工单位应该最清楚真正的质量情况。因此检验批的检查验收应先由施工单位的质检部门和试验室进行，给出评定结论，并作为验收的依据。

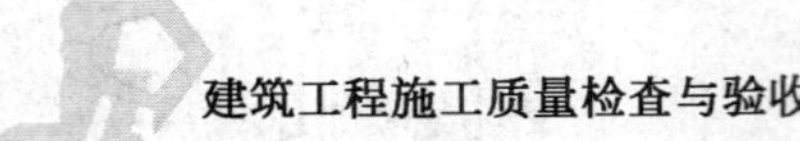

(4)施工单位不能自行验收,验收结论应由有关各方共同确认。监理不能代替施工单位自行检查,而只能是旁站观察、抽样检查与复测等形式对施工单位的评定结论加以复核,并签字确认,从而完成验收。

4. 进场验收

对进入施工现场的材料、构配件、设备等按相关标准规定要求进行检验,对产品达到合格与否做出确认。

5. 检验批

按同一生产条件或按规定的方式汇总起来供检验用的,由一定数量样本组成的检验体。

6. 检验

对检验项目中的性能进行量测、检查、试验等,并将结果与标准规定要求进行比较,以确定每项性能是否合格所进行的活动。

7. 见证取样检测

在监理单位或建设单位监督下,由施工单位有关人员现场取样,并送至具备相应资质的检测单位所进行的检测。

8. 交接检验

由施工的承接方与完成方经双方检查并对可否继续施工做出确认的活动。

9. 主控项目

建筑工程中对安全、卫生、环境保护和公众利益起决定性作用的检验项目。

10. 一般项目

除主控项目以外的检验项目。

11. 抽样检验

按照规定的抽样方案,随机地从进场的材料、构配件、设备或建筑工程检验项目中,按检验批抽取一定数量的样本所进行的检验。

12. 抽样方案

根据检验项目的特性所确定的抽样数量和方法。

13. 计数检验

在抽样的样本中,记录每一个体有某种属性或计算每一个体中缺陷数目的检查方法。

14. 计量检验

在抽样检验的样本中,对每一个体测量其某个定量特性的检查方法。

15. 观感质量

通过观察和必要的量测所反映的工程外在质量。

16. 返修

对工程不符合标准规定的部位采取整修等措施。

17. 返工

对不合格的工程部位采取的重新制作、重新施工等措施。

上述术语的涵义是从“统一标准”的角度赋予的。正确理解本涵义，有利于正确把握现行系列各专业施工质量验收规范的运作。

第二节　建筑工程施工质量验收的基本规定

“统一标准”在其第三章中给出的“基本规定”，是新验收规范体系中的核心部分，是建筑工程施工质量验收的最基本规则，它统帅着整个验收规范；同时在“基本规定”中提出了全过程验收的主导思路。

下面介绍“统一标准”中的“基本规定”部分，它是建筑工程施工质量验收的基本规则。

一　对施工现场质量管理的检查和验收规则

“统一标准”第 3.0.1 条规定：**施工现场质量管理应有相应的施工技术标准，健全的质量管理体系、施工质量检验制度和综合施工质量水平评定考核制度。**

施工现场质量管理可按“统一标准”附录 A 的要求进行检查记录。

附录 A 的有关内容详见表 1-4。

从该条可以看出，针对施工现场提出了四项要求，一是有相应的施工技术标准，即操作依据，如企业标准、施工工艺、工法、操作规程等，这是保证国家标准贯彻落实的基础，所以这些企业标准必须高于国家标准、行业标准；二是有健全的质量管理体系，按照质量管理规范建立必要的机构、制度，并赋予其应有的权责，保证质量控制措施的落实。其可以是通过 ISO 9000 系列认证的，也可以不是通过认证的，为了有可操作性，起码要满足附录 A 表的要求；三是有施工质量检验制度，包括材料、设备的进场验收检验、施工过程的试验、检验，竣工后的抽查检测，要有具体的规定、明确检验项目和制度等，重点是竣工后的抽查检测，检测项目、检测时间、检测人员应具体落实；四是提出了综合施工质量水平评定考核制度，其将企业资质、人员素质、工程实体质量及前三项的要求形成综合效果和成效，其包括工程质量的总体评价、企业的质量效益等。目的是经过综合评价，不断提高施工管理水平。

施工现场质量管理检查的主要内容，都属于事前控制。为了保证工程质量达到合格的规定，应重点控制：现场的质量管理，在质量方面指挥和控制组织的活动是否协调并有实效，组织机构的设置和职责的分配与落实是否到位。

对工程产品形成的直接创造者，要检查主要专业工种是否持有上岗证书，有利于形成操作人员素质保障制度。检查分包方的资质，审查控制的重点是施工组织者、管理者的资质与质量管理水平；主要专业工种和关键的施工工艺及新技术、新工艺、新材料等应用方面的能力；检查主承包单位对分包单位的质量管理方面的约束机制。施工图纸是施工单位质量控制的重要依据，设计交底和图纸会审做得好，能事先消灭图纸中的质量隐患，有利于施工单位更进一步了解设计意图、工程结构特点、施工的工艺要求及确定采取的技术措施。检查施工组织设计，重点要抓住组织体系特别是质量管理体系是否健全，施工现场总体布局是否合理，能否有利于保证施工质量，检查施工组织技术措施的针对性和有效性。对施工方案的检查，主要应检查施工程序的安排、施工机械设备的选择、主要项目的施工方法。施工方法是施工方案的核心，要检查是否可行，是否符合国家有关

规定的施工规范和质量验评标准等。材料和设备通过物化劳动，将构成工程的组成部分，故它们质量的好坏与工程质量关系重大，对于材料、设备的检查要进行全过程控制，检查是否从进场、存放、使用等方面进行了系统控制。凡涉及安全、功能的有关产品是否坚持按各专业工程质量验收规范规定进行复验，是否得到了监理工程师或建设单位技术负责人的检查认可。

检查的基本要求是：一般一个单位(子单位)工程、一个项目或一个标段检查一次。不合格不许开工，且应重新落实，再申报检查，合格后方准许开工。

检查时间为：开工前检查。

 二 对施工过程(工序)质量控制的规定

“统一标准”第 3.0.2 条规定：**建筑工程应按下列规定进行施工质量控制：**

(1)建筑工程采用的主要材料、半成品、成品、建筑构配件、器具和设备应进行现场验收。凡涉及安全、功能的有关产品，应按各专业工程质量验收规范规定进行复验，并应经监理工程师(建设单位技术负责人)检查认可。

(2)各工序应按施工技术标准进行质量控制，每道工序完成后，应进行检查。

(3)相关各专业工种之间，应进行交接检验，并形成记录。未经监理工程师

(建设单位技术负责人)检查认可,不得进行下道工序施工。

本条是对施工过程(工序)质量控制的规定。加强工序质量的控制是落实过程控制的基础。工程质量的过程控制是有形的,要落实到有可操作的工序中去。验收规范的编写充分考虑了这一点,所以做了如此的规定。该条中三个子条的意思如下:

1.加强了材料、设备的进场验收

对主要材料、半成品、成品、建筑构配件、器具和设备规定了进场验收,规定了三个层次把关,一是上述物资凡进入现场,都应进行验收,对照产品出厂合格证和订货合同逐项进行检查,检查应有书面记录和专人签字,未经检验或检验达不到规定要求的,不得进入现场。二是凡涉及安全、功能的有关产品,应按相关专业工程质量验收规范的规定进行复验,在进行复验时,其批量的划分、试样的数量抽取方法、质量指标的确定等都应按有关产品相应的产品标准规定进行。三是不经监理工程师检查认可签字,不得用于工程。

2.加强工序质量的控制

对工序质量的控制,提出了“三点制”的质量控制制度。

(1)建立控制点。按工序的工艺流程,在各点按施工技术标准进行质量控制,称为控制点,即将工艺流程中能检查的点,提出控制措施进行控制,使工艺流程中的每个点在操作中都达到质量要求。

(2)检查点。在工艺流程控制点中,找比较重要的控制点,进行检查,查看其控制措施的落实情况、措施的有效情况以及对其质量指标测量,看其数据是否达到规范规定。这种检查不必停止生产,可边生产边检查。检查点的检查,可以是操作班组、专业质量检查员、监理工程师等,可做记录,也可不做。班组可将这些数据作为生产班组自检记录,以说明控制措施的有效性和控制的结果。专业质量检查人员也可作为控制数据记录。

(3)停止点。在一些重要的控制点和检查点进行全面检查,凡是能反映该工序质量的指标都可以检查和检验,这种检查可以是生产班、组自检,专职项目专业质量检查员认可;也可以是专职项目专业质量检查员自行检查。在检查时要停止生产或生产告一段落,检查完成的应填写规定的表格,可作为生产过程控制结果的数据,也可能是检验批中的检验数据,填入检验批自行检验评定表。

这样对工序质量的控制就比较完善了,如果认真按规定执行,工序质量是会得到控制的。

3.各工序完成之后或各专业工种之间,应进行交接检验

绝大多数是工序施工完成,形成了检验批,也有一些不一定形成检验批。但为了给后道工序提供良好的工作条件,使后道工序的质量得到保证,同时经过后道工序的确认,也为前道工序质量给予认可,促进了前道工序的质量控制。既使质量得到控制,也分清了质量责任,促进了后道工序对前道工序质量的保护。所以应该形成记录,并经监理工程师签字认可。这样,既能保证交接工作正确执行标准,符合规范规定,又便于对发生质量问题的责任分清,防止发生不必要的纠纷。

三 对建筑工程施工质量验收的基本要求

“统一标准”第3.0.3条对建筑工程施工质量验收做出了10条强制性条文,必须严格执行,以确保质量验收的质量。

(1)建筑工程施工质量应符合“统一标准”和相关专业验收规范的规定。

本条规定了“统一标准”与各相关专业验收规范是一个统一的整体,验收时必须配套使用,共同完成一个单位(子单位)工程质量验收。单位工程(子单位工程)的验收由“统一标准”完成;检验批、分项、子分部、分部工程的质量验收由相关专业质量验收规范完成。

(2)建设工程施工应符合工程勘察、设计文件的要求。

本条规定了本系列验收规范是施工质量验收,施工要按图施工,满足设计要求,体现设计意图。设计文件是由建设意图变为图纸,是一种创造;施工是由图纸变为实物,即由精神变物质,是再创造。同时,又规定要满足工程勘察的要求,施工组织设计、总平面规划、地下施工方案要以工程勘察结论为依据。

(3)参加工程施工质量验收的各方人员应具备规定的资格。

验收规范的执行必须由掌握验收规范的执行人来进行。参加施工质量验收的人员必须是具备资质的专业技术人员,为质量验收的正确提出基本要求,保证整个质量验收过程的质量。

(4)工程质量的验收均应在施工单位自行检查评定的基础上进行。

这是工程质量验收的规定程序,职责分明,施工企业自行检查评定合格后,报监理单位(建设单位)验收。分清生产、验收两个责任阶段。

(5)隐蔽工程在隐蔽前由施工单位通知有关单位进行验收,并应形成验收文件。

建筑工程终检局限性很大,隐蔽工程的验收是控制的重点。施工单位应与

有关方面相关人员共同组织验收，共同作为见证和确认。形成验收文件，主要是为了供检验批、分项、分部(子分部)验收时备查。

(6)涉及结构安全的试块、试件以及有关材料，应按规定进行见证取样检测。

见证取样检测，是保证建筑工程质量检测工作的科学性、准确性和公正性，加强工程质量管理的重要举措。建设部[2000]211号文"关于印发《房屋建筑工程和市政基础设施工程实施见证取样和送检的规定》的通知"，对检验的范围、数量、程序都做出了具体规定。

①送检测的范围和数量，应满足：

用于承重结构的混凝土试块；用于承重墙体的砌筑砂浆试块；用于承重结构的钢筋及连接接头试件；用于承重墙的砖和混凝土小型砌块；用于拌制混凝土和砌筑砂浆的水泥；用于承重结构的混凝土中使用的掺加剂；地下、屋面、厕浴间使用的防水材料；国家规定必须实行见证取样和送检的其他试块、试件和材料。

见证取样和送检的比例不得低于有关技术标准中规定应取样数量的30%。

②按规定确定见证人员。见证人员应为建设单位或监理单位具备建筑施工试验知识的专业技术人员担任，有见证上岗证书，并通知施工单位、检测单位和监督机构等。

③见证人应在试件或包装上做好标识、封志、标明工程名称、取样日期、样品名称、数量及见证人签名。

④见证及取样人员应对见证试样的代表性和真实性负责。见证人员应作见证记录，并归入施工技术档案。

⑤检测单位应按委托单，检查试样上的标识和封套确认无误后，再进行检测。检测应符合有关规定和技术标准，检测报告应公正、真实、准确。检测报告除按正常报告签章外，还应加盖见证取样检测的专用章。

⑥定期检查其结果，并与施工单位质量控制试块的评定结果比较，及时发现问题及时纠正。

(7)检验批的质量应按主控项目和一般项目验收。

为避免引起对质量指标范围和要求的不同，进一步明确了具体质量要求。只要达到主控项目和一般项目的质量指标，检验批应予合格通过。

(8)对涉及结构安全和使用功能的重要分部工程应进行抽样检测。

以往工程完工后，通常是不进行检测的。对涉及结构安全和适应功能的重要分部工程应进行抽样检测，是规范修订的重大改进，对工程的一个步骤完成后，进行成品抽测，这种检测是非破损或微破损检测，是验证性的检

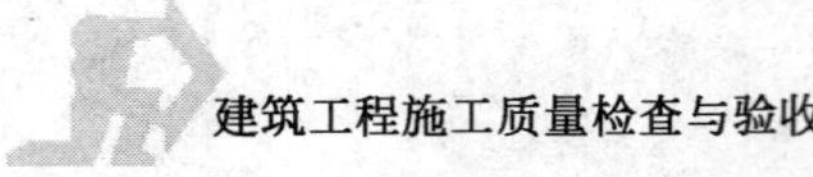

测。当一种检测方法的检测结果，对工程质量有怀疑时，可用另一种方法进行，不到确有必要时，不宜进行半破损、破损检测。进行成品抽测是非常有必要的。

(9)承担见证取样检测及有关结构安全检测的单位应具有相应资质。

相应资质是指经过管理部门确认负责相关检测项目的单位。相关单位具备相应的资质可保证见证取样检测、结构安全和使用功能抽样检测的数据可靠和结果的可比性，以及检测的规范性，确保检测的准确。

(10)工程的观感质量应由验收人员通过现场检查，并应共同确认。

验收规范强调完善手段和确保结构质量，但对工程整体进行一次全面验收检查仍有必要。其验收的内容不仅是外观，对局部的缺陷、缺损也应包括在内。验收的标准，原则上要根据分项工程的主控项目和一般项目的质量指标，综合考虑，评出“好”、“一般”、“差”。由于这项工作受人为因素和评价人情绪的影响较大，对不影响安全、功能的装饰等外观质量，评为“好”、“一般”没有什么好说的，通过验收即可；如评为“差”，能修的就修，不能修的则协商解决，故要求专家共同确认。注意，对于不符合要求的项目，影响安全或使用功能，就要按不合格处理程序进行处理。

验收人员以监理单位为主，由总监理工程师组织，不少于3个监理工程师参加，并有施工单位的项目经理、技术和质量部门的人员及分包单位项目经理和有关技术、质量人员参加，经过现场检查，在听取各方面的意见后，由总监理工程师为主导和监理工程师共同确定。

对于“好”、“一般”、“差”的评价方法，检查人员可以这样掌握：如果没有明显达不到要求的，就可以评为“一般”；如果某些部位质量较好，细部处理到位，就可评为“好”；如果有的部位达不到要求，或有明显的缺陷，不影响安全或使用功能的，则评为“差”。

四 对检验批的验收提出了抽样方案的建议

第3.0.4条　检验批的质量检验，应根据检验项目的特点在下列抽样方案中进行选择：

(1)计量、计数或计量一计数等抽样方案。

(2)一次、二次或多次抽样方案。

(3)根据生产连续性和生产控制稳定性情况，尚可采用调整型抽样方案。

(4)对重要的检验项目当可采用简易快速的检验方法时，可选用全数检验

方案。

(5)经实践检验有效的抽样方案。

第 3.0.5 条　在制定检验批的抽样方案时，生产方风险(或错判概率 a)和使用方风险(或漏判概率 p)，按下列规定采取：

主控项目：对应于合格质量水平的 a、β 不宜超过 5%。

一般项目：对应于合格质量水平的 a 不宜超过 5%，β 不宜超过 10%。

上述两条提出了抽样方案择选和风险概率的原则规定。

抽样方案，对检验批的合格判定至关重要，但由于工程质量的特殊性，抽样方案母体的规律性差，抽样方案的选择难度大，又由于各专业质量“验收规范”的情况不同，用同一种方法是不可能的，故提出了五个类型的抽样方案供选择，这些抽样方案在各专业验收规范中都有使用。同时，还提出了风险概率的参考数据，因为在实践中，要求抽样检验中的所有检验批 100%合格既不合理，也不可能。

第三节　建筑工程质量验收的划分

建筑工程一般施工周期较长，从开工到竣工交付使用，要经过若干工序、若干专业工种的共同配合，故工程质量合格与否，取决于各工序和各专业工种的质量。为确保工程竣工质量达到合格的标准，就有必要把工程项目进行细化，划分为分项、分部、单位工程进行质量管理和控制。分项工程是工程管理的最小单位，也是质量管理的基本单元。但作为验评的最小单位是检验批，把分项工程划分成检验批进行验收，有助于及时纠正施工中出现的质量问题，确保工程质量，也符合施工实际的需要。

一　分项工程和分项工程检验批的划分

分项工程的划分应按主要工种、材料、施工工艺、设备类别等进行划分。

如按瓦工的砖砌体工程、木工的模板工程、油漆工的涂饰工程分类；按材料在砌体结构工程中，可分为砖砌体、混凝土小型空心砖块砌体、填充墙砌体、配筋砖砌体工程等分项工程。

分项工程的名称和划分，“统一标准”已经列表给出，详见表 1-2。可以说，该表基本包含了工程实际中所遇到的所有分项，但施工中若遇到了该表没有的列项，可另外定义。

建筑工程分部(子分部)工程、分项工程划分表　　表 1-2

序号	分部工程	子分部工程	分项工程
1	地基与基础	无支护土方	土方开挖、土方回填
		有支护土方	排桩、降水、排水、地下连续墙、锚杆、土钉墙、水泥土桩、沉井与沉箱,钢及混凝土支撑
		地基及基础处理	灰土地基、砂和砂石地基、碎砖三合土地基、土工合成材料地基、粉煤灰地基、重锤夯实地基、强夯地基、振冲地基、砂桩地基、预压地基、高压喷射注浆地基、土和灰土挤密桩地基、注浆地基、水泥粉煤灰碎石桩地基、夯实水泥土桩地基
		桩基	锚杆静压桩及静力压桩、预应力离心管桩、钢筋混凝土预制桩、钢桩、混凝土灌注桩(成孔、钢筋笼、清孔、水下混凝土灌注)
		地下防水	防水混凝土、水泥砂浆防水层、卷材防水层、涂料防水层、金属板防水层、塑料板防水层、细部构造、喷锚支护、复合式衬砌、地下连续墙、盾构法隧道;渗排水、盲沟排水、隧道、坑道排水;预注浆、后注浆、衬砌裂缝注浆
		混凝土基础	模板、钢筋、混凝土、后浇带混凝土、混凝土结构缝处理
		砌体基础	砖砌体,混凝土砌块、配筋砌体、石砌体
		劲钢(管)混凝土	劲钢(管)焊接、劲钢(管)与钢筋的连接、混凝土
		钢结构	焊接钢结构、栓接钢结构、钢结构制作、钢结构安装、钢结构涂装
2	主体结构	混凝土结构	模板、钢筋、混凝土、预应力、现浇结构、装配式结构
		劲钢(管)混凝土结构	劲钢(管)焊接、螺栓连接、劲钢(管)与钢筋的连接,劲钢(管)制作、安装,混凝土
		砌体结构	砖砌体、混凝土小型空心砌块砌体、石砌体、填充墙砌体、配筋砖砌体
		钢结构	钢结构焊接紧固件连接、钢零部件加工、单层钢结构安装、多层及高层钢结构安装、钢结构涂装、钢构件组装、钢构件预拼装、钢网架结构安装、压型金属板
		木结构	方木和原木结构、胶合木结构、轻型木结构、木构件防护
		网架和索膜结构	网架制作、网架安装、索膜安装、网架防火、防腐涂料

续上表

序号	分部工程	子分部工程	分项工程
3	建筑装饰装修	地面	整体面层:基层、水泥混凝土面层、水泥砂浆面层、水磨石面层、防油渗面层、水泥钢(铁)屑面层、不发火(防爆的)面层;板块面层:基层、砖面层(陶瓷锦砖、缸砖、陶瓷地砖和水泥花砖面层)、大理石面层和花岗岩面层,预制板块面层(预制水泥混凝土、水磨石板块面层)、料石面层(条石、块石面层)、塑料板面层、活动地板面层、地毯面层;木竹面层:基层、实木地板面层(条材、块材面层)、实木复合地板面层(条材、块材面层)、中密度(强化)复合地板面层(条材面层)、竹地板面层
		抹灰	一般抹灰、装饰抹灰、清水砌体勾缝
		门窗	木门窗制作与安装、金属门窗安装、塑料门窗安装、特种门安装、门窗玻璃安装
		吊顶	暗龙骨吊顶、明龙骨吊顶
		轻质隔墙	板材隔墙、骨架隔墙、活动隔墙、玻璃隔墙
		饰面板(砖)	饰面板安装、饰面砖粘贴
		幕墙	玻璃幕墙、金属幕墙、石材幕墙
		涂饰	水性涂料涂饰、溶剂型涂料涂饰、美术涂饰
		裱糊与软包	裱糊、软包
		细部	橱柜制作与安装,窗帘盒、窗台板和暖气罩制作与安装,门窗套制作与安装,护栏和扶手制作与安装,花饰制作与安装
4	建筑屋面	卷材防水屋面	保温层、找平层、卷材防水层、细部构造
		涂膜防水屋面	保温层、找平层、涂膜防水层、细部构造
		刚性防水屋面	细石混凝土防水层、密封材料嵌缝、细部构造
		瓦屋面	平瓦屋面、油毡瓦屋面、金属板屋面、细部构造
		隔热屋面	架空屋面、蓄水屋面、种植屋面
5	建筑给水、排水及采暖	见第二篇表 2-136,本处略	
6	建筑电气	见第二篇表 2-137,本处略	
7	通风与空调	见第二篇表 2-138,本处略	
8	电梯	见第二篇表 2-139,本处略	
9	智能建筑	见第二篇表 2-140,本处略	

注:本表摘自《建筑工程施工质量验收统一标准》(GB 50300—2001)附录 B。

对于一个多层或高层建筑，每一层都有瓦工的砖砌体工程或木工的模板工程，全部分项施工完成再进行验收根本不可能。就是同一层瓦工的砖砌体工程、木工的模板工程，工程量可能也很大，也应该进行中间验收，故应该进行分项工程的再划分。

"统一标准"规定：**分项工程可由一个或若干个检验批组成，检验批可根据施工及质量控制和专业验收需要按楼层、施工段、变形缝等进行划分。**

分项工程划分为检验批进行验收有助于及时纠正施工中出现的质量问题，确保工程质量，符合施工实际需要。关于检验批的具体划分，"统一标准"上没有象分项工程那样具体给出。实际施工前可以根据工程的具体情况进行确定，可以在施工组织设计中体现出来。

一般来说，分项工程检验批的划分，可按如下原则确定：

(1)工程量较少的分项工程可统一划为一个检验批，地基基础分部工程中的分项工程一般划为一个检验批，安装工程一般按一个设计系统或设备组别划分为一个检验批，室外工程统一划为一个检验批。

(2)多层及高层建筑工程中主体分部的分项工程可按楼层或施工段划分检验批。

(3)单层建筑工程中的分项工程可按变形缝等划分检验批。

(4)地基基础分部工程中的分项工程一般划分为一个检验批，有地下层的基础工程可按不同地下层划分检验批。

(5)屋面分部工程中的分项工程可按不同楼层屋面划分不同的检验批。

(6)其他分部工程中的分项工程一般按楼层划分检验批。

(7)散水、台阶、明沟等工程含在地面检验批中。

对于地基基础中的土石方、基坑支护子分部工程及混凝土工程中的模板工程，虽不构成建筑工程实体，但它是建筑工程施工不可缺少的重要环节和必要条件，其施工质量如何，不仅关系到能否施工和施工安全，也关系到建筑工程的质量，因此将其列入施工验收内容是应该的，表 1-2 中列有该项。

二 分部工程和子分部工程的划分

分部工程是汇总一个阶段分项工程的总量。分部工程的质量，完全取决于分项工程的质量。

"统一标准"规定：

(1)分部工程的划分应按专业性质、建筑部位确定。

建筑工程(构筑物)是由土建工程和建筑设备安装工程共同组成的。建筑工程可分为地基与基础、主体结构、建筑装饰装修、建筑屋面、建筑给水排水及采暖、建筑电气、智能建筑、通风与空调、电梯等九个分部。

(2)当分部工程较大或较复杂时,可按材料种类、施工特点、施工程序、专业系统及类别等划分为若干子分部工程。

随着人们对建筑物使用功能要求越来越高,建筑物相同部位的设计多样化,建筑物内部设施的多样化,“四新”的推广使用,按专业性质、建筑部位来划分分部工程已远远不能适应发展的要求,子分部工程的划分可按相近工作内容和系统划分。较小的工程项目也可以不进行子分部工程的划分。

在“统一标准”中,分部工程已经给出,是完全确定的内容,子分部工程虽已列出,但在实际施工中可以增加。建筑工程分部(子分部)工程的划分参见表1-2。

建筑与结构中分部工程界定说明如下:

①主体与地基基础:无地下室以±0.00或防潮层为界;有地下室以首层地面下结构(楼板)为界;桩基以承台梁上皮为界。

②主体与装饰装修:砌筑、焊接连接纳入主体结构分部工程;铁钉、螺丝、胶粘连接纳入装饰装修分部工程。

③地基基础与装饰装修:以室内地面基层下皮为界。

三 单位工程的划分

单位工程的划分按下列原则确定:

(1)具备独立施工条件并能形成独立使用功能的建筑物及构筑物为一个单位工程。

建筑物及构筑物的单位工程是由建筑工程和建筑设备安装工程共同组成。如住宅小区建筑群中的一栋住宅楼,学校建筑群中的一栋教学楼、办公楼等。单位工程最多由九个分部组成:地基与基础、主体结构、建筑装饰装修、建筑屋面四个分部为建筑工程;建筑给水、排水及采暖、建筑电气、智能建筑、通风与空调、电梯五个分部为建筑设备安装工程。在单位工程中,不一定都有九个分部,如多层的一般民用住宅楼没有电梯分部工程和智能建筑分部工程。

(2)建筑规模较大的单位工程,可将其能形成独立使用功能的部分作为一个子单位工程。

随着经济的发展和施工技术的进步,单体工程的建筑规模越来越大,综合使用功能越来越多,在施工过程中,受多种因素的影响,如后期建设资金缺口、部分停建缓建,这种情况时有发生,为发挥投资效益,常需要将其中一部分已建成的提前使用,再加之建筑规模特别大的建筑物,进行一次性检验难以实施,显然根据第1条作为划分原则,已不能适应当前的实际情况,为确保工程质量,有利于强化验收,故作出了划分子单位工程的规定。

子单位工程的划分,必须具有独立施工条件和具有独立的使用功能。如某超高层建筑地上为50层,1～10层欲提前交工使用,可以作为一个子单位工程提前交付使用。又如,某医科大学附属医院新建一医疗综合楼,包括1个主楼,2个附楼,中间有变形缝分隔。主楼为22层住院楼,2个附楼,其中一个为10层医疗楼,另一个为6层门诊楼。把它们作为一个单位工程是可以的,但为了施工管理方便,再加之还有可能分包的情况,更为了尽快发挥使用功能和经济效益,可以把6层的门诊楼、10层的医疗楼、22层的住院楼分期建成,并各自按有关规定进行竣工验收和备案,则可以把3栋楼划分为3个子单位工程,分别按要求进行管理。

子单位工程的划分,由建设单位、监理单位、施工单位自行商议确定。

四 室外单位(子单位)工程、分部工程的划分

室外工程可根据专业类别和工程规模进行划分。

室外单位(子单位)工程、分部工程的划分见表1-3。

室外单位(子单位)工程、分部工程的划分　　表1-3

单位工程	子单位工程	分部(子分部)工程
室外建筑环境	附属建筑	车棚、围墙、大门、挡土墙、垃圾收集站
	室外环境	建筑小品、道路、亭台、连廊、花坛、场坪绿化
室外安装	给水排水与采暖	室外给水系统、室外排水系统、室外供热系统
	电气	室外供电系统、室外照明系统

注:本表摘自《建筑工程施工质量验收统一标准》(GB 50300—2001)附录C。

第四节　建筑工程施工质量验收

建筑工程施工质量验收时一个单位工程最多可划分为六个层次,即:单位、子单位、分部、子分部、分项工程、分项工程检验批。

对于每个验收层次的验收，国家标准只给出了合格的条件，没有给出优良条件，也就是说现行国家质量验收标准作为强制性标准.对于工程质量验收只设合格一个质量等级。如果在工程质量验收合格之后，希望评定更高的质量等级，可以按照另外制定的推荐性标准或企业标准执行。

 检验批的验收

检验批是分项工程中的最基本单元，是分项工程质量检验的基础。检验批的划分是根据施工过程中条件相同，并有一定数量的材料、构配件或安装项目，由于质量基本均匀一致，因此可以作为检验的基础单位，并按批验收。通过对检验批的检验，能比较准确地反映出分项工程的质量。

检验批质量合格应符合下列规定：

(1)主控项目和一般项目的质量经抽样检验合格。

(2)具有完整的施工操作依据、质量检查记录。

1.主控项目和一般项目的质量检验

(1)主控项目

①主控项目验收内容

不同的分项工程检验批主控项目的内容各不相同，笼统地讲，主要有下面几点方面：

a.建筑材料、构配件及建筑设备的技术性能与进场复验要求。如水泥、钢材的质量；预制楼板、墙板、门窗等构配件的质量；风机等设备的质量等。

b.涉及结构安全、使用功能的检测项目。如混凝土、砂浆的强度；钢结构的焊缝强度；管道的压力试验；风管的系统测定与调整；电气的绝缘、接地测试；电梯的安全保护、试运转结果等。

c.一些重要的允许偏差项目，必须控制在允许偏差限值之内。

②主控项目验收要求

主控项目的条文是必须达到的要求，是保证工程安全和使用功能的重要检验项目，是对安全、卫生、环境保护和公众利益起决定性作用的检验项目，是确定该检验批主要性能的项目。主控项目中所有子项必须全部符合各专业验收规范规定的质量指标方能判定该主控项目质量合格。反之，只要其中某一子项甚至某一抽查样本检验后达不到要求，即可判定该检验批质量为不合格，则该检验批拒收。换言之，主控项目中某一子项甚至某一抽查样本的检查结果若为不合格时，即行使对检查批质量的否决权。

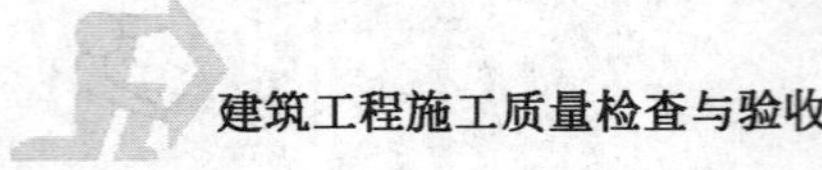

(2)一般项目

①一般项目验收内容

一般项目是指除主控项目以外,对检验批质量有影响的检验项目,当其中缺陷(指超过规定质量指标的缺陷)的数量超过规定的比例,或样本的缺陷程度超过规定的限度后,对检验批质量会产生影响。不同的分项工程检验批一般项目的内容也不同,其包括的主要内容有:

a. 允许有一定偏差的项目,放在一般项目中,用数据规定的标准,可以有允许偏差范围,并有不到20%的检查点可以超过允许偏差值,但也不能超过允许值的150%。

b. 对不能确定偏差值而又允许出现一定缺陷的项目,则以缺陷的数量来区分。

c. 其他一些无法定量的而采用定性的项目。如碎拼大理石地面颜色协调,无明显裂缝和坑洼等。

②一般项目验收要求

一般项目也是应该达到检验要求的项目,只不过对少数不影响工程安全和使用功能的可以适当放宽一些;有些一般项目虽不像主控项目那样重要,但对工程安全、使用功能的检验项目以及重点的美观都是有较大影响的。所以,规定一般项目的合格判定条件:抽查样本的80%及以上(个别项目为90%以上,如混凝土规范中梁、板构件上部纵向受力钢筋保护层厚度等)符合各专业验收规范规定的质量指标,其余样本的缺陷通常不超过规定允许偏差值的1.5倍(个别规范规定为1.2倍,如钢结构验收规范等)。具体应根据各专业验收规范的规定执行。

一般项目的规范规定的“合格范围”、“允许超偏范围”举例如下:

《钢结构》(GB 50205):合格范围为80%;允许超偏范围为120%。

《地面》(GB 50209):合格范围为80%;允许超偏范围为150%。

《屋面》(GB 50207):合格范围为100%;允许超偏范围为100%。

《防水》(GB 50208):合格范围为100%;允许超偏范围为100%。

《装饰》(GB 50210):合格范围为80%;允许超偏范围为150%。

检验批的合格质量主要取决于对主控项目和一般项目的检验结果。主控项目是对检验批的基本质量起决定性影响的检验项目,因此必须全部符合有关专业工程验收规范的规定。这意味着主控项目不允许有不符合要求的检验结果,即这种项目的检查具有否决权。鉴于主控项目对基本质量的决定性影响,从严要求是必须的。

2. 完整的施工操作依据、质量检查记录

检验批合格质量的要求，除主控项目和一般项目的质量经抽样检验符合要求外，其施工操作依据的技术标准尚应符合设计、验收规范的要求。采用企业标准的不能低于国家、行业标准。质量控制资料反映了检验批从原材料到最终验收的各施工工序的操作依据、检查情况以及保证质量所必须的管理制度等。对其完整性的检查，实际是对过程控制的确认，这是检验批合格的前提。

只有上述 1 和 2 两项均符合要求，该检验批质量方能判定合格。若其中一项不符合要求，该检验批质量则不得判定为合格。

有关质量检查的内容、数据、评定，由施工单位项目专业质量检查员填写，检验批验收记录及结论由监理单位监理工程师填写完整。

 分项工程的验收

分项工程是由一个或若干个检验批组成的。分项工程的验收是在所包含检验批全部合格的基础上进行的。

1. 分项工程质量合格要求

分项工程质量验收合格应符合下列规定：

(1)分项工程所含的检验批均应符合合格质量的规定。

(2)分项工程所含的检验批的质量验收记录应完整。

分项工程的验收在检验批合格的基础上进行。一般情况下，两者具有相同或相近的性质，只是批量的大小不同而已。因此，应将有关的检验批汇集构成分项工程。分项工程合格质量的条件比较简单，只要构成分项工程的各检验批的验收资料文件完整，并且均已验收合格，则分项工程验收合格。

2. 分项工程质量验收要求

分项工程是由所含性质、内容一样的检验批汇集而成，是在检验批的基础上进行验收的，通常起着归纳整理的作用，一般情况下无新的内容和要求，但有时也有实质性的验收内容。在分项工程质量验收时应注意：

(1)核对检验批的部位、区段是否全部覆盖分项工程的范围，有没有缺漏的部位没有验收到。

(2)应对检验批中没有提出结果的项目进行检查验收，如有龄期的混凝土试件强度、砌筑砂浆试件强度等级等。

(3)检验批时不能检查，延续到分项工程验收的项目，如全高垂直度、轴线位移等。

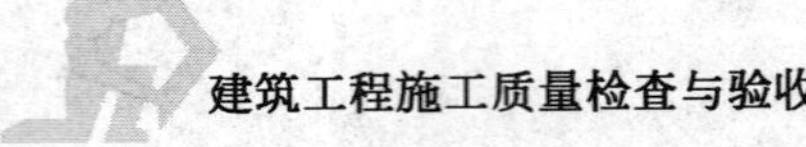

(4)检验批验收记录的内容及签字人是否正确、齐全。

3.分项工程质量验收记录

根据《建筑工程施工质量验收统一标准》(GB 50300—2001)的要求，分项工程质量应由监理工程师(建设单位项目专业技术负责人)组织项目专业技术负责人等进行验收，并按表1-6记录。

三 分部(子分部)工程的验收

分部工程是由若干个分项工程构成的。分部工程验收是在分项工程验收的基础上进行的，这种关系类似检验批与分项工程的关系，都具有相同或相近的性质。故分项工程验收合格且有完整的质量控制资料，是检验分部工程合格的前提。

但是，由于各分部工程的性质不尽相同，我们就不能像验收分项工程那样，主要靠检验批验收资料的汇集。在进行分部工程质量验收时，要增加两个方面的检查内容：

一是对涉及建筑物安全和使用功能的地基与基础、主体结构两个分部，以及对建筑设备安装分部涉及安全、重要使用功能的分部，要进行有关见证取样送样试验或抽样试验。

二是对观感质量的验收。观感质量的验收因受定量检查方法的限制，往往靠观察、触摸或简单量测来进行判断，定性带有主观性，只能综合给出质量评价，不下“合格”与否的简单结论。对于综合质量评价，如给出“差”的结论，对造成“差”的检查点要通过返修处理等补救。

考虑以上的各种因素和影响，分部(子分部)工程质量验收合格应符合下列规定：

(1)分部(子分部)工程所含分项工程的质量均应验收合格。

(2)质量控制资料应完整。

(3)地基与基础、主体结构和设备安装等分部工程有关安全及功能的检验和抽样检测结果应符合有关规定。

(4)观感质量验收应符合要求。

对于上述4条，分述如下：

①分部(子分部)工程所含分项工程的质量均应验收合格

在工程实际验收中，这项内容也是项统计工作，在做这项工作时应注意以下三点：

a.要求分部(子分部)工程所含各分项工程施工均已完成；核查每个分项工

程验收是否正确。

b. 注意查对所含分项工程归纳整理有无漏缺，各分项工程划分是否正确，有无分项工程没有进行验收。

c. 注意检查各分项工程是否均按规定通过了合格质量验收；分项工程的资料是否完整，每个验收资料的内容是否有缺漏项，填写是否正确，以及分项验收人员的签字是否齐全等。

②质量控制资料应完整

质量控制资料完整是工程质量合格的重要条件。在分部工程质量验收时，应根据各专业工程质量验收规范的规定，对质量控制资料进行系统地检查。着重检查资料的齐全，项目的完整，内容的准确和签署的规范。

质量控制资料检查实际也是统计、归纳工作，主要包括三个方面资料：

a. 核查和归纳各检验批的验收记录资料，查对其是否完整。

有些龄期要求较长的检测资料，在分项工程验收时，尚不能及时提供，应在分部（子分部）工程验收时进行补查。

b. 检验批验收时，要求检验批资料准确完整后，方能对其开展验收。

对在施工中质量不符合要求的检验批、分项工程按有关规定进行处理后的资料应归档审核。

c. 注意核对各种资料的内容、数据及验收人员签字的规范性。

对于建筑材料的复验范围，各专业验收规范都作了具体规定，检验时按产品标准规定的组批规则、抽样数量、检验项目进行，但有的规范另有不同要求，这一点在质量控制资料核查时需引起注意。

③地基与基础、主体结构和设备安装等分部工程有关安全及功能的检验和抽样检测结果应符合有关规定。

这项验收内容，包括安全检测资料与功能检测资料两部分。有关对涉及结构安全及使用功能检验（检测）的要求，应按设计文件及各专业工程质量验收规范中所作的具体规定执行。抽测的检测项目在各专业质量验收规范中已有明确规定，在验收时应注意以下三个方面的工作：

a. 检查各规范中规定的检测项目是否都进行了测试，不能进行测试的项目应该说明原因。

b. 查阅各项检验报告（记录），核查有关抽样方案、测试内容、检测结果等是否符合有关标准规定。

c. 核查有关检测机构的资质，取样与送样见证人员资格，报告出具单位责任人的签署情况是否符合要求。

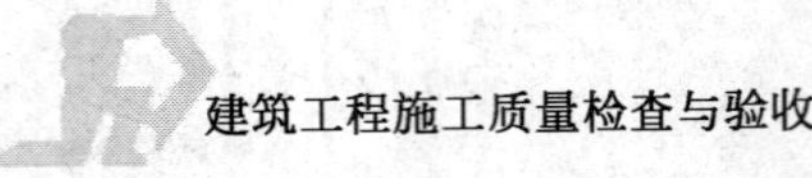

④观感质量验收应符合要求

观感质量验收系指在分部工程所含的分项工程完成后，在前三项检查的基础上，对已完工部分工程的质量，采用目测、触摸和简单量测等方法，所进行的一种宏观检查方式。

分部（子分部）工程观感质量验收，其检查的内容和质量指标已包含在各个分项工程内，对分部工程进行观感质量检查和验收，并不增加新的项目，只不过是转换一下视角，采用一种更直观、便捷、快速的方法，对工程质量从外观上作一次重复的、扩大的、全面的检查，这是由建筑施工特点所决定的。在进行质量检查时，一定要注意在现场将工程的各个部位全部看到，能操作的应实地操作，观察其方便性、灵活性或有效性等；能打开观看的应打开观看，全面检查分部（子分部）工程的质量。

对分部（子分部）工程进行观感质量检查，有以下三方面作用：

a. 尽管分部（子分部）工程所包含的分项工程原来都经过了检查与验收，但随着时间的推移、气候的变化、荷载的递增等，可能会出现质量变异情况，如材料收缩、结构裂缝、建筑物的渗漏、变形等。经过观感质量的检查后，能及时发现上述缺陷并进行处理，确保结构的安全和建筑的使用功能。

b. 弥补受抽样方案局限造成的检查数量不足和后续施工部位（如施工洞、井架洞、脚手架洞等）原先检查不到的缺陷，扩大了检查面。

c. 通过对专业分包工程的质量验收和评价，分清了质量责任，可减少质量纠纷，既促进了专业分包队伍技术素质的提高，又增强了后续施工对产品的保护意识。

观感质量验收并不给出“合格”或“不合格”的结论，而是给出“好”、“一般”或“差”的总体评价。检查人员的掌握方法前面已经介绍。

观感质量验收中若发现有影响安全、功能的缺陷，或明显影响观感效果的缺陷，不能评价，应处理后再进行验收。

评价时，施工企业应先自行检查合格后，由监理单位来验收，参加评价的人员应具有相应的资格，由总监理工程师组织，不少于三位监理工程师来检查，在听取其他参加人员的意见后，共同作出评价，但总监理工程师的意见应为主导意见。在作评价时，可分项目逐点评价，也可按项目进行大的方面综合评价，最后对分部（子分部）作出评价。

分部（子分部）工程验收记录格式见表 1-7。

分部（子分部）工程质量应由总监理工程师（建设单位项目专业负责人）组织施工项目经理和有关勘察、设计单位项目负责人进行验收。

四 单位(子单位)工程的验收

单位(子单位)工程质量验收,是工程建设最终的质量验收,也称竣工验收,是全面检验工程建设是否符合设计要求和施工技术标准的终验。

单位(子单位)工程是由若干个分部工程构成的。单位(子单位)工程验收合格的前提是资料完整,构成单位工程各分部工程的质量必须达到合格。同时,对涉及安全和使用功能分部工程的检验资料要进行复检,全面检查其完整性,不得有漏检缺项;对分部工程检验时补充进行的见证抽样检验报告也要进行复核;对主要使用功能还要进行抽查;对主要功能的综合检验质量,应由验收的各方人员商定按有关专业工程施工质量验收标准进行;对建筑工程的观感质量的检查,应由参加验收的各方共同参加,最后共同确定是否予以验收通过。

单位(子单位)工程质量验收合格应符合下列规定:

(1)单位(子单位)工程所含分部(子分部)工程的质量均应验收合格。

(2)质量控制资料应完整。

(3)单位(子单位)工程所含分部工程有关安全和功能的检测资料应完整。

(4)主要功能项目的抽查结果应符合相关专业质量验收规范的规定。

(5)观感质量验收应符合要求。

单位(子单位)工程的质量验收,是工程动用前质量最后的一道把关。对单位工程进行资料、主要功能、外观等全面检查,一是保证检验质量,二是保证工程质量,故把上述五条列为强制性条文。

为加深理解单位工程的合格规定,分别叙述如下:

(1)单位(子单位)工程所含分部(子分部)工程的质量均应验收合格。

单位(子单位)工程所含分部(子分部)工程的质量均应验收合格,总承包单位应事前进行认真准备,将所有分部(子分部)工程质量验收的记录表,及时进行收集整理,并列出目次表,依序将其装订成册。在核查及整理过程中,应注意以下三点:

①核查各分部工程中所含的子分部工程是否齐全。

②核查各分部(子分部)工程质量验收记录表的质量评价是否完善,包括分部(子分部)工程质量的综合评价,质量控制资料的评价,地基与基础、主体结构和设备安装分部(子分部)工程规定的有关安全及功能的检测和抽测项目的检测记录以及分部(子分部)观感质量的评价等。

③核查分部(子分部)工程质量验收记录表的验收人员是否是有相应资质的技术人员,并进行了评价和签证。

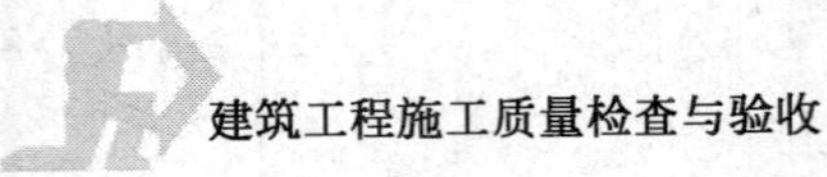

(2)质量控制资料应完整。

质量控制资料完整是指所收集到的资料,能反映工程所采用的建筑材料、构配件和建筑设备的质量技术性能、施工质量控制和技术管理状况,涉及结构安全和使用功能的施工试验和抽样检测结果以及建设参与各方参加质量验收的原始依据、客观记录、真实数据和执行见证等资料,能确保工程结构安全和使用功能,满足设计要求。它是客观评价工程质量的主要依据,是印证各方各级质量责任的证明。

尽管质量控制资料在分部工程质量验收时已经检查过,但某些资料由于受试验龄期的影响,或受系统测试的需要等,难以在分部验收时到位。单位工程验收时,对所有分部工程资料的系统性和完整性进行一次全面的核查,是十分必要的,只不过不再像以前那样进行微观检查,而是在全面梳理的基础上,重点检查是否有需要拾遗补缺的,从而达到完整无缺的要求。

单位(子单位)工程质量控制资料检查的项目应符合表 1-8-1 进行检查。

(3)单位(子单位)工程所含分部工程有关安全和功能的检测资料应完整。

本项检查是在对所有涉及单位工程验收的全部质量控制资料进行普查的基础上,对其中涉及结构安全和建筑功能的检测资料所作的一次重点抽查,凸显了新的验收规范对涉及结构安全和使用功能方面的强化作用,这些检测资料直接反映了房屋建筑物、附属构筑物及其建筑设备的技术性能,其他规定的试验、检测资料共同构成建筑产品的一份“型式”检验报告。检查的内容按表 1-8-2 的要求进行。在单位工程验收时对检测资料进行核查,并不是简单的重复检查,而是对原有检测资料所作的一次延续性的补充、修正和完善,特别是对分部工程验收时补充进行的见证抽样检验报告,是整个“型式”检验的一个组成部分。

(4)主要功能项目的抽查结果应符合相关专业质量验收规范的规定。

主要功能抽测是这次验收规范修订时新增加的内容,是这次修订的特点之一,目的主要是综合检验工程质量能否保证工程的功能,满足使用要求。这项抽查检测多数还是复查性的和验证性的。可以说,使用功能的检查是对建筑工程和设备安装工程最终质量的综合检验,是用户最为关心的内容。

主要功能抽测项目已在各分部、子分部工程中列出,有的是在分部、子分部完成后进行检测,有的还要待相关分部、子分部工程完成后试验检测,有的则需要等单位工程全部完成后进行检测。这些检测项目应在单位工程完工、施工单位向建设单位提交工程验收报告之前全部进行完毕,并将检测报告写好。至于在建设单位组织单位工程验收时,抽测什么项目,可由验收委员会(验收组)来确定。

一般的做法是：抽查项目是在检查资料文件的基础上由参加验收的各方人员商定，用计量、计数的抽样方法确定检查部位，检查依然按有关专业工程施工质量验收标准的要求进行。

功能抽查的项目，不应超出表 1-8-2 规定的范围，合同另有约定的不受其限制。

(5)观感质量验收应符合要求。

单位(子单位)工程观感质量检查按表 1-8-3 进行。

观感质量评价是工程的一项重要评价工作，是全面评价一个分部、子分部、单位工程的外观及使用功能质量；促进施工过程的管理、成品保护；提高社会效益和环境效益的过程。观感质量验收不单纯是对工程外表质量进行检查，同时也是对部分使用功能和使用安全所作的一次全面检查。如门窗启闭是否灵活，关闭后是否严密，即属于使用功能。又如室内顶棚抹灰层的空鼓、楼梯踏步高差过大等，涉及使用的安全，在检查时应加以关注。检查中发现有影响使用功能和使用安全的缺陷，或不符合验收规范要求的缺陷，应进行处理后再进行验收。

单位(子单位)工程质量验收完成后，按表 1-8 要求填写工程质量验收记录，其中验收记录由施工单位填写；验收结论由监理单位填写；综合验收结论由参加验收各方共同商定，由建设单位填写，并应对工程质量是否符合设计和规范要求及总体质量水平作出评价。

单位(子单位)工程质量验收采用《单位(子单位)工程质量验收记录》(表 1-8)和配套使用的《单位(子单位)工程质量控制资料核查记录》(表 1-8-1)、《单位(子单位)工程安全和功能资料核查及主要功能抽查记录》(表 1-8-2)、《单位(子单位)工程观感质量检查记录》(表 1-8-3)。

前面已经提及：各相关专业质量验收规范是用于对检验批、分项、分部(子分部)工程检验的；"统一标准"用于对单位工程质量验收，是一个统计性的审核和综合性的评价。如建筑工程的综合性使用功能(如室内环境检测、屋面淋水或蓄水检测、智能建筑系统运行)，建筑物全高垂直高度、上下窗口位置偏移及一些线角顺直等，只有在单位工程终检时，才能掌握得更准确。

第五节　建筑工程质量验收程序和组织

"统一标准"对建筑工程施工质量各层次的验收程序和组织都进行了要求。

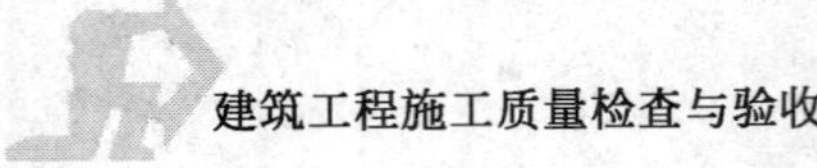

一 检验批和分项工程的质量验收程序和组织

检验批及分项工程应由监理工程师(建设单位项目技术负责人)组织施工单位项目专业质量(技术)负责人等进行验收。

(1)检验批和分项工程验收突出了监理工程师和施工者负责的原则。

施工过程的每道工序、各个环节、每个检验批的验收都对工程质量起到了把关的作用,首先应由施工单位的项目技术负责人组织自检评定,符合设计要求和规范规定的合格质量,项目专业质量检查员和项目专业技术负责人,分别在检验批和分项工程质量检验记录中相关栏目签字,此时表中有关监理的记录和结论暂时先不填,然后提交监理工程师或建设单位项目技术负责人进行验收。

(2)监理工程师拥有对每道施工工序的施工检查权,并根据检查结果决定是否允许进行下道工序的施工。对于不符合规范和质量标准的验收批,有权要求施工单位停工整改、返工。

施工企业的质量检查人员(包括各专业的项目质量检查员),将企业检查评定合格的检验批、分项工程、分部(子分部)工程、单位(子单位)工程,填好表格后及时交监理单位,对一些政策允许的建设单位自行管理的工程,应交建设单位。

监理单位或建设单位的有关人员应及时组织有关人员到工地现场,对该项工程的质量进行验收。可采取抽样方法、宏观检查的方法,必要时进行抽样检测,来确定是否通过验收。监理人员或建设单位的现场质量检查人员,在施工过程中进行旁站、平行或巡回检查,可根据自己对工程质量了解的程度,对检验批的质量,可以抽样检查或抽取重点部位或是认为有必要查的部位进行检查。

在对工程进行检查后,确认其工程质量符合标准规定,监理或建设单位人员要签字认可,否则,不得进行下道工序的施工。

如果认为有的项目或地方不能满足验收规范的要求时,应及时提出,让施工单位进行返修。

(3)分项工程施工过程中,应对关键部位随时进行抽查。所有分项工程施工,施工单位应在自检合格后,填写分项工程报检申请表,并附上分项工程评定表。属隐蔽工程的,还应将隐检单报监理单位,监理工程师必须组织施工单位的工程项目负责人和有关人员严格对每道工序进行检查验收。合格者,签发分项工程验收单。

检验批验收的具体步骤可为:施工单位自检→填写“检验批的质量验收记录”→项目专业质量检查员在记录上签字→专业监理工程师或建设单位项目技术负责人组织验收。

 分部工程质量验收的程序和组织

分部工程应由总监理工程师(建设单位项目负责人)组织各单位项目负责人和技术、质量负责人等进行验收;地基与基础、主体结构分部工程的勘察、设计单位工程项目负责人和施工单位技术、质量部门负责人也应参加相关分部工程验收。

(1)分部工程是单位工程的组成部分,因此分部工程完成后,由施工单位项目负责人组织检验评定合格后,向监理单位(或建设单位项目负责人)提出分部工程验收的报告,其中地基基础、主体工程、幕墙等分部,还应由施工单位的技术、质量部门配合项目负责人作好检查评定工作,监理单位的总监理工程师(没有实行监理的单位应由建设单位项目负责人)组织施工单位的项目负责人和技术、质量负责人等有关人员进行验收。工程监理实行总监理工程师负责制。总监理工程师享有合同赋予监理单位的全部权利,全面负责受监委托的监理工作。因为地基基础、主体结构和幕墙工程的主要技术资料和质量问题量归技术部门和质量部门掌握,所以规定施工单位的项目技术、质量负责人参加验收是符合实际的。目的是督促参建单位的技术、质量负责人加强整个施工过程的质量管理。

(2)鉴于地基基础、主体结构和幕墙等分部工程在单位工程中所处的重要地位,结构、技术性能要求严格,技术性强,这些关系到整个单位工程的建筑结构安全和重要使用功能,规定这些部分工程的勘察、设计单位工程项目负责人和施工单位的技术、质量部门负责人也应参加相关分部工程质量的验收。

主要分部工程验收程序如下:

①总监理工程师(建设单位项目负责人)组织验收,介绍工程概况、工程资料审查意见及验收方案、参加验收的人员名单,并安排参加验收的人员签到。

②监理(建设)、勘察、设计、施工单位分别汇报合同履约情况和在主要分部各个环节执行法律、法规和工程建设强制性标准的情况。施工单位汇报内容中还应包括工程质量监督机构责令整改问题的完成情况。

③验收人员审查监理(建设)、勘察、设计和施工单位的工程资料,并实地查验工程质量。

④对验收过程中所发现的和工程质量监督机构提出的有关工程质量验收的问题和疑问,有关单位人员予以解答。

⑤验收人员对主要分部工程的勘察、设计、施工质量和各管理环节等方面作

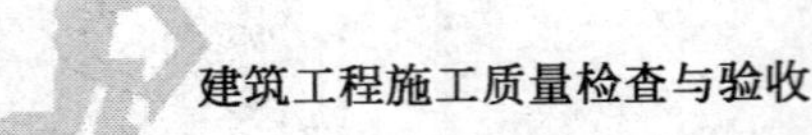

出评价，并分别阐明各自的验收结论。当验收意见一致时，验收人员分别在相应的分部（子分部）工程质量验收记录上签字。

⑥当参加验收各方对工程质量验收意见不一致时，应当协商提出解决的办法，也可请建设行政主管部门或工程质量监督机构协调处理。

质量监督机构派出的监督人员对主要分部工程验收的组织形式、验收程序、执行验收标准等情况进行现场监督，提出监督意见，如发现有违反建设工程质量管理规定行为的，责令改正。

验收结束后，监理（建设）单位应在主要分部工程验收合格15日内，将相关的分部（子分部）工程质量验收记录报送工程质量监督机构，并取得工程质量监督机构签发的相应工程质量验收监督记录。主要分部工程未经验收或验收不合格的，不得进行下道工序施工。

三 单位工程质量验收的程序和组织

(1)单位工程完工后，施工单位应自行组织有关人员进行检查评定并向建设单位提交工程验收报告。

单位工程完成后，施工单位应在检查合格基础上向建设单位提交竣工验收报告，提请建设单位组织竣工验收。这就要求施工单位在单位工程完工后，首先要依据建筑工程质量标准、设计图纸等组织有关人员进行自检，并对检查结果进行评定，符合要求后，形成质量检验评定资料。施工单位应当按照国家竣工验收有关规定，向建设单位提供完整的竣工验收资料，由建设单位组织有关的参建单位进行竣工验收。

(2)建设单位收到工程验收报告，应由建设单位（项目）负责人组织施工（含分包单位）、设计、监理等单位负责人进行竣工验收。

这里规定了设计、施工单位负责人或项目负责人及施工单位的技术、质量负责人和工程监理单位的总监理工程师须参加竣工验收，目的是突出了参建单位领导人及技术、质量负责人都要关心工程的质量状况和质量水平，督促本单位各部门正确执行技术法规和质量标准。

在一个单位工程中，可将能满足生产要求或具备使用条件，施工单位已预验，监理工程师已初验通过的某一部分，建设单位可组织进行子单位工程验收。由几个施工单位负责施工的单位工程，当其中的施工单位所负责的子单位工程已按设计完成，并经自行检验评定，也可组织正式验收，办理交工手续。在整个单位工程进行全部验收时，对已验收的子单位工程验收资料作为单位工程验收的附件加以说明。

(3)单位工程有分包单位施工时,分包单位对所承包的工程项目应按标准规定的程序检验评定,总包单位应派人参加。分包工程完成后,将工程有关资料交总包单位。

由于《建设工程承包合同》的双方主体是建设单位和总承包单位,因此,总承包单位应按照承包合同的权利义务对建设单位负责。分包单位对总承包单位负责,亦应对建设单位负责。因此,分包单位对承建的项目进行验收后,应将工程的有关资料移交总承包单位,待建设单位组织验收时,分包单位负责人应参加验收。

四 备案的规定

单位工程质量验收合格后,建设单位应在规定时间内将工程竣工验收报告和有关文件,报建设行政管理部门备案。

这是一条程序性的条文,列为强制性条文,是为了提高建设单位的责任心,体现社会主义市场经济下,政府对人民的负责,督促建设单位搞好工程建设、符合国家工程质量验收规范的要求。工程是一个特殊的产品,社会性很强,其质量不好,会危及社会安全和安稳,也是政府规定建设单位对工程质量进行最后监控重要程序,以确保工程的使用安全。

这条是程序性的规定,是体现建设单位对工程项目负责的条文,一个工程有开始,有结束,是完整的。体现了一个工程建设过程的全面完成,是法律、法规规定工程启用的必要条件,也便于对建设单位质量行为的检查。它是确保工程质量安全的一个重要程序,也是最后一道程序。

第六节　质量验收不符合要求的处理和严禁验收的规定

建筑工程质量不符合要求时的处理规定

当建筑工程质量不符合要求时,应按下列规定进行处理:

(1)经返工重做或更换器具、设备的检验批,应重新进行验收。

(2)经有资质的检测单位检测鉴定能够达到设计要求的检验批,应予以验收。

(3)经有资质的检测单位检测鉴定达不到设计要求、但经原设计单位核算认

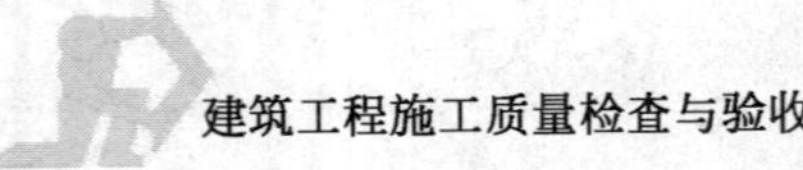

可能够满足结构安全和使用功能的检验批，可予以验收。

(4)经返修或加固处理的分项、分部工程，虽然改变外形尺寸但仍能满足安全使用要求的，可按技术处理方案和协商文件进行验收。

建筑工程质量不符合要求时，应按规定进行处理，共规定 5 种情况，前 3 种能通过正常验收。第 4 种是特殊情况的处理，虽达不到验收规范和设计要求，但经过加固补强等措施能保证结构安全或使用功能。建设单位与施工单位可以协商，根据协商文件，有条件验收。第 5 种情况是不能验收(见本节后面内容)。当检验批、分项工程质量不符合要求时，通常应该在检验批质量验收过程中发现，通过分析，找出原因，其中包括检验批的主控项目、一般项目有哪些条款不符合标准规定，影响结构安全。造成不符合规定的原因很多，有操作技术方面的，也有管理不善方面的，还有材料等质量方面的。因此，一旦发现工程质量任一项不符合规定时，必须及时组织有关人员，查找、分析原因，并按有关技术管理规定，通过有关方面共同商量，制定补救方案，及时进行处理。经处理后的工程，再确定是否可通过验收。

对于 5 种情况中的前 4 条分别叙述如下：

(1)经返工重做或更换器具、设备的检验批，应重新进行验收。

这种情况，是指在检验批验收时，其主控项目不能满足验收规范规定或一般项目超过偏差限值的子项不符合检验规定的要求时，应及时进行处理的检验批。其中，严重的缺陷应推倒重来；一般的缺陷通过翻修或更换器具、设备予以解决，应允许施工单位在采取相应的措施后重新验收。如能够符合相应的专业工程质量验收规范，则应认为该检验批合格。

如某住宅楼一层砌砖，验收时，发现砖的强度等级为 MU7，达不到设计要求的 MU10，推倒后重新使用 MU10 砖砌筑，其砖砌体工程的质量，应重新按程序进行验收。

重新验收质量时，要对检验批重新抽样、检查和验收，并重新填写检验批质量验收记录表。

(2)经有资质的检测单位检测鉴定能够达到设计要求的检验批，应予以验收。

这种情况多是某项质量指标不符合规定，多数是指留置的试块、试件失去代表性，或因故缺少试块、试件以及试块、试件试验报告缺少某项主要内容，也包括对试块、试件或试验结果报告有怀疑时，经有资质的检测机构，对工程实体进行检验测试。其测试结果证明该检验批的工程质量能够达到原设计要求的，应按正常情况给予验收。

例如：某现浇混凝土墙，设计混凝土强度为 C25，经制作的试件强度判定没有达到设计要求，只有 C18.5。请法定检测单位对实体进行无损检测，检测结果为 C25.5，满足设计要求，则应予以验收。

(3)经有资质的检测单位检测鉴定达不到设计要求、但经原设计单位核算认可能够满足结构安全和使用功能的检验批，可予以验收。

这种情况指经检测鉴定达不到设计要求，但经原设计单位核算，仍能满足结构安全和使用功能的情况，该检验批可以予以验收。一般情况下，标准规范给出了满足安全和功能的最低限度要求，而设计往往在此基础上留有一些余量。不满足设计要求和符合相应规范标准的要求，两者并不矛盾。

又如某五层砖混结构，一、二、三层用 M10 砂浆砌筑，四、五层为 M5 砂浆砌筑。在施工过程中，由于管理不善等，第三层砂浆强度仅达到 8.9MPa，没达到设计要求，按规定应不能验收，但经过原设计单位验算，砌体强度尚可满足结构安全和使用功能，可不返工和加固。由设计单位出具正式的认可证明，有注册结构工程师签字，并加盖单位公章，这种情况可进行验收。

(4)经返修或加固处理的分项、分部工程，虽然改变外形尺寸但仍能满足安全使用要求的，可按技术处理方案和协商文件进行验收。

这种情况多数是某项质量指标达不到验收规范规定和设计要求，经过有资质的检测单位检测鉴定达不到设计要求，由原设计单位经过验算，也认为达不到设计要求。经过验算分析，找出了事故原因，分清了质量责任，同时，经过建设单位、施工单位、监理单位、设计单位等协商，为了避免社会财富更大的损失，在不影响安全和主要使用功能条件下同意进行加固补强，可按处理技术方案和协商文件进行验收。处理方案由原设计单位出具加固技术方案，通常由原施工单位进行加固，责任方应承担经济责任。这时候虽然改变了个别建筑构件的外形尺寸，或留下永久性缺陷，包括改变工程的用途，但可按协商文件验收，即有条件的验收，由责任方承担经济损失或赔偿等。

例如：有一些工程出现达不到设计要求，经过验算满足不了结构安全和使用功能要求，需要进行加固补强，但加固补强后，改变了外形尺寸或造成永久性缺陷。比如经过补强加大了截面，增大了体积，设置了支撑，加设了牛腿等，使原设计的外形尺寸有了变化。

造成永久性缺陷是指通过加固补强后，只是解决了结构性能问题，而其本质并未达到原设计要求，均属造成永久性缺陷。如某工程地下室渗漏水，采用从内部增加防水层堵漏，满足了使用要求，但却使那部分墙体长期处于潮湿甚至水饱和状态；又如某工程的空心楼板的型号用错，以小代大，虽采取在板缝中加筋和在上边加铺钢筋网等措施，使承载力达到设计要求，但总是留下永久性缺陷。

以上两种情况，其工程质量不能正常验收，但由于其尚可满足结构安全和使用功能要求，对这样的工程，可按协商验收。

 严禁验收

通过返修或加固处理仍不能满足安全使用要求的分部工程、单位（子单位）工程，严禁验收。

本条强制性条文是确保使用安全的基本要求。

这是第5种情况，这种情况非常少，但确实存在。通常是指不可救药者，或采取措施后得不偿失者，这种情况就应坚决拆掉，返工重做，严禁验收。在工程施工中，出现了质量问题，在对分部工程、单位（子单位）工程进行质量鉴定之后，加固补强技术方案制订之前，就能直接判断出：使用加固处理效果不好，或是费用太大不值得加固处理，或是经加固处理仍不能保证使用安全。对此应坚决拆除。

小知识

国家级土木工程最高奖——詹天佑奖

詹天佑土木工程大奖是我国土木工程界最高的荣誉奖，由建设部、铁道部、交通部、水利部以及香港特别行政区共同创立和评选，评选中充分体现“创新性”、“先进性”和“权威性”，评选范围覆盖建筑、铁道、交通、水利系统以及航天、海洋、核电等特种工程。

第三章 工程质量验收记录的编制和填写要求

【职业能力目标】

学完本章,你应会:

1. 结合实际工程项目,检查和填写施工现场施工质量检查记录表。
2. 结合实际工程项目,检查和填写分项工程检验批质量验收记录表。
3. 结合实际工程项目,检查和填写分项工程质量验收记录表。
4. 结合实际工程项目,检查和填写分部(子分部)工程质量验收记录表。
5. 结合实际工程项目,检查和填写单位(子单位)工程质量验收记录表。

【学习要求】

1. 掌握施工现场施工质量检查记录表的填写要求。
2. 掌握分项工程检验批质量验收记录表的填写要求。
3. 掌握分项工程质量验收记录表的填写要求。
4. 掌握分部(子分部)工程质量验收记录表的填写要求。
5. 掌握单位(子单位)工程质量验收记录表的填写要求。

【本章说明】

建筑工程施工资料是反映建筑工程质量状况和施工企业管理水平的主要依据,是确定工程质量等级、追究工程质量责任的凭证,是交工验收的依据,尤其是施工验收过程中形成的、反映工程质量的各分项工程检验批、分项工程、分部(子分

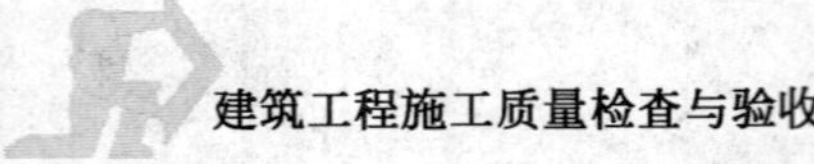

部)工程和单位(子单位)工程等验收表格,更是至关重要。本章重点介绍检验批、分项工程、分部(子分部)工程和单位(子单位)工程等验收表格的编制和填写要求。

第一节　建筑工程施工质量验收资料概述

建筑工程施工资料记录了工程项目诞生的全过程,对单位工程的使用、改造、扩建、维修、装潢等起着指导作用。

建筑工程施工质量验收资料是建筑工程施工资料中最为重要的一部分内容,它能反映建筑工程的内在施工质量,是建筑工程安全可靠性和竣工验收的凭证,是追究工程质量事故和有关责任人的依据。

建筑工程施工质量验收资料由四部分组成:一是施工技术管理资料;二是工程质量控制资料;三是安全和功能检验资料;四是工程质量验收记录。

 施工技术管理资料

施工技术管理资料主要包括:

(1)工程概况。

(2)工程项目施工管理人员名单。

(3)施工现场质量管理检查记录。

(4)施工组织设计、施工方案审批表。

(5)技术交底记录。

(6)竣工报告。

 工程质量控制资料

工程质量控制资料包括:

(1)图纸会审、设计变更、洽商记录。

(2)工程定位测量、放线验收记录。

(3)原材料出厂合格证书及进场检(试)验报告。

(4)施工试验报告及见证检测报告。

(5)隐蔽工程验收记录。

(6)施工记录。

(7)预制构件、预拌混凝土合格证。

(8)地基基础、主体、结构检验及抽样检测资料。

(9)工程质量事故及事故调查处理资料。

(10)新材料、新工艺施工记录。

三 安全和功能检验资料

安全和功能检验资料包括：

(1)屋面淋水、蓄水试验记录。

(2)地下室防水效果检查记录。

(3)有防水要求的地面蓄水试验记录。

(4)建筑物垂直度、标高、全高测量记录。

(5)烟气(风)道工程检查验收记录。

(6)幕墙及外窗气密性、水密性、耐风压检测报告。

(7)建筑物沉降观测记录。

(8)节能、保温检测报告。

(9)室内环境检测报告。

四 工程质量验收记录

工程质量验收记录包括：

(1)单位(子单位)工程质量竣工验收记录。

(2)单位(子单位)工程质量控制核查记录。

(3)单位(子单位)工程安全和功能检验资料检查及主要功能抽查记录。

(4)单位(子单位)工程观感质量检查记录。

(5)各分部(子分部)工程质量验收记录。

(6)各分项工程工程质量验收记录。

(7)各分项工程检验批验收记录。

下面各节主要介绍工程质量验收记录中一些表格的填写要求。

第二节 施工现场质量管理检查记录表

《施工现场质量管理检查记录》是“统一标准”第3.0.1条的附表，具体内容和格式见表1-4，是对健全的质量管理体系的具体要求。一般一个标段或一个单位(子单位)工程在开工时检查一次，由施工单位现场负责人填写，由监理单位的总监理工程师(建设单位项目负责人)验收。下面分三个部分来说明填表要求和填写方法。

现场质量管理检查记录 表 1-4

开工日期:2006 年××月××日

<table>
<tr><td>工程名称</td><td colspan="3">× × 工 程</td><td>施工许可证(开工证)</td><td>××××</td></tr>
<tr><td>建设单位</td><td colspan="3">××集团开发有限公司</td><td>项目负责人</td><td>×××</td></tr>
<tr><td>设计单位</td><td colspan="3">××建筑设计院</td><td>项目负责人</td><td>×××</td></tr>
<tr><td>监理单位</td><td colspan="3">××建设监理有限公司</td><td>总监理工程师</td><td>×××</td></tr>
<tr><td>施工单位</td><td>××建设公司</td><td>项目经理</td><td>×××</td><td>项目技术负责人</td><td>×××</td></tr>
</table>

序号	项 目	内 容
1	**现场质量管理制度**	质量例会制度;月评比及奖罚制度;三检及交接检制度;质量与经济挂钩制度
2	**质量责任制**	岗位责任制;设计交底会制度;技术交底制度;挂牌制度
3	**主要专业工种操作上岗证书**	测量工、钢筋工、木工、混凝土工、电工、焊工、起重工、架子工等主要专业工种操作上岗证书齐全,符合要求
4	**分包方资质与对分包单位的管理制度**	对分包方资质审查,满足施工要求,总承包单位对分包单位制定管理制度可行
5	**施工图审查情况**	施工图经设计交底,施工方已确认
6	**地质勘察资料**	勘察设计院提供地质勘察报告齐全
7	**施工组织设计、施工方案及审批**	施工组织设计、主要施工方案编制、审批齐全
8	**施工技术标准**	企业自定标准 4 项,其余采用国家、行业标准
9	**工程质量检验制度**	有原材料及施工检验制度;抽测项目的检测计划,分项工程质量三检制度
10	**搅拌站及计量设置**	有管理制度和计量设施,经计量检校准确
11	**现场材料、设备存放与管理**	按材料、设备性能要求制定了管理措施、制度,其存放按施工组织设计平面图布置

检查结论:

通过上述项目的检查,项目部施工现场质量管理制度明确到位,质量责任制措施得力,主要专业工种操作上岗证书齐全,施工组织设计、主要施工方案已逐级审批,现场工程质量检验制度齐全,现场材料、设备存放按施工组织设计平面图布置,有材料、设备管理制度。

总监理工程师:×××

(建设单位项目负责人) 2006 年××月××日

注:1. 该表黑体字部分为原表内容,非黑体字部分为举例填写范例内容,下同。

2. 本表摘自《建筑工程施工质量验收统一标准》(GB 50300—2001)。

 标头部分

参与工程建设各方责任主体的概况。由施工单位的现场负责人填写。

工程名称栏，应填写工程名称的全称，且应与合同或招投标文件中的工程名称一致。

施工许可证(开工证)，填写当地建设行政主管部门批准发给的施工许可证(开工证)的编号。

建设单位栏，填写合同文件中的甲方，单位名称也应写全称，与合同签章上的单位名称相同。

建设单位项目负责人栏，应填写合同书上签字人或签字人以文字形式委托的代表——工程的项目负责人，应与工程完工后竣工验收备案表中的单位项目负责人一致。

设计单位栏，填写设计合同中签章单位的名称，其全称应与印章上的名称一致。

设计单位的项目负责人栏，应是设计合同书签字人或签字人以文字形式委托的该项目负责人，工程完工后竣工验收备案表中的单位项目负责人也应与此一致。

监理单位栏，填写单位全称，应与合同或协议书中的名称一致。

总监理工程师栏，应是合同或协议书中明确的项目监理负责人，也可以是监理单位以文件形式明确的该项目监理负责人，必须有监理工程师任职资格证书，专业要对口。

施工单位栏填写施工合同中签章单位的全称，与签章上的名称一致。

项目经理栏、项目技术负责人栏与合同中明确的项目经理、项目技术负责人一致。标头部分可统一填写，不需具体人员签名，只是明确了负责人的地位。

 检查项目部分

填写各项检查项目文件的名称或编号，并将文件(复印件或原件)附在表的后面供检查，检查后应将文件归还。

(1)现场质量管理制度，主要是图纸会审、设计交底、技术交底、施工组织设计编制审批程序、工序交接、质量检查评定制度，质量好的奖励及达不到质量要求的处罚办法、质量例会制度以及质量问题处理制度等。

(2)质量责任栏，质量负责人的分工，各项质量责任的落实规定，定期检查及

有关人员奖惩制度等。

(3)主要专业工种操作上岗证书栏，测量工，起重、塔吊等垂直运输司机，钢筋、混凝土、机械、焊接、瓦工、防水工等建筑结构工种。

(4)分包方资质与对分包单位的管理制度栏，专业承包单位的资质应在其承包业务的范围内承建工程，超出范围的应办理特许证书，否则不能承包工程。在有分包的情况下，总承包单位应有管理分包单位的制度，主要是质量、技术的管理制度等。

(5)施工图审查情况栏，重点是建设行政主管部门出具的施工图审查批准书以及审查机构出具的审查报告。如果图纸是分批交出的话，施工图审查可分段进行施工。

(6)地质勘察资料栏，有勘察资质的单位出具的正式地质勘察报告，地下部分施工方案制定和施工组织总平面图编制时作为参考等。

(7)施工组织设计、施工方案及审批栏，检查编写内容、有针对性的具体措施，编制程序、内容，有编制单位、审核单位、批准单位，并有贯彻执行的措施。

(8)施工技术标准栏，是操作的依据和保证工程质量的基础，承建企业应编制不低于国家质量验收规范的操作规程等企业标准。栏中要有批准程序，由企业的总工程师、技术委员会负责人审查批准，有批准日期、执行日期、企业标准编号及标准名称。企业应建立技术标准档案，施工现场有的施工技术标准都应有。其可作为培训工人、技术交底和施工操作的主要依据，也是质量检查评定的标准。

(9)工程质量检验制度栏，包括三个方面的检验，一是原材料、设备进场检验制度；二是施工过程的试验报告；三是竣工后的抽查检测，应专门制订抽测项目、抽测时间、抽测单位等计划，使监理、建设单位等都做到心中有数。可以单独搞一个计划，也可在施工组织设计中作为一项内容。

(10)搅拌站及计量设置栏，主要是说明设置在工地搅拌站的计量设施的精确度、管理制度等内容。若采用预拌混凝土或安装专业就没有这项内容。

(11)现场材料、设备存放与管理栏，这是为保持材料、设备质量必须有的措施。要根据材料、设备性能制订管理制度，建立相应的库房等。

三 检查项目填写内容

(1)直接将有关资料的名称写上，资料较多时，也可将有关资料进行编号，将编号填写上，并注明份数。

(2)填表时间是在开工之前，监理单位的总监理工程师(建设单位项目负责人)应对施工现场进行检查,这是保证开工后施工顺利和保证工程质量的基础,目的是做好施工前的准备。

(3)由施工单位负责人负责填写,填写之后,将有关文件的原件或复印件附在后边,请总监理工程师(建设单位项目负责人)验收核查,验收核查后,返还施工单位,并签字认可。

(4)通常情况下,一个工程的一个标段或一个单位工程只查一次,如分段施工、人员更换,或管理工作不到位时,可再次检查。

(5)如总监理工程师或建设单位项目负责人检查验收不合格,施工单位必须限期改正,否则不许开工。

第三节　检验批质量验收记录表

检验批是验收评定工程质量的最小单位,是确定工程质量的基础,是施工资料中量最大而又重要的内容。不同的分项工程检验批有不同的内容,但分项工程检验批验收记录通表格式可参见表1-5。

分项工程检验批质量验收记录　　表1-5

工程名称		分项工程名称		验收部位	
施工单位		专业工长		项目经理	
施工执行标准名称及编号					
分包单位		分包项目经理		施工班组长	
主控项目	质量验收规范的规定		施工单位检查评定记录		监理(建设)单位验收记录
	1				
	2				
	3				
	4				
	5				
	6				
	7				
	8				
	9				

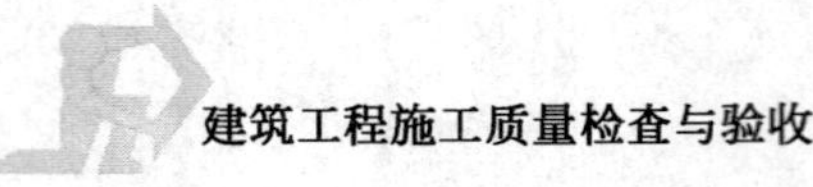

续上表

一般项目	1			
	2			
	3			
	4			
施工单位检查评定结果	项目专业质量检查员：			年 月 日
监理（建设）单位验收结论	监理工程师： （建设单位项目专业技术负责人）			年 月 日

注：本表摘自《建筑工程施工质量验收统一标准》（GB 50300—2001）附录 D。

一 表的名称及编号

对于不同的分项工程检验批，表 1-5 中“主控项目”和“一般项目”横栏与竖栏“质量验收规范的规定”和“施工单位检查评定记录”相交叉的部分可以根据不同分项工程检验批来调整。

检验批由监理工程师或建设单位项目技术负责人组织项目专业质量检查员等进行验收，表的名称应在制订专用表格时印好，前边印上分项工程的名称。表的名称下边注上“质量验收规范的编号”。

检验批表的编号按全部施工质量验收规范系列的分部工程、子分部工程统一为 8 位数的数码编号，写在表的右上角，前 6 位数字均印在表上，后留两个□，检查验收时填写检验批的顺序号。其编号规则为：

前边两个数字是分部工程的代码，01～09。地基与基础为 01，主体结构为 02，建筑装饰装修为 03，建筑屋面为 04，建筑给水排水及采暖为 05，建筑电气为 06，智能建筑为 07，通风与空调为 08，电梯为 09。

第 3、4 位数字是子分部工程的代码。

第 5、6 位数字是分项工程的代码。

第 7、8 位数字是各分项工程检验批验收的顺序号。由于在大量高层或超高层建筑中，同一个分项工程会有很多检验批的数量，故留了 2 位数的空位置。如地基与基础分部工程，无支护土方子分部工程，土方开挖分项工程，其检验批表的编号为 010101□□，第一个检验批编号为：01010101。

还需说明的是，有些子分部工程中有些项目可能在两个分部工程中出现，这就要在同一个表上编两个分部工程及相应子分部工程的编号：如砖砌体分项工程在地基与基础和主体结构中都有，砖砌体分项工程检验批的表编号为：在基础中编号为 010701□□，在主体结构中为 020301□□。

有些分项工程可能在几个子分部工程中出现，这就应在同一个检验批表上编几个子分部工程及子分部工程的编号。如建筑电气的接地装置安装，在室外电气、变配电室、备用和不间断电源安装及防雷接地安装等子分部工程中都有。

其编号为： 060109□□

060206□□

060608□□

060701□□

4 行编号中的第 5、6 位数字分别是第一行的 09，第二行的 06，第三行的 08 和第四行的 01，09 是室外电气子分部工程的第 9 个分项工程；06 是变配电室子分部工程的第 6 个分项工程，其余类推。

另外，有些规范的分项工程，在验收时也将其划分为几个不同的检验批来验收。如混凝土结构子分部工程的混凝土分项工程，分为原材料、配合比设计、混凝土施工 3 个检验批来验收。又如建筑装饰装修分部工程建筑地面子分部工程中的基层分项工程，其中有几种不同的检验批。故在其表名下加标罗马数字(I)、(II)、(III)……

各分部工程、子分部工程、分项工程编号表见本书附件 1。

二 表头部分的填写

(1)检验批表编号的填写，在 2 个方框内填写检验批序号。

(2)单位(子单位)工程名称，按合同文件上的单位工程名称填写，子单位工程标出该部分的位置。分部(子分部)工程名称，按验收规范划定的分部(子分部)名称填写。验收部位是指一个分项工程中验收的那个检验批的抽样范围，要标注清楚，如二层①～⑤轴线砖砌体。

施工单位、分包单位应填写施工单位的全称，要与合同上公章名称相一致。项目经理填写合同中指定的项目负责人。在装饰、安装分部工程施工中，有分包单位时，也应填写分包单位全称，分包单位的项目经理也应是合同中指定的项目负责人。这些人员由填表人填写但不要本人签字，只是标明其是项目负责人。

(3)施工执行标准名称及编号。

这是这次验收规范编制的一个基本思路，由于验收规范只列出验收的质量指标，其工艺等只提出一个原则要求，具体的操作工艺就靠企业标准了。只有按照不

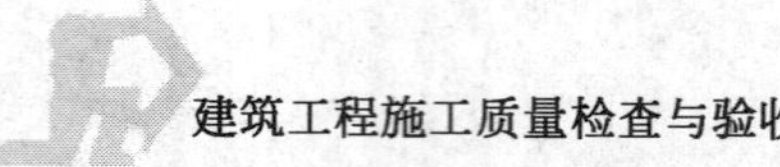

低于国家质量验收规范的企业标准来操作，才能保证国家验收规范的实施。如果没有具体的操作工艺，保证工程质量就是一句空话。企业必须制订企业标准(操作工艺、工艺标准、工法等)来进行培训工人、技术交底以及规范工人班组的操作。为了能成为企业标准体系的重要组成部分，企业标准应有编制人、批准人、批准时间、执行时间、标准名称及编号。填写表时只要将标准名称及编号填写上，就能在企业标准系列中查到其详细情况，并要在施工现场有这项标准，工人在执行这项标准。对于部分中小施工企业，没有编制力量，可采用地方或其他企业标准。

三 质量验收规范的规定栏

质量验收规范的规定栏填写具体的质量要求，在制表时就已填写好验收规范中主控项目、一般项目的全部内容。但由于表格的地方小，多数指标不能将全部内容填下，所以，只将质量指标归纳、简化描述或题目及条文号填写上，作为检查内容提示。以便查对验收规范的原文；对计数检验的项目，将数据直接写下来。这些项目的主要要求可以用“注”的形式放在表的背面。如果是将验收规范的主控、一般项目的内容全部摘录在表的背面，根据以往的经验，这样做就会引起只看表格，不看验收规范的后果，规范上还有基本规定、一般规定等内容，它们虽然不是主控项目和一般项目的条文，但这些内容也是验收主控项目和一般项目的依据。所以验收规范的质量指标不宜全抄过来，只将其主要要求及如何判定注明。

四 主控项目、一般项目施工单位检查评定记录

填写方法分以下几种情况，判定验收不验收均按施工质量验收规定进行判定。

(1)对定量项目直接填写检查的数据。

(2)对定性项目，当符合规范规定时，可采用打“√”的方法标注；当不符合规范规定时，采用打“×”的方法标注。

(3)有混凝土、砂浆强度等级的检验批，按规定制取试件后，可填写试件编号，待试件报告出来后，对检验批进行判定，并在分项工程验收时进一步进行强度评定以及验收。

(4)对既有定性又有定量的项目，各个子项目质量均符合规范规定时，采用打“√”来标注；否则采用打“×”来标注。无此项内容的打“/”来标注。

(5)对一般项目合格点有要求的项目，应是其中带有数据的定量项目；定性项目必须基本达到。定量项目其中每个项目都必须有80%以上(混凝土保护层为90%)检测点的实测值达到规范规定。其余20%按各专业施工质量验收规范

规定，不能大于150%，钢结构为120%，就是说有数据的项目除必须达到规定的数值外，其余可最大放宽到150%（或120%）。

（6）对于某些定量检查的项目，如果检查的点数或件数较多，超出给定的10个空格，可以一个空格内填2个。

“施工单位检查评定记录”栏的填写，将实际测量的数值填入格内，超出企业标准的数字，而没有超出国家验收规范的用“○”将其圈住；对超出国家验收规范的用“△”圈住，最好采用红笔。

五 监理（建设）单位验收记录

通常监理人员应进行平行、旁站或巡回的方法进行监理，在施工过程中，对施工质量进行察看和测量，并参加施工单位的重要项目的检测。对新开工程或首件产品进行全面检查，以了解质量水平和控制措施的有效性及执行情况，在整个过程中，随时可以测量。在检验批验收时，对主控项目、一般项目应逐项进行验收。对符合验收规范规定的项目，填写“合格”或“符合要求”，对不符合验收规范规定的项目，暂不填写，待处理后再验收，但应做标记。

六 施工单位检查评定结果

施工单位自行检查评定合格后，应填写“主控项目全部合格，一般项目满足规范规定要求”。

专业工长（施工员）和施工班、组长栏目由本人签字，以示承担责任。专业质量检查员代表企业逐项检查评定合格，将表填写并写清结果，签字（部分省要求本人签字并盖章）后，交给监理工程师或建设单位项目专业技术负责人验收。

七 监理（建设）单位验收结论

主控项目、一般项目验收合格，混凝土、砂浆试件强度待试验报告出来后判定，其余项目已全部验收合格，并注明“同意验收”，由专业监理工程师或建设单位的专业技术负责人签字。

八 说明

在工程实际中，对于每一个检验批的检查验收，按《验收规范》的规定，施工单位应采用上述的验收表格，先进行自行检查，并将检查的结果填在“施工单位

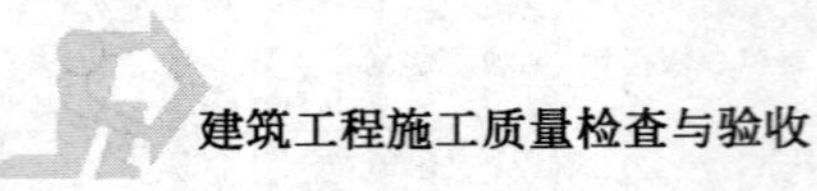

检查评定记录"内，然后报给监理工程师申请验收，监理工程师依然采用同样的表格按规定的数量抽测，如果符合要求，就在"监理单位验收记录"内填写验收结果，这是一种形式；另外还有一种做法，某分项工程检验批完成后，监理工程师和施工单位进行平行检验，由施工单位填写验收记录中的实测结果，由监理单位填写验收结论。

第四节　分项工程质量验收记录表

分项工程的划分与合格条件前面已经介绍，下面介绍其验收记录表的格式和填写要求。分项工程质量验收记录表格格式见表 1-6 所示。

______分项工程质量验收记录　　　　表 1-6

<table>
<tr><td>工程名称</td><td colspan="2"></td><td>结构类型</td><td></td><td>检验批数</td><td></td></tr>
<tr><td>施工单位</td><td colspan="2"></td><td>项目经理</td><td></td><td>项目技术负责人</td><td></td></tr>
<tr><td>分包单位</td><td colspan="2"></td><td>分包单位负责人</td><td></td><td>分包项目经理</td><td></td></tr>
<tr><td>序号</td><td>检验批部位、区段</td><td colspan="2">施工单位检查评定结果</td><td colspan="3">监理(建设)单位验收结论</td></tr>
<tr><td>1</td><td></td><td colspan="2"></td><td colspan="3"></td></tr>
<tr><td>2</td><td></td><td colspan="2"></td><td colspan="3"></td></tr>
<tr><td>3</td><td></td><td colspan="2"></td><td colspan="3"></td></tr>
<tr><td>4</td><td></td><td colspan="2"></td><td colspan="3"></td></tr>
<tr><td>5</td><td></td><td colspan="2"></td><td colspan="3"></td></tr>
<tr><td>检查结论</td><td colspan="2">项目专业技术负责人：
年　月　日</td><td>验收结论</td><td colspan="3">监理工程师：
(建设单位项目专业技术负责人)
年　月　日</td></tr>
</table>

注：本表摘自《建筑工程施工质量验收统一标准》(GB 50300—2001)附录 E.0.1。

分项工程验收由监理工程师组织项目专业技术负责人等进行验收，分项工程验收记录采用表 1-6 形式。分项工程是在检验批验收合格的基础上进行，通常起一个归纳整理的作用，是一个统计表，没有实质性验收内容。但要注意以下三点，一是检查检验批是否将整个工程覆盖了，有没有漏掉的部位；二是检查有混凝土、砂浆强度要求的检验批，到龄期后能否达到规范要求；三是将检验批的资料统一，依次进行登记整理，方便管理。

表的填写：表名填上所验收分项工程的名称，表头及"检验批部位、区段"，"施工单位检查评定结果"均由施工单位专业质量检查员填写，由施工单位的项目专业技术负责人检查后给出评价并签字，交监理单位或建设单位验收。

监理单位的专业监理工程师(或建设单位的专业负责人)应逐项审查，同意项填写“合格”或“符合要求”，不同意项暂不填写，待处理后再验收，但应做标记，注明验收和不验收的意见。如同意验收应签字确认，不同意验收要指出存在问题，明确处理意见和完成时间。

分项工程的填写范例见表 2-146 所示。

第五节　分部(子分部)工程验收记录表

分部(子分部)工程验收记录表格式见表 1-7 所示。

________分部(子分部)工程验收记录　　表 1-7

工程名称		结构类型		层　数	
施工单位		技术部门负责人		质量部门负责人	
分包单位		分包单位负责人		分包技术负责人	
序号	分项工程名称	检验批数	施工单位检查评定	验收意见	
1					
2					
3					
4					
5					
6					
质量控制资料					
安全和功能检验(检测)报告					
观感质量验收					
验收单位	分包单位		项目经理　年　月　日		
	施工单位		项目经理　年　月　日		
	勘察单位		项目负责人　年　月　日		
	设计单位		项目负责人　年　月　日		
	监理(建设)单位	总监理工程师： (建设单位项目专业负责人)　年　月　日			

注：本表摘自《建筑工程施工质量验收统一标准》(GB 50300—2001)附录 F。

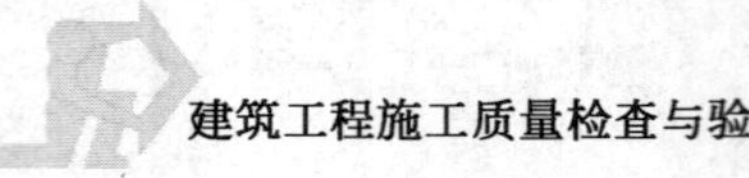

由于单位工程体量的增大，复杂程度的增加，专业施工单位的增多，为了分清责任，及时整修等，分部（子分部）工程的验收就显得较为重要，以往一些等到单位工程验收的内容，移到分部（子分部）工程来了，除了分项工程的核查外，还有质量控制资料核查；安全、功能项目的检测；观感质量的验收等。

分部（子分部）工程应由施工单位将自行检查评定合格的表填写好后，由项目经理交监理单位或建设单位。由总监理工程师组织施工项目经理及有关勘察（地基与基础部分）、设计（地基与基础及主体结构等）单位项目负责人进行验收，并按表的要求进行记录。

分部（子分部）工程验收表的填写要求如下：

 表名及表头部分

（1）表名：分部（子分部）工程的名称填写要具体，写在分部（子分部）工程的前边，并分别划掉分部或子分部，保留子分部或分部。

（2）表头部分的工程名称填写工程全称，与检验批、分项工程、单位工程验收表的工程名称一致。

结构类型填写按设计文件提供的结构类型。层数应分别注明地下和地上的层数。

施工单位填写单位全称。与检验批、分项工程、单位工程验收表填写的名称一致。

技术部门负责人及质量部门负责人多数情况下填写项目的技术及质量负责人，只有地基与基础、主体结构及主要安装分部（子分部）工程应填写施工单位的技术部门及质量部门负责人签字。

分包单位的填写，有分包单位时才填，没有时就不填写，主体结构不能进行分包。分包单位名称要写全称，与合同或图章上的名称一致。分包单位负责人及分包单位技术负责人，填写本项目的项目负责人及项目技术负责人。

 验收内容

验收内容，共有四项内容：

1. 分项工程

按分项工程第一个检验批施工先后的顺序，将分项工程名称填上，在第二格栏内分别填写各分项工程实际的检验批数量，即分项工程验收表上的检验批数

量，并将各分项工程评定表按顺序附在表后。

施工单位检查评定栏，填写施工单位自行检查评定的结果。核查一下各分项工程是否都通过验收，有关龄期试件的合格评定是否达到要求；有全高垂直度或总标高的检验项目应进行检查验收。自检符合要求的可打"√"标注，否则打"×"标注。有"×"标注的项目不能交给监理单位或建设单位验收，应进行返修待达到合格后再提交验收。监理单位或建设单位由总监理工程师或建设单位项目专业技术负责人组织审查，在符合要求后，在验收意见栏内签注"同意验收"意见。

2. 质量控制资料

应按表 1-8-1《单位（子单位）工程质量控制资料核查记录》中所列的相关内容，来确定所要验收分部（子分部）工程的质量控制项目，按资料核查的要求，逐项进行核查。这样能基本反映工程质量情况，达到保证结构安全和使用功能的要求，即可通过验收。全部项目都通过，即可在施工单位检查评定栏内打"√"标注检查合格，并送监理单位或建设单位验收。监理单位总监理工程师组织检查，在符合要求后，在验收意见栏内签注"同意验收"意见。

有些工程可按子分部工程进行资料验收，有些工程可按分部工程进行验收，由于工程不同，不能强求统一。

3. 安全和功能检验（检测）报告

这个项目是指竣工抽样检测的项目，能在分部（子分部）工程中检测的，尽量放在分部（子分部）工程中检测。检测内容按表 1-8-2《单位（子单位）工程安全和功能检验资料核查及主要功能抽查记录》中所涉及的相关内容，来确定摸查和抽查项目。在核查时要注意，开工之前确定的项目是否都进行了检测；逐一检查每个检测报告，核查每个检测项目的检测方法、程序是否符合有关标准规定；检测结果是否达到规范的要求。检测报告的审批程序签字是否完整。在每个报告上是否标注审查同意。如果每个检测项目都通过审查，即可在施工单位检查评定栏内打"√"标注检查合格。由项目经理送监理单位或建设单位验收，监理单位总监理工程师或建设单位项目专业负责人组织审查，在符合要求后，在验收意见栏内签注"同意验收"意见。

4. 观感质量验收

实际不单单是外观质量，能启动或运转的项目应启动或试运转，能打开看的项目应打开看，有代表性的房间、部位都应走到，并由施工单位项目经理组织进行现场检查，经检查合格后，将施工单位填写的内容填写好后，由项目经理签字

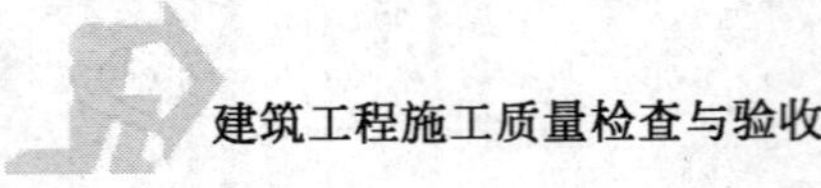

并交监理单位或建设单位验收。监理单位由总监理工程师或建设单位项目专业负责人组织验收，在听取参加检查人员意见的基础上，以总监理工程师或建设单位项目专业负责人为主导共同确定质量评价：好、一般、差。由施工单位的项目经理和总监理工程师或建设单位项目专业负责人共同确认。如果评价观感质量差的项目，能修理的尽量修理，如果确实难以修理时，只要不影响结构安全和使用功能的，可采用协商解决的方法进行验收，并在验收表上注明，然后将验收评价结论填写在分部(子分部)工程观感质量验收意见栏格内。

三 验收单位的签字认可

按表列要求，参与工程建设责任单位的有关人员应亲自签名认可，以示负责，以便追究质量责任。

勘察单位可只签认地基基础分部(子分部)工程，由项目负责人亲自签认；

设计单位可只签认地基基础、主体结构及重要安装分部(子分部)工程，由项目负责人亲自签认；

施工单位总承包单位必须签认，由项目经理亲自签认；

有分包单位的，分包单位也必须签认其分包的分部(子分部)工程，由分包项目经理亲自签认；

监理单位作为验收方，由总监理工程师亲自签认验收。如果按规定不委托监理单位的工程，可由建设单位项目专业负责人亲自签认验收。

分部(子分部)工程质量验收记录填写范例见表 2-147、表 2-148。

第六节　单位(子单位)工程质量竣工验收记录表

单位工程质量验收也称质量竣工验收，是建筑工程投入使用前的最后一次验收，也是最重要的一次验收。单位(子单位)工程验收采用表 1-8 进行。

单位(子单位)工程质量验收由五部分内容组成，每一项内容都有自己的专门验收记录表，而单位(子单位)工程质量竣工验收记录表 1-8 是一个综合性的表，是各项验收合格后填写的。

单位(子单位)工程由建设单位(项目)负责人组织施工(含分包单位)、设计单位、监理单位(项目)负责人进行验收。单位(子单位)工程验收表中的表 1-8 由参加验收单位盖公章，并由负责人签字。表 1-8-1、表 1-8-2、表 1-8-3 则由施工单位项目经理和总监理工程师(建设单位项目负责人)签字。

单位(子单位)工程质量竣工验收记录 表 1-8

<table>
<tr><td colspan="2">工程名称</td><td></td><td colspan="2">结构类型</td><td></td><td>层数/建筑面积</td><td></td></tr>
<tr><td colspan="2">施工单位</td><td></td><td colspan="2">技术负责人</td><td></td><td>开工日期</td><td></td></tr>
<tr><td colspan="2">项目经理</td><td></td><td colspan="2">项目技术负责人</td><td></td><td>竣工日期</td><td></td></tr>
<tr><td>序号</td><td colspan="2">项　　目</td><td colspan="3">验收记录</td><td colspan="2">验收结论</td></tr>
<tr><td>1</td><td colspan="2">分部工程</td><td colspan="3">共　　分部,经查　　分部,符合标准及设计要求分部</td><td colspan="2"></td></tr>
<tr><td>2</td><td colspan="2">质量控制资料核查</td><td colspan="3">共　项,经审查符合要求　项,经核定符合规范要求　项</td><td colspan="2"></td></tr>
<tr><td>3</td><td colspan="2">安全和主要使用功能核查及抽查结果</td><td colspan="3">共核查　项,符合要求　项,共抽查　项,符合要求　项,经返工处理符合要求　项</td><td colspan="2"></td></tr>
<tr><td>4</td><td colspan="2">观感质量验收</td><td colspan="3">共抽查　项,符合要求　项,不符合要求　项</td><td colspan="2"></td></tr>
<tr><td>5</td><td colspan="2">综合验收结论</td><td colspan="3"></td><td colspan="2"></td></tr>
<tr><td rowspan="2">参加验收单位</td><td colspan="2">建设单位</td><td colspan="2">监理单位</td><td colspan="2">施工单位</td><td>设计单位</td></tr>
<tr><td colspan="2">(公章)
单位(项目)负责人:
年　月　日</td><td colspan="2">(公章)
总监理工程师:
年　月　日</td><td colspan="2">(公章)
单位负责人:
年　月　日</td><td>(公章)
单位(项目)负责人:
年　月　日</td></tr>
</table>

注:本表摘自《建筑工程施工质量验收统一标准》(GB 50300—2001)附录 G。

一 表头及表头的填写

(1)将单位工程或子单位工程的名称(项目批准的工程名称)填写在表名的前面,并将子单位或单位工程的名称划掉。

(2)表头部分,按分部(子分部)表的表头要求填写。

二 分部工程的验收

验收内容之一是“分部工程”,对所含分部工程逐项检查。

首先由施工单位的项目经理组织有关人员逐个分部(子分部)进行检

查评定。所含分部(子分部)工程检查合格后,由项目经理提交验收。经验收组成员验收后,由施工单位填写"验收记录"栏。注明共验收几个分部,其中经验收符合标准及设计要求的几个分部。审查验收的分部工程全部符合要求,可由监理单位在验收结论栏内,写上"同意验收"的结论。

单位(子单位)工程质量控制核查记录　　表 1-8-1

工程名称			施工单位		
序号	项目	资料名称	份数	核查意见	核查人
1	建筑与结构	图纸会审、设计变更、洽商记录			
2		工程定位测量、放线记录			
3		原材料出厂合格证书及进场检(试)验报告			
4		施工试验报告及见证检测报告			
5		隐蔽工程验收记录			
6		施工记录			
7		预制构件、预拌混凝土合格证			
8		地基基础、主体结构检验及抽样检测资料			
9		分项、分部工程质量验收记录			
10		工程质量事故及事故调查处理资料			
11		新材料、新工艺施工记录			
12					
1	给排水与采暖	略			
1	建筑电气	略			
1	通风与空调	略			
1	电梯	略			
1	建筑智能化	略			

结论:

总监理工程师:

施工单位项目经理　　年　月　日　　　　(建设单位项目负责人)　年　月　日

注:本表摘自《建筑工程施工质量验收统一标准》(GB 50300—2001)。

三 质量控制资料核查

验收内容之二是“质量控制资料核查”。

这项内容有专门的验收表格，见表 1-8-1，也是先由施工单位检查合格，再提交监理单位验收。其全部内容在分部(子分部)工程中已经审查。通常单位(子单位)工程质量控制资料的核查，也是按分部(子分部)工程逐项检查和审查。一个分部工程只有一个子分部工程时，子分部工程就是分部工程，多个子分部工程时，可一个一个地检查和审查，也可按分部工程检查和审查。每个子分部、分部工程检查审查后，也不必再整理分部工程的质量控制资格，只将其依次装订起来，前面的封面写上分部工程的名称，并将所含子分部工程的名称依次填写在下面。然后将各子分部工程审查的资料逐项进行统计，填入验收记录栏内。通常共有多少资料，经审查也都应符合要求。如果出现有核定的项目时，应查明情况，只要是协商验收的内容，须填写在验收结论栏内，通常严禁验收的事件，不会留在单位工程来处理。这项也是先由施工单位自行检查评定合格后，提交验收，由总监理工程师或建设单位项目负责人组织审查。如符合要求，在验收记录栏格内填写项数，并在验收结论栏内，写上“同意验收”的意见。同时还要在表 1-8《单位(子单位)工程质量竣工验收记录表》中的序号 2 栏内的验收结论栏内填“同意验收”。

该表的填写范例见表 2-149-1。

四 安全和主要使用功能核查及抽查

验收内容之三是安全和主要使用功能核查及抽查结果。

这项内容有专门的验收表格，见表 1-8-2。

单位(子单位)工程安全和功能检验资料核查及主要功能抽查记录 表 1-8-2

工程名称			施工单位			
序号	项目	安全和功能检查项目	份数	核查意见	抽查结果	核查(抽查)人
1	建筑与结构	屋面淋水试验记录				
2		地下室防水效果检查记录				
3		有防水要求的地面蓄水试验记录				
4		建筑物垂直度、标高、全高测量记录				
5		抽气(风)道检查记录				

续上表

工程名称		施 工 单 位				
序号	项目	安全和功能检查项目	份数	核查意见	抽查结果	核查(抽查)人
6	建筑与结构	幕墙及外窗气密性、水密性、耐风压检测报告				
7		建筑物沉降观测测量记录				
8		节能、保温测试记录				
9		室内环境检测报告				
10						
1	给排水与采暖分部工程(略)					
1	建筑电气部分(略)					
1	通风与空调部分(略)					
1	电梯部分(略)					
1	建筑智能化部分(略)					

结论：

施工单位项目经理：　　年　月　日　　　总监理工程师：(建设单位项目负责人)　年　月　日

注：1.本表摘自《建筑工程施工质量验收统一标准》(GB 50300—2001)。

2.抽查项目由验收组协商确定。

这个项目包括两个方面的内容。一是在分部(子分部)进行了安全和功能检测的项目，要核查其检测报告结论是否符合设计要求；二是在单位工程中进行的安全和功能抽测项目，要核查其项目是否与设计内容一致，抽测的程序、方法是否符合有关规定，抽测报告的结论是否达到设计要求及规范规定。这个项目也是由施工单位检查评定合格后，再提交验收，由监理工程师或建设单位项目负责人组织审查，程序内容基本是一致的。先按项目逐个地进行核查验收，然后统计核查的项数和抽查的项数，填入验收记录栏，并分别统计符合要求的项数，也分别填入验收记录栏相应的空栏内。通常两个项数是一致的，如果个别项目的抽测结果达不到设计要求，则可以进行返工处理以达到符合要求。然后由总监理工程师或建设单位项目负责人在验收结论栏内填写“同意验收”的结论。

如果返工处理后仍达不到设计要求，就要按不合格处理程序进行处理。

该表填写范例见表 2-149-2。

五 观感质量验收

验收内容之四是观感质量验收。

这项内容有专门的验收表格，见表 1-8-3。观感质量检查的方法同分部(子分部)工程,但单位工程观感质量检查验收不同的是项目比较多,是一个综合性验收。实际上是复查一下各分部(子分部)工程验收后,到单位工程竣工的质量变化,成品保护以及分部(子分部)工程验收时,还没有形成部分的观感质量等。这个项目也是先由施工单位检查评定合格,提交验收,再由总监理工程师或建设单位项目负责人组织审查,程序和内容基本是一致的。按核查的项目数及符合要求的项目数填写在验收记录栏内,如果没有影响结构安全和使用功能的项目,则由总监理工程师或建设单位项目负责人为主导意见,评价为“好”、“一般”、“差”。由总监理工程师或建设单位项目负责人在验收结论栏内填写“同意验收”的结论。如果有不符合要求的项目,就要按不合格处理程序进行处理。

单位(子单位)工程观感质量检查记录 表 1-8-3

工程名称				施工单位		
序号	项目		抽查质量状况	质量评价		
				好	一般	差
1	建筑与结构	室外墙面				
2		变形缝				
3		水落管,屋面				
4		室内墙面				
5		室内顶棚				
6		室内地面				
7		楼梯、踏步、护栏				
8		门窗				
1	给排水与采暖部分(略)					
1	建筑电气部分(略)					
1	通风与空调部分(略)					
1	电梯(略)					
1	智能建筑化部分(略)					
观感质量综合评价						
检查结论	施工单位项目经理 年 月 日			总监理工程师(建设单位项目负责人) 年 月 日		

注:1. 本表摘自《建筑工程施工质量验收统一标准》(GB 50300—2001)。

2. 质量评价为“差”的项目,应进行返修。

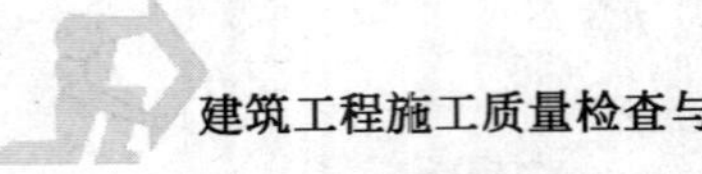

该表的填写范例见表 2-149-3。

六 综合验收结论

验收内容之五是综合验收结论。

施工单位应在工程完工后，由项目经理组织有关人员对验收内容逐项查对，并将表格中应填写的内容进行填写，自检评定符合要求后，在验收记录栏内填写各有关项数，交建设单位组织验收。综合验收是指在前面五项内容均验收符合要求后进行的验收，即按表 1-8《单位（子单位）工程质量竣工验收记录》进行验收。验收时，在建设单位组织下，由建设单位相关专业人员及监理单位专业监理工程师和设计单位、施工单位相关人员分别核查验收有关项目，并由总监理工程师组织进行现场观感质量检查。经各项目审查符合要求时，由监理单位或建设单位在“验收结论”栏内填写“同意验收”的意见。各栏均同意验收且经各参加检验方共同同意商定后，由建设单位填写“综合验收结论”，可填写为“通过验收”。

七 参加验收单位签名

勘察单位、设计单位、施工单位、监理单位、建设单位都同意验收时，其各单位的单位项目负责人要亲自签字，以示对工程质量的负责，并加盖单位公章，注明签字验收的年月日。

单位（子单位）工程质量竣工验收记录填写范例，见表 2-149 所示。

小知识

国家级优质建筑工程奖——鲁班奖

鲁班奖的全称为“建筑工程鲁班奖”。建筑工程鲁班奖是 1987 年由中国建筑业联合会设立的。主要目的是为了鼓励建筑施工企业加强管理，搞好工程质量，争创一流工程，推动我国工程质量水平的普遍提高。该奖是行业性荣誉奖，属于民间性质。当时每年数额 20 个，有严格的评选办法和申报程序，并有严格的评审纪律。评审由评审委员会负责，协会只负责受理申报、组织初审和工程复查，不得干预评选工作。评委由各地区和国务院有关部门的专家组成，以无记名投票方式选定。

1996 年 7 月，根据建设部的决定，将 1981 年政府设立并组织实施的国家优质工程奖与建筑工程鲁班奖合并，奖名定为中国建筑工程鲁班奖(国家优质工程)，每年评选一次。该奖是我国建筑行业工程质量方面的最高荣誉奖(国家级工程质量奖)，由建设部、中国建筑业协会颁发。

建设部、中国建筑业协会对荣获“鲁班奖”的单位，授予“鲁班奖”金像和荣誉证书，对主要参建单位颁发奖状，并通报表彰。获奖企业在获奖工程上镶嵌统一荣誉标志。中国建筑业协会还将编纂专辑，把其载入史册。

第二篇　建筑工程施工质量检查与验收

第一章
地基基础分部工程

【职业能力目标】

学完本章,你应会:

1. 对一般的地基基础分部工程,能正确地划分为若干个符合要求的子分部工程、分项工程和检验批。

2. 对常见的土方工程、桩基工程、地下防水工程等子分部工程所包含的分项工程检验批,针对主控项目和一般项目的检验标准,能组织检查或验收,评定或认定该项目的质量。

3. 根据已验收通过的分项工程、分项工程检验批,组织地基基础分部(子分部)工程的质量验收,判定该分部(子分部)是否合格。

【学习要求】

1. 掌握地基基础工程施工质量验收的基本规定。

2. 熟悉常见的土方工程、桩基工程和地下防水工程等子分部工程所含的分项工程检验批主控项目和一般项目的验收标准;熟悉地基基础工程分部(子分部)工程质量验收的内容。

【本章说明】

任何建筑物都必须有可靠的地基和基础,建筑物的全部重量(包括各种荷载)最终都将通过基础传给地基。建筑地基基础分部工程是建筑工程施工验收九大分部工程之一,主要包括无支护土方、有支护土方、地基处理、桩基、地下防水、混凝土基础、砌体基础、劲钢(管)混凝土、钢结构等 9 个子分部工程,主要涉及《建筑地基基础工程施工质量验收规范》(GB 50202—2002)和《地下防水工程施工质量验收规范》(GB 50208—2002)两个验收规范。在实际施工中，地基基础分部工程还涉及砌体、混凝土、钢结构等子分部工程以及桩基检测等有关内容，验收时尚应符合相应的专业验收规范的规定，故地基与基础分部工程验收时可能涉及的现行国家规范有：

1.《建筑地基基础工程施工质量验收规范》(GB 50202—2002)

2.《混凝土结构工程施工质量验收规范》(GB 50204—2002)

3.《钢结构工程施工质量验收规范》(GB 50205—2002)

4.《地下防水工程施工质量验收规范》(GB 50208—2002)

5.《建筑基桩检测技术规范》(JGJ 106—2002)

6.《建筑地基处理技术规范》(JGJ 79—2002)

7.《建筑地基基础设计规范》(GB 50007—2002)

8.《砌体工程施工质量验收规范》(GB 50203—2002)

9.《建筑工程施工质量验收统一标准》(GB 50300—2002)

地基基础分部工程包括的子分部和分项工程较多，本章仅介绍较为常见的地下防水、无支护土方工程、桩基等子分部工程，省略有支护土方、地基处理等内容。

第一节 基本规定

建筑地基基础工程的基本规定主要是做好地基基础工程施工的质量预控工作。

 施工前应掌握必要的资料

地基基础工程施工前，必须具有完备的地质勘察资料及工程附近管线、建筑物、构筑物和其他公共设施的构造情况，必要时应作施工勘察和调查以确保工程质量及邻近建筑的安全。

地基与基础的施工主要与地下土层接触，掌握地质资料极为重要。基础工程的施工往往会影响到临近房屋和其他公共设施(如交通、地下管线等)，为了利于基础施工的安全和质量和对临近房屋和设施的保护，掌握设施的结构状况极为重要。施工前掌握必要的资料，做到心中有数是必要的。

二 施工企业的资质

施工单位必须具备相应的专业资质，并应建立完善的质量管理体系和质量检验制度。

地基基础施工，往往面临复杂的地质情况，且专业性较强，又具有较高的专业标准。重要的、复杂的地基基础工程，应由具备一定的施工经验且有相应的资质的施工单位才能承担施工。

三 检测与见证

工程检测与质量见证试验必须具有权威性。

基础工程为隐蔽工程，为了确保安全和质量，确保检测和见证试验结果可靠和准确，规范规定**从事地基基础工程检测及见证试验的单位，必须具备省级以上(含省、自治区、直辖市)建设行政主管部门颁发的资质证书和计量行政主管部门颁发的计量认证合格证书。**

四 子分部工程的划分

地基基础工程是分部工程，根据现行"统一标准"的规定，可再划分为若干个子分部工程。

当地基基础工程规模较大、作业专业较多时，如同一基础工程，有基坑开挖、桩基础、地基处理等，可按工程项目管理的需要，根据《建设工程质量验收统一标准》(GB 50300—2001)所划分的范围，确定子分部工程。也就是说，在施工项目管理和验收中，划分子分部工程或不划分子分部工程都是对的。一般来讲，大的项目，涉及的专业较多，为了管理和验收的需要，划分了较好。本书都是按划分子分部工程来进行介绍的。

地基基础分部工程包括无支护土方、有支护土方、地基处理、桩基、地下防水、混凝土基础、砌体基础、劲钢(管)混凝土、钢结构等子分部工程。但需要说明的是，对于一个具体的工程项目，该基础分部可能只包括上述所列 9 个子分部中的 2 个或 2 个以上，不一定是全部。一般来讲，该工程涉及的就可以包括，否则就没有该子分部工程，其他分部、子分部工程也是一样。

五 施工过程中出现异常情况的处理

施工过程中出现异常情况时，应停止施工，由监理或建设单位组织勘察、设计、

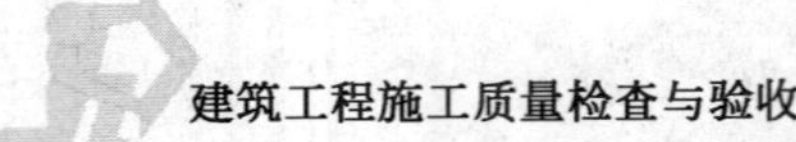

施工等有关单位共同分析情况，解决问题，消除质量隐患，并应形成文件资料。

地基基础施工过程中，常有不可预见的异常情况发生，如地质资料与实际不符或突然发生没有事先掌握的情况。为了保证施工的安全和质量，避免重大事故或损失，在施工中遇到异常情况时，必须停止施工，待妥善解决后，消除质量隐患，并形成文件资料后，再进行后续作业。

第二节　土方子分部工程

无支护土方工程是一个子分部工程，包括土方开挖、土方回填等分项工程。

一　土方工程的一般规定

(1)本节适用于土方开挖、土方回填等分项工程检验批的质量验收。

(2)土方工程施工前应进行挖、填方的平衡计算，综合考虑土方运距最短、运程合理和各个工程项目的合理施工程序等，做好土方平衡调配，减少重复挖运。

土方平衡调配尽可能与当地、市、镇规划以及农田水利等结合，将余土一次性运到指定弃土场，做到文明施工。

土方的平衡与调配是土方工程施工的一项重要工作。一般先由设计单位提出基本平衡数据，然后由施工单位根据实际情况进行平衡计算。如工程量较大，在施工过程中还应进行多次平衡调整，在平衡计算中，应综合考虑土的松散率、压缩率、沉陷量等影响土方量变化的各种因素。

(3)当土方工程挖方较深时，施工单位应采取措施，防止基坑底部土的隆起并避免危害周边环境。

基底土隆起往往伴随着对周边环境的影响，尤其当周边有地下管线、建(构)筑物、永久性道路时更应密切注意。

(4)在挖方前，应做好地面排水和降低地下水位工作。

(5)平整场地的坡度应符合设计要求，设计无要求时做成向排水沟方向不小于2‰的坡度。平整后的场地表面应逐点检查。检查点为每100～400m^2取1点，但不应少于10点；长度、宽度和边坡均为每20m取1点，每边不应少于1点。

①平整场地前应具备的资料和条件

a. 当地实测的地形图。

b. 原有地下管线、周围建(构)筑物的竣工图。

c. 土石方施工图。

d. 工程地质、水文、气象等技术资料。

e. 规划给出的平面控制桩。

f. 勘察测绘提供的水准点。

g. 根据施工图要求，施工方编制的土石方施工组织设计和施工方案。

②施工要求

a. 根据规划给定的建筑界线进行定位放线，做好轴线控制桩和高程控制点。

b. 平整场地的坡度应符合设计要求，设计无要求时做成向排水沟方向不小于 2‰的坡度。在施工过程中，应经常测量和检验其平面位置与高程，边坡坡度应符合设计要求。

平整后的场地表面应逐点检查。检查点的要求应符合本条要求。

(6)土方工程施工，应经常测量和校核其平面位置、水平标高以及边坡坡度。平面控制桩和水准控制点应采取可靠的保护措施，定期复测和检查。土方不应堆在基坑边缘。

在土方工程施工测量中，除开工前的复测放线外，还应配合施工对平面位置（包括控制边界线、分界线、边坡的上口线和底口线等）、边坡坡度（包括放坡线、变坡等）和标高（包括各个地段的标高）等经常进行测量，校核是否符合设计要求。平面控制桩和水准控制点也应定期进行复测和检查。

(7)冬季和雨季施工还应遵守国家现行的有关标准。

二 土方开挖分项工程

1. 土方开挖的一般要求

(1)土方开挖前应检查定位放线、排水和降低地下水位系统，合理安排土方运输车的行走路线及弃土场。

(2)施工过程中应检查平面位置、水平标高、边坡坡度、压实度、排水、降低地下水位系统，并随时观测周围的环境变化。

(3)临时性挖方的边坡值应符合表 2-1 的规定。

临时性挖方边坡值　　表 2-1

土的类别		边坡值(高：宽)
砂土(不包括细砂、粉砂)		1：1.25～1：1.50
一般性黏土	硬	1：0.75～1：1.00
	硬、塑	1：1.00～1：1.25
	软	1：1.50 或更缓

续上表

土的类别		边坡值(高∶宽)
碎石类土	充填坚硬、硬塑黏性土	1∶0.50～1∶1.00
	填充砂土	1∶1.00～1∶1.50

注:1.设计有要求时,应符合设计标准。
2.如采用降水或其他加固措施,可不受本表限制,但应计算复核。
3.开挖深度,对软土不应超过4m,对硬土不应超过8m。
4.本表摘自《建筑地基基础工程施工质量验收规范》(GB 50202—2002)。

2.土方开挖分项工程检验批的质量检验

一般情况下,土方开挖都是一次完成的,然后进行验槽,故大多土方开挖分项工程都是只有一个检验批。但也有部分工程土方开挖分为两段施工,进行两次验收,形成两个或两个以上检验批。在施工中,虽然形成不同的检验批,但各检验批检查和验收的内容以及方法都是一样的。

土方开挖分项工程检验批的质量检验标准和检验方法应符合表2-2的规定。

土方开挖分项工程检验批质量检验标准和检验方法　表2-2

项	序	项目	允许偏差或允许值					检验方法	检查数量
			柱基基坑基槽	挖方场地平整		管沟	地(路)面基层		
				人工	机械				
主控项目	1	标高	−50	±30	±50	−50	−50	水准仪	柱基按总数抽查10%,但不少于5个,每个不少于2点;基坑每20m² 取1点,每坑不少于2点;基槽、管沟、排水沟、路面基层每20m取1点,但不少于5点;挖方每30～50m² 取1点,但不少于5点
	2	长度、宽度(由设计中心线向两边量)	+200 −50	+300 −100	+500 −150	+100	—	经纬仪,用钢尺量	每20m取1点,每边不少于1点
	3	边坡	设计要求					用坡度尺检查	

续上表

项	序	项　目	允许偏差或允许值					检验方法	检查数量
			柱基基坑基槽	挖方场地平整		管沟	地(路)面基层		
				人工	机械				
一般项目	1	表面平整度	20	20	50	20	20	用2m靠尺和楔形塞尺检查	每30～50m^2取1点
	2	基底土性	设计要求					观察或土样分析	全数观察检查

关于土方开挖分项工程检验批质量检验的说明：

(1)主控项目第一项

基坑基槽不允许欠挖是为了防止基坑底面超高，而影响基础的标高。

(2)主控项目第三项

边坡坡度应符合设计要求或经审批的组织设计要求，并应符合表2-1要求。

(3)一般项目第二项

基坑(槽)和管沟基底的土质条件(包括工程地质和水文地质条件等)，必须符合设计要求，否则对整个建筑物或管道的稳定性与耐久性会造成严重影响。检验方法应由施工单位会同设计单位、建设单位等在现场观察检查，合格后作出验槽记录。

土方开挖分项工程检验批质量验收记录表格和填写范例见表2-144所示。

三 土方回填分项工程

1. 土方回填的一般要求

(1)土方回填前应清除基底的垃圾、树根等杂物，抽除坑穴积水、淤泥，验收基底标高。如在耕植土或松土上填方，应在基底压实后再进行。

填方基底处理，属于隐蔽工程，直接影响整个填方工程和整个上层建筑的安全和稳定，一旦发生事故，很难补救。因此，必须按设计要求施工，如无设计要求时，必须符合施工验收规范的规定。

(2)对填方土料应按设计要求验收后方可填入。

(3)填方施工过程中应检查排水措施，每层填筑厚度、含水量控制、压实程度及压实遍数应根据土质、压实系数及所用机具确定。如无试验依据，应符合表2-3的规定。

填土施工时的分层厚度及压实遍数 表 2-3

压实机具	分层厚度(mm)	每层压实遍数
平碾	250～300	6～8
振动压实机	250～350	3～4
柴油打夯机	200～250	3～4
人工打夯	<200	3～4

注:本表摘自《建筑地基基础工程施工质量验收规范》(GB 50202—2002)。

(4)填方施工结束后,应检查标高、边坡坡度、压实程度等,检验标准应符合表 2-4 的规定。

2. 土方回填分项工程检验批的质量检验

土方回填分项工程检验批的划分可根据工程实际情况按施工组织设计进行确定,可以按室内和室外划分为两个检验批,也可以按轴线分段划分成两个或两个以上检验批。若工程项目较小,也可以将整个填方作为一个检验批。对于每一个检验批,其质量检验标准均应符合表 2-4 的规定。

土方回填分项工程检验批质量检验标准 表 2-4

项	序	项目	允许偏差或允许值					检验方法	检查数量
			柱基基坑基槽	场地平整 人工	场地平整 机械	管沟	地(路)面基层		
主控项目	1	标高	−50	±30	±50	−50	−50	水准仪	柱基按总数抽查 10%,但不少于 5 个,每个不少于 2 点;基坑每 20m² 取 1 点,每坑不少于 2 点;基槽、管沟、排水沟、路面基层每 20m² 取 1 点,但不少于 5 点;场地平整每 100～400m² 取 1 点,但不少于 10 点。用水准仪检查
	2	分层压实系数	设计要求					按规定方法	密实度控制基坑和室内填土,每层按 100～500m² 取样一组;场地平整填方,每层按 400～900m² 取样一组;基坑和管沟回填每20～50m² 取样一组,但每层均不得少于一组,取样部位在每层压实后的下半部

续上表

项	序	项目	允许偏差或允许值					检验方法	检查数量
			柱基基坑基槽	场地平整		管沟	地(路)面基层		
				人工	机械				
一般项目	1	回填土料	设计要求					取样检查或直观鉴别	同一土场不少于一组
	2	分层厚度及含水量	设计要求					水准仪及抽样检查	分层铺土厚度检查每10～20mm或100～200m²设置一处。回填料实测含水量与最佳含水量之差，黏性土控制在－4%～＋2%范围内，每层填料均应抽样检查一次，由于气候因素使含水量发生较大变化时应再抽样检查
	3	表面平整度	20	20	30	20	20	用靠尺或水准仪	每30～50m²取1点

关于土方回填分项工程检验批质量检验的说明：

(1)主控项目第二项

检查方法：环刀取样或小轻便触探仪等，若采用灌砂法取样可适当减少。质量标准：填方密实后的干密度，应有90%以上符合设计要求；其余10%的最低值与设计值之差不得大于0.08g/cm³，且不宜集中。设计干密度由设计方提供。

对有密度要求的填方，在夯实或压实之后，要对每层回填土的质量进行检验。一般采用环刀取样测定土的干密度和密实度或用小轻便触控仪直接通过锤击数来检验干密度和密实度，符合设计要求后，才能填筑上层。

(2)一般项目第一项

检查方法：野外鉴别或取样试验。

对填土压实要求不高的填料，可根据设计要求或施工规范的规定，按土的野外鉴别进行判别；对填土压实要求较高的填料，应先按野外鉴别法作初步判别，然后取有代表性的土样进行试验，提出试验报告。

(3)一般项目第二项

施工过程中应检查每层填筑厚度、含水量、压实程度。填筑厚度及压实遍数应根据土质、压实系数及所用机具确定。若无试验依据及设计要求，应符合表2-3的规定。

第三节　桩基础子分部工程

桩基础工程是地基基础分部工程的子分部工程，其可能包括静力压桩、先张法预应力管桩、钢桩、混凝土预制桩和混凝土灌注桩等分项工程。限于篇幅，除“桩基础工程检查验收的一般规定”针对所有的桩外，仅对混凝土灌注桩进行介绍，省略静力压桩、先张法预应力管桩、钢桩、混凝土预制桩等内容。若实际施工中遇到此类问题，可按《建筑地基基础工程施工质量验收规范》中相关内容进行验收。

 一般规定

(1)桩位的放样允许偏差为：群桩 20mm；单排桩 10mm。

(2)桩基工程的桩位验收，除设计有规定外，应按下述要求进行：

①当桩顶设计标高与施工场地标高相同时，或桩基离工结束后，有可能对桩位进行检查时，桩基工程的验收应在离工结束后进行。

②当桩顶设计标高低于施工场地标高，送桩后无法对桩位进行检查时，对打入桩可在每根桩桩顶沉至场地标高时，进行中间验收，待全部桩施工结束，承台或底板开挖到设计标高后，再作最终验收。对灌注桩可对护筒位置做中间验收。

③打(压)入桩(预制混凝土方桩、先张法预应力管桩、钢桩)的桩位偏差，必须符合表 2-5 的规定。斜桩倾斜度的偏差不得大于倾斜角正切值的 15%(倾斜角系桩的纵向中心线与铅垂线间夹角)。

预制桩(钢桩)桩位的允许偏差　　表 2-5

项	项　　目	允许偏差
1	盖有基础梁的桩： (1)垂直基础梁的中心线 (2)沿基础梁的中心线	 $100+0.01H$ $150+0.01H$
2	桩数为 1～3 根桩基中的桩	100
3	桩数为 4～16 根桩基中的桩	1/2 桩径或边长
4	桩数大于 16 根桩基中的桩： (1)最外边的桩 (2)中间桩	 1/3 桩径或边长 1/2 桩径或边长

注：本表摘自《建筑地基基础工程施工质量验收规范》(GB 50202—2002)。

④灌注桩的桩位偏差必须符合表 2-6 的规定，桩顶标高至少要比设计标高高出 0.5m，桩底清孔质量按不同的成桩工艺有不同的要求，应按本章的各节要求执行。每浇筑 $50m^3$ 必须有一组试件，小于 $50m^3$ 的桩，每根桩必须有 1 组试件。

灌注桩的平面位置和垂直度的允许偏差　　表 2-6

序号	成孔方法		桩径允许偏差(mm)	垂直度允许偏差(%)	桩位允许偏差(mm)	
					1～3 根、单排桩基垂直于中心线方向和群桩基础的边桩	条形桩基沿中心线方向和群桩基础的中间桩
1	泥浆护壁钻孔桩	D≤1000mm	±50	<1	D/6，且不大于 100	D/4，且不大于 150
		D>1000mm	±50		100+0.01H	150+0.01H
2	套管成孔灌注桩	D≤500mm	−20	<1	70	150
		D>500mm			100	150
3	干成孔灌注桩		−20	<1	70	150
4	人工挖孔桩	混凝土护壁	+50	<0.5	50	150
		钢套管护壁	+50	<1	100	200

注：1. 桩径允许偏差的负值是指个别断面。
2. 采用复打、反插法施工的桩，基桩径允许偏差不受上表限制。
3. H 为施工现场地面标高与桩顶设计标高的距离，D 为设计桩径。
4. 本表摘自《建筑地基基础工程施工质量验收规范》(GB 50202—2002)。

⑤工程桩应进行承载力检验。对于地基基础设计等级为甲级或地质条件复杂、成桩重量可靠性低的灌注桩，应采用静载荷试验的方法进行检验，检验桩数不应少于总数的 1%，且不应少于 3 根，当总桩数少于 50 根时，不应少于 2 根。

⑥桩身质量应进行检验。对设计等级为甲级或地质条件复杂、成检质量可靠性低的灌注桩，抽检数量不应少于总数的 30%，且不应少于 20 根；其他桩基工程的抽检数量不应少于总数的 20%，且不应少于 10 根；对混凝土预制桩及地下水位以上且终孔后经过核验的灌注桩，检验数量不应少于总桩数的 10%，且

不得少于10根。每个柱子承台下不得少于1根。

⑦对砂、石子、钢材、水泥等原材料的质量、检验项目、批量和检验方法，应符合国家现行标准的规定。

⑧除上述⑤、⑥条规定的主控项目外，其他主控项目应全部检查，对一般项目，除已明确规定外，其他可按20%抽查，但混凝土灌注桩应全部检查。

⑨桩基础验收时应包括下列资料：工程地质勘察报告、桩基施工图、图纸会审纪要、设计变更单及材料代用通知单等；经审定的施工组织设计、施工方案及执行中的变更情况；桩位测量放线图，包括工程桩位线复核签证单；成桩质量检查报告；单桩承载力检测报告；基孔挖至设计标高的基桩竣工平面图及桩顶标高图。

混凝土灌注桩（钢筋笼、桩身）分项工程

1.检验规定

(1)施工前应对水泥、砂、石子(如现场搅拌)、钢材等原材料进行检查，对施工组织设计中制定的施工顺序、监测手段(包括仪器、方法)也应检查。

混凝土灌注桩的质量检验应较其他桩种严格，这是工艺本身要求，再则工程事故也较多，因此，对监测手段要事先落实。

(2)施工中应对成孔、清渣、放置钢筋笼、灌注混凝土等进行全过程检查，人工挖孔桩尚应复验孔底持力层土(岩)性。嵌岩桩必须有桩端持力层的岩性报告。

(3)施工结束后，应检查混凝土强度，并应做桩体质量及承载力的检验。

2.混凝土灌注桩分项工程检验批的质量检验

在实际施工中，由于混凝土灌注桩设有钢筋笼，需要对钢筋笼进行验收，故形成两个检验批；同时，检验批的划分还要考虑分段施工、桩种类大小的不同等因素影响，所以混凝土灌注桩分项工程在实际施工中可能会形成多个检验批。

混凝土灌注桩的质量检验包括钢筋笼和混凝土桩身两部分，各自形成一个检验批。

(1)混凝土灌注桩钢筋笼检验批的质量检验

混凝土灌注桩钢筋笼检验批的质量检验标准和检验方法应符合表2-7的规定。

混凝土灌注桩钢筋笼检验批的质量检验标准　　表 2-7

项	序	检查项目	允许偏差或允许值	检查方法	检 查 数 量
主控项目	1	主筋间距	±10	用钢尺量	全数检查
	2	长度	±100		
一般项目	1	钢筋材质检验	设计要求	抽样送检	按进场的批次和产品的抽样检验方案确定
	2	箍筋间距	±20	用钢尺量	抽 20%桩数
	3	直径	±10		

关于混凝土灌注桩钢筋笼检验批质量检验的说明：

①主控项目第一项

可随机抽查两端及中间，取其平均值，并和设计值比较。

主筋净距必须大于混凝土粗骨料粒径 3 倍以上，当因设计含钢量大而不能满足时，应通过设计调整钢筋直径加大主筋之间净距，以确保混凝土灌注时达到密实的要求；加劲箍宜设在主筋外侧，主筋不设弯钩，必须设变钩时，弯钩不得向内圆伸露，以免钩住灌注导管，妨碍导管正常工作；沉放钢筋笼前，在预制笼上套上或焊上主筋保护层垫块或耳环，使主筋保护层偏差符合以下规定：

水下浇筑混凝土桩　±20mm

非水下浇筑混凝土桩　±10mm

②主控项目第二项

分节制作的钢筋笼，主筋接头宜用焊接，由于在灌注桩孔口进行焊接口能做单面焊，搭接长度按 $10d$ 留足。

③一般项目第二项

箍筋采用 ϕ6～8@200～300mm，宜采用螺旋式箍筋；受水平荷载较大的桩基和抗震桩基，桩顶 3～5d 范围内箍筋应适当加密；当钢筋笼长度超过 4m 时，应每隔 2m 左右设一道 ϕ12～18 焊接加劲箍筋。

④一般项目第三项

钢筋笼的内径应比导管接头处的外径大 100mm 以上；安放要对准孔位，避免碰撞孔壁，就位后应立即固定。

(2)混凝土灌注桩检验批的质量检验

混凝土灌注桩检验批的质量检验标准和检验方法应符合表 2-8 的规定。

混凝土灌注桩检验批质量检验标准　　表 2-8

项	序	检查项目	允许偏差或允许值		检查方法	检查数量
			单位	数值		
主控项目	1	桩位	见表 2-6		基坑开挖前量护筒，开挖后量桩中心	全数检查
	2	孔深	mm	+300	只深不浅，用重锤测，或测钻杆、套管长度，嵌岩桩应确保进入设计要求的嵌岩深度	
	3	桩体质量检验	按基桩检测技术规范。如钻芯取样，大直径嵌岩桩应钻至桩尖下50cm		按基桩检测技术规范	按设计要求
	4	混凝土强度	设计要求		试件报告或钻芯取样送检	每浇筑 $50m^2$ 必须有 1 组试件，小于 $50m^3$ 的桩，每根或每台班必须有 1 组试件
	5	承载力	按基桩检测技术规范		按基桩检测技术规范	按设计要求
一般项目	1	垂直度	见表 2-6		测套管或钻杆，或用超声波探测，干施工时吊垂球	全数检查
	2	桩径	见表 2-6		井径仪或超声波检测，干施工时用钢尺量，人工挖孔桩不包括内衬厚度	
	3	泥浆比重（黏土或砂性土中）	1.15～1.20		用比重计测，清孔后在距孔底 50cm 处取样	
	4	泥浆面标高（高于地下水位）	m	0.5～1.0	目测	
	5	沉渣厚度：端承桩 摩擦桩	mm mm	≤50 ≤150	用沉渣仪或重锤测量	

续上表

项	序	检查项目	允许偏差或允许值		检查方法	检查数量
			单位	数值		
一般项目	6	混凝土坍落度：水下灌注 干施工	mm mm	160～220 70～100	坍落度仪	每 $50m^3$ 或一根桩或一台班不少于1次
	7	钢筋笼安装深度	mm	±100	用钢尺量	全数检查
	8	混凝土充盈系数	>1		检查每根桩的实际灌注量	
	9	桩顶标高	mm	+30 −50	水准仪，需扣除桩顶浮浆层及劣质桩体	

关于混凝土灌注桩检验批质量检验的说明：

①主控项目第二项

摩擦型桩以设计桩长控制成孔深度；端承摩擦型桩以设计桩长控制成孔深度为主，贯入度为辅，端承桩当采用钻（冲）、挖掘成孔时，以设计桩长为主；当采用锤击沉管法成孔时，以贯入度为主。

②主控项目第三项

检查方法：采用（低应变）动测法等方法；检查数量：设计等级为一级或地区条件复杂下抽30%且不少于20根。其他情况抽20%且不少于10根。每根柱子承台下不少于1根。

当桩身完整性差的比例较高时，应扩大检验比例甚至100%检验。

③主控项目第五项

检查方法：可采用静载或大应变检测；检查数量：按设计要求。

④一般项目第五项

沉渣厚度应在钢筋笼放入后，混凝土浇筑前测定，成孔结束后，放钢筋笼、混凝土导管都会造成土体跌落，增加沉渣厚度，因此，沉渣厚度应是二次清孔后的结果。沉渣厚度的检查目前均用重锤，但因人为因素影响很大，应专人负责，用专一的重锤，有些地方用较先进的沉渣仪，这种仪器应预先做标定。人工挖孔桩一般对持力层有要求，而且到孔底察看土性是有条件的。

⑤一般项目第八项

检查方法：检查每根桩的实际灌注量，查施工记录。

第四节 地下防水子分部工程

地下防水工程是指对工业与民用建筑地下工程、防护工程等建筑物，进行防水设计、防水施工和维护管理等各项技术工作的工程实体。地下防水工程的质量验收，应按现行国家标准《地下防水工程质量验收规范》(GB 50208—2002)和"统一标准"进行。本节主要根据"统一标准"和《地下防水工程质量验收规范》(GB 50208—2002)进行编写。

地下防水子分部工程所包括的分项工程较多，本章仅介绍地下建筑防水工程中的防水混凝土、卷材防水层和细部构造等分项工程，其他分项工程的验收应按《地下防水工程质量验收规范》(GB 50208—2002)有关要求进行。

 地下防水工程质量验收的基本规定

1. 地下防水工程的防水等级

地下工程的防水等级分为 4 个等级，各级标准应符合表 2-9 的规定。

地下工程防水等级标准　　表 2-9

防水等级	标　准
1 级	不允许渗水，结构表面无湿渍
2 级	不允许漏水，结构表面可有少量湿渍 工业与民用建筑：湿渍总面积不大于总防水面积的 1‰，单个湿渍面积不大于 $0.1m^2$，任意 $100m^2$ 防水面积不超过 1 处 其他地下工程：湿渍总面积不大于总防水面积的 6‰，单个湿渍面积不大于 $0.2m^2$，任意 $100m^2$ 防水面积不超过 4 处
3 级	有少量漏水点，不得有线流和漏泥沙 单个湿渍面积不大于 $0.3m^2$，单个漏水点的漏水量不大于 2.5L/d，任意 $100m^2$ 防水面积不超过 7 处
4 级	有漏水点不得有线流和漏泥沙 整个工程平均漏水量不大于 $2L/m^2 \cdot d$，任意 $100m^2$ 防水面积的平均漏水量不大于 $4L/m^2 \cdot d$

注：本表摘自《地下防水工程质量验收规范》(GB 50208—2002)。

本条文时根据国内工程调查资料，结合地下工程不同要求和我国地下实际情况，按不同渗漏水量的指标将地下工程防水划分为四个等级。

2. 地下工程防水等级设防要求

地下工程的防水设防要求，应按表 2-10 和表 2-11 选用。

明挖法地下工程防水设防　　表 2-10

工程部位		主体						施工缝					后浇带				变形缝、诱导缝						
防水措施		防水混凝土	防水砂浆	防水卷材	防水涂料	塑料防水板	金属板	遇水膨胀止水条	中埋式止水带	外贴式止水带	外抹防水砂浆	外涂防水涂料	膨胀混凝土	遇水膨胀止水条	外贴式止水带	防水嵌缝材料	中埋式止水带	外贴式止水带	可卸式止水带	防水嵌缝材料	外贴防水卷材	外涂防水涂料	遇水膨胀止水条
防水等级	1级	应选	应选一至二种					应选二种					应选	应选二种			应选	应选二种					
	2级	应选	应选一种					应选一至二种					应选	应选一至二种			应选	应选一至二种					
	3级	应选	宜选一种					宜选一至二种					应选	宜选一至二种			应选	宜选一至二种					
	4级	宜选	—					宜选一种					应选	宜选一种			应选	宜选一种					

注：本表摘自《地下防水工程质量验收规范》(GB 50208—2002)。

暗挖法地下工程防水设防　　表 2-11

工程部位		主体				内衬砌施工缝					内衬砌变形缝、诱导缝				
防水措施		复合式衬砌	离壁式衬砌、衬套	贴壁式衬砌	喷射混凝土	外贴式止水带	遇水膨胀止水条	防水嵌缝材料	中埋式止水带	外涂防水涂料	中埋式止水带	外贴式止水带	可卸式止水带	防水嵌缝材料	遇水膨胀止水条
防水等级	1级	应选一种			—	应选二种					应选	应选二种			
	2级	应选一种			—	应选一至二种					应选	应选一至二种			
	3级	—	应选一种			宜选一至二种					应选	宜选一种			
	4级	—	应选一种			宜选一种					应选	宜选一种			

注：本表摘自《地下防水工程质量验收规范》(GB 50208—2002)。

本条规定了地下工程的防水应包括两个部分内容，一是主体防水；二是细部构造防水。目前，主体采用防水混凝土结构自防水的效果尚好，而细部构造（施工缝、变形缝、后浇带、诱导缝）的渗漏水现象最为普遍，工程界有所谓“十缝九漏”之称。明挖法施工时，不同防水等级的地下工程防水设防，对主体防水“应”或“宜”采用防水混凝土。当工程的防水等级为1～3级时，还应在防水混凝土的黏结表面增设一至两道其他防水层，称为“多道设防”。

3. 施工前应做好的准备工作

地下防水工程施工前，施工单位应进行图纸会审，掌握工程主体及细部构造的防水技术要求，并编制防水工程的施工方案。

通过图纸会审，施工单位既要对设计质量把关，又要掌握地下工程防水构造设计的要点，施工前还应有针对性的确保防水工程质量的施工方案和技术措施。

施工单位对地下防水工程的各工序应按企业标准进行质量控制，编制防水工程的施工方案或技术措施。

4. 工序的控制

地下防水工程的施工，应建立各道工序的自检、交接检和专职人员检查的“三检”制度，并有完整的检查记录。未经建设（监理）单位对上道工序的检查确认，不得进行下道工序的施工。

施工过程中建立工序质量的自查、核查和交接检查制度，是实行施工质量过程控制的根本保证。上道工序完成后，应经完成方与后续工序的承接方共同检查并确认，方可进行下一工序的施工。本条规定工序或分项工程的质量验收，应在操作人员自检合格的基础上，进行工序之间的交接检和专职质量人员的检查，检查结果应有完整的记录，然后由监理工程师代表建设单位进行检查和确认。

5. 专业防水资质要求

地下防水工程必须由相应资质的专业防水队伍进行施工；主要施工人员应持有建设行政主管部门或其指定单位颁发的执业资格证书。

防水作业是保证地下防水工程质量的关键。目前我国一些地区由于使用不懂防水技术的农村副业队或新工人进行防水作业，造成了工程渗漏的严重后果。故强调必须建立具有相应资质的专业防水施工队伍，施工人员必须经过理论与实际施工操作的培训，并持有建设行政主管部门或其指定单位颁发的执业资格证书或上岗证。

6. 原材料质量

地下防水工程所使用的防水材料，应有产品的合格证书和性能检测报告，材料的品种、规格、性能等应符合现行国家产品标准和设计要求。

对进场的防水材料应按本规范附录 A 和附录 B 的规定抽样复验，并提出试验报告；不合格的材料不得在工程中使用。

本条明确规定防水工程所使用的防水材料，必须经过各级法定检测部门进行抽样检验，并出具产品质量检验报告。其目的是控制进入市场的材料，保证材料的品种、规格、性能等符合国家标准或行业标准的要求。

对进入现场的材料还应按以上各条的规定进行抽样复试。如发现不合格的材料进入现场，应责令其清退出场，决不允许使用到工程上。

为了做到建设工程质量检测工作的科学性、公正性和正确性，根据建设部建监(1996)488 号《关于加强工程质量检测工作的若干意见》的要求，进场的主要建筑材料应由建设单位认可的见证人员与施工人员共同取样，并送至有资质的试验室进行试验，实行见证取样、送样制度。

7. 地下水位的控制

地下防水工程施工期间，明挖法的基坑以及暗挖法的竖井、洞口，必须保持地下水位稳定在基底 0.5m 以下，必要时应采取降水措施。

进行防水结构或防水层施工，现场应做到无水、无泥浆，这是保证地下防水工程施工质量的一个重要条件。因此，在地下防水工程施工期间必须做好周围环境的排水和降低地下水位的工作。

排除基坑周围的地面水和基坑内的积水，以便在不带水和泥浆的基坑内进行施工。排水时应注意避免基土的流失，防止因改变基底的土层构造而导致地面沉陷。

为了确保地下防水工程的施工质量，明确规定地下水位要求降低至防水工程底部最低高程以下 0.5m 的位置，并应保持已降地下水位至整个防水工程完成。

8. 环境气温条件的要求

地下防水工程的防水层，严禁在雨天、雪天和五级风及其以上时施工，其施工环境气温条件宜符合表 2-12 的规定。

防水层施工环境气温条件 表 2-12

防水层材料	施工环境气温
高聚物改性沥青防水卷材	冷粘法不低于 5℃，热溶法不低于－10℃
合成高分子防水卷材	冷粘法不低于 5℃，热风焊接法不低于－10℃
有机防水涂料	溶剂型－5～35℃，水溶性 5～35℃
无机防水涂料	5～35℃
防水混凝土、水泥砂浆	5～35℃

注：本表摘自《地下防水工程质量验收规范》(GB 50208—2002)。

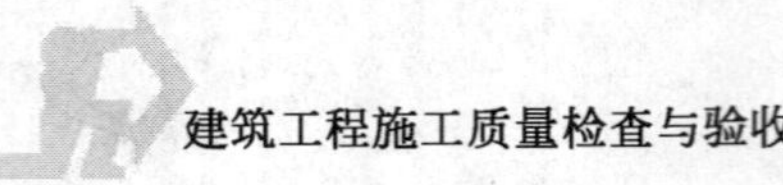

在地下工程的防水层施工时，气候条件对其影响是很大的。雨天施工会使基层含水率增大，导致防水层黏结不牢；气温过低时铺贴卷材，易出现开卷时卷材发硬、脆裂，严重影响防水层质量；低温涂刷涂料，涂层易受冻且不成膜；五级风以上进行防水层施工操作，难以确保防水层质量和人身安全。故本条根据不同的材料性能及施工工艺分别规定了适于施工的环境气温。

9.分项工程的划分

地下防水工程是一个子分部工程，其分项工程的划分应符合表 2-13 的要求。

地下防水工程的分项工程　　表 2-13

子分部工程	分 项 工 程
地下防水工程	地下建筑防水工程：防水混凝土，水泥砂浆防水层，卷材防水层，涂料防水层，塑料板防水层，金属板防水层，细部构造
	特殊施工法防水工程：锚喷支护，地下连续墙，复合式衬砌，盾构法隧道
	排水工程：渗排水、盲沟排水，隧道、坑道排水
	注浆工程：预注浆、后注浆，衬砌裂缝注浆

注：本表摘自《地下防水工程质量验收规范》(GB 50208—2002)。

10.地下防水工程的验收

地下防水工程应按工程设计的防水等级标准进行验收。

 防水混凝土分项工程

1.防水混凝土分项工程验收的一般规定

(1)本节适用于防水等级为 1～4 级的地下整体式混凝土结构。

不适用环境温度高于 80℃ 或处于侵蚀系数(耐侵蚀系数是指在侵蚀性中养护 6 个月的混凝土试块的抗折强度与在饮用水中养护 6 个月的混凝土试块的抗折强度之比)小于 0.8 的侵蚀性介质中使用的地下工程。

在明挖法地下整体式混凝土主体结构设防中，防水混凝土是一道重要防线，也是做好地下防水工程的基础。因此在 1～3 级地下防水工程中，防水混凝土是应选的防水措施，在 4 级地下防水工程中则作为宜选的防水措施。

在常温下具有较高抗渗性的防水混凝土，其抗渗性随着环境温度的提高而降低。当温度为 100℃ 时，混凝土抗掺性约降低 40%，200℃ 时约降低 60% 以上。

(2)防水混凝土所用的材料应符合下列规定：

①水泥品种应按设计要求选用，其强度等级不应低于 32.5 级，不得使用过期或受潮结块水泥。

为确保防水混凝土的抗渗等级及抗压强度，规定水泥强度等级不应低于 32.5 级。

防水混凝土不应使用过期水泥或由于受潮而成团结块的水泥，否则将由于水化不完全而大大影响混凝土的抗渗性和强度。

②碎石或卵石的粒径宜为 5～40mm，含泥量不得大于 1.0%，泥块含量不得大于 0.5%。

③砂宜用中砂，含泥量不得大于 3.0%，泥块含量不得大于 1.0%。

粗、细骨料的含泥量多少，直接影响防水混凝土的质量，尤其对抗渗性影响较大。

④拌制混凝土所用的水，应采用不含有害物质的洁净水。

⑤外加剂的技术性能，应符合国家或行业标准一等品及以上的质量要求。

外加剂对提高防水混凝土的性能极有好处。

⑥粉煤灰的级别不应低于二级，掺量不宜大于 20%；硅粉掺量不应大于 3%，其他掺和料的掺量应通过试验确定。

(3)防水混凝土的配合比应符合下列规定：

①试配要求的抗渗水压值应比设计值提高 0.2MPa。

考虑到施工现场与试验室条件的差别，试验室配制的防水混凝土其抗渗水压值应比设计要求提高 0.2MPa，以利于保证施工质量和混凝土的防水性。

②水泥用量不得少于 $300kg/m^3$；掺有活性掺和料时，水泥用量不得少于 $280kg/m^3$。

适宜的水泥用量和砂率能使混凝土中的水泥砂浆的数量和质量达到最高的水平，从而获得良好的抗渗性，反之，水泥用量过小，拌和物黏滞性差，容易出现分层离析及其他施工质量问题；如果水泥用量过大，则水化热高、增加混凝土收缩而且不经济。据现场调查及试验研究结果表明，当最小水泥用量为 $300kg/m^3$ 时，混凝土的配合比合适，其抗渗等级可以达到大于 P8 的要求。

③砂率宜为 35%～45%，灰砂比宜为 1∶2～1∶2.5。

砂率和灰砂比对抗渗性有明显影响。如灰砂比偏大(1∶1～1∶1.5)即砂率偏低时，由于砂子数量不足而水泥和水的含量高，混凝土往往出现不均匀及收缩大的现象，混凝土抗渗性较差；如灰砂比偏小(1∶3)即砂率偏高时，由于砂子过多，拌和物干涩而缺乏黏结能力，混凝土密实性差，抗渗能力下降。因此，只有当

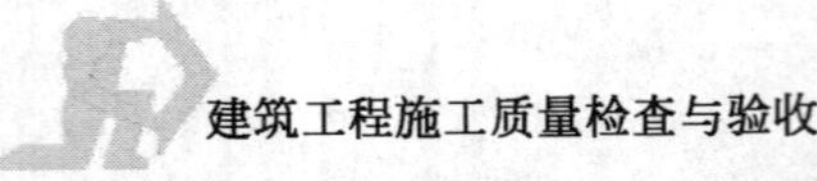

水泥与砂的用量即灰砂比为1∶2～1∶2.5时最为适宜。

④水灰比不得大于0.55。

拌和物的水灰比对硬化时混凝土空隙率大小、数量起决定性作用，直接影响混凝土的结构密实性。水灰比越大，混凝土中多余水分蒸发后，形成孔径为50～150μm的毛细管，这些孔隙是造成混凝土渗漏水的主要原因。

⑤普通防水混凝土坍落度不宜大于50mm，泵送时入泵坍落度宜为100～140mm。

(4)混凝土拌制和浇筑过程控制应符合下列规定：

①拌制混凝土所用材料的品种、规格和用量，每工作班检查不应少于两次。每盘混凝土各组成材料计量结果的偏差应符合表2-14的规定。

混凝土组成材料计量结果的允许偏差(%)　　表2-14

混凝土组成材料	每盘计量	累计计量
水泥、掺和料	±2	±1
粗、细骨料	±3	±2
水、外加剂	±2	±1

注：累计计量仅适用于微机控制计量的搅拌站。

②混凝土在浇筑地点的坍落度，每工作班至少检查两次。混凝土的坍落度试验应符合现行《普通混凝土拌合物性能试验方法》(GBJ 80)的有关规定。

混凝土实测的坍落度与要求坍落度之间的偏差应符合表2-15的规定。

混凝土坍落度允许偏差　　表2-15

要求坍落度(mm)	允许偏差(mm)
≤40	±10
50～90	±15
≥100	±20

由于混凝土输送条件和运距的不同，掺入外加剂后引起混凝土的坍落度损失也会不同。规定了坍落度要在浇筑地点检测，以减少和消除上述各种不利因素影响，从而保证混凝土具有良好的施工性能。

(5)防水混凝土抗渗性能，应采用标准条件下养护混凝土抗渗试件的试验结果评定。试件应在浇筑地点制作。

连续浇筑混凝土每500m³应留置一组抗渗试件(一组为6个抗渗试件)，且每项工程不得少于两组。采用预拌混凝土的抗渗试件，留置组数应视结构的规

模和要求而定。

抗渗性能试验应符合现行《普通混凝土长期性能和耐久性能试验方法》(GBJ 82)的有关规定。

随着地下工程规模的日益扩大，混凝土浇筑量大大增加。近十年来地下室3～4层的工程并不罕见，有的工程仅底板面积就可达1万多平方米。如果抗渗试件留设组数过多，必然造成工作量太大、试验设备条件不够、所需试验时间过长；即使试验结果全部得出，也会因不及时而失去了意义，给工程质量造成遗憾。为了比较真实地反映防水工程混凝土质量情况，规定每500m^3留置一组抗渗试件，且每项工程不得少于两组。这个规定较《混凝土结构工程施工质量验收规范》(GB 50204—2002)严格。

(6)防水混凝土的施工质量检验数量，应按混凝土外露面积每100m^2抽查1处，每处10m^2，且不得少于3处；细部构造应按全数检查。

细部构造是地下防水工程渗漏水的薄弱环节。细部构造一般是独立的部位，一旦出现渗漏难以修补，不能以检查的百分率来确定地下防水工程的整体质量，因此施工质量检验时应按全数检查。

2.防水混凝土分项工程检验批的质量检验

防水混凝土分项工程检验批的划分，须根据工程的实际情况进行划分。假定某高层地下室结构，地下室底板和周围地下室墙体混凝土墙都是防水混凝土，按照设计要求，地下室底板和周围地下室墙体分开施工，留设了水平施工缝；又因为建筑物较长，在建筑物的长度方向设置了后浇带(地下室地板没有)。这样防水混凝土分项工程就形成了3个检验批(注意，因设置了后浇带，在此处形成了一个细部构造分项工程)。若设计中地下室底板或周围地下室墙体的混凝土又由不同的抗渗等级组成，检验批的数量还要增加。

对于每一个防水混凝土分项工程检验批的质量检验和检验方法均应符合本表2-16的规定。

防水混凝土分项工程检验批的质量检验标准　　表2-16

项	序	项　目	合格质量标准	检验方法	检查数量
主控项目	1	原材料配合比坍落度	防水混凝土的原材料、配合比及坍落度必须符合设计要求	检查出厂合格证、质量检验报告、计量措施和现场抽样试验报告	按混凝土外露面积每100m^2抽查1处，每处10m^2，且不得少于3处

续上表

项	序	项目	合格质量标准	检验方法	检查数量
主控项目	2	抗压强度、抗渗压力	防水混凝土的抗压强度和抗渗压力必须符合设计要求	检查混凝土抗压、抗渗试验报告	按混凝土外露面积每 $100m^2$ 抽查 1 处，每处 $10m^2$，且不得少于 3 处
	3	细部做法	防水混凝土的变形缝、施工缝、后浇带、穿墙管道、埋设件等设置和构造，均须符合设计要求，严禁有渗漏	观察检查和检查隐蔽工程验收记录	全数检查
一般项目	1	表面质量	防水混凝土结构表面应坚实、平整，不得有露筋、蜂窝等缺陷；埋设件位置应正确	观察和尺量检查	按混凝土外露面积每 $100m^2$ 抽查 1 处，每处 $10m^2$，且不得少于 3 处
	2	裂缝宽度	防水混凝土结构表面的裂缝宽度应不大于 0.2mm，并不得贯通	用刻度放大镜检查	全数检查
	3	防水混凝土结构厚度及迎水面钢筋保护层厚度	防水混凝土结构厚度应不小于 250mm，其允许偏差为 +15mm、−10mm；迎水面钢筋保护层厚度应不小于 50mm，其允许偏差为 ±10mm	尺量检查和检查隐蔽工程验收记录	按混凝土外露面积每 $100m^2$ 抽查 1 处，每处 $10m^2$，且不得少于 3 处

关于防水混凝土分项工程检验批质量检验的说明：

(1)主控项目第一项

防水混凝土包括普通防水混凝土、外加剂或掺和料防水混凝土和膨胀水泥防水混凝土三大类。各种混凝土的原材料、配合比及坍落度必须符合设计要求。施工之前应检查产品的合格证书和性能检验报告并抽样复验，施工过程中应检查混凝土拌制时的计量措施。

目前，大、中城市已大量使用预拌混凝土，原材料的质量控制和计量控制完全由预拌混凝土厂家决定，当预拌混凝土运到施工现场时，应进行坍落度检验并抽样做强度试验和抗渗试验。特别应引起重视的是地下室防水混凝土裂缝问题，很多情况下与预拌混凝土所用外加剂有关，因此当选择预拌厂家时，应对混凝土的质量有约定，以便分清责任。

(2)主控项目第二项

防水混凝土与普通混凝土配制原则不同，普通混凝土是根据所需强度要求进行配制，而防水混凝土则是根据工程设计所需抗渗等级要求进行配制。通过调整配合比，使水泥砂浆除满足填充和黏结石子骨架作用外，还在粗骨料周围形成一定数量良好的砂浆包裹层，从而提高混凝土抗渗性。

作为防水混凝土首先满足设计的抗渗等级要求，同时适应强度要求。一般能满足抗渗要求的混凝土，其抗压强度往往会超过设计要求。

在检查时，既要检查混凝土抗压强度，也要检查混凝土的抗渗试验。

(3)主控项目第三项

①变形缝应考虑工程结构的沉降、伸缩的可变性，并保证其在变化中的密闭性，不产生渗漏现象。变形缝处混凝土结构的厚度不应小于 300mm，变形缝的宽度宜为 20～30mm。全埋式地下防水工程的变形缝应为环状；半地下防水工程的变形缝应为 U 字形，U 字形变形缝的设计高度应超出室外地坪 150mm 。

②防水混凝土的施工应不留或少留施工缝，底板的混凝土应连续浇筑。墙体上不得留垂直施工缝，垂直施工缝应与变形缝相结合。最低水平施工缝距底板面应不小于 300mm，距墙孔洞边缘应不小于 300mm，并避免设在墙板承受弯矩或剪力最大的部位。

③后浇带是一种混凝土刚性接缝，适用于不宜设置柔性变形缝以及后期变形趋于稳定的结构。后浇带应采用补偿收缩混凝土，其强度等级不得低于两侧混凝土。

④穿墙管道应在浇筑混凝土前预埋。当结构变形或管道伸缩量较小时，穿墙管可采用主管直接埋入混凝土内的固定式防水法；当结构变形或管道伸缩量较大或有更换要求时，应采用套管式防水法。穿墙管线较多时宜相对集中，采用封口钢板式防水法。

⑤埋设件端部或预留孔(槽)底部的混凝土厚度不得小于 250mm；当厚度小于 250mm 时，应采取局部加厚或加焊止水钢板的防水措施。

(4)一般项目第一项

地下防水工程除主体采用防水混凝土结构自防水外，往往在其结构表面还采用卷材、涂料防水层防水，因此要求结构表面的质量应做到坚实和平整。防水混凝土结构内的钢筋或绑扎铁丝不得触及模板，固定模板的螺栓穿墙结构时必

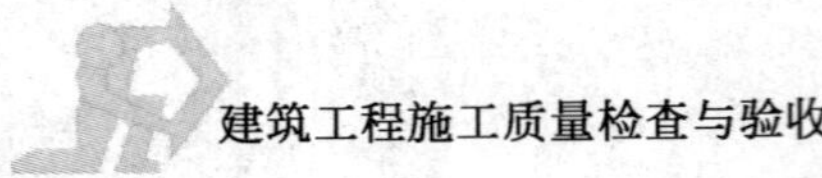

须采取防水措施，避免在混凝土结构内留下渗漏水通路。

（5）一般项目第二项

工程渗漏水的轻重程度主要取决于裂缝宽度和水头压力。当裂缝宽度在0.1～0.2mm、水头压力小于15～20MPa时，一般混凝土裂缝可以自愈。所谓"自愈"现象是当混凝土产生微细裂缝时，体内一部分的游离氢氧化钙被溶出且浓度不断增大，转变成白色氢氧化钙结晶，氢氧化钙和空气中的CO_2发生碳化作用，形成白色碳酸钙结晶沉积在裂缝的内部和表面，最后裂缝全部愈合，使渗漏水现象消失。基于混凝土这一特性，确定地下工程防水混凝土结构裂缝宽度不得大于0.2mm，并不得贯通。

（6）一般项目第三项

①防水混凝土除了要求密实性好、开放孔隙少、孔隙率小以外，还必须具有一定厚度，从而可以延长混凝土的透水通路，加大混凝土的阻水截面，使得混凝土不发生渗漏。综合考虑现场施工的不利条件及钢筋的引水作用等诸因素，防水混凝土结构的最小厚度应不小于250mm，才能抵抗地下压力水的渗透作用。

②钢筋保护层通常是指主筋的保护层厚度。由于地下工程结构的主筋外面还有箍筋。箍筋处的保护层厚度较薄，加之水泥固有收缩的弱点以及使用过程中受到各种因素的影响，保护层处混凝土极易开裂，地下水沿钢筋渗入结构内部，故迎水面钢筋保护层必须具有足够的厚度。

钢筋保护层厚度的确定，结构上应保证钢筋与混凝土的共同作用，在耐久性方面还应防止混凝土受到各种侵蚀而出现钢筋锈蚀等危害。参阅国内外有关文献规范，保护层一般均为50mm左右。

三 地下卷材防水层分项工程

1. 一般规定

（1）适用于受侵蚀性介质或受振动作用的地下工程主体迎水面铺贴的卷材防水层。

地下工程卷材防水层一般采用外防外贴和外防内贴两种施工方法。由于外防外贴法的防水效果优于外防内贴法，所以在施工场地和条件不受限制时一般均采用外防外贴法。

（2）卷材防水层应采用高聚物改性沥青防水卷材和合成高分子防水卷材。所选用的基层处理剂、胶粘剂、密封材料等配套材料，均应与铺贴的卷材材性相容。

目前国内外用的主要卷材品种有：高聚物改性沥青防水卷材，如 SBS、APP 等防水卷材；合成高分子防水卷材有三元乙丙、氯化聚乙烯、聚氯乙烯等防水卷材，该类材料具有延伸率较大、对基层伸缩或开裂变形适应性较强的特点，适用于地下防水施工。

我国化学建材行业发展很快，卷材及胶粘剂种类繁多、性能各异，胶粘剂有溶剂型、水乳型、单组分、多组分等，各类不同的卷材都应有与之配套（相容）的胶粘剂及其他辅助材料。

不同种类卷材的配套材料不能相互混用。否则有可能发生腐蚀侵害或达不到黏结质量标准。

(3)铺贴防水卷材前，应将找平层清扫干净，在基面上涂刷基层处理剂；当基面较潮湿时，应涂刷湿固化型胶粘剂或潮湿界面隔离剂。

(4)防水卷材厚度选用应符合表 2-17 的规定。

防水卷材厚度 表 2-17

<table>
<tr><th>防水等级</th><th>设防道数</th><th>合成高分子防水卷材</th><th>高聚物改性沥青防水卷材</th></tr>
<tr><td>1 级</td><td>三道或三道以上设防</td><td rowspan="2">单层：不应小于 1.5mm；双层：每层不应小于 1.2mm</td><td rowspan="2">单层：不应小于 4mm；双层：每层不应小于 3mm</td></tr>
<tr><td>2 级</td><td>二道设防</td></tr>
<tr><td rowspan="2">3 级</td><td>一道设防</td><td>不应小于 1.5mm</td><td>不应小于 4mm</td></tr>
<tr><td>复合设防</td><td>不应小于 1.2mm</td><td>不应小于 3mm</td></tr>
</table>

确保地下工程在防水层合理使用年限内不发生渗漏，除卷材的材性材质因素外，卷材的厚度应是影响最重要的因素。

表 2-17 是按照我国现时水平和参考国外的资料确定的。卷材的厚度在防水层的施工和使用过程中，对保证地下工程防水质量起到关键作用；同时考虑到人们的踩踏、机具有压扎、穿刺、自然老化等，因此要求卷材应有足够的厚度。

(5)两幅卷材短边和长边的搭接宽度均不应小于 100mm。采用多层卷材时，上下两层和相邻两幅卷材的接缝应错开 1/4 幅宽，且两层卷材不得相互垂直铺贴。

建筑工程地下防水的卷材铺贴方法，主要采用冷粘法和热熔法。底板垫层混凝土平面部位的卷材宜采用空铺法、点粘法或条粘法，其他与混凝土结构相接触的部位应采用满铺法。

为了保证卷材防水层的搭接缝黏结牢固和封闭严密，规定两幅卷材短边和长边的搭接缝宽度均不应小于 100mm，这是根据我国目前地下工程采用的做法及参考国外有关数据而制定的。

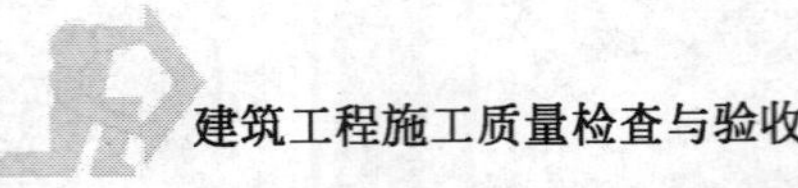

采用多层卷材时，上下两层和相邻两幅卷材的搭接缝应错开 1/3～1/2 幅宽，且两层卷材不得相互垂直铺贴。这是为防止在同一处形成透水通路，导致防水层渗漏水。

(6)冷粘法铺贴卷材应符合下列规定：

①胶粘剂涂刷应均匀，不露底，不堆积。

②铺贴卷材时应控制胶粘剂涂刷与卷材铺贴的间隔时间，排除卷材下面的空气，并辊压黏结牢固，不得有空鼓。

③铺贴卷材应平整、顺直，搭接尺寸正确，不得有扭曲、皱折。

④接缝口应用密封材料封严，其宽度不应小于 10mm。

采用冷粘法铺贴卷材时，胶粘剂的涂刷对保证卷材防水施工质量关系极大；涂刷不均匀、有堆积或漏涂现象，不但影响卷材的黏结力，还会造成材料的浪费。

根据胶粘剂的性能和施工环境要求，有的可能在涂刷后立即黏贴，有的要待溶剂挥发后黏贴，控制胶粘剂涂刷与卷材铺贴的间隔时间尤为重要。

涂满胶粘剂和溢出胶粘剂，才能证明卷材黏结牢固、封闭严密。卷材铺贴后，要求接缝口用 10mm 宽的密封材料封口，以提高防水层的密封抗渗性能。

(7)热熔法铺贴卷材应符合下列规定：

①火焰加热器加热卷材应均匀，不得过分加热或烧穿卷材；厚度小于 3mm 的高聚物改性沥青防水卷材，严禁采用热熔法施工。

②卷材表面热熔后应立即滚铺卷材，排除卷材下面的空气，并辊压黏结牢固，不得有空鼓、皱折。

③滚铺卷材时接缝部位必须溢出沥青热熔胶，并应随即刮封接口使接缝黏结严密。

④铺贴后的卷材应平整、顺直，搭接尺寸正确，不得有扭曲。

对热熔法铺贴卷材的施工，加热时卷材幅宽内必须均匀一致，要求火焰加热器的喷嘴与卷材的距离应适应，加热至卷材表面有光亮黑色时方可进行黏合。若熔化不够会影响卷材接缝的黏结强度和密封性能，加温过高会使改性沥青老化变焦，且把卷材烧穿。

卷材表面层所涂覆的改性沥青热熔胶，采用热熔法施工时容易把胎体增强材料浇坏，严重影响防水卷材的质量。因此对厚度小于 3mm 的高聚物改性沥青防水卷材，做出严禁采用热熔法施工的规定。

(8)卷材防水层完工并经验收合格后应及时做保护层。保护层应符合下列规定：

①顶板的细石混凝土保护层与防水层之间宜设置隔离层。

②底板的细石混凝土保护层厚度应大于50mm。

③侧墙宜采用聚苯乙烯泡沫塑料保护层或砌砖保护墙(边砌边填实)和铺抹30mm厚水泥砂浆。

底板垫层、侧墙和顶板部位卷材防水层,铺贴完成后应做保护层,防止后续施工将其损坏。顶板保护层考虑顶板上部使用机械回填碾压,细石混凝土保护层厚度应大于70mm。

条文中建议保护层与防水层间设置隔离层(如采用干铺油毡),主要是防止保护层伸缩而破坏防水层。

砌筑保护墙过程中,保护墙与侧墙之间会出现一定的空隙,为防止回填土侧压力将保护墙折断而损坏防水层,所以要求保护墙应边砌边将空隙填实。

(9)卷材防水层的施工质量检验数量,应按铺贴面积每100m² 抽查1处,每处10m²,且不得少于3处。

2. 卷材防水层分项工程检验批的质量检验

卷材防水层分项工程检验批可根据建筑物地下室的部位和分段施工的要求划分。对于形成的每一个卷材防水层分项工程检验批,其质量检验标准和检验方法应符合表2-18的规定。

卷材防水层分项工程检验批的质量检验标准 表2-18

项	序	项目	合格质量标准	检验方法	检查数量
主控项目	1	材料要求	卷材防水层所用卷材及主要配套材料必须符合设计要求	检查出厂合格证、质量检验报告和现场抽样试验报告	按铺贴面积每100m² 抽查1处,每处10m²,且不得少于3处
	2	细部做法	卷材防水层及其转角处、变形缝、穿墙管道等细部做法均需符合设计要求	观察检查和检查隐蔽工程验收记录	
一般项目	1	基层	卷材防水层的基层应牢固,基面应洁净、平整,不得有空鼓、松动、起砂和脱皮现象;基层阴阳角处应做成圆弧形	观察检查和检查隐蔽工程验收记录	按混凝土外露面积每100m² 抽查1处,每处10m²,且不得少于3处
	2	搭接缝	卷材防水层的搭接缝应粘(焊)结牢固,密封严密,不得有皱折、翘边和鼓泡等缺陷	观察检查	

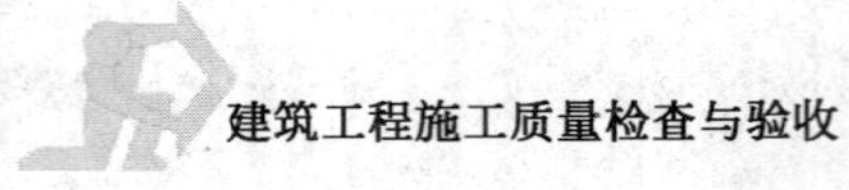

续上表

项	序	项　　目	合格质量标准	检验方法	检查数量
一般项目	3	保护层	侧墙卷材防水层的保护层与防水层应黏结牢固，结合紧密、厚度均匀一致	观察检查	按混凝土外露面积每 $100m^2$ 抽查 1 处，每处 $10m^2$，且不得少于 3 处
	4	卷材搭接宽度的允许偏差	卷材搭接宽度的允许偏差为－10mm	观察和尺量检查	

关于卷材防水层分项工程检验批质量检验的说明：

(1)主控项目第一项

卷材防水层应采用高聚物改性沥青防水卷材和合成高分子防水卷材。高聚物改性沥青防水卷材应符合国标《弹性体沥青防水卷材》(GB 18242—2000)、《塑性体沥青防水卷材》(GB 18243—2000)和行标《改性沥青聚乙烯胎防水卷材》(JC/T 633—1996)的要求。国内合成高分子防水卷材的种类很多，产品质量应符合国标《高分子防水材料》(第一部分片材)(GB 18173.1—2000)的要求。

(2)主控项目第二项

地下工程的防水设防要求，应根据使用功能、结构型式、环境条件、施工方法及材料性能等因素合理确定。按设防要求的规定进行地下工程构造防水设计，设计人员应绘出大样图或指定采用建筑标准图集的具体做法。转角处、变形缝、穿墙管道等处是防水薄弱环节，施工较为困难。为保证防水的整体效果，对上述细部做法必须严格操作和加强检查，在隐蔽之前应检查并做记录，在检验批验收时，除观察检查外还应检查隐蔽工程验收记录。

(3)一般项目第一项

实践证明，只有基层牢固和基层面干燥、清洁、平整，方能使卷材与基层面紧密粘贴，保证卷材的铺贴质量。

基层的转角处是防水层应力集中的部位，由于高聚物改性沥青卷材和合成高分子卷材的柔性好且卷材厚度较薄，因此防水层的转角处圆弧半径可以小些。具体地讲，转角处圆弧半径为：高聚物改性沥青卷材不应小于 50mm，合成高分子卷材不应小于 20mm。

(4)一般项目第二项

卷材铺贴根据不同的使用功能和平面部位可采用满粘法，也可采用空铺法、点粘法、条粘法。为了保证卷材铺贴搭接宽度、位置准确和长边平直，要求铺贴卷材之前应测放基准线。

冷粘法铺贴卷材时，接缝口应用材性相容的密封材料封严，其宽度不应小于10mm；热熔法铺贴卷材时，接缝部位必须溢出沥青热熔胶，并应随即刮封接口使接缝黏结严密。

(5)一般项目第三项

本项规定卷材保护层与防水层应黏结牢靠、结合紧密、厚度均匀一致的要求是针对主体结构侧墙采用聚苯乙烯泡沫保护层或砌砖保护墙(边砌边填实)和铺抹水泥砂浆时提出来的。

(6)一般项目第四项

卷材铺贴前，施工单位应根据卷材搭接宽度和允许偏差，在现场弹线作为标准控制施工质量。

四 地下防水细部构造分项工程

1.细部构造的一般规定

(1)适用于防水混凝土结构的变形缝、施工缝、后浇带、穿墙管道、埋设件等细部构造。

地下工程设置变形缝的目的，是在工程伸缩、沉降变形条件下使结构不致损坏。因此，变形缝防水设计首先要满足密封防水，以适应变形的要求。用于伸缩的变形缝宜不设或少设，可根据不同的工程结构类别及工程地质情况采用诱导缝或后浇带等措施。

(2)防水混凝土结构的变形缝、施工缝、后浇带等细部构造，应采用止水带、遇水膨胀橡胶腻子止水条等高分子防水材料和接缝密封材料。

地下工程设置封闭严密的变形缝，变形缝的构造应以简单可靠、易于施工为原则。选用变形缝的构造形式和材料时，应根据工程特点、地基或结构变形情况以及水压、水质影响等因素，适应防水混凝土结构的伸缩和沉降的需要，并保证防水结构不破坏。对水压大于0.3MPa、变形量为20～30mm、结构厚度≥300mm的变形缝，应采用中埋式橡胶止水带；对环境温度高于50℃、结构厚度≥30mm的变形缝可采用2mm厚的紫铜片或3mm厚的不锈钢等金属止水带，其中间呈圆弧形。

由于变形缝是防水薄弱环节，成为地下工程渗漏的通病之一。因此，根据《地下防水工程质量验收规范》(GB 50208—2002)第3.0.2条(本节基本规定第二条)的规定。对变形缝的防水措施作了具体的要求。变形缝的复合防水构造，是将中埋式止水带与遇水膨胀橡胶腻子止水条、嵌缝材料复合使用，形成了多道

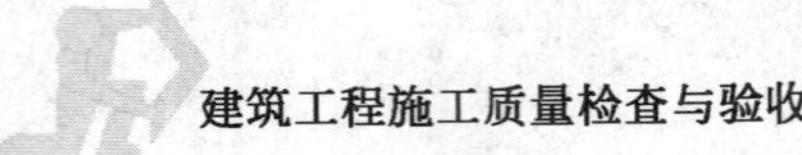

防线。

(3)变形缝的防水施工应符合下列规定:

①止水带宽度和材质的物理性能均应符合设计要求,且无裂缝和气泡。接头应采用热接,不得叠接,接缝平整、牢固,不得有裂口和脱胶现象。

②中埋式止水带中心线应和变形缝中心线重合,止水带不得穿孔或用铁钉固定。

③变形缝设置中埋式止水带时,混凝土浇筑前应校正止水带位置,表面清理干净,止水带损坏处应修补;顶、底板止水带的下侧混凝土应振捣密实,边墙止水带内外侧混凝土应均匀,保持止水带位置正确、平直,无卷曲现象。

④变形缝处增设的卷材或涂料水层,应按设计要求施工。

(4)施工缝的防水施工应符合下列规定:

①水平施工缝浇筑混凝土前,应将其表面浮浆和杂物清除,铺水泥砂浆或涂刷混凝土界面处理剂并及时浇筑混凝土。

②垂直施工缝浇筑混凝土前,应将其表面清理干净,涂刷混凝土界面处理剂并及时浇筑混凝土。

③施工缝采用遇水膨胀橡胶腻子止水条时,应将止水条牢固地安装在缝表面预留槽内。

④施工缝采用中埋止水带时,应确保止水带位置准确、固定牢靠。

墙体留置施工缝时,一般应留在受剪力或弯矩较小处,水平施工缝应高出底板 300mm;拱(扳)墙结合的水平施工缝,应留在拱(板)墙接缝线以下 150～300mm 处。

传统的处理方法是将混凝土施工缝做成凹凸型接缝和阶梯接缝,但接缝处清理困难,不便施工。实践证明这两种方法的效果并不理想,故本条采用了留平缝加设遇水膨胀橡胶腻子止水条或中埋止水带的方法。

施工缝处采用遇水膨胀橡胶腻子止水条时,一是应采取表面涂缓膨胀剂措施,防止由于降雨或施工用水等使止水条过早膨胀;二是应将止水条牢固地安装在缝表面预留槽内。

(5)后浇带的防水施工应符合下列规定:

①后浇带应在其两侧混凝土龄期达到 42d 后再施工。

②后浇带的接缝处理应符合第 4 条施工缝的规定。

③后浇带应采用补偿收缩混凝土,其强度等级不得低于两侧混凝土。

④后浇带混凝土养护时间不得少于 28d。

为防止混凝土由于收缩和温差效应而产生裂缝,一般在防水混凝土结构较长或体积较大时设置后浇带。后浇带的位置应设在受力和变形较小而收缩应力最大的部位，其宽度一般为0.7～1.0m，并可采用垂直平缝或阶梯缝。

后浇带两侧先浇筑的混凝土，龄期达到42d，混凝土得到充分收缩和变形后，采用微膨胀混凝土进行后浇带施工，可以保证后浇筑混凝土具有一定的补偿收缩性能。

(6)穿墙管道的防水施工应符合下列规定：

①穿墙管止水环与主管或翼环与套管应连续满焊，并做好防腐处理。

②穿墙管处防水层施工前，应将套管内表面清理干净。

③套管内的管道安装完毕后，应在两管间嵌入内衬填料，端部用密封材料填缝。柔性穿墙时，穿墙内侧应用法兰压紧。

④穿墙管外侧防水层应铺设严密，不留接茬；增铺附加层时，应按设计要求施工。

(7)埋设件的防水施工应符合下列规定：

①埋设件端部或预留孔(槽)底部的混凝土厚度不得小于250mm，当厚度小于250mm时，必须局部加厚或采取其他防水措施。

②预留地坑、孔洞、沟槽内的防水层，应与孔(槽)外的结构防水层保持连续。

③固定模板用的螺栓必须穿过混凝土结构时，螺栓或套管应满焊止水环或翼环；采用工具式螺栓或螺栓加堵头做法，拆模后应采取加强防水措施将留下的凹槽封堵密实。

(8)密封材料的防水施工应符合下列规定：

①检查黏结基层的干燥程度以及接缝的尺寸，接缝内部的杂物应清除干净。

②热灌法施工应自下向上进行并尽量减少接头，接头应采用斜槎；密封材料熬制及浇灌温度应按有关材料要求严格控制。

③冷嵌法施工应分次将密封材料嵌填在缝内，压嵌密实并与缝壁黏结牢固，防止裹入空气。接头应采用斜槎。

④接缝处的密封材料底部应嵌填背衬材料，外露密封材料上应设置保护层，其宽度不得小于100mm。

背衬材料应填塞在接缝处的密封材料底部，其作用是控制密封材料嵌填深度，预防密封材料与缝的底部黏结而形成三面黏，不至于造成应力集中和破坏密封防水。因此，背衬材料应尽量选择与密封材料不黏结或黏结力弱的材料。背衬材料的形状有圆形、方形或片状，应根据实际需要决定。

密封材料嵌填时，对构造尺寸和形状有一定的要求，未固化的材料不具备一定的弹性，施工中容易碰损而产生塑性变形，故规定应在其上设置宽度不小于

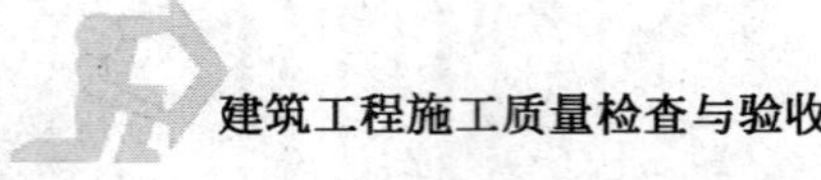

100mm 的保护层。

(9)防水混凝土结构细部构造的施工质量检验应按全数检查。

2. 细部构造分项工程检验批的质量检验

细部构造分项工程检验批可根据建筑物地下室的部位和分段施工的要求划分。对于细部构造分项工程检验批的质量检验标准和检验方法应符合表 2-19 的规定。

细部构造分项工程检验批的质量检验标准 表 2-19

项	序	项目	合格质量标准	检验方法	检查数量
主控项目	1	材料质量	细部构造所用止水带、遇水膨胀橡胶腻子止水条和接缝密封材料必须符合设计要求	检查出厂合格证、质量检验报告和进场抽样试验报告	全数检查
	2	细部构造做法	变形缝、施工缝、后浇带、穿墙管道、埋设件等细部构造做法，均须符合设计要求，严禁有渗漏	观察和检查隐蔽工程验收记录	
一般项目	1	止水带埋设	中埋式止水带中心线应与变形缝中心线重合，止水带应固定牢靠、平直，不得有扭曲现象		
	2	穿墙管止水环加工	穿墙管止水环与主管或翼环与套管应连续满焊，并做防腐处理		
	3	接缝密封材料	接缝处混凝土表面应密实、洁净、干燥；密封材料应嵌填严密、黏结牢固，不得有开裂、鼓泡和下塌现象	观察检查	

关于细部构造分项工程检验批质量检验的几点说明：

(1)主控项目第一项

止水带尺寸允许偏差和物理性能的指标要求依据的是国标《高分子防水材料》(第二部分止水带)(GB 18173.2—2000)。

遇水膨胀橡胶腻子止水条的物理性能指标要求依据的是国标《高分子防水材料》(第三部分遇水膨胀橡胶)(GB 18173.3—2002)。

接缝密封材料的物理性能指标要求依据的是行标《建筑防水沥青嵌缝油膏》(JC/T 207—1996)、《聚氨酯建筑密封膏》(JC/T 482—1992(1996))、《丙烯酸建筑密封膏》(JC/T 484—1992(1996))。

止水带、遇水膨胀橡胶腻子止水条和接缝密封材料进场时应抽样试验,待试验合格后方可使用。

(2)主控项目第二项

参考防水混凝土工程主控项目第三项的有关要求。

(3)一般项目第一项

中埋式止水带施工时常发现止水带的埋设位置不准确,严重时止水带一侧往往折至缝边,根本起不到止水的作用。过去常用铁丝固定止水带,但因铁丝在振捣力的作用下会变形甚至振断,故其效果不佳。止水带端部应先用扁钢夹紧,再将扁钢与结构内的钢筋焊牢,使止水带固定牢靠、平直。

(4)一般项目第三项

在地下工程防水设防中,变形缝除中埋式止水带一道设防外,还应选用遇水膨胀橡胶腻子止水条和防水嵌缝材料。因此,本项对防水混凝土结构的变形缝采用密封材料施工提出了要求.

第五节　分部(子分部)工程质量验收

一 地下防水子分部工程

1. 验收要求

(1)地下防水工程施工应按工序或分项进行验收,构成分项工程的各检验批应符合相应质量标准的规定。

(2)地下防水工程验收文件和记录应按表 2-20 的要求进行。

地下防水工程验收的文件和记录　　表 2-20

序号	项　目	文件和记录
1	防水设计	设计图及会审记录、设计变更通知单和材料代用核定单
2	施工方案	施工方法、技术措施、质量保证措施
3	技术交底	施工操作要求及注意事项

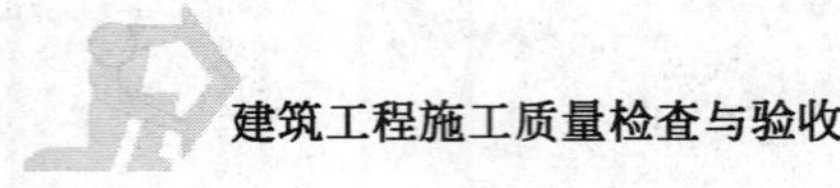

续上表

序号	项　目	文件和记录
4	材料质量证明文件	出厂合格证、产品质量检验报告、试验报告
5	中间检查记录	分项工程质量验收记录、隐蔽工程检查验收记录、施工检验记录
6	施工日志	逐日施工情况
7	混凝土、砂浆	试配及施工配合比，混凝土抗压、抗渗试验报告
8	施工单位资质证明	资质复印证件
9	工程检验记录	抽样质量检验及观察检查
10	其他技术资料	事故处理报告、技术总结

(3)地下防水隐蔽工程验收记录应包括以下主要内容：

①卷材、涂料防水层的基层。

②防水混凝土结构和防水层被掩盖的部位。

③变形缝、施工缝等防水构造的做法。

④管道设备穿过防水层的封固部位。

⑤渗排水层、盲沟和坑槽。

⑥衬砌前围岩渗漏水处理。

⑦基坑的超挖和回填。

(4)地下建筑防水工程的质量要求：

①防水混凝土的抗压强度和抗渗压力必须符合设计要求。

②防水混凝土应密实，表面应平整，不得有露筋、蜂窝等缺陷；裂缝宽度应符合设计要求。

③水泥砂浆防水层应密实、平整、黏结牢固，不得有空鼓、裂纹、起砂、麻面等缺陷；防水层厚度应符合设计要求。

④卷材接缝应黏结牢固、封闭严密，防水层不得有损伤、空鼓、皱折等缺陷。

⑤涂层应黏结牢固，不得有脱皮、流淌、鼓泡、露胎、皱折等缺陷；涂层厚度应符合设计要求。

⑥塑料板防水层应铺设牢固、平整，搭接焊缝严密，不得有焊穿、下垂、绷紧现象。

⑦金属板防水层焊缝不得有裂纹、未熔合、夹渣、焊瘤、咬边、烧穿、弧坑、针状气孔等缺陷；保护涂层应符合设计要求。

⑧变形缝、施工缝、后浇带、穿墙管道等防水构造应符合设计要求。

(5)检查地下防水工程渗漏水量，应符合基本规定第1条地下工程防水等级标准的规定。

(6)地下防水工程验收后,应填写子分部工程质量验收记录,随同工程验收的文件和记录交建设单位和施工单位存档。

2. 分项工程的验收

分项工程质量验收是在各检验批质量验收的基础上验收的,分项工程质量验收记录可按表 1-6 填写,其合格条件为:

(1)分项工程所含检验批均应符合合格质量规定。

(2)分项工程所含检验批质量记录应完整。

3. 子分部工程验收

子分部工程验收程序、合格条件和验收记录可按第一篇有关内容填写。

(1)质量控制资料

按验收要求第 2、3 条检查。

(2)功能检测报告

按国家标准《建筑工程施工质量验收统一标准》(GB 50300—2001)的规定,建筑工程施工质量验收时,对涉及结构安全和使用功能的重要分部(子分部)工程应进行抽样检测。因此,地下防水工程验收时,应检查地下工程有无渗漏现象。检验后应填写安全和功能检验(检测)报告,作为地下防水工程验收的文件和记录之一。

(3)观感质量验收

按本节验收要求中第 4、5 条进行验收。

规定地下建筑防水等工程施工质量的基本要求,主要用于子分部工程验收时进行的观感质量验收。工程观感质量由验收人员通过现场检查,并应共同确认。

 地基基础分部工程

(1)地基与基础分部工程包括无支护土方、有支护土方、地基及基础处理桩基、地下防水、混凝土基础、砌体基础、劲钢(管)混凝土、钢结构基础等子分部工程。这些子分部工程及其分项工程的质量验收标准应符合本章及"主体结构"部分相应项规定。

(2)质量验收的程序与组织应按现行国家标准《建筑工程施工质量验收统一标准》(GB 50300—2001)的规定执行。详见第一篇第二章。

(3)分项工程、分部(子分部)工程质量的验收,均应在施工单位自检合格的

基础上进行。施工单位确认自检合格后提出工程验收申请，工程验收时应提供下列技术文件和记录：

①原材料的质量合格证和质量鉴定文件。

②半成品如预制桩、钢桩、钢筋笼等产品合格证书。

③施工记录及隐蔽工程验收文件。

④检测试验及见证取样文件。

⑤其他必须提供的文件或记录。

(4)地基与基础分部所含分项工程合格标准主控项目应全部合格，一般项目合格数应不低于80%。发现问题应立即处理直至符合要求。试件强度评定不合格或对试件的代表性有怀疑时，应采用钻芯取样的方式进行判定，注意混凝土结构工程中对结构验收的有关规定。

(5)验收前应按表2-21的项目进行检验：

地基与基础工程须检测项目和检测方法 表2-21

项目	方法	备注
基槽检验	触探或野外鉴别	隐蔽验收
土的干密度及含水量	环刀取样等	50～100m²1个点
复合地基竖向增强体及周边土密实度	触探、贯入等及水泥土试块试压	
复合地基承载力	载荷板	
预制打(压)入桩偏差	现场实测	隐蔽验收
灌注桩原材料力学性能、混凝土强度	试验室(力学)试验	原材料含水泥、钢材等。钢筋笼应隐蔽验收
人工挖孔桩桩端持力层	现场静压或取立方体芯样试压	可查3D和5m深范围内不良地质
工程桩身质量检验	钻孔抽芯或声波透射法	不少于总桩10%
工程桩竖向承载力	静载荷试验或大应变检测	详见各分项规定
地下连续墙墙身质量	钻孔抽芯或声波透射	不少于20%槽段数
抗浮锚杆抗拔力	现场拉力试验	不少于3%，且不得少于6根

(6)地基与基础须检测项目见表2-22。

地基与基础检测项目一览表 表 2-22

项目	监测内容	备注
大面积填方(海)等地基处理工程	地面沉降	长期
	土体变形、孔隙水压力	施工中
降水	地下水位变化及对周围环境影响(变形)	施工期间
锚杆	锁定的预应力	不少于 10%且不少于 6 根
基坑开挖	设计要求监测内容(包括支护、坑底、周围环境变形等),参见表 2-23	动态设计信息化施工
爆破开挖	对周围环境的影响	
土石方工程完成后的边坡	水平和竖向位移	变形稳定为止,不少于 3 年
打(压)入桩	垂直度、贯入度(压力)	施工中
挤土桩	土体隆起和位移,邻桩位移及孔隙水压力	施工中
下列建筑物: (1)地基设计等级为甲级。 (2)复合地基或软弱地基上的乙级地基。 (3)如层、扩建。 (4)受邻近深基坑开挖影响或受地下水等环境影响的。 (5)需要积累经验或进行设计反分析的	变形观测	施工期间及使用期间

基坑监测项目按表 2-23 选择。

基坑监测项目选择表 表 2-23

地基基础设计等级 \ 监测项目	支护结构水平位移	监控范围内建(构)筑物沉降与地下管线变形	土方分层开挖标高	地下水位	锚杆拉力	支撑轴力或变形	立柱变形	桩墙内力	基坑底隆起	土体侧向变形	孔隙水压力	土压力
甲级	✓	✓	✓	✓	✓	✓	✓	✓	✓	✓	△	△
乙级	✓	✓	✓	✓	✓	△	△	△	△	△	△	△

注:✓为必测项目;△为宜测项目。

分部(子分部)工程验收质量记录可按第一篇第三章表 1-7 填写。

子分部工程、分部工程质量验收记录和填写范例见表 2-147、表 2-148。

小知识

北京市优质工程奖——长城杯

北京市长城杯优质工程质量奖是北京市建筑行业设置的最高奖项。该奖分为建筑长城杯和结构长城杯。

1996 年,市建委印发了《北京市优质工程评审管理办法》,规定将原在竣工工程中评选的市优质样板工程奖,提升为评审竣工长城杯工程质量奖项。并批准成立了北京市优质工程评审委员会,该委员会的评优办公室设在协会。

1997 年 7 月,市建委决定提高全市建设工程结构质量,责成协会增评结构长城杯工程质量奖项。同年,印发了《结构长城杯工程评审补充细则》。北京建筑业突出结构工程质量是建设工程质量之本的主题,改变了历年仅围绕竣工工程开展创优、评优活动的传统做法。

2002 年 7 月,市建委规定市工程建设质量管理协会不再承担评审市政和装饰两个专业优质工程,仅负责评审建筑长城杯工程。协会为引导创长城杯活动持续深入发展和增强评审工作透明度,在 9 月编写出《北京市建筑长城杯工程评审管理办法》文稿,报请市建委批准颁发实施。并于年底编制出建筑结构和竣工长城杯工程两项《质量评审标准》,由市建委按北京市地方标准颁发实施。

第二章
主体结构分部工程

【职业能力目标】

学完本章,你应会:

1.结合工程实际情况,正确地划分主体分部工程所含的分项工程和分项工程检验批。

2.对混凝土结构工程、砌体工程等子分部工程所包含的分项工程检验批,针对主控项目和一般项目的检验标准,能组织检查或验收,评定或认定该检验批项目的质量。

3.能进行主体结构分部(子分部)工程的质量验收,正确判定该分部(子分部)是否合格。钢结构、木结构子分部工程除外。

【学习要求】

1.了解钢结构子分部工程质量验收的基本规定。

2.掌握混凝土结构工程、砌体工程等施工质量验收的基本规定。

3.熟悉常见的混凝土结构工程、砌体工程等子分部工程所含的分项工程检验批主控项目和一般项目的验收标准;熟悉主体结构工程分部(子分部)工程质量验收的内容。

【本章说明】

主体结构分部工程是房屋建筑工程施工中比较重要的分部工程之一,它由柱或墙、梁、板等构件组成。由于建造主体结构所使用的建筑材料不同,主体结构分部工程可以划分为:砌体结构、混凝土结构、钢结构、木结构、网架和索膜结

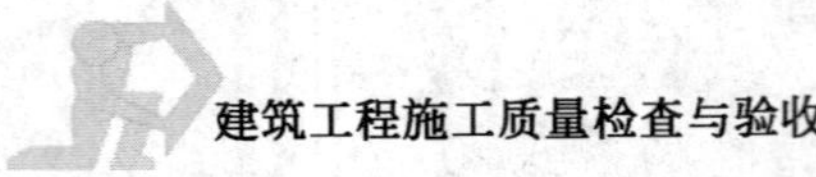

构等子分部工程和若干个分项工程。在实际工程中，主体结构并不一定是上述某一种材料所制作，经常会遇到几种结构形式的组合，多种结构形式并存，例如混凝土框架与钢结构屋盖的组合；砌体墙和混凝土梁板的组合。在这种情况下，主体结构分部工程就包括两个或更多个子分部工程；而每个子分部工程，不管工程量的大小如何，都必须以子分部工程的形式，按相应专业验收规范的要求进行子分部工程的验收，汇总后再参加主体结构分部的验收。

关于主体结构分部工程的子分部工程、分项工程的划分，见表 1-2 进行。

本篇内容主要依据“统一标准”、《砌体工程施工质量验收规范》(GB 50203—2001)、《混凝土结构工程施工质量验收规范》(GB 50204—2002)、《钢结构工程施工质量验收规范》(GB 50205—2002)、《木结构工程施工质量验收规范》(GB 50206—2002)和有关专业规范、标准而编写。《木结构工程施工质量验收规范》(GB 50206—2002)涉及胶合木结构、方木和原木结构、轻型木结构、木结构防护等分项工程，因工程实践中较少遇到和篇幅所限，从略。

主体结构分部工程的质量验收，应根据上述标准、涉及的各专业验收规范和设计图纸的要求，从检验批开始进行验收，本着“分项工程检验批验收→分项工程验收→子分部工程验收→分部工程验收”的顺序进行。

第一节　混凝土结构子分部工程

混凝土结构是指以混凝土为主制成的结构，包括素混凝土结构、钢筋混凝土结构和预应力混凝土结构等。混凝土结构工程的验收必须符合《混凝土结构工程施工质量验收规范》(GB 50204—2002)和“统一标准”的要求。

混凝土结构工程是一个子分部工程，包括模板工程、钢筋工程、预应力工程、混凝土工程、现浇结构工程和装配式结构工程等分项工程。本节只介绍模板工程、钢筋工程、混凝土工程、现浇结构工程等 4 个常见的分项工程。

本节内容主要依据《混凝土结构工程施工质量验收规范》(GB 50204—2002)和“统一标准”而编写。

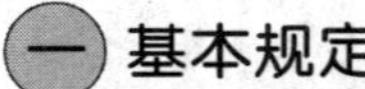

一　基本规定

1. 质量管理要求

混凝土结构施工现场质量管理应有相应的施工技术标准、健全的质量管理体系、施工质量控制和质量检验制度。

混凝土结构施工项目应有施工组织设计和施工技术方案，并经审查批准。

上述是混凝土验收规范对施工质量管理的验收的规定。

施工质量验收规范尽管主要是针对结构工程的验收（硬件），但也并未放弃对施工单位质量管理体系等的要求（软件）。因为只有具备一定条件的企业，才有能力施工建造出合乎质量要求的工程。在《建筑工程施工质量验收统一标准》（GB 50300—2001）中就明确提出了对施工现场质量管理的要求，并规定在施工前就要进行相应的检查，并在该标准的附录A（表1-4）中给出检查记录的形式。

混凝土施工验收规范同样提出了相应的要求，并且在统一标准规定的基础上，结合混凝土结构施工的特点，补充了新的内容。归纳起来可表现为对施工现场质量管理和施工项目的五个要求：

（1）应有相应的施工技术标准（可采用国家现行有关标准，也可自行编制企业标准）。

（2）应有健全的质量管理体系（质检部门和专业质检人员等）。

（3）应有施工质量控制制度和质量检验制度（制定、完善并能执行应用）。

（4）应有施工项目的施工组织设计（施工工序、进度计划、相互配合关系等）。

（5）应有施工项目的施工技术方案（关键工序实施的技术措施等）。

上述五项要求，从施工质量管理的角度提出了施工现场最起码的条件，这是对混凝土结构工程施工质量验收的前提。其中前三项与统一标准的规定一致，主要是针对施工企业提出的；增加的后两项要求则是针对混凝土结构施工项目提出的，是针对具体工程的要求。

在混凝土结构工程项目开工之前，应先期对此检查验收，通过之后才能开始正式施工。不符合上述条件的单位和项目不具备开工条件。

2. 混凝土结构子分部工程、分项工程的分类

混凝土结构子分部工程可根据结构的施工方法分为两类：现浇混凝土结构子分部工程和装配式混凝土结构子分部工程；根据结构的分类，还可分为钢筋混凝土结构子分部工程和预应力混凝土结构子分部工程等。

混凝土结构子分部工程可划分为模板、钢筋、预应力、混凝土、现浇结构和装配式结构等分项工程。

各分项工程可根据与施工方式相一致且便于控制施工质量的原则，按工作班、楼层、结构缝或施工段划分为若干检验批。

（1）混凝土结构子分部工程分类

在“统一标准”中，混凝土结构定为一个子分部工程，它泛指以混凝土为主要

承载受力材料的各种结构类型，它可以是钢筋混凝土结构子分部、预应力结构子分部、素混凝土结构子分部及以混凝土为主的各种结构子分部中的一种或几种。具体分类如下：

①根据结构施工方法不同，分为现浇混凝土结构子分部工程、装配式混凝土结构子分部工程。

②根据结构的不同，分为钢筋混凝土结构子分部工程、预应力混凝土结构子分部工程。

(2)分项工程分类

子分部工程以下的验收层次是分项工程，根据混凝土结构工程施工的特点，施工质量验收可分为施工工艺检验和结构综合验收两个阶段。施工工艺可以分为模板、钢筋、预应力、混凝土 4 个分项工程，其中预应力分项工程不是必要的；根据混凝土结构施工方法的不同，结构综合验收又可以分为现浇结构和装配式结构两类。因此，混凝土结构子分部工程总共可以分为 6 个分项工程。所以在表 1-2 中，主体结构分部工程混凝土子分部工程共列了“模板、钢筋、预应力、混凝土、现浇结构、装配式结构”6 个分项工程。不同的混凝土结构子分部工程可能只包括其中的部分分项工程，不可能是全部。

(3)检验批的划分

各分项工程检查验收的工作量很大，往往还要根据与施工方式相一致、便于控制施工质量的原则，进一步划分为检验批。混凝土子分部工程所包括的各分项工程检验批的划分，可按工作班、楼层、结构缝(指三缝)、施工段划分为若干个检验批。

3. 关于混凝土结构子分部工程的质量验收

对混凝土结构子分部工程的质量验收，应在钢筋、预应力、混凝土、现浇结构或装配式结构等相关分项工程验收合格的基础上，进行质量控制资料检查及观感质量验收，并应对涉及结构安全的材料、试件、施工工艺和结构的重要部位进行见证检测或结构实体检验。

子分部工程验收时，除所含分项均应验收合格外，尚应对涉及结构安全的材料、试件、施工工艺和结构的重要部位进行见证检测或结构实体检验，以确保混凝土结构的安全。施工工艺的见证检测，系指当难以根据施工完成的结果对实际质量做出评价时，需要在施工期间由参与验收的各方在场对施工工艺进行的检测。

注意，混凝土结构子分部工程的质量验收不包括模板分项工程。

4. 分项工程的质量验收

分项工程的质量验收应在所含检验批验收合格的基础上，进行质量验收记录检查。

分项工程验收时，除所含检验批均应验收合格外，尚应有完整的质量验收记录。

5. 检验批的质量验收内容

检验批的质量验收应包括如下内容：

(1)实物检查，按下列方式进行：

①对原材料、构配件和器具等产品的进场复验，应按进场的批次和产品的抽样检验方案执行。

②对混凝土强度、预制构件结构性能等，应按国家现行有关标准和本规范规定的抽样检验方案执行。

③对本规范中采用计数检验的项目，应按抽查总点数的合格点率进行检查。

(2)资料检查，包括原材料、构配件和器具等的产品合格证(中文质量合格证明文件、规格、型号及性能检测报告等)及进场复验报告、施工过程中重要工序的自检和交接检记录、抽样检验报告、见证检测报告、隐蔽工程验收记录等。

检验批验收的内容包括按规定的抽样方案进行的实物检查和资料检查。

6. 检验批的质量合格条件

(1)主控项目的质量经抽样检验合格。

(2)一般项目的质量经抽样检验合格；当采用计数检验时，除有专门要求外，一般项目的合格点率应达到80%及以上，且不得有严重缺陷。

(3)具有完整的施工操作依据和质量验收记录。

对验收合格的检验批，宜作出合格标志。

检验批质量合格的条件：主控项目和一般项目检验合格、资料完整。检验批验收合格后，在形成验收文件的同时宜作出合格标志，以利于施工现场管理和作为后续工序施工的条件。检验批的合格质量主要取决于主控项目和一般项目的检验结果。主控项目是对检验批的基本质量起决定性影响的检验项目，这种项目的检验结果具有否决权。由于主控项目对工程质量起重要作用，从严要求是必需的。

对采用计数检验的一般项目，以前要求的合格点率为70%及以上，现提高了相应要求，通常为80%及以上，且在允许存在的不超过20%的不合格点中，不得有严重缺陷。规范中还有少量采用计数检验的一般项目，合格点率要求为90%及以上，同时也不得有严重缺陷，在有关检验批的要求中有具体规定。对于

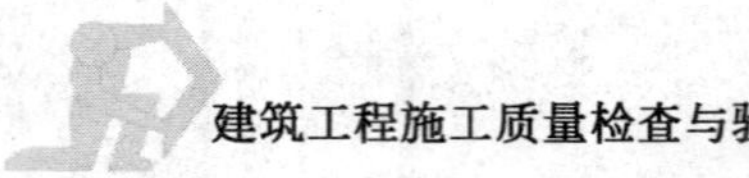

这种计数抽样方案，尚可根据质量验收的需要和抽样检验理论作适当调整。

7. 质量验收记录和施工质量验收程序、组织

检验批、分项工程、混凝土结构子分部工程的质量验收可按本规范附录A记录，质量验收程序和组织应符合国家标准《建筑工程施工质量验收统一标准》(GB 50300—2001)的规定。

本条规定了检验批、分项工程、混凝土结构子分部工程的质量验收记录和施工质量验收程序、组织。其中，检验批的检查层次为：生产班组的自检、交接检；施工单位质量检验部门的专业检查和评定；监理单位（建设单位）组织的检验批验收。

在施工过程中，前一工序的质量未得到监理单位（建设单位）的检查认可，不应进行后续工序的施工，以免质量缺陷累积，造成更大损失。

根据有关规定和工程合同的约定，对工程质量起重要作用或有争议的检验项目，应进行由各方参与的见证检测，以确保施工过程中的关键质量。

二 模板分项工程

模板分项工程是混凝土浇筑成型用的模板及其支架的设计、安装、拆除等一系列技术工作和完成实体的总称。由于模板可以连续周转使用，故模板分项工程所含检验批通常根据模板安装和拆除的数量确定。

模板本身是混凝土结构施工过程中的工具设备。工程竣工之后，模板早已拆除，其实物本身并不存在。但是，模板对混凝土结构工程有着极为重要的影响。其本身虽不是结构的一部分，但在混凝土结构上留下的"痕迹"处处可见。对工程质量，从结构性能到外观质量都有很大影响。此外，模板在安装、施工中还有许多关系到安全的环节。近年来，我国发生过多起模板倒塌的严重事故，损失很大。因此可以说，模板工程具有质量、安全两个方面的双重重要性。正是由于这个原因，混凝土结构施工质量验收规范将模板工程单独列为一个分项工程，规定必须加以验收。

模板及其支架的基本要求，均是保证模板及其支架的安全并对混凝土成型质量起重要作用的项目。多年的工程实践证明，这些要求对保证混凝土结构的施工质量是必需的。

模板分项工程包括模板的安装和拆除两个检验批。

1. 模板分项工程验收的一般规定

(1)模板及其支架应根据工程结构形式、荷载大小、地基土类别、施工设备和

材料供应等条件进行设计。模板及其支架应具有足够的承载能力、刚度和稳定性，能可靠地承受浇筑混凝土的重量、侧压力以及施工荷载。

本条强制性条文是对模板安装的基本要求，是保证模板及其支架的安全并对混凝土成型质量起重要作用的规定。

(2)在浇筑混凝土之前，应对模板工程进行验收。

模板安装和浇筑混凝土时，应对模板及其支架进行观察和维护。发生异常情况时，应按施工技术方案及时进行处理。

模板安装和浇筑混凝土时，尤其在浇筑混凝土时，在混凝土重力、测压力及施工荷载作用下，模板及支架会发生胀模（变形）、跑模（位移），甚至坍塌。为了避免事故的发生，应对模板及其支架进行观察和维护。发生异常情况时，应按施工技术方案及时进行处理。

(3)模板及其支架拆除的顺序及安全措施应按施工技术方案执行。

2.模板分项工程检验批的质量检验

主体结构模板分项工程检验批的划分比较简单，主要根据施工段和施工层划分，同时考虑混凝土施工质量验收规范"模板工程安装和拆除分开"的要求即可。

例如，某五层框架结构模板工程，均采用钢模板，水平方向分两段施工，竖直方向柱与梁板分开施工，这样每层就形成了一层柱 1 段、一层柱两段、一层梁板 1 段、一层梁板两段共 4 个模板安装分项工程检验批和 4 个拆除分项工程检验批。整个主体结构模板工程就多达 40 个检验批。若该工程在施工中梁板柱同时施工，每层就形成了一层 1 段、一层两段共两个模板安装分项工程检验批和两个拆除分项工程检验批，整个主体结构模板工程就只有 20 个检验批。

(1)模板安装分项工程检验批的检验标准

模板安装分项工程检验批的检验标准和检验方法见表 2-24。

关于模板安装分项工程检验批质量检验的说明：

①主控项目第一项

本项要求上下层支架的立柱应对准，主要是为了利于混凝土重力及施工荷载的传递，这是保证施工质量和安全的重要措施。

模板的设计文件和施工技术方案均应由施工企业提出，当现场观察检查有困难或难以判定部位时，应辅以尺量检查。

②主控项目第二项

隔离剂沾污钢筋和混凝土接槎处可能对混凝土结构受力性能造成明显的不利影响，故应避免；涂刷隔离剂时应注意不准使用油性隔离剂，所用隔离剂不影响装修。

模板安装分项工程检验的质量检验标准　　表 2-24

项	序	项　目	合格质量标准	检验方法	检查数量
主控项目	1	模板支撑、立柱位置和垫板	安装现浇结构的上层模板及其支架时，下层楼板应具有承受上层荷载的承载能力，或加设支架；上、下层支架的立柱应对准，并铺设垫板	对照模板设计文件和施工技术方案观察	全数检查
	2	避免隔离剂沾污	在涂刷模板隔离剂时，不得沾污钢筋和混凝土接槎处	观察	
一般项目	1	模板安装要求	模板安装应满足下列要求： (1)模板的接缝不应漏浆；在浇筑混凝土前，木模板应浇水湿润，但模板内不应有积水。 (2)模板与混凝土的接触面应清理干净并涂刷隔离剂，但不得采用影响结构性能或妨碍装饰工程施工的隔离剂。 (3)浇筑混凝土前，模板内的杂物应清理干净。 (4)对清水混凝土工程及装饰混凝土工程，应使用能达到设计效果的模板	观察	全数检查
	2	用作模板的地坪、胎模质量	用作模板的地坪、胎模等应平整光洁，不得产生影响构件质量的下沉、裂缝、起砂或起鼓	观察	全数检查
	3	模板起拱高度	对跨度不小于 4m 的现浇钢筋混凝土梁、板，其模板应按设计要求起拱；当设计无具体要求时。起拱高度宜为跨度的 1/1000～3/1000	水准仪或拉线、钢尺检查	在同一检验批内，对梁、柱和独立基础，应抽查构件数量的 10%。且不少于 3 件；对墙和板，应按有代表性的自然间抽查 10%，且不少于 3 间；对大空间结构，墙可按相邻轴线间高度 5m 左右划分检查面，板可按纵、横轴线划分检查面，抽查 10%，且均不少于 3 面
	4	预埋件、预留孔和预留洞允许偏差	固定在模板上的预埋件、预留孔和预留洞均不得遗漏，且应安装牢固。其偏差应符合表 2-25 的规定	钢尺检查	
	5	模板安装允许偏差	现浇结构模板安装的偏差应符合表 2-26 的规定	钢尺检查	

③一般项目第一项

本项提出对模板安装的基本要求：

a. 模板接缝不应漏浆。模板漏浆，会造成混凝土外观蜂窝麻面，直接影响混凝土质量。因此无论采用何种材料制作模板，其接缝都应严密，不漏浆。采用木模板时，由于木材吸水会胀缩，故木模板安装时的接缝不宜过于严密，安装完成后应浇水湿润，使木板接缝闭合。浇水时湿润即可，模板内不应积水。

b. 模板内部应清理干净。模板内遗留杂物，会造成混凝土夹碴等缺陷。为了清除模板内的杂物，应该预留清扫口。

c. 模板应涂刷隔离剂。涂刷时，应选取适宜的隔离剂品种。注意不要使用影响结构或妨碍装饰工程施工的油性隔离剂。同时，由于隔离剂沾污钢筋和混凝土接槎处可能对混凝土结构受力性能造成明显的不利影响，故应避免涂刷时污染钢筋。

d. 对清水混凝土工程及装饰混凝土工程，两者对所使用的模板均有较高要求，但各种要求不宜一一列出，故提出原则性要求：应使用能达到设计效果的模板。

④一般项目第二项

本项主要是针对预制构件的，对用作模板的地坪、胎模等提出了平整光洁的要求，这是为了保证预制构件的成型质量。

⑤一般项目第三项

所谓自然间，就是我们通常所说的具有 6 面体的空间。

对超过一定跨度的现浇混凝土梁、板，适度起拱有利于保证构件的形状和尺寸。执行时应注意起拱高度，规范要求的起拱高度，未包括设计要求的起拱值。规范起拱要求，主要考虑的是抵消模板在自重和混凝土重量等荷载下的下垂。对钢模板可取偏小值，对木模板可取偏大值。

⑥一般项目第四项

预埋件和预留孔洞的允许偏差见表 2-25。

预埋件和预留孔洞的允许偏差　　表 2-25

项　　目		允许偏差(mm)
预埋钢板中心线位置		3
预埋管、预留孔中心线位置		3
插筋	中心线位置	5
	外露长度	+10,0

续上表

项目		允许偏差(mm)
预埋螺栓	中心线位置	2
	外露长度	+10,0
预留洞	中心线位置	10
	尺寸	+10,0

注:检查中心线位置时,应沿纵、横两个方向量测,并取其中的较大值。

对预埋件的外露长度,只允许有正偏差,不允许有负偏差;对预留洞内部尺寸,只允许大,不允许小。在允许偏差表中,不允许的偏差都以“0”来表示。

尺寸偏差的检验除可采用钢尺检查方法外,也可采用其他方法和相应的检测工具。

⑦一般项目第五项

现浇结构模板安装的偏差应符合表2-26的规定。

现浇结构模板安装的偏差　　表2-26

项目		允许偏差(mm)	检验方法
轴线位置		5	钢尺检查
底模上表面标高		±5	水准仪或拉线、钢尺检查
截面内部尺寸	基础	±10	钢尺检查
	柱、墙、梁	+4,−5	
层高垂直度	不大于5m	6	经纬仪或吊线、钢尺检查
	大于5m	8	
相邻两板表面高低差		2	钢尺检查
表面平整度		5	2m靠尺和塞尺检查

注:检查轴线位置时,应沿纵、横两个方向量测,并取其中的较大值。

(2)模板拆除分项工程检验批的检验标准

模板拆除分项工程检验批的检验标准和检验方法见表2-27。

关于模板拆除分项工程检验批质量检验的说明:

①主控项目第一项

由于过早拆模、混凝土强度不足而造成混凝土结构构件沉降变形、缺棱掉角、开裂、甚至塌陷的情况时有发生。为保证结构的安全和使用功能,提出了拆模时混凝土强度的要求。

模板拆除分项工程检验的质量检验标准 表 2-27

项	序	项目	合格质量标准	检验方法	检查数量
主控项目	1	底模及其支架拆除时的混凝土强度	底模及其支架拆除时的混凝土强度应符合设计要求；当设计无具体要求时，混凝土强度应符合表 2-28 的规定	检查同条件养护试件强度试验报告	全数检查
	2	后张法预应力构件侧模和底模的拆除时间	对后张法预应力混凝土结构构件，侧模宜在预应力张拉前拆除；底模支架的拆除应按施工技术方案执行，当无具体要求时，不应在结构构件建立预应力前拆除	观察	
	3	后浇带拆模和支顶	后浇带模板的拆除和支顶应按施工技术方案执行	观察	
一般项目	1	避免拆模损伤	侧模拆除时的混凝土强度应能保证其表面及棱角不受损伤	观察	全数检查
	2	模板拆除、堆放和清运	模板拆除时，不应对楼层形成冲击荷载。拆除的模板和支架宜分散堆放并及时清运	观察	

该强度通常反映为同条件养护混凝土试件的强度。考虑到悬臂构件更容易因混凝土强度不足而引发事故，对其拆模时的混凝土强度应从严要求。

模板的拆除在一些人看来是件简单的事。但实际上，拆除时间、拆除顺序、拆除方法都很重要，如果不当，不仅会影响工程质量，甚至会发生安全事故。《混凝土结构施工质量验收规范》(GB 50204—2002)十分重视模板拆除这一过程控制环节，对模板拆除中重要事项均作出了相应规定。

在模板拆除中，最忌讳的是野蛮拆除。模板及支架拆除必须注意两点：第一，模板拆除时，不能硬砸猛撬，模板坠落应采取缓冲措施，不应对楼层形成冲击荷载；第二，拆除下来的模板和支架不宜过于集中堆放，宜分散堆放，并应及时清运。以免在楼层上积压，形成过大荷载。

在模板拆除工作中，另外一个重要问题是掌握适宜的拆除时间。其中以底模和模板支架的拆除时间更为重要。《混凝土结构工程施工质量验收规范》(GB 50204—2002)规定，底模及其架拆除时的混凝土强度应按照设计要求进行。当设计未给出具体要求时，拆除时的混凝土强度应符合表 2-28 的规定。对侧模拆除的时间要求相对宽一些，以混凝土强度达到保证其表面及棱角不受损伤，即可拆模。

底模拆除时的混凝土强度要求　表 2-28

构件类型	构件跨度(m)	达到设计的混凝土立方体抗压强度标准值的百分率(%)
板	≤2	≥50
	>2,≤8	≥75
	>8	≥100
梁、拱、壳	≤8	≥75
	>8	≥100
悬臂构件	—	≥100

注:本表摘自《混凝土结构工程施工质量验收规范》(GB 50204—2002)。

②主控项目第三项

后浇带在混凝土结构中具有重要作用和意义。后浇带的模板拆除与支顶有其自身特点,如果忽视或操作不当,容易造成结构缺陷,如裂缝等,故应特别注意。后浇带模板的拆除和支顶,规定应按施工技术方案执行。

三 钢筋分项工程

钢筋工程是指普通钢筋进场检验、钢筋加工、钢筋连接、钢筋安装等一系列技术工作和完成实体的总称。

1. 钢筋分项工程验收的一般规定

(1)当钢筋的品种、级别或规格需作变更时,应办理设计变更文件。

在实施过程中,当施工单位缺乏设计所要求的钢筋品种级别或规格时,可进行钢筋代换,钢筋代换一般同级别钢筋代换以等截面积为原则,不同级别钢筋代换以等强度为原则,代换时还会涉及配筋率等问题,为保证对设计意图的理解不产生偏差,规定当需要作钢筋代换时应办理设计变更文件,以确保满足原结构设计的要求,并明确钢筋代换由设计单位负责。建设、监理、施工等单位均无权变更钢筋,本条为强制性条文,应严格执行。

(2)在浇筑混凝土之前,应进行钢筋隐蔽工程验收,其内容包括:

①纵向受力钢筋的品种、规格、数量、位置等。

②钢筋的连接方式、接头位置、接头数量、接头面积百分率等。

③箍筋、横向钢筋的品种、规格、数量、间距等。

④预埋件的规格、数量、位置等。

钢筋隐蔽工程反映钢筋分项工程施工的综合质量,在浇筑混凝土之前验收是为了确保受力钢筋等原材料、加工、连接和安装满足设计要求,并在结构中发挥其应有的作用。隐蔽工程的验收主要是为了对满足设计要求的确认。

2.钢筋分项工程检验批的质量检验

按照《建筑工程施工质量验收统一标准》(GB 50300—2001)的规定,钢筋工程属于分项工程。《混凝土结构工程施工质量验收规范》(GB 50204—2002)根据钢筋工程施工工序的特点,将其质量控制划分为4个阶段:材料验收、加工质量、连接质量与钢筋安装。这4个阶段相互联系,但各自又有相对独立性。实际施工中,这4个阶段的关键工艺环节被划分为四类检验批进行钢筋工程的施工质量验收。

同时为了满足流水施工组织的要求,需要划分为施工段、施工层,这样就形成了更多的检验批。例如,某五层框架结构钢筋分项工程,水平方向分两段施工,竖直方向柱与梁板分开施工,这样每层就形成了一层柱1段、一层柱2段、一层梁板1段、一层梁板2段共4个钢筋分项工程检验批,考虑4个工艺检验批,钢筋工程一层检验批就达到了16个,整个主体结构钢筋分项工程就有80个检验批。需要说明的是,在实际工程中,部分省份把相邻的两个检验批合并验收,形成一个表格。

(1)钢筋原材料分项工程检验批的检验

钢筋原材料分项工程检验批的检验标准和检验方法见表2-29。

钢筋原材料分项工程检验批质量检验标准 表2-29

项	序	项目	合格质量标准	检验方法	检查数量
主控项目	1	力学性能检验	**钢筋进场时,应按现行国家标准《钢筋混凝土用热轧带肋钢筋》(GB 1499)等的规定抽取试件作力学性能检验,其质量必须符合有关标准的规定**	检查产品合格证、出厂检验报告和进场复验报告	按进场的批次和产品的抽样检验方案确定
	2	抗震用钢筋强度实测值	**对有抗震设防要求的框架结构,其纵向受力钢筋的强度应满足设计要求;当设计无具体要求时,对一二级抗震等级,检验所得的强度实测值应符合下列规定** **(1)钢筋的抗拉强度实测值与屈服强度实测值的比值应不小于1.25。** **(2)钢筋的屈服强度实测值与强度标准值的比值应不大于1.3**	检查进场复验报告	
	3	化学成分等专项检验	当发现钢筋脆断、焊接性能不良或力学性能显著不正常等现象时,应对该批钢筋进行化学成分检验或其他专项检验	检查化学成分等专项检验报告	按产品的抽样检验方案确定
一般项目	1	外观质量	钢筋应平直、无损伤,表面不得有裂纹、油污、颗粒状或片状老锈	观察	全数检查

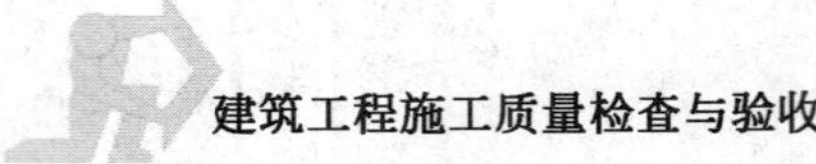

关于钢筋原材料分项工程检验批质量检验的说明：

①主控项目第一项

钢筋进场时，除产品合格证、出厂检验报告外，必须进行抽样检查。按规定的抽样数量送有资质的检测试验机构检测。

对于钢筋原材料来说，最重要的是材料的质量必须合格。因此，作为主控项目，钢筋进场时，应按现行国家标准《钢筋混凝土用热轧带肋钢筋》(GB 1499)、《钢筋混凝土用热轧光圆钢筋》(GB 13013)和《钢筋混凝土用余热处理钢筋》(GB 13014)等的规定，抽取试件作力学性能检验，其质量必须符合有关标准的规定。这种进场检验，即通常所说的进场复验。

进场复验报告是进场钢筋抽样检验的结果，它是该批钢筋能否在工程中应用的最终判断依据。鉴于其重要性，建设部建建字[2000]211 号文件将此列为见证取样项目之一。

钢筋进场时的抽样复验，主要是为了判明实际用于工程钢筋的各项质量指标，也可以说主要针对的是钢筋的真实质量。钢筋进场时，除了针对实际质量进行抽样复验外，还应检查钢筋的产品合格证和出厂检验报告。同时，对钢筋的外观也应认真检查。

钢筋的产品合格证、出厂检验报告有两个作用。第一，它是产品的质量证明资料，证明该批钢筋合格；第二，它同时又是产品生产厂家的“质量责任书”或“质量担保书”。如果万一产品质量不合格等问题，则可以据此追究生产方的质量责任。

②主控项目第二项

考虑到抗震的特殊要求，根据《混凝土结构设计规范》(GB 50010—2002)的规定，对按一、二级抗震等级设计的框架结构中的纵向受力钢筋，其强度实测值应满足的两条规定。这样规定的目的，是为了保证在地震作用下，结构某些部位出现塑性铰以后，钢筋具有足够的变形能力，以减少地震造成的影响。

③主控项目第三项

鉴于施工现场和钢材市场的复杂情况，为了确保结构安全，一旦发现钢筋脆断、焊接性能不良或力学性能显著不正常等现象时，应对该批钢筋进行化学成分检验或其他专项检验。显然，这是一条针对异常情况作出的预防和补救措施。

如果力学性能或化学成分不符合要求时，应停止使用，作退货处理。

④一般项目

为了加强对钢筋外观质量的控制，钢筋进场时和使用前均应对外观进行检查。表面不得有裂纹、油污、颗粒状或片状老锈，以防影响钢筋强度和锚固性能。

加工后一段时间没有使用的钢筋和钢筋半成品也应进行该项检查。

(2)钢筋加工分项工程检验批的质量检验

钢筋加工分项工程检验批的质量检验标准和检验方法见表 2-30。

钢筋加工分项工程检验的质量检验标准 表 2-30

项	序	项目	合格质量标准	检验方法	检查数量
主控项目	1	受力钢筋的弯钩和弯折	受力钢筋的弯钩和弯折应符合下列规定 (1)HPB235 级钢筋末端应做 180°弯钩,其弯弧内直径应不小于钢筋直径的 2.5 倍,弯钩的弯后平直部分长度应不小于钢筋直径的 3 倍。 (2)当设计要求钢筋末端需做 135°弯钩时,HRB335 级、HRB400 级钢筋的弯弧内直径应不小于钢筋直径的 4 倍,弯钩的弯后平直部分长度应符合设计要求。 (3)钢筋作不大于 90°的弯折时,弯折处的弯弧内直径应不小于钢筋直径的 5 倍	钢尺检查	按每工作班同一类钢筋、同一加工设备抽查应不少于 3 件
	2	箍筋弯钩形式	除焊接封闭环式箍筋外,箍筋的末端应作弯钩,弯钩形式应符合设计要求;当设计无具体要求时,应符合下列规定 (1)箍筋弯钩的弯弧内直径除应满足上述表项 1 的规定外,尚应不小于受力钢筋直径。 (2)箍筋弯钩的弯折角度:对一般结构,应不小于 90°;对有抗震等要求的结构,应为 135°。 (3)箍筋弯后平直部分长度:对一般结构,不宜小于箍筋直径的 5 倍;对有抗震等要求的结构,应不小于箍筋直径的 10 倍	钢尺检查	
一般项目	1	钢筋调直	钢筋调直宜采用机械方法,也可采用冷拉方法。当采用冷拉方法调直钢筋时,HPB235 级钢筋的冷拉率不宜大于 4%,HRB335 级、HRB400 级和 RRB400 级钢筋的冷拉率不宜大于 1%	观察、钢尺检查	按每工作班同一类型钢筋、同一加工设备抽查应不少于 3 件
	2	钢筋加工的形状、尺寸	钢筋加工的形状、尺寸应符合设计要求,其偏差应符合表 2-31 的规定	钢尺检查	

关于钢筋加工分项工程检验批质量检验的几点说明:

①主控项目第一项

该项检查时首先要明确设计所使用的钢筋规格及钢筋弯钩的要求,然后对照检查。

②主控项目第二项

第 1、2 两项主控项目对各种级别普通钢筋弯钩、弯折和箍筋的弯弧内直径、

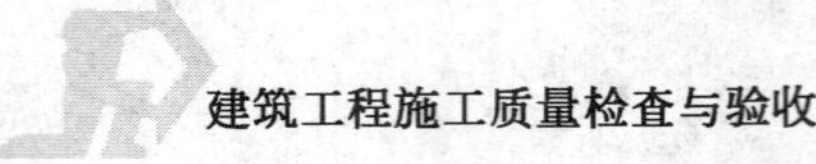

弯折角度、弯后平直部分长度分别提出了要求。受力钢筋弯钩、弯折的形状和尺寸，对于保证钢筋与混凝土协同受力非常重要。根据构件受力性能的不同要求，合理配置箍筋有利于保证混凝土构件的承载力，特别是对配筋率较高的柱、受扭的梁和有抗震设防要求的结构构件更为重要。

对规定抽样检查的项目，应在全数观察的基础上，对重要部位和观察难以判定的部位进行抽样检查。

③一般项目第二项

钢筋加工的允许偏差见表2-31。

钢筋加工的允许偏差 表2-31

项　目	允许偏差(mm)
受力钢筋沿长度方向全长的净尺寸	±10
弯起钢筋的弯折位置	±20
箍筋内净尺寸	±5

注：本表摘自《混凝土结构工程施工质量验收规范》(GB 50204—2002)。

(3)钢筋连接和安装分项工程检验批的质量检验

为方便起见，本处把两个检验批放在一起介绍。

钢筋连接和安装分项工程检验批的检验标准和检验方法见表2-32。

钢筋连接和安装分项工程检验的质量检验标准 表2-32

项	序	项目	合格质量标准	检验方法	检查数量
主控项目	1	纵向受力钢筋的连接方式	纵向受力钢筋的连接方式应符合设计要求	观察	全数检查
	2	钢筋机械连接和焊接接头的力学性能	在施工现场，应按国家现行标准《钢筋机械连接通用技术规程》(JGJ 107)、《钢筋焊接及验收规程》(JGJ 18)的规定抽取钢筋机械连接接头、焊接接头试件作力学性能检验，其质量应符合有关规程的规定	检查产品合格证、接头力学性能试验报告	按有关规程确定
	3	受力钢筋的品种、规格等	**钢筋安装时，受力钢筋的品种、级别、规格和数量必须符合设计要求**	观察、钢尺检查	全数检查
一般项目	1	接头位置和数量	钢筋的接头宜设置在受力较小处。同一纵向受力钢筋不宜设置两个或两个以上接头。接头末端至钢筋弯起点的距离应不小于钢筋直径的10倍	观察、钢尺检查	全数检查

续上表

项	序	项目	合格质量标准	检验方法	检查数量
一般项目	2	钢筋机械连接焊接的外观质量	在施工现场，应按国家现行标准《钢筋机械连接通用技术规程》(JGJ 107)、《钢筋焊接及验收规程》(JGJ 18)的规定对钢筋机械连接接头、焊接接头的外观进行检查，其质量应符合有关规程的规定	观察	在同一检验批内，对梁、柱和独立基础，应抽查构件数量的 10%，且不少于 3 件；对墙和板，应按有代表性的自然间抽查 10%，且不少于 3 间；对大空间结构，墙可按相邻轴线间高度 5m 左右划分检查面，板可按纵横轴线划分检查面，抽查 10%，且均不少于 3 面
	3	纵向受力钢筋机械连接、焊接的接头面积百分率	当受力钢筋采用机械连接接头或焊接接头时，设置在同一构件内的接头宜相互错开，纵向受力钢筋机械连接接头及焊接接头连接区段的长度为 $35d$（d 为纵向受力钢筋的较大直径）且不小于 500mm，凡接头中点位于该连接区段长度内的接头均属于同一连接区段。同一连接区段内，纵向受力钢筋机械连接及焊接的接头面积百分率为该区段内有接头的纵向受力钢筋截面面积与全部纵向受力钢筋截面面积的比值 同一连接区段内，纵向受力钢筋的接头面积百分率应符合设计要求；当设计无具体要求时，应符合下列规定： (1)在受拉区不宜大于 50%。 (2)接头不宜设置在有抗震设防要求的框架梁端、柱端的箍筋加密区；当无法避开时，对等强度高质量机械连接接头，应不大于 50%。 (3)直接承受动力荷载的结构构件中，不宜采用焊接接头；当采用机械连接接头时，应不大于 50%	观察、钢尺检查	
	4	钢筋安装允许偏差	钢筋安装位置的偏差应符合表 2-34 的规定	见表 2-33	

关于钢筋连接和安装分项工程检验批质量检验的说明：

①主控项目第一项

随着科学技术的不断发展，钢筋的连接方式亦呈多样化，用何种方法应按设计要求。

②一般项目第四项

钢筋绑扎搭接接头连接区段及接头百分率见图 2-1。

《混凝土结构工程施工质量验收规范》(GB 50204)附录 B 对纵向受力钢筋的最小搭接长度提出了要求：

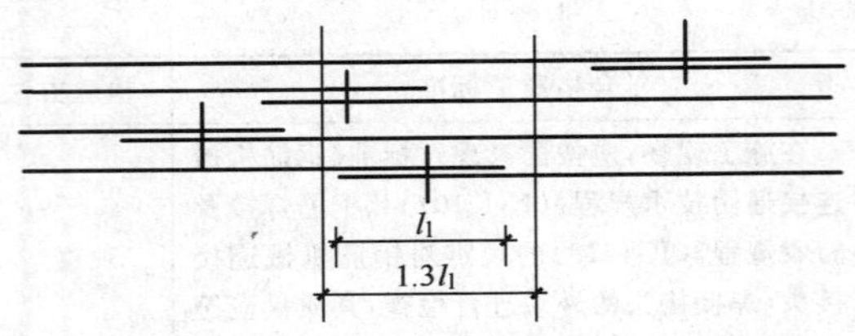

图 2-1　钢筋绑扎搭接接头连接区段及接头面积百分率

注:图中所示搭接接头同一连接区段内的搭接钢筋为两根。当各钢筋直径相同时,接头面积百分率为50%。

a.当纵向受拉钢筋的绑扎搭接接头面积百分率不大于25%时,其最小搭接长度应符合表2-33的规定。

纵向受拉钢筋的最小搭接长度　　表 2-33

钢筋类型		混凝土强度等级			
		C15	C20～C25	C30～C35	≥C40
光圆钢筋	HPB235 级	45d	35d	30d	25d
带肋钢筋	HRB335 级	55d	45d	35d	30d
	HRB400 级、RRB400 级	—	55d	40d	35d

注:1.两根直径不同钢筋的搭接长度,以较细钢筋的直径计算。
2.本表摘自《混凝土结构工程施工质量验收规范》(GB 50204—2002)附录B。

b.当纵向受拉钢筋搭接接头面积百分率大于25%,但不大于50%时,其最小搭接长度应按表2-33中的数值乘以系数1.2取用;当接头面积百分率大于50%时,应按表2-33中的数值乘以1.35取用。

c.当符合下列条件时,纵向受拉钢筋的最小搭接长度应根据以上两条确定后,按下列规定进行修正:

• 当带肋钢筋的直径大于25mm时,其最小搭接长度应按相应数值乘以系数1.1取用。

• 环氧树脂涂层的带肋钢筋,其最小搭接长度应按相应数值乘以系数1.25取用。

• 在混凝土凝固过程中受力钢筋易受扰动时(如滑模施工),其最小搭接长度应按应数值乘以系数1.1取用。

• 末端采用机械锚固措施的带肋钢筋,其最小搭接长度,可按相应数值乘以系数0.7取用。

• 带肋钢筋的混凝土保护层厚度大于搭接钢筋直径约3倍且配有箍筋时,其最小搭接长度可按相应数值乘以系数0.8取用。

·有抗震设防要求的结构构件，其受力钢筋的最小搭接长度可按相应数值乘以系数 1.15 采用；对三级抗震等级应按相应数值乘以系数 1.05 采用。

在任何情况下，受拉钢筋的搭接长度不应小于 300mm。

d. 纵向受压钢筋搭接时，其最小搭接长度应根据以上 3 条的规定确定相应数值后，乘以系数 0.7 取用。在任何情况下，受压钢筋的搭接长度不应小于 200mm。

以上是《混凝土结构工程施工质量验收规范》中的附录 B 的内容。

③一般项目第六项

钢筋安装位置的偏差应符合表 2-34 的规定。

钢筋安装位置的偏差　　表 2-34

项　目			允许偏差(mm)	检 验 方 法
绑扎钢筋网	长、宽		±10	钢尺检查
	网眼尺寸		±20	钢尺量连续三档，取最大值
绑扎钢筋骨架	长		±10	钢尺检查
	宽、高		±5	钢尺检查
受力钢筋	间距		±10	钢尺量两端、中间各一点，取最大值
	排距		±5	
	保护层厚度	基础	±10	钢尺检查
		柱、梁	±5	钢尺检查
		板、墙、壳	±3	钢尺检查
绑扎箍筋、横向钢筋间距			±20	钢尺量连续三档，取最大值
钢筋弯起点位置			20	钢尺检查
预埋件	中心线位置		5	钢尺检查
	水平高差		+3,0	钢尺和塞尺检查

注：1. 检查预埋件中心线位置时，应沿纵、横两个方向量测，并取其中的较大值。
2. 表中梁类、板类构件上部纵向受力钢筋保护层厚度的合格点率应达到 90%及以上，且不得有超过表中数值 1.5 倍的尺寸偏差。
3. 本表摘自《混凝土结构工程施工质量验收规范》(GB 50204—2002)。

(4)预应力钢筋分项工程检验批的质量检验

预应力钢筋分项工程检验批的质量检验标准和方法略。

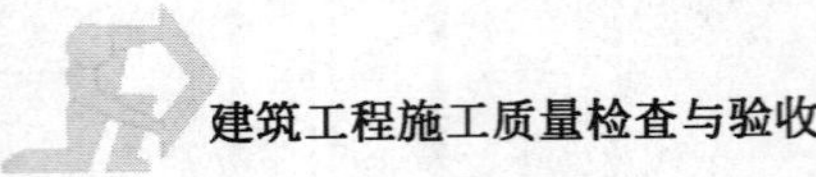

四 混凝土分项工程

混凝土工程是指从原材料(包括外加剂、矿物掺和料)进场检验、混凝土配合比设计及称量、拌制、运输、浇筑、养护、试件制作直至混凝土达到预定强度等一系列技术工作和完成实体的总称。

1. 混凝土分项工程的一般规定

混凝土工程一般规定的质量控制,重点是对结构构件混凝土强度检验及混凝土冬期施工的质量控制。

(1)结构构件的混凝土强度应按现行国家标准《混凝土强度检验评定标准》(GBJ 107)的规定分批检验评定。

对采用蒸汽法养护的混凝土结构构件,其混凝土试件应先随同结构构件同条件蒸汽养护,再转入标准条件养护共28d。

当混凝土中掺用矿物掺和料时,确定混凝土强度时的龄期可按现行国家标准《粉煤灰混凝土应用技术规范》(GBJ 146)等的规定取值。

掺用矿物掺和料的混凝土,其强度增长较慢,以28d为验收龄期可能不适宜,可按国家现行标准《粉煤灰混凝土应用技术规范》(GBJ 146)、《粉煤灰在混凝土和砂浆中应用技术规程》(JGJ 28)等的规定确定验收龄期。

(2)检验评定混凝土强度用的混凝土试件的尺寸及强度的尺寸换算系数应按表2-35取用;其标准成型方法、标准养护条件及强度试验方法应符合普通混凝土力学性能试验方法标准的规定。

混凝土试件尺寸及强度的尺寸换算系数　　表2-35

骨料最大粒径(mm)	试件尺寸(mm)	强度的尺寸换算系数
≤31.5	100×100×100	0.95
≤40	150×150×150	1.00
≤63	200×200×200	1.05

注:对强度等级为C60及以上的混凝土试件,其强度的尺寸换算系数可通过试验确定。

(3)结构构件拆模、出池、出厂、吊装、张拉、放张及施工期间临时负荷时的混凝土强度,应根据同条件养护的标准尺寸试件的混凝土强度确定。

(4)当混凝土试件强度评定不合格时,可采用非破损或局部破损的检测方法,按国家现行有关标准的规定对结构构件中的混凝土强度进行推定,并作为处理的依据。

(5)混凝土的冬期施工应符合国家现行标准《建筑工程冬期施工规程》(JGJ 104)和施工技术方案的规定。

室外日平均气温连续 5d 稳定低于 5℃时，属于冬期施工，应采取冬期施工措施。否则混凝土强度会造成损失。

2. 混凝土分项工程检验批的质量检验

混凝土分项工程所含的检验批可根据施工工序和验收的需要确定。混凝土验收规范从“原材料”、“配合比设计”和“混凝土施工”三个方面作出了规定，分别列出主控项目和一般项目，作为 3 个检验批。

另外，混凝土分项工程检验批的划分还要考虑施工段、施工层进行。可参照“钢筋分项工程检验批”进行。

(1)混凝土分项工程(原材料和配合比)检验批的质量检验标准

为方便起见，本处把两个检验批放在一起介绍。混凝土原材料和配合比检验批的检验标准和检验方法见表 2-36。

混凝土分项工程(原材料和配合比)检验批的检验标准　　表 2-36

项	序	项目	合格质量标准	检验方法	检查数量
主控项目	1	水泥进场检验	水泥进场时应对其品种、级别、包装或散装仓号、出厂日期等进行检查，并应对其强度、安定性及其他必要的性能指标进行复验。其质量必须符合现行国家标准《硅酸盐水泥、普通硅酸盐水泥》(GB 175)等的规定。 当在使用中对水泥质量有怀疑或水泥出厂超过三个月(快硬硅酸盐水泥超过一个月)时，应进行复验，并按复验结果使用钢筋混凝土结构、预应力混凝土结构中，严禁使用含氯化物的水泥	检查产品合格证、出厂检验报告和进场复验报告	按同一生产厂家、同一等级、同一品种、同一批号且连续进场的水泥，袋装不超过 200t 为一批，散装不超过 500t 为一批，每批抽样不少于一次
	2	外加剂质量及应用	混凝土中掺用外加剂的质量及应用技术应符合现行国家标准《混凝土外加剂》(GB 8076)、《混凝土外加剂应用技术规范》(GB 50119)等和有关环境保护的规定。 预应力混凝土结构中，严禁使用含氯化物的外加剂。钢筋混凝土结构中，当使用含氯化物的外加剂时，混凝土中氯化物的总含量应符合现行国家标准《混凝土质量控制标准》(GB 50164)的规定	检查产品合格证、出厂检验报告和进场复验报告	按进场的批次和产品的抽样检验方案确定
	3	混凝土中氯化物、碱的总含量控制	混凝土中氯化物和碱的总含量应符合现行国家标准《混凝土结构设计规范》(GB 50010)和设计的要求	检查原材料试验报告和氯化物、碱的总含量计算书	全数检查

续上表

项	序	项目	合格质量标准	检验方法	检查数量
主控项目	4	配合比设计	混凝土应按国家现行标准《普通混凝土配合比设计规程》(JGJ 55)的有关规定，根据混凝土强度等级、耐久性和工作性等要求进行配合比设计。 对有特殊要求的混凝土，其配合比设计尚应符合国家现行有关标准的专门规定	检查配合比设计资料	全数检查
一般项目	1	矿物掺和料质量及掺量	混凝土中掺用矿物掺和料的质量应符合现行国家标准《用于水泥和混凝土中的粉煤灰》(GB 1596)等的规定。矿物掺和料的掺量应通过试验确定	检查出厂合格证和进场复验报告	按进场的批次和产品的抽样检验方案确定
	2	粗细骨料的质量	普通混凝土所用的粗、细骨料的质量应符合国家现行标准《普通混凝土用碎石或卵石质量标准及检验方法》(JCJ 53)、《普通混凝土用砂质量标准及检验方法》(JGJ 52)的规定。 注：1. 混凝土用的粗骨料，其最大颗粒粒径不得超过构件截面最小尺寸的 1/4，且不得超过钢筋量小净间距的 3/4。 2. 对混凝土实心板，骨料的最大粒径不宜超过板厚的 1/3，且不得超过 40mm	检查进场复验报告	
	3	拌制混凝土用水	拌制混凝土宜采用饮用水；当采用其他水源时。水质应符合国家现行标准《混凝土拌合用水标准》(JGJ 63)的规定	检查水质试验报告	同一水源检查应不少于一次
	4	配合比开盘鉴定	首次使用的混凝土配合比应进行开盘鉴定，其工作性应满足设计配合比的要求。开始生产时应至少留置一组标准养护试件，作为验证配合比的依据	检查开盘鉴定资料和试件强度试验报告	按配合比设计要求确定
	5	配合比调整	混凝土拌制前，应测定砂、石含水率并根据测试结果调整材料用量，提出施工配合比	检查含水率测试结果和施工配合比通知单	每工作班检查一次

关于混凝土原材料和配合比分项工程检验批质量检验的说明：

①主控项目第一项

水泥是混凝土最重要的组分之一。规范规定，水泥进场时应进行3项检查。第一要对其品种、级别、包装或散装仓号、出厂日期等进行检查，即对实物进行检查；第二应检查产品合格证，出厂检验报告；第三应对其强度、安定性及其他必要的性能指标进行复验，一般情况下，抽样复验安定性和强度；安定性不合格的水泥严禁使用，强度指标必须符合规定。

由于水泥保存期短，容易潮解、失效或变质，故又规定当在使用中对水泥质量有怀疑或水泥出厂超过三个月（快硬硅酸盐水泥超过一个月）时，应进行复验，此时的复验就不仅是安定性，强度复验，应根据情况对其他指标进行复验，并按复验结果使用。

氯盐对钢材具有很强的腐蚀性，且会改变混凝土的导电性能，对混凝土的耐久性和使用安全不利。因此，规定钢筋混凝土结构、预应力混凝土结构中，严禁使用含氯化物的水泥。

水泥进场时，应根据产品合格证检查其品种、级别以及包装等。水泥的存放应干燥、通风、分类码放、加以标识，注明品种、强度、出厂日期等，避免混料错批。

②主控项目第二项

混凝土外加剂种类较多，且均有相应的质量标准，使用时其质量及应用技术应符合国家现行标准《混凝土外加剂》(GB 8076)、《混凝土外加剂应用技术规范》(GB 119)、《混凝土速凝剂》(JC 472)、《混凝土泵送剂》(JC 473)、《混凝土防水剂》(JC 474)、《混凝土防冻剂》(JC 475)、《混凝土膨胀剂》(JC 476)等的规定。外加剂的检验项目、方法和批量应符合相应标准的规定。若外加剂中含有氯化物，同样可能引起混凝土结构中钢筋的锈蚀，故应严格控制。涉及原材料进场检查数量和检验方法时，除有明确规定外，都应按钢筋工程主控项目第一项说明理解、执行。本项要求为强制性条文，应严格执行。

由于混凝土外加剂种类众多，在工程质量验收时，核查外加剂的复试报告，其复试结果符合外加剂的质量指标即可。

③主控项目第三项

混凝土拌和物生氯化物总含量（以氯离子量计）应符合有关规定。

混凝土中氯化物、碱的总含量过高，可能引起钢筋锈蚀和碱骨料反应，严重影响结构受力性能和耐久性。

④主控项目第四项

对混凝土配合比的要求实际体现的是“过程控制”，主要有3点要求：

a. 配合比设计：为了保证混凝土性能符合设计要求，规范规定，混凝土应根据实际采用的原材料进行配合比设计并按现行国家标准《普通混凝土拌和物性能试验方法》(GBJ 80)等进行试验、试配。试配的目的是满足混凝土强度、耐久性和工作性(坍落度等)的要求，同时也应符合经济、合理的原则。混凝土施工不得采用经验配合比。当有抗渗、抗折、抗冻融等特殊要求时，还应符合相应的专门规定。

b. 开盘鉴定：在实际施工中，即使按照混凝土配合比拌和混凝土，仍需要对每一个首次使用的混凝土配合比进行开盘鉴定，并至少留置一组 28d 标准养护试件，以验证混凝土的实际质量与设计要求的一致性。试验室应注意积累相关资料，以利于提高配合比设计和试配水平。

c. 骨料含水率：混凝土生产时，砂、石的实际含水率可能与配合比设计时存在差异，故规定应测定实际含水率并相应地调整材料用量。

⑤一般项目第一项

混凝土掺和料的种类主要有粉煤灰、粒化高炉矿渣粉、沸石粉、硅灰和复合掺和料等，有些种类目前尚没有产品质量标准。对各种掺和料，均应提出相应的质量要求，并通过试验确定其掺量。工程应用时，尚应符合国家现行标准《粉煤灰混凝土应用技术规范》(GBJ 146)、《粉煤灰在混凝土和砂浆中应用技术规程》(JGJ 28)等的规定。

⑥一般项目第三项

考虑到今后生产中利用工业处理水的发展趋势，除采用饮用水外，也可以采用其他水源，但质量应符合国家现行标准《混凝土拌合水标准》(JGJ 63)的要求。

⑦一般项目第四项

规范要求在实际施工时，对首次使用的混凝土配合比应进行开盘鉴定，并至少留置一组 28d 标准养护试件。开盘鉴定主要检查混凝土拌和物的指标，如和易性、泌水性等，主要与设计配合比相比较并作记录。

⑧一般项目第五项

砂、石的含水率受气候的影响不断变化，试验室出具的配合比通知单应是在原材料干燥状态下的配合比，正因为砂、石中含有水分，所以要将试验配合比转换成施工配合比。实际上就是将砂、石中的水扣除，增加砂、石的用量，减少水的含量，以和试验配合比相同。

(2)混凝土分项工程(施工检验批)的质量检验标准

混凝土分项工程(施工检验批)的质量检验标准和检验方法见表 2-37。

混凝土分项工程(施工检验批)的质量检验标准　表 2-37

项	序号	项目	合格质量标准	检验方法	检查数量
主控项目	1	混凝土强度等级、试件的取样和留置	**结构混凝土的强度等级必须符合设计要求。用于检查结构构件混凝土强度的试件。应在混凝土的浇筑地点随机抽取。取样与试件留置应符合下列规定:** **(1)每拌制 100 盘且不超过 $100m^3$ 的同配合比的混凝土,取样不得少于一次。** **(2)每工作班拌制的同一配合比的混凝土不足 100 盘时,取样不得少于一次。** **(3)当一次连续浇筑超过 $1000m^3$ 时,同一配合比的混凝土每 $200m^3$ 取样不得少于一次。** **(4)每一楼层、同一配合比的混凝土,取样不得少于一次。** **(5)每次取样应至少留置一组标准养护试件,同条件养护试件的留置组数应根据实际需要确定**	检查施工记录及试件强度试验报告	全数检查
	2	混凝土抗渗、试件取样和留置	对有抗渗要求的混凝土结构,其混凝土试件应在浇筑地点随机取样。同一工程、同一配合比的混凝土,取样应不少于一次,留置组数可根据实际需要确定	检查试件抗渗试验报告	
	3	原材料每盘称量的允许偏差	混凝土原材料每盘称量的偏差应符合表 2-38 的规定	复称	每工作班抽查应不少于一次
	4	混凝土初凝时间控制	混凝土运输、浇筑及间歇的全部时间不应超过混凝土的初凝时间。同一施工段的混凝土应连续浇筑,并应在底层混凝土初凝之前将上一层混凝土浇筑完毕。 当底层混凝土初凝后浇筑上一层混凝土时,应按施工技术方案中对施工缝的要求进行处理	观察,检查施工记录	全数检查
一般项目	1	施工缝的位置及处理	施工缝的位置应在混凝土浇筑前按设计要求和施工技术方案确定。施工缝的处理应按施工技术方案执行	观察,检查施工记录	全数检查
	2	后浇带的位置及处理	后浇带的留置位置应按设计要求和施工技术方案确定。后浇带混凝土浇筑应按施工技术方案进行		

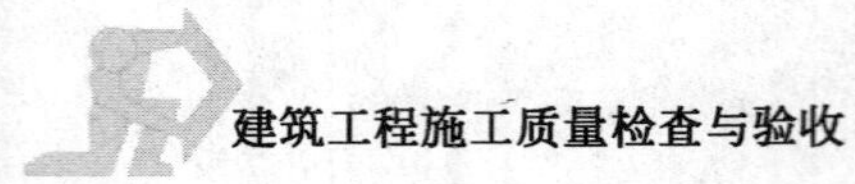

续上表

项	序号	项目	合格质量标准	检验方法	检查数量
一般项目	3	混凝土养护	混凝土浇筑完毕后，应按施工技术方案及时采取有效的养护措施，并应符合下列规定： (1)应在浇筑完毕后的12h以内对混凝土加以覆盖并保湿养护。 (2)混凝土浇水养护的时间：对采用硅酸盐水泥、普通硅酸盐水泥或矿渣硅酸盐水泥拌制的混凝土，不得少于7d；对掺用缓凝型外加剂或有抗渗要求的混凝土，不得少于14d。 (3)浇水次数应能保持混凝土处于湿润状态；混凝土养护用水应与拌制用水相同。 (4)采用塑料布覆盖养护的混凝土。其敞露的全部表面应覆盖严密，并应保持塑料布内有凝结水。 (5)混凝土强度达到1.2N/mm^{2}前，不得在其上踩踏或安装模板及支架。 注：1.当日平均气温低于5℃时，不得浇水。 2.当采用其他品种水泥时，混凝土的养护时间应根据所采用水泥的技术性能确定。 3.混凝土表面不便浇水或使用塑料布时，宜涂刷养护剂。 4.对大体积混凝土的养护，应根据气候条件按施工技术方案采取控温措施	观察，检查施工记录	全数检查

关于混凝土分项工程(施工检验批)质量检验的说明：

①主控项目第一项

规范针对不同的混凝土生产量，规定了用于检查结构构件混凝土强度的试件的取样与留置要求，并列为强制性条文，应严格执行。“浇筑地点”通常是指混凝土入模地点。当冬期施工或现场混凝土运输距离较远时，不应在现场搅拌机出料口处留置试件。

留置数量是：分别对于4种情况，符合其中任何一种情况时，取样均不得少于一次，这里指的是标准养护试件，而不是同条件养护试件。同条件养护试件的留置组数应根据实际需要确定，且除应考虑用于确定施工期间结构构件的混凝土强度外，还应根据《混凝土结构工程施工质量验收规范》(GB 50204—2002)的规定，考虑用于结构实体混凝土强度的检验。

②主控项目第二项

以往对抗渗试件留置数量要求较多。本次规范修订，根据各地反映，考虑到相同配合比的抗掺混凝土因施工造成的差异不大，故适当减少了抗渗试件的留置数量。由于影响试验结果的因素较多，需要时可多留置几组试块，同时应注意《地下防水工程施工质量验收规范》(GB 50208—2002)对抗渗试块的留置要求。

③主控项目第三项

在施工过程中应注意：

a. 各种衡器应定期校验，每次使用前应进行零点校核，保持计量准确；

b. 当遇雨天或含水率有显著变化时，应增加含水率检测次数，并及时调整水和骨料的用量。

试验室出具的配合比是原材料干燥状态的配合比，因此实际施工时，应将试验室配合比换算成施工配合比，首先要确定砂、石的含水率，现场砂石含水率可用简易方法测定，如用炒干法，测定含水率。

该工作在不少工程上未能有效实施，混凝土采用"体积"配合比的情况屡有发生，这是需要杜绝的，现场搅拌混凝土时一定要有计量设备，每盘均要准确计量并对计量误差进行检查。

混凝土原材料每盘称量的偏差应符合表 2-38 的规定。

混凝土原材料每盘称量的偏差 表 2-38

材料名称	允许偏差	材料名称	允许偏差
水泥、掺和料	±2%	水、外加剂	±2%
粗、细骨料	±3%		

注：1. 各种衡器应定期校验，每次使用前应进行零点校核，保持计量准确。
2. 当遇雨天或含水率有显著变化时。应增加含水率检测次数。并及时调整水和骨料的用量。
3. 本表摘自《混凝土结构工程施工质量验收规范》(GB 50204—2002)。

④主控项目第四项

为了防治混凝土结构构件出现所谓的"冷缝"，规范要求混凝土运输、浇筑及间歇的全部时间不应超过混凝土的初凝时间。规定同一施工段的混凝土应连续浇筑，并应在底层混凝土初凝之前将上一层混凝土浇筑完毕。如果底层混凝土由于某种原因已经初凝，则浇筑上一层混凝土时，应按施工技术方案中对施工缝的要求进行处理。

混凝土的初凝时间与水泥品种、凝结条件、掺用外加剂的品种和数量等因素有关，应由试验确定。在施工中，当施工环境气温较高与试验条件不同时，还应考虑气温对混凝土初凝时间的影响。

规定混凝土应连续浇筑并在底层初凝之前将上一层浇筑完毕，主要是为了防止扰动已初凝的混凝土而出现质量缺陷。当因停电等意外原因已经造成底层混凝土初凝时，则应在继续浇筑混凝土之前，按照施工技术方案对混凝土按接槎的要求进行处理，使新旧混凝土结合紧密，保证混凝土结构的整体性。

⑤一股项目第一项

a. 施工缝的留设应符合设计要求或施工技术方案，施工缝的位置宜留在结构受剪力较小且便于施工的部位。并应符合下列规定：

• 柱宜留置在基础的顶面、梁或吊车梁牛腿的下面、吊车梁的上面、无梁楼板柱帽的下面。

• 与板连成整体的大截面梁，留置在板底面以下 20～30mm 处。当板下有梁托时，留置在梁托下部。

• 单向板，留置在平行于板的短边的任何位置。

• 有主次梁的楼板宜顺着次梁方向浇筑，施工缝应留置在次梁跨度的中间 1/3 范围内。

• 墙，留置在门洞口过梁跨中 1/3 范围内，也可留在纵横墙的交接处。

• 双向受力楼板、大体积混凝土结构、拱、穹拱、薄壳、蓄水池、斗仓、多层刚架及其他结构复杂的工程，施工缝的位置应按设计要求留置。

b. 在施工缝处继续浇筑混凝土时，应符合下列规定：

• 已浇筑的混凝土，其抗压强度不应小于 1.2N/mm^2。

• 在已硬化的混凝土表面上，应清除水泥薄膜的松动石子以及软弱混凝土层，并加以充分湿润和冲洗干净，且不得积水。

• 在浇筑混凝土前，宜先在施工缝处铺一层水泥浆或与混凝土内成分相同的水泥砂浆。

• 混凝土应细致捣实，使新旧混凝土紧密结合。

承受动力作用的设备基础，不应留置施工缝，当必须留置时，应征得设计单位同意。

c. 在设备基础的地脚螺栓范围内施工缝的留置位置，应符合下列要求：

• 水平施工缝，必须低于地脚螺栓底端，其与地脚螺栓底端的距离应大于 150mm。

当地脚螺栓直径小于 30mm 时，水平施工缝可留置在不小于地脚螺栓埋入混凝土部分总长度的 3/4 处。

• 垂直施工缝，其与地脚螺栓中心线间的距离不得小于 250mm，且不得小于螺栓直径的 5 倍。

d. 承受动力作用设备基础的施工缝处理，应符合下列规定：

• 标高不同的两个水平施工缝，其高低接合处应留成台阶形，台阶的高宽比不得大于 1.0。

• 在水平施工缝上继续浇筑混凝土前，应对地脚螺栓进行一次观测校准。

• 垂直施工缝处应加插钢筋，其直径为 12～16mm，长度为 500～600mm，间距为 500mm，在台阶式施工缝的垂直面上也应补插钢筋。

• 施工缝的混凝土表面应凿毛，在继续浇筑混凝土前，应用水冲洗干净，湿润后在表面上抹 10～15mm 厚与混凝土内成分相同的水泥砂浆。

⑥一般项目第二项

混凝土后浇带对避免混凝土结构的温度收缩裂缝等有较大作用。目前我国混凝土裂缝问题较多，与后浇带留置、施工方法欠妥有一定关系。规范规定，混凝土后浇带位置应按设计要求留置，后浇带混凝土的浇筑时间、处理方法等应事先在施工技术方案中确定。

⑦一般项目第三项

混凝土的养护条件对混凝土强度的增长有重要影响。在施工过程中，应根据原材料、配合比、浇筑部位和施工季节等具体情况，制订合理的施工技术方案，采取有效的养护措施，保证混凝土强度正常增长。

混凝土浇筑完毕后，应按施工技术方案及时采取有效的养护措施。混凝土的养护除应按施工技术方案执行外，还应符合下列规定：

a. 应在浇筑完毕后的 12h 以内对混凝土加以覆盖并保湿养护。

b. 混凝土浇水养护的时间：对采用硅酸盐水泥、普通硅酸盐水泥或矿渣硅酸盐水泥拌制的混凝土，不得少于 7d；对掺用缓凝型外加剂或有抗渗要求的混凝土，不得少于 14d。

c. 浇水次数应能保持混凝土处于湿润状态；混凝土养护用水应与拌制用水相同。

d. 采用塑料布覆盖养护的混凝土，其敞露的全部表面应覆盖严密，并应保持塑料布内有凝结水。

e. 混凝土强度达到 1.2N/mm^2 前，不得在其上踩踏或安装模板及支架。

f. 当日平均气温低于 5℃时，不得浇水。

g. 当采用其他品种水泥时，混凝土的养护时间应根据所采用水泥的技术性能确定。

h. 混凝土表面不便浇水或使用塑料布时，宜涂刷养护剂。

j. 对大体积混凝土的养护，应根据气候条件在施工技术方案中采取控温措施。

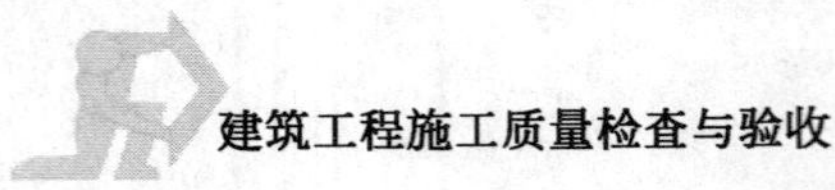

五 现浇结构分项工程

现浇结构工程是以模板、钢筋、预应力、混凝土四个分项工程为依托，拆除模板后的混凝土结构实物外观质量、几何尺寸检验等一系列技术工作的总称。

现行混凝土结构施工质量验收规范将混凝土工程和现浇结构两个分项工程分开，主要区别为：混凝土工程主要是对混凝土拌和物的质量及过程控制，而现浇结构分项工程主要是已经浇筑的混凝土结构的构件。

1. 现浇结构分项工程的一般规定

现浇结构工程的一般规定是如何对结构实物、外观质量检查缺陷的把握。

关于缺陷的定义如下：

缺陷——建筑工程施工质量中不符合规定要求的检验项或检验点。按其程度分为严重缺陷、一般缺陷。

严重缺陷——对结构构件的受力性能或安装使用性能有决定性影响的缺陷。

一般缺陷——对结构构件的受力性能或安装使用性能无决定性影响的缺陷。

(1)现浇结构的外观质量缺陷，应由监理（建设）单位、施工单位等各方根据其对结构性能和使用功能影响的严重程度，按表 2-39 确定。

现浇结构外观质量缺陷　　表 2-39

名称	现象	严重缺陷	一般缺陷
露筋	构件内钢筋未被混凝土包裹而外露	纵向受力钢筋有露筋	其他钢筋有少量露筋
蜂窝	混凝土表面缺少水泥砂浆而形成石子外露	构件主要受力部位有蜂窝	其他部位有少量蜂窝
孔洞	混凝土中孔穴深度和长度均超过保护层厚度	构件主要受力部位有孔洞	其他部位有少量孔洞
夹渣	混凝土中夹有杂物且深度超过保护层厚度	构件主要受力部位有夹渣	其他部位有少量夹渣
疏松	混凝土中局部不密实	构件主要受力部位有疏松	其他部位有少量疏松
裂缝	缝隙从混凝土表面延伸至混凝土内部	构件主要受力部位有影响结构性能或使用功能的裂缝	其他部位有少量不影响结构性能或使用功能的裂缝

续上表

名　称	现　　象	严重缺陷	一般缺陷
连接部位缺陷	构件连接处混凝土缺陷及连接钢筋、连接件松动	连接部位有影响结构传力性能的缺陷	连接部位有基本不影响结构传力性能的缺陷
外形缺陷	缺棱掉角、棱角不直、翘曲不平、飞边凸肋等	清水混凝土构件有影响使用功能或装饰效果的外形缺陷	其他混凝土构件有不影响使用功能的外形缺陷
外表缺陷	构件表面麻面、掉皮、起砂、沾污等	具有重要装饰效果的清水混凝土构件有外表缺陷	其他混凝土构件有不影响使用功能的外表缺陷

在对外观质量检验过程中，外观质量缺陷对结构性能和使用功能等的影响程度，应由监理人(建设)单位、施工单位等共同确定。

(2)现浇结构拆模后，应由监理(建设)单位、施工单位对外观质量和尺寸偏差进行检查，并作出记录，且应及时按施工技术方案对缺陷进行处理。

规范对现浇结构外观质量的验收，采用检查缺陷，并对缺陷的性质和数量加以限制的方法进行。规范给出了确定现浇结构外观质量严重缺陷、一般缺陷的一般原则以及几种一般缺陷的数量限制。当外观质量缺陷的严重程度超过规定的一般缺陷时，可按严重缺陷处理。

在具体实施中，外观质量缺陷对结构性能和使用功能等的影响程度，应由监理(建设)单位、施工单位等各方共同确定。

对于具有重要装饰效果的清水混凝土，考虑到其装饰效果属于主要使用功能，故将其表面外形缺陷、外表缺陷确定为严重缺陷。

现浇结构拆模后，施工单位应及时会同监理(建设)单位对混凝土外观质量和尺寸偏差进行检查，并作出记录。对任何缺陷及超过限值的尺寸偏差都应及时进行处理，并重新检查验收。

一般缺陷的几个概念：

①少量露筋：梁、柱非纵向受力钢筋的露筋长度不大于10cm，累计不大于20cm；基础、墙、板非纵向受力钢筋的露筋长度不大于20cm，累计不大于40cm。

②少量蜂窝：梁、柱上的蜂窝面积不大于500cm^2，累计不大于1000cm^2；基础、墙、板上蜂窝面积不大于1000cm^2，累计不大于2000cm^2。

③少量孔洞：梁、柱上的孔洞面积不大于10cm^2，累计不大于80cm^2；基础、墙、板上的孔洞面积不大于100cm^2，累计不大于200cm^2。

④少量夹碴：夹碴层的深度不大于5cm；梁、柱上的夹碴层长度不大于5cm，不多于二处；基础、墙、板上的夹碴层长度不大于20cm，不多于二处。

⑤少量疏松：梁、柱上的疏松面积不大于 $500cm^2$，累计不大于 $1000cm^2$；基础、墙、板上的疏松面积不大于 $1000cm^2$，累计不大于 $2000cm^2$。

2. 现浇结构分项工程检验批的质量检验

现浇结构分项工程通常不是按材料或工艺类型划分，而是按结构的楼层、结构缝或施工段划分检验批。

同时，现行验收规范将外观质量和尺寸偏差分别单独作为一个检验批来进行检验，换句话说，现浇结构分项工程包括外观质量和尺寸偏差两个检验批，诸多省份都把它们合二为一。

为方便起见将两个检验批放在一起进行介绍。

现浇结构分项工程外观质量和尺寸偏差检验批的检验标准和检验方法见表2-40。

混凝土现浇结构分项工程检验批的检验标准　　表 2-40

项	序号	项目	合格质量标准	检验方法	检查数量
主控项目	1	外观质量	**现浇结构的外观质量不应有严重缺陷** **对已经出现的严重缺陷，应由施工单位提出技术处理方案，并经监理（建设）单位认可后进行处理。对经处理的部位，应重新检查验收**	观察，检查技术处理方案	全数检查
	2	过大尺寸偏差处理及验收	**现浇结构不应有影响结构性能和使用功能的尺寸偏差。混凝土设备基础不应有影响结构性能和设备安装的尺寸偏差。** **对超过尺寸允许偏差且影响结构性能和安装、使用功能的部位，应由施工单位提出技术处理方案，并经监理（建设）单位认可后进行处理。对经处理的部位，应重新检查验收**	量测，检查技术处理方案	
一般项目	1	外观质量一般缺陷	现浇结构的外观质量不宜有一般缺陷 对已经出现的一般缺陷．应由施工单位按技术处理方案进行处理。并重新检查验收	观察，检查技术处理方案	全数检查
	2	现浇结构和混凝土设备基础尺寸的允许偏差及检验方法	现浇结构和混凝土设备基础拆模后的尺寸偏差应符合表 2-41 和表 2-42 的规定	见表 2-41 和表 2-42	

关于混凝土现浇结构分项工程检验批质量检验的说明：

(1)主控项目第一项

现浇结构外观质量存在严重缺陷的处理，以前没有一个规定的程序，现行规范给出了处理程序，该类严重缺陷不必由设计单位出面处理。

外观质量的严重缺陷通常会影响到结构性能、使用功能或耐久性。对已经出现的严重缺陷，应由施工单位根据缺陷的具体情况提出技术处理方案，经监理（建设）单位认可后再进行处理，并重新检查验收。关于外观质量严重缺陷处理的规定为强制性条文，必须严格执行。

外观质量的一般缺陷通常不会影响到结构性能、使用功能，但有碍观瞻。故对已经出现的一般缺陷，也应及时处理，并重新检查验收。

(2)主控项目第二项

过大的尺寸偏差可能影响结构构件的受力性能、使用功能，可能影响设备在基础上的安装、使用。验收时，应根据现浇结构、混凝土设备基础尺寸偏差的具体情况，由监理（建设）单位、施工单位等各方共同确定尺寸偏差对结构性能和安装使用功能的影响程度。对超过尺寸允许偏差且影响结构性能和安装、使用功能的部位，应由施工单位根据尺寸偏差的具体情况提出技术处理方案，经监理（建设）单位认可后再进行处理，并重新检查验收。关于过大尺寸偏差处理的规定为强制性条文，必须严格执行。

(3)一般项目第二项

检查数量：按楼层、结构缝或施工段划分检验批。在同一检验批内，对梁、柱和独立基础，应抽查构件数量的10%，且不少于3件；对墙和板，应按有代表性的自然间抽查10%，且不少于3间；对大空间结构，墙可按相邻轴线间高度5m左右划分检查面，板可按纵横轴线划分检查面，抽查10%，且均不少于3面；对电梯井，应全数检查。对设备基础，应全数检查。

现浇结构尺寸允许偏差的检查方法见表2-41的规定，混凝土设备基础检查方法见表2-42的规定。

现浇结构尺寸允许偏差和检验方法 表2-41

项目			允许偏差(mm)	检验方法
轴线位置	基础		15	钢尺检查
	独立基础		10	
	墙、柱、梁		8	
	剪力墙		5	
垂直度	层高	≤5m	8	经纬仪或吊线、钢尺检查
		>5m	10	经纬仪或吊线、钢尺检查
	全高(H)		H/1000且≤30	经纬仪、钢尺检查

续上表

项目		允许偏差(mm)	检验方法
标高	层高	±10	水准仪或拉线、钢尺检查
	全高	±30	
截面尺寸		+8,−5	钢尺检查
电梯井	井筒长、竟对定位中心线	+25,0	钢尺检查
	井筒全高(*H*)垂直度	*H*/1000 且≤30	经纬仪、钢尺检查
表面平整度		8	2m 靠尺和塞尺检查
预埋设施中线线位置	预埋件	10	钢尺检查
	预埋螺栓	5	
	预埋管	5	
预留洞中心线位置		15	钢尺检查

注:检查坐标、中心线位置时,应沿纵横两个方向量测,并取其中的较大值。

混凝土设备基础尺寸允许偏差和检验方法 表 2-42

项目		允许偏差(mm)	检验方法
坐标位置		20	钢尺检查
不同平面的标高		0,−20	水准仪或拉线、钢尺检查
平面外形尺寸		±20	钢尺检查
凸台上平面外形尺寸		0,−20	钢尺检查
凹穴尺寸		+20,0	钢尺检查
平面水平度	每米	5	水平尺、塞尺检查
	全长	10	水准仪或拉线、钢尺检查
垂直度	每米	5	经纬仪或吊线、钢尺检查
	全高	10	
预埋地脚螺栓	标高(顶部)	+20,0	水准仪或拉线、钢尺检查
	中心距	±2	钢尺检查
预埋地脚螺栓孔	中心线位置	10	钢尺检查
	深度	+20,0	钢尺检查
	孔垂直度	10	吊线、钢尺检查
预埋活动地脚螺栓锚板	标高	+20,0	水准仪或拉线、钢尺检查
	中心线位置	5	钢尺检查
	带槽锚板平整度	5	钢尺、塞尺检查
	带螺纹孔锚板平整度	2	钢尺、塞尺检查

注:检查坐标、中心线位置时,应沿纵、横两个方向量测,并取其中的较大值。

六 装配式结构分项工程

略。

七 混凝土结构子分部工程的验收

混凝土结构尽管体形庞大，构造复杂，在施工工程量中占有很大的比例，但在整个施工质量验收体系中其只是一个子分部工程，它与砌体结构、钢结构、木结构等并列从属于主体结构分部工程，或从属于地基基础分部工程。

《混凝土结构工程施工质量验收规范》(GB 50204—2002)规定：对混凝土结构子分部工程的质量验收，应在钢筋、预应力、混凝土、现浇结构或装配式结构等相关分项工程验收合格的基础上，进行质量控制资料检查及观感质量验收，并应对涉及结构安全的材料、试件、施工工艺和结构重要性进行见证检测或结构实体检验。

下面分别介绍 4 个验收条件的合格要求。

1. 混凝土子分部工程所含分项工程的验收

根据《建筑工程施工质量验收统一标准》(GB 50300—2001)建立起的施工质量检验体系分为 4 个层次：检验批、分项工程、分部工程(子分部工程)、单位工程(子单位工程)。其中只有检验批的验收才是面对实际建筑工程施工质量的直接检查行为，其余几个层次的检验都是归纳汇总性的检验，即主要是通过对下一层次检验资料的汇总、检查、复核实现的。

混凝土子分部工程具体某一检验批和分项工程的验收不再介绍，可参阅前面有关内容，这里“分项工程的验收”指的是混凝土子分部各分项工程合格之后对该子分部所含所有分项工程的汇总验收。

混凝土结构子分部工程是通过对有关分项工程检验结果的汇总、检查、复核进行验收的。混凝土结构子分部工程的分项工程共有六个：模板、钢筋、预应力、混凝土、现浇结构、装配式结构。前四个属于施工工艺类型；后两个属于结构综合类型。但是，对于具体的混凝土结构工程，并不是每个分项工程都会包括在内的。不一定 6 个分项工程都要检查，只要检查与实际工程有关的分项工程就可以。例如，对普通的钢筋混凝土结构，预应力分项工程就不一定检验；对现浇混凝土结构，装配式结构分项工程就不一定检验。

更多的实际工程是混合型的。例如，结构主体的框架是现浇非预应力结构，而部分楼盖则是现浇后张法(无黏结)预应力结构，另一部分楼盖及屋盖则可能是装配式结构(或叠合结构)。这时，该工程包括的分项工程就较多，有钢筋、预

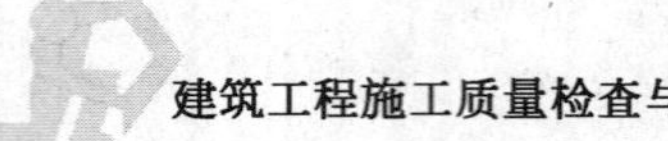

应力、混凝土、现浇结构、装配式结构等分项工程。

不管哪一个分项工程，其验收都是对分项工程检验批的汇总和有关资料的核查。具体某一分项工程检验批的质量验收内容可参见前面有关内容。若包括的分项工程检验批全部合格，且资料完整，该分项工程就合格。混凝土子分部工程所包含的相关分项工程都通过验收合格，只是子分部工程通过验收的前提，而并非通过验收的全部条件。

需要强调的是，由于模板工程属于混凝土结构构件成型的工具，在拆模后不再存在于结构构件中，且结构实体的外观质量、尺寸偏差等项目的检验已经综合反映了模板工程的质量，因此，模板分项工程可不参加与混凝土结构子分部质量的验收。

2. 结构实体检验

(1)结构实体检验的一般规定

①对涉及混凝土结构安全的重要部位应进行结构实体检验。结构实体检验应在监理工程师(建设单位项目专业技术负责人)见证下，由施工项目技术负责人组织实施。承担结构试验的试验室应具有相应的资质。

②结构实体检验的内容应包括混凝土强度、钢筋保护层厚度以及工程合同约定的项目；必要时可检验其他项目。

③对混凝土强度的检验，应以在混凝土浇筑地点制备并与结构实体同条件养护的试件强度为依据。混凝土强度检验用同条件养护试件的留置、养护和强度代表值应符合本规范附录 D 的规定。

对混凝土强度的检验，也可根据合同的约定，采用非破损或局部破损的检测方法，按国家现行有关标准的规定进行。

④当同条件养护试件强度的检验结果符合现行国家标准《混凝土强度检验评定标准》(GBJ 107)的有关规定时，混凝土强度应判为合格。

⑤对钢筋保护层厚度的检验，抽样数量、检验方法、允许偏差与合格条件应符合本规范附录 E 的规定。

⑥当未能取得同条件养护试件强度、同条件养护试件强度被判为不合格或钢筋保护层厚度不满足要求时，应委托具有相应资质等级的检测机构按国家有关标准的规定进行检测。

根据国家标准《建筑工程施工质量验收统一标准》(GB 50300—2001)的规定，在子分部工程验收前应进行结构实体检验。检验的范围仅限于涉及安全的柱、墙、梁等结构构件的重要部位。结构实体检验采用由各方参与的见证抽样形式，以保证检验结果的公正性。

对结构实体进行检验，并不是在子分部工程验收前的重新检验，而是在相应分项工程验收合格、过程控制使质量得到保证的基础上，对重要项目进行的复核性检查，其目的是为了强化混凝土结构的施工质量验收，真实地反映混凝土强度及受力钢筋位置等质量指标，确保结构安全。

为了使实体检验不过多地增加施工和监理（建设）单位的负担，规范严格控制了检测的数量。一般情况下可以在监理（建设）及施工各方在场的情况下见证取样，由施工单位实施。

承担试验任务的试验室应有相应的资质，以保证检测结果的准确性。当未留置同条件养护试件或强度不合格、钢筋保护层不合格时，则应委托具有相应资质的检测机构检测。

考虑到目前的检测手段，并为了控制检验工作量，结构实体检验仅对重要结构构件的混凝土强度、钢筋保护层厚度两个项目进行。这两项内容都是对结构的承载力和结构性能有重大影响的项目。如果合同有约，则可增加其他检测项目。同时检测方法、数量、系数、合格条件、经费等也一并由合同解决。应注意的是，其质量要求不得低于规范的规定。

(2)结构实体混凝土强度的检验

混凝土结构中的混凝土的强度，除按标准养护试块的强度检查验收外，在子分部工程验收前，又增加了作为实体检验的结构混凝土强度检验。因为标准养护强度与实际结构中的混凝土，除组成成分相同以外，成型工艺、养护条件（温度、湿度、承载龄期等）都有很大差别，两者之间可能存在较大差异。因此，增加这一层次的检验对控制工程质量是必要的。

《混凝土结构工程施工质量验收规范》(GB 50204—2002)附录D“结构实体检验用同条件养护试件强度检验”内容如下：

D.0.1 同条件养护试件的留置方式和取样数量，应符合下列要求：

1 同条件养护试件所对应的结构构件或结构部位，应由监理（建设）、施工等各方共同选定。

2 对混凝土结构工程中的各混凝土强度等级，均应留置同条件养护试件。

3 同一强度等级的同条件养护试件，其留置的数量应根据混凝土工程量和重要性确定，不宜少于10组，且不应少于3组。

4 同条件养护试件拆模后，应放置在靠近相应结构构件或结构部位的适当位置，并应采取相同的养护方法。

D.0.2 同条件养护试件应在达到等效养护龄期时进行强度试验。

等效养护龄期应根据同条件养护试件强度与在标准养护条件下28d龄期试

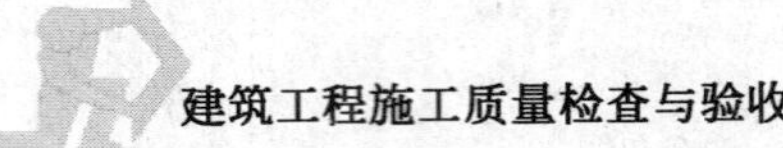

件强度相等的原则确定。

D.0.3 同条件自然养护试件的等效养护龄期及相应的试件强度代表值，宜根据当地的气温和养护条件，按下列规定确定：

1 等效养护龄期可取按日平均气温逐日累计达到600℃时所对应的龄期，0℃及以下的龄期不计入；等效养护龄期不应小于14d，也不宜大于60d。

2 同条件养护试件强度代表值应根据强度试验结果按现行国家标准《混凝土强度检验评定标准》(GBJ 107)的规定确定后，乘以折算系数取用，折算系数宜取为1.10，也可根据当地的试验统计结果作适当调整。

3 钢筋保护层厚度检验

钢筋的混凝土保护层厚度对其粘结锚固性能及结构的耐久性和承载能力都有重大影响。特别是受力钢筋的移位，往往减小内力臂而严重削弱构件的承载能力。在我国，施工时将构件上部的负弯矩受力钢筋踩下而引起的质量事故屡屡发生，轻则表现为板边或板角裂缝，重则发生悬臂构件的倾覆、折断事故。因此，对上述结构中的钢筋保护层厚度进行实体检验是保证结构安全所必需的。

《混凝土结构工程施工质量验收规范》(GB 50204—2002)附录E"结构实体钢筋保护层厚度检验"如下：

E.0.1 钢筋保护层厚度检验的结构部位和构件数量，应符合下列要求：

1 钢筋保护层厚度检验的结构部位，应由监理(建设)、施工等各方根据结构构件的重要性共同选定。

2 对梁类、板类构件，应各抽取构件数量的2%且不少于5个构件进行检验；当有悬挑构件时，抽取的构件中悬挑梁类、板类构件所占比例均不宜小于50%。

E.0.2 对选定的梁类构件，应对全部纵向受力钢筋的保护层厚度进行检验；对选定的板类构件，应抽查不少于6根纵向受力钢筋的保护层进行检验。对每根钢筋，应在有代表性的部位测量1点。

E.0.3 钢筋保护层厚度的检验，可采用非破损或局部破损的方法，也可采用非破损方法并用局部破损方法进行校准。当采用非破损方法检验时，所使用的检测仪器应经过计量检验，检测操作应符合相应规程的规定。

钢筋保护层厚度检验的检测误差不应大于1mm。

E.0.4 钢筋保护层厚度检验时，纵向受力钢筋保护层厚度的允许偏差，对梁类构件为+10mm，-7mm；对板类构件为+8mm，-5mm。

E.0.5 对梁类、板类构件纵向受力钢筋的保护层厚度应分别进行验收。

结构实体钢筋保护层厚度验收合格应符合下列规定：

1 当全部保护层厚度检验的合格点率为90%及以上时，钢筋保护层厚度的检验结果应判为合格。

2 当全部钢筋保护层厚度检验的合格点率小于90%但不小于80%，可再抽取相同数量的构件进行检验；当按两次抽样总和计算的合格点率为90%及以上时，钢筋保护层厚度的检验结果仍应判为合格。

3 每次抽样检验结果中不合格点的最大偏差均不应大于本附录E.0.4条规定允许偏差的1.5倍。

3.质量控制资料的核查

混凝土结构子分部工程施工质量验收时，应提供下列文件和记录，并进行核查：

(1)设计变更文件。

(2)原材料出厂合格证和进场复验报告。

(3)钢筋接头的试验报告。

(4)混凝土工程施工记录。

(5)混凝土试件的性能试验报告。

(6)装配式结构预制构件的合格证和安装验收记录。

(7)预应力筋用锚具、连接器的合格证和进场复验报告。

(8)预应力筋安装、张拉及灌浆记录。

(9)隐蔽工程验收记录。

(10)分项工程验收记录。

(11)混凝土结构实体检验记录。

(12)工程的重大质量问题的处理方案和验收记录。

(13)其他必要的文件和记录。

4.观感质量验收

观感质量检验的方法是由参加验收的各方人员(施工、设计、监理等)巡视已经完工的混凝土结构工程，用肉眼观察，用手触摸并辅以少量的量测(有分歧意见或难以判断的局部区域、项目)，并通过协商、讨论进行验收。

由于已经通过检验批及分项工程两个层次的检查验收，一般到子分部工程验收前，明显的质量缺陷已基本消除。即使有少量在前几层次检验中遗漏的一般缺陷，也多属常规性的质量通病，可以用施工技术方案中既定的方法判断和处理。除有特殊的严重缺陷，必须要采用非正常验收外，一般均可通过验收。

通过各方的协商讨论，观感质量检查结果一般情况下都能合格并通过验收。

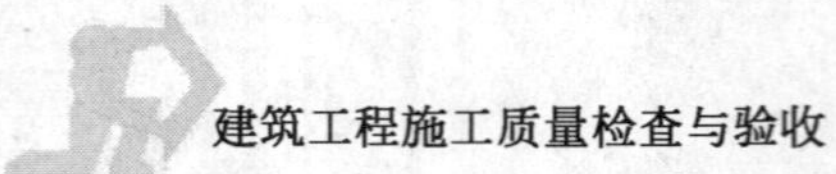

即使质量确实很差，通常也不直接给出“不合格”的结论，而是暂不验收，责令施工单位采取有效的针对性措施，及时进行修补、整改，然后再次检查验收。观感质量检查只涉及混凝土结构的外观质量及较明显的尺寸偏差，而且是在大多数结构或表面已被掩盖的情况下进行检查的，可供检查的表面很有限。因此，只是一种复核性的抽查，主要依靠人为主观的定性判断来实现验收。

混凝土子分部工程通过上述4个方面的验收，则该子分部工程通过验收。

第二节　砌体子分部工程

砌体工程在建筑工程中占有重要的位置，起着承重、分隔、隔声、防风、防雨等作用，包括砖砌体工程、混凝土小型空心砌块、配筋砌体、石砌体工程和填充墙砌体工程等。砌体工程大部分为手工操作，人的因素对砌体结构的质量影响很大。

砌体工程的验收必须符合《砌体工程施工质量验收规范》(GB 50203—2002)和“统一标准”的要求，同时尚应执行现行下列有关标准：

(1)《砌体结构设计规范》(GB 50003)。

(2)《建筑结构荷载规范》(GB 50009)。

(3)《建筑抗震设计规范》(GB 50011)。

(4)《建筑地基基础工程施工质量验收规范》(GB 50202)。

(5)《混凝土结构工程施工质量验收规范》(GB 50204)。

(6)《设置钢筋混凝土构造柱多层砖抗震技术规范》(JGJ/T 13)。

(7)《混凝土小型空心砌块建筑技术规程》(JGJ/T 14)。

(8)《建筑工程冬期施工规程》(JGJ/T 104)。

(9)《砌筑砂浆配合比设计规程》(JGJ 98)。

(10)《砌体工程现场检测技术标准》(GB/T 50315)。

(11)《建筑砂浆基本性能试验方法》(JG 170)。

(12)《粉煤灰在混凝土及砂浆中应用技术规程》(JGJ 28)。

(13)《混凝土外加剂应用技术规范》(GBJ 119)。

(14)《烧结普通砖》(GB 5101)。

(15)《烧结多孔砖》(GB 13544)。

(16)《蒸压灰砂砖》(GB 11945)。

(17)《粉煤灰砖》(JC 239)。

(18)《烧结空心砖和空心砌块》(GB 13545)。

(19)《普通混凝土小型空心砌块》(GB 8239)。

(20)《轻集料混凝土小型空心砌块》(GB 15229)。

(21)《蒸压加气混凝土砌块》(GB 11968)。

(22)《建筑生石灰》(JC/T 479)。

(23)《建筑生石灰粉》(JC/T 480)。

(24)《混凝土拌合用水》(JGJ 63)。

(25)《混凝土小型空心砌块砌筑砂浆》(JC 860)。

(26)《混凝土小型空心砌块灌孔混凝土》(JC 861)。

《砌体工程施工质量验收规范》(GB 50203—2002)列有总则、术语、基本规定、砌筑砂浆、砖砌体工程、混凝土小型空心砌块工程、砌体工程和配筋工程、填充墙砌体工程、冬季施工和砌体工程子分部验收共11章内容。本章内容主要依据《砌体工程施工质量验收规范》(GB 50203—2002)和“统一标准”而编写,部分内容省略。

基本规定

1. *材料的质量要求*

砌体工程所用的材料应有产品合格证书、产品性能检测报告。块材、水泥、钢筋、外加剂等尚应有材料主要性能的进场复验报告。严禁使用国家明令淘汰的材料。

在砌体工程中,应用合格的材料才可能砌筑出符合质量要求的工程。材料的产品合格证书和产品性能检测报告是工程质量评定中必备的质量保证资料之一,因此特提出了要求。

2. *放线的规定*

砌筑基础前,应校核放线尺寸,允许偏差应符合表2-43的规定。

放线尺寸的允许偏差 表2-43

长度 L、宽度 B(m)	允许偏差(mm)	长度 L、宽度 B(m)	允许偏差(mm)
L(或 B)≤30	±5	60<L(或 B)≤90	±15
30<L(或 B)≤60	±10	L(或 B)>90	±20

3. *砌筑顺序的规定*

砌筑工程砌筑顺序应符合下列规定:

(1)基底标高不同时,应从低处砌起,并应由高处向低处搭砌。当设计无要求时,搭接长度不应小于基础扩大部分的高度。

(2)砌体的转角处和交接处应同时砌筑。当不能同时砌筑时,应按规定留

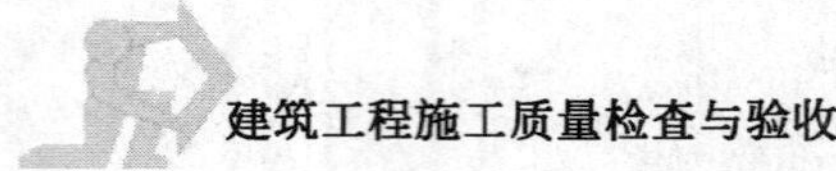

槎、接槎。

基础高低台的合理搭接，对保证基础砌体的整体性至关重要。从受力角度考虑，基础扩大部分的高度与荷载、地耐力等有关。故本条规定，对有高低台的基础，应从低处砌起，在设计无要求时，也对高低台的搭接长度做了规定。

砌体的转角处和交接处同时砌筑可以保证墙体的整体性，从而大大提高砌体结构的抗震性能。从震害调查可以看到，不少多层砖混结构建筑，由于砌体的转角处和交接处接槎不良而导致外墙甩出和砌体倒塌。因此，砌体转角处和交接处应同时砌筑。当不能同时砌筑时，应按规定留槎并做好接槎处理。

4. 洞口留设的规定

在砌体上应避免留设临时洞口，由于现场施工条件的限制，非留洞口不可的，其侧边离交接处墙面不应小于500mm，洞口净宽度不应超过1m。

抗震设防烈度为9度地区建筑物的临时施工洞口位置，应会同设计单位确定。

临时洞口应做好补砌。

限于施工条件，有时难免在墙上留置临时洞口。洞口位置不当或洞口过大，必然削弱墙体的整体性。为此，应限制在墙上留置临时施工洞口的尺寸。

5. 不得留置脚手眼的墙体或部位

(1)120mm厚墙、料石清水墙和独立柱。

(2)过梁上与过梁成60°角的三角形范围及过梁净跨度1/2的高度范围内。

(3)宽度小于1m的窗间墙。

(4)砌体门窗洞口两侧200mm(石砌体为300mm)和转角处450mm(石砌体为600mm)范围内。

(5)梁或梁垫下及其左右500mm范围内。

(6)设计不允许设置脚手眼的部位。

经补砌的脚手眼，对砌体的整体性或多或少会带来不利影响。因此，对一些受力不太有利的砌体部分留置脚手眼做了相应规定。

6. 脚手眼的补砌及预留洞口、沟槽的规定

(1)施工脚手眼的补砌，灰缝应填满砂浆，不得用干砖填塞。

(2)设计要求的洞口、管道、沟槽应于砌筑时正确留出或预埋，未经设计同意，不得打凿墙体和在墙体上开凿水平沟槽。宽度超过300mm的洞口上部，应设置过梁。

脚手眼的补砌，不仅涉及到砌体结构的整体性，而且还会影响建筑物的使用功能，有时如封堵不实，外墙还会引起渗漏水，故施工时应予注意。

建筑工程施工中,常存在各工种之间配合不好的问题。例如水电安装中应在砌体上开的洞口、埋设的管道等往往在砌好的砌体上打凿,对砌体的破坏较大。因此本条在洞口、管道、沟槽设置上做了相应的规定。

7. 砌筑墙体或柱自由高度的规定

尚未施工楼板或屋面的墙或柱,当可能遇到大风时,其允许自由高度不得超过表 2-44 的规定。如超过表中限值时,必须采用临时支撑等有效措施。

墙柱的允许自由高度 表 2-44

墙(柱)厚(mm)	砌体密度>1600(kg/m³)			砌体密度 1300~1600(kg/m³)		
	风载(kN/m²)			风载(kN/m²)		
	0.3(约7级风)	0.4(约8级风)	0.5(约9级风)	0.3(约7级风)	0.4(约8级风)	0.5(约9级风)
190	—	—	—	1.4	1.1	0.7
240	2.8	2.1	1.4	2.2	1.7	1.1
370	5.2	3.9	2.6	4.2	3.2	2.1
490	8.6	6.5	4.3	7.0	5.2	3.5
620	14.0	10.5	7.0	11.4	8.6	5.7

注:1. 本表适用于施工处相对标高(H)在 10m 范围内的情况。如 10m$<H\leqslant$15m,15m$<H\leqslant$20m 时,表中的允许自由高度应分别乘以 0.9、0.8 的系数;如 $H>$20m 时,应通过抗倾覆验算确定其允许自由高度。

2. 当所砌筑的墙有横墙或其他结构与其连接,而且间距小于表列限值的 2 倍时,砌筑高度可不受本表的限制。

8. 砌体顶面搁置预制梁、板的质量要求

砌体顶面应找平,安装时应座浆。当设计无具体要求时,应采用 1∶2.5 水泥砂浆。

预制梁、板与砌体顶面接触不紧密不仅对梁、板、砌体受力不利,而且还对房顶抹灰和地面施工带来不利影响。目前在搁置预制梁、板时,往往忽略了在砌体顶面找平和座浆,致使梁、板与砌体受力不均匀,使安装的预制板不平整和不平稳,从而出现板缝处的裂纹及增加找平层的厚度。因此,必须加以纠正。

9. 砌体施工质量控制等级的划分

砌体施工质量控制等级应分为三级,并应符合表 2-45 的规定。

由于砌体的施工存在较多的人工操作过程,所以,砌体结构的质量也在很大程度上取决于人工因素。施工过程对砌体结构质量的影响直接表现在砌体的强

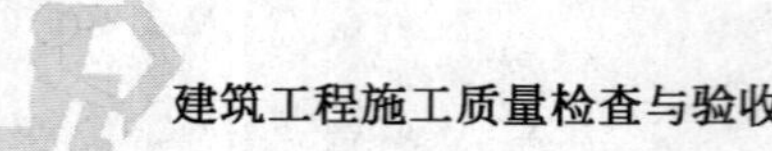

度上。在采用以概率理论为基础的极限状态设计方法中,材料的强度设计值系由材料标准值除以材料性能分项系数确定,而材料性能分项系数与材料质量和施工水平相关。在国际标准中,施工水平按质量监督人员、砂浆强度试验及搅拌、砌筑工人技术熟练程度等情况分为三级,材料性能分项系数也相应取为不同的三个数值。

砌体施工质量控制等级　　表 2-45

项　目	施工质量控制等级		
	A	B	C
现场质量管理	制度健全,并严格执行;非施工方质量监督人员经常到现场,或现场设有常驻代表;施工方有在岗专业技术管理人员,人员齐备,并持证上岗	制度基本健全,并能执行;非施工方质量监督人员间断地到现场进行质量控制;施工方有在岗专业技术管理人员,并持证上岗	有制度:非施工方质量监督人员很少作现场质量控制;施工方有在岗专业技术管理人员
砂浆、混凝土强度	试块按规定制作,强度满足验收规定,离散性小	试块按规定制作,强度满足验收规定,离散性较小	试块强度满足验收规定,离散性大
砂浆拌和方式	机械拌和;配合比计量控制严格	机械拌和;配合比计量控制一般	机械或人工拌和;配合比计量控制较差
砌筑工人	中级工以上,其中高级工不少于 20%	高、中级工不少于 70%	初级工以上

注:本表摘自《砌体工程施工质量验收规范》(GB 50203—2002)。

关于砂浆和混凝土的施工质量,可分为“优良”、“一般”和“差”三个等级,强度离散性分别对应为“离散性小”、“离散性较小”和“离散性大”,其划分情况参见表 2-46、表 2-47。

砌筑砂浆质量水平　　表 2-46

强度等级 / 强度标准差 σ(MPa) / 质量水平	M2.5	M5	M7.5	M10	M15	M20
优良	0.5	1.00	1.50	2.00	3.00	4.00
一般	0.62	1.25	1.88	2.50	3.75	5.00
差	0.75	1.50	2.25	3.00	4.50	6.00

注:本表摘自《砌体工程施工质量验收规范》(GB 50203—2002)。

混凝土质量水平　　表 2-47

评定指标		优良		一般		差	
		<C20	≥C20	<C20	≥C20	<C20	≥C20
强度标准差(MPa)	预拌混凝土厂	≤3.0	≤3.5	≤4.0	≤5.0	>4.0	>5.0
	集中搅拌混凝土的施工现场	≤3.5	≤4.0	≤4.5	≤5.5	>4.5	>5.5
强度等于或大于混凝土强度等级值的百分率(%)	预拌混凝土厂 集中搅拌混凝土的施工现场	≥95		>85		≤85	

注:本表摘自《砌体工程施工质量验收规范》(GB 50203—2002)。

10. 防腐要求

设置在潮湿环境或有化学侵蚀性介质环境中的砌体灰缝内的钢筋应采取防腐措施。

根据国际标准《配筋砌体结构设计规范》(ISO 9652—3)的规定,从建筑物的耐久性考虑,应对砌体灰缝内设置的钢筋采取防腐措施,并且规定了不同使用环境下的方法。但鉴于我国尚未在砌体结构的设计规范中有这方面的规定,砌体验收规范对此只做了一般的要求。

11. 质量和安全事故的预防

砌体施工时,楼面和屋面堆载不得超过楼板的允许荷载值。施工层进料口楼板下,宜采取临时加撑措施。

在楼面上砌筑施工时,常发现以下几种超载现象:一是集中卸料造成超载;二是抢进度或遇停电时,提前集中备料造成超载;三是采用井架或门架上料时,吊篮停置位置偏高,接料平台倾斜有坎,运料车出吊篮后对进料口房间楼面产生较大的冲击荷载。这些超载现象常使楼板板底产生裂缝,严重者会导致安全事故。因此,应对集中荷载加以限制,使其不得大于楼板的允许荷载值。

12. 分项工程的验收

分项工程的验收应在检验批验收合格的基础上进行。检验批的确定可根据施工段划分。

13. 检验批的验收合格条件

砌体工程检验批验收时,其主控项目应全部符合本规范的规定;一般项目应有80%及以上的抽检处符合本规定的规定,或偏差值在允许偏差范围以内。

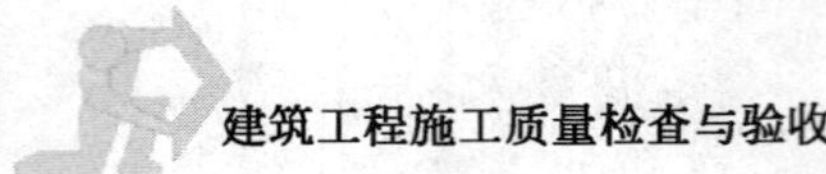

二 砌筑砂浆

砌筑砂浆主要用于砖石结构的砌体，它起着传递荷载的作用。

1.材料质量要求

(1)水泥

水泥的强度等级应根据设计要求选用。

水泥进场使用前，应分批对其强度、安定性进行复验。检验批应以同一生产厂家、同一编号为一批。

当在使用中对水泥质量有怀疑或水泥出厂超过三个月(快硬硅酸盐水泥超过一个月)时，应复查试验，并按其结果使用。

不同品种的水泥，不得混合使用。

水泥的强度及安定性是判断水泥是否合格的两项技术要求，因此在水泥使用前应进行复检。

不同品种的水泥成分不同，混合使用会发生材料变化或降低强度。

(2)砂

砂浆用砂不得含有有害杂物。砂浆用砂的含泥量应满足下列要求：

①对水泥砂浆和强度等级不小于 M5 的水泥混合砂浆，不应超过 5%。

②对强度等级小于 M5 的水泥混合砂浆，不应超过 10%。

③人工砂、山砂及特细砂，应经试配能满足砌筑砂浆技术条件要求。

砂中含泥量过大，不但会增加砌筑砂浆的水泥用量，还可能使砂浆的收缩值增大，耐久性降低，影响砌体质量。对于水泥砂浆，事实上已成为水泥黏土砂浆，但又与一般使用黏土膏配制的水泥黏土砂浆在性质上有一定差异，难以满足某些条件下的使用要求。M5 以上的水泥混合砂浆，如沙子含泥量过大，有可能导致塑化剂掺量过多，造成砂浆强度降低。因而沙子中的含泥量应符合规定。

对人工砂、山砂及特细砂，由于其中的含泥量一般较大，如按上述规定执行，则一些地区施工用砂要外地运去，不仅影响施工，又增加工程成本，故规定经试配能满足砌筑砂浆技术条件时，含泥量可适当放宽。

(3)外加剂

凡在砂浆中掺入有机塑化剂、早强剂、缓凝剂、防冻剂等，应经检验和试配符合要求后，方可使用。有机塑化剂应有砌体强度的型式检验报告。

目前，在砂浆中掺用的有机塑化剂、早强剂、缓凝剂、防冻剂等产品很多，但同种产品的性能存在差异，为保证施工质量，应对这些外加剂进行检验和试配，符合要求后再使用。对有机塑化剂,尚应有针对砌体强度的型式检验,根据其结果确定砌体强度。例如,对微沫剂替代石灰膏制作水泥混合砂浆,砌体抗压强度同强度等级的混合砂浆砌筑的砌体的抗压强度降低 10%;而砌体的抗剪强度无不良影响。

该条为强制性条文,必须严格执行。所谓型式砌体强度的检验,应是有机塑化剂厂家对掺有机塑化剂的砌体强度的适用性检验。型式检验的概念是:确认产品或过程应用结果适用性所进行的检验。

(4)配制要求、配合比及强度等级的确定

①配制水泥石灰砂浆时,不得采用脱水硬化的石灰膏。

②消石灰粉不得直接使用于砌筑砂浆中。

脱水硬化的石灰膏和消石灰粉不能起塑化作用又影响砂浆强度,故不应使用。

③拌制砂浆用水,水质应符合国家现行标准《混凝土拌合用水标准》(JGJ 63)的规定。

考虑到目前水源污染比较普遍,当水中含有有害物质时,将会影响水泥的正常凝结,并可能对钢筋产生锈蚀作用。因此,本条对拌制砂浆用水做出了规定。

使用饮用水搅拌砂浆时,可不对水质进行检验,否则应对水质进行检验。

④砌筑砂浆应通过试配确定配合比。当砌筑砂浆的组成材料有变更时,其配合比应重新确定。

砂浆的强度对砌体的影响十分重要,但目前不少施工单位不重视砂浆的试配,有的试验室也图省事,仅对配合比作一些计算,并未按要求进行试配,因此不能保证砂浆的强度满足设计要求。

⑤施工中当采用水泥砂浆代替水泥混合砂浆时,应重新确定砂浆强度等级。

当变更砂浆的强度等级时,应征得设计单位的同意。

2.砂浆拌制

(1)砂浆现场拌制时,各组分材料应采用质量计量。

如组分材料按体积计量,因拌制方法不同,水泥其密度变化范围为 980~1200kg/m^3,砂因含水量不同,其密度变化达 20%以上。采用质量计量,可保证砂浆的强度和均匀性。

(2)砌筑砂浆应采用机械搅拌,自投料完算起,搅拌时间应符合下列规定:

①水泥砂浆和水泥混合砂浆不得少于 2min。

②水泥粉煤灰砂浆和掺用外加剂的砂浆不得少于 3min。

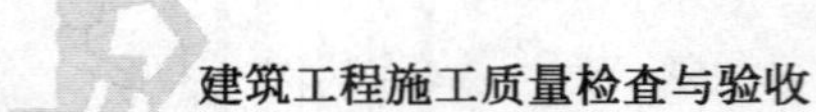

③掺用有机塑化剂的砂浆应为3～5min。

为了降低劳动强度和克服人工拌制砂浆不均匀的缺点，规定砂浆应采用机械搅拌。同时，为保证物料拌和质量，对不同砂浆品种分别规定了搅拌时间。

3. 砂浆使用

砂浆应随拌随用，水泥砂浆和水泥混合砂浆应分别在3h和4h内使用完毕；当施工期间最高气温超过30℃时，应分别在拌成后2h和3h内使用完毕。

注：对掺用缓凝剂的砂浆，其使用时间可根据具体情况延长。

根据湖南、山东、广东、四川、陕西等地的试验结果，在一般气温情况下，水泥砂浆和水泥混合砂浆在2h和3h内使用完，强度降低一般不超过20%，符合砌体强度指标的确定原则。

4. 砂浆试块强度的验收

(1)砌筑砂浆试块强度验收时其强度合格标准必须符合以下规定：

同一验收批砂浆试块抗压强度平均值必须大于或等于设计强度等级所对应的立方体抗压强度；同一验收批砂浆试块抗压强度的最小一组平均值必须大于或等于设计强度等级所对应的立方体抗压强度的0.75倍。

注：1. 砌筑砂浆的验收批，同一类型、强度等级的砂浆试块应不少于3组。当同一验收批只有一组试块时，该组试块抗压强度的平均值必须大于或等于设计强度等级所对应的立方体抗压强度。

2. 砂浆强度应以标准养护、龄期为28d的试块抗压试验结果为准。

检查数量：每一检验批且不超过250m³砌体的各种类型及强度等级的砌筑砂浆，每1台搅拌机应至少抽检一次。

检验方法：在砂浆搅拌机出料口随机取样制作砂浆试块(同盘砂浆只应制作一组试块)，最后检查试块强度试验报告单。

砂浆试块6块为一组，试件制作应见证取样，建设单位委托的见证人应持证上岗、旁站监督，并保证试块的真实性。

(2)当施工中或验收时出现下列情况时，可采用现场检验方法对砂浆和砌体强度进行原位检测或取样检测，并判定其强度：

①砂浆试块缺乏代表性或试块数量不足。

②对砂浆试块的试验结果有怀疑或有争议。

③砂浆试块的试验结果不能满足设计要求。

现场检测应由有资质的试验检测单位进行，其检测方法由委托方和试验检测单位确定，并在检测后出具正规的检测报告。

砖砌体分项工程

砖砌体工程包括烧结普通砖、烧结多孔砖、蒸压灰砂砖、粉煤灰砖等砌体工程。

1. 一般规定

(1)砖砌体工程适用于烧结普通砖、烧结多孔砖、蒸压灰砂砖、粉煤灰砖等砌体工程。

(2)用于清水墙、柱表面的砖,应边角整齐,色泽均匀。

(3)在冻胀环境和条件的地区,地面以下或防潮层以下的砌体,不宜采用多孔砖。

(4)砌筑砖砌体时,砖应提前1～2d浇水湿润。

现场检验砖含水率的简易方法采用断砖法,当砖截面四周融水深度为15～20mm时,视为符合要求的适宜含水率;

(5)砌砖工程当采用铺浆法砌筑时,铺浆长度不得超过750mm;施工期间气温超过30℃时,铺浆长度不得超过500mm。

砖砌体砌筑宜边铺砂浆边砌筑。

(6)240mm厚承重墙的每层墙的最上一皮砖,砖砌体的阶台水平面上及挑出层,应整砖丁砌。

(7)砖砌平拱过梁的灰缝应砌成楔形缝。灰缝的宽度,在过梁的底面不应小于5mm;在过梁的顶面不应大于15mm。

拱脚下面应伸入墙内不小于20mm,拱底应有1%的起拱。

(8)砖过梁底部的模板,应在灰缝砂浆强度不低于设计强度的50%时,方可拆除。

(9)多孔砖的孔洞应垂直于受压面砌筑。

(10)砌筑时的蒸压(养)砖的产品龄期不应小于28d。

蒸压(养)砖早期收缩较大,28d后收缩值大部分已完成,超过28d时,可预防墙体产生收缩裂缝。

(11)竖向灰缝不得出现透明缝、瞎缝和假缝。

(12)砖砌体施工临时间断处补砌时,必须将接槎处表面清理干净,浇水湿润,并填实砂浆,保持灰缝平直。

2. 砖砌体分项工程检验批的质量检验

砖砌体分项工程的验收应在检验批验收合格的基础上进行。检验批的确定可根据楼层、施工段、变形缝划分。

砖砌体分项工程检验批的检验标准和检验方法见表 2-48。

砖砌体分项工程检验批的检验标准和检验方法 表 2-48

项	序号	项目	合格质量标准	检验方法	抽检数量
主控项目	1	砖和砂浆强度等级	**砖和砂浆的强度等级必须符合设计要求**	查砖和砂浆试块试验报告	每一生产厂家的砖到现场后，按烧结砖 15 万块、多孔砖 5 万块、灰砂砖及粉煤灰砖 10 万块各为一验收批。抽检数量为 1 组。 砂浆试块：每一检验批且不超过 250m³ 砌体的各种类型及强度等级的砌筑砂浆，每台搅拌机应至少抽检一次
	2	水平灰缝砂浆饱满度	砌体水平灰缝的砂浆饱满度不得小于 80%	用百格网检查砖底面与砂浆的粘结痕迹面积。每处检测 3 块砖，取其平均值	每检验批抽查应不少于 5 处
	3	斜槎留置	**砖砌体的转角处和交接处应同时砌筑，严禁无可靠措施的内外墙分砌施工。对不能同时砌筑而又必须留置的临时间断处应砌成斜槎，斜槎水平投影长度应不小于高度的 2/3**	观察检查	每检验批抽 20% 接槎，且应不少于 5 处
	4	直槎拉结筋及接槎处理	非抗震设防及抗震设防烈度为 6 度、7 度地区的临时间断处，当不能留斜槎时，除转角处外，可留直槎，但直槎必须做成凸槎。留直槎处应加设拉结钢筋，拉结钢筋的数量为每 120mm 墙厚放置 1φ6 拉结钢筋，120mm 厚墙放置 2φ6 拉结钢筋，间距沿墙高不应超过 500mm；埋入长度从留槎处算起每边均应不小于 500mm。对抗震设防烈度 6 度、7 度的地区，应不小于 1000mm；末端应有 90°弯钩(图 2-2)。 合格标准：留槎正确，拉结钢筋设置数量、直径正确，竖向间距偏差不超过 100mm，留置长度基本符合规定	观察和尺量检查	

续上表

项	序号	项目	合格质量标准	检验方法	抽检数量
主控项目	5	砖砌体位置及垂直度允许偏差	砖砌体的位置及垂直度允许偏差应符合表 2-54 的规定	见表 2-54	轴线查全部承重墙柱;外墙垂直度全高查阳角,应不少于 4 处,每层每 20m 查一处;内墙按有代表性的自然间抽 10%,但应不少于 3 间,每间应不少于 2 处,柱不少于 5 根
一般项目	1	组砌方法	砖砌体组砌方法应正确,上、下错缝,内外搭砌,砖柱不得采用包心砌法。 合格标准:除符合本条要求外,清水墙、窗间墙无通缝;混水墙中长度大于或等于 300mm 的通缝每间不超过 3 处,且不得位于同一面墙体上	观察检查	外墙每 20m 抽查一处,每处 3～5m,且应不少于 3 处;内墙按,有代表性的自然间抽 10%,且应不少于 3 间
	2	灰缝质量要求	砖砌体的灰缝应横平竖直,厚薄均匀。水平灰缝厚度宜为 10mm,但不应小于 8mm,也不应大于 12mm	用尺量 10 皮砖砌体高度折算	每步脚手架施工的砌体,每 20m 抽查 1 处
	3	砖砌体一般尺寸允许偏差	砖砌体的一般尺寸允许偏差应符合表 2-55 的规定	见表 2-55	见表 2-55

关于砖砌体分项工程检验批质量检验的说明:

(1)主控项目第一项

现行规范提出了对砖进场复试的要求,但并未提出对砖的合格证的检查,但在子分部工程验收中提出了检查原材料合格证书,因此,砖不仅要有复试报告,还要有合格证书,砖的复试项目按产品的技术指标和设计对砖的质量要求或合同约定的质量要求。

对于烧结普通砖:

根据抗压强度分为 MU30、MU25、MU20、MU15、MU10 五个强度等级。砖的抗压强度平均值、标准值由试验室试验计算,并反映在试验报告上。砖的强度等级和产品等级,由试验室根据试验确定。烧结普通砖是以黏土、粉煤灰、页岩、煤石干石为主要原料经焙烧而成的,主要用于承重部位的砖。

烧结普通砖的技术要求如下:

①尺寸偏差:尺寸允许偏差应符合表 2-49 的规定。

尺寸允许偏差(mm)　　表 2-49

公称尺寸	优等品		一等品		合格品	
	样本平均偏差	样本极差≤	样本平均偏差	样本极差≤	样本平均偏差	样本极差≤
240	±2.0	8	±2.5	8	±3.0	8
115	±1.5	6	±2.0	6	±2.5	7
53	±1.5	4	±1.6	5	±2.0	6

注:本表摘自《烧结普通砖》(GB/T 5101—98)。

②外观质量:砖的外观质量应符合表 2-50 的规定。

外 观 质 量　　表 2-50

项　目		优等品	一等品	合格品
两条面高度差	不大于	2	3	5
弯曲	不大于	2	3	5
杂质凸出高度	不大于	2	3	5
缺棱掉角的三个破坏尺寸	不得同时大于	15	20	30
裂纹长度	不大于			
a. 大面上宽度方向及其延伸至条面的长度		70	70	110
b. 大面上长度方向及其延伸至顶面的长度或条顶面上水平裂纹的长度		100	100	150
完整面不得少于		一条面和一顶面	一条面和一顶面	—
颜色		基本一致	—	—

注:1. 为装饰面施加的色差、凹凸纹、拉毛、压花等不算作缺陷。
2. 凡有下列缺陷之一者,不得称为完整面。
a)缺损在条面或顶面上造成的破坏面尺寸同时大于 10mm×10mm。
b)条面或顶面上裂纹宽度大于 1mm,其长度超过 30mm。
c)压陷、粘底、焦花在条面或顶面上的凹陷或凸出超过 2mm,区域尺寸同时大于 10mm×10mm。
3. 本表摘自《烧结普通砖》(GB/T 5101—98)。

砖的强度和抗风化性能指标略。

对于烧结多孔砖:

烧结多孔砖以黏土、页岩、煤矸石、粉煤灰为主要原料,经焙烧而成主要用于承重部位的砖。多孔砖按主要原料可分为黏土砖(N)、页岩砖(Y)、煤矸石砖(M)和粉煤灰砖(F)。

根据抗压强度分为 MU30、MU25、MU20、MU15、MU10 五个强度等级。

强度和抗风化性能合格的砖,根据尺寸偏差、外观质量、孔型及孔洞排列、泛霜、石灰爆裂分为优等品(A)、一等品(B)和合格品(C)三个质量等级。

多孔砖的产品标记按产品名称、品种、规格、强度等级、质量等级和标准编号顺序编写。

标记示例:规格尺寸 290mm×140mm×90mm,强度等级 MU25、优等品的黏土砖,其标记为:烧结多孔砖 N290×140×90 25A GB 13544

烧结多孔砖的技术要求:

①尺寸允许偏差:尺寸允许偏差应符合表 2-51 的规定。

尺寸允许偏差(mm) 表 2-51

尺寸	优等品		一等品		合格品	
	样本平均偏差	样本极差≤	样本平均偏差	样本极差≤	样本平均偏差	样本极差≤
290、240	±2.0	6	±2.5	7	±3.0	8
190、180、175、140、115	±1.5	5	±2.0	6	±2.5	7
90	±1.5	4	±1.7	5	±2.0	6

注:本表摘自《烧结多孔砖》(GB 13544—2000)。

②外观质量:砖的外观质量应符合表 2-52 的规定。

外观质量 表 2-52

项目		优等品	一等品	合格品
(1)颜色(一条面和一顶面)		一致	基本一致	—
(2)完整面	不得少于	一条面和一顶面	一条面和一顶面	—
(3)缺棱掉角的三个破坏尺寸(mm)	不得同时大于	15	20	30
(4)裂纹长度(mm)	不大于			
a.大面上深入孔壁 15mm 以上宽度方向及其延伸到条面的长度		60	80	100
b.大面上深入孔壁 15mm 以上长度方向及其延伸到顶面的长度		60	100	120
c.条顶面上的水平裂纹		80	100	120
(5)杂质在砖面上造成的凸出高度(mm)	不大于	3	4	5

注:1.为装饰而施加的色差、凹凸纹、拉毛、压花等不算缺陷。

2.凡有下列缺陷之一者,不能称为完整面。

a)缺损在条面或顶面上造成的破坏面尺寸同时大于 20mm×30mm。

b)条面或顶面上裂纹宽度大于 1mm,其长度超过 70mm。

c)压陷、焦花、粘底在条面或顶面上的凹陷或凸出超过 2mm,区域尺寸同时大于 20mm×30mm。

3.本表摘自《烧结多孔砖》(GB 13544—2000)。

烧结多孔砖的强度、孔型孔洞率及孔洞排列和泛霜指标略。

对于蒸压灰砂砖：

以石灰和砂为主要原材料，经坯料制备，压制成型，蒸压养护而成的砖。

蒸压灰砂砖不得用于长期受热200℃以上、受急冷急热和有酸性介质侵蚀的建筑部位。

砖的外形为矩形体。其砖的公称尺寸为：长度240mm，宽度115mm，高度53mm。

根据抗压强度和抗折强度，强度级别分为25,20,15,10级。

15级以上的砖可用于基础及其他建筑部位；10级砖可用于防潮层以上的建筑部位。

根据尺寸偏差和外观分为：

优等品——A；一等级——B；合格品——C。

灰砂砖产品标记采用强度级别、产品等级、标准编号的顺序编写，示例如下：

强度级别为20级，优等品的灰砂砖：

LSB-20—A—GB 11945，其中LSB为产品名称，20为强度级别，A为优等品代号，GB 11945为标准代号。

尺寸偏差和外观应符合表2-53的规定。

蒸压灰砂砖的尺寸偏差和外观质量　　表2-53

项　目	指标		
	优等品	一等品	合格品
(1)尺寸偏差(mm)　不超过 长度 宽度 高度	 ±2 ±2 ±1	±2	±3
(2)对应高度差(mm)　不大于	1	2	3
(3)缺棱掉角的最大破坏尺寸不大于(mm)	10	15	25
(4)完整面　不少于	2个条面和1个顶面或2个顶面和1个条面	1个条面和1个顶面	1个条面和1个顶面
(5)裂缝长度(mm)　不大于 a.大面上宽度方向及其延伸到条面的长度 b.大面上长度方向及其延伸到顶面上的长度或条、顶面水平裂纹的长度	 30 50	 50 70	 70 100

注：凡有以下缺陷者，均为非完整面：

a.缺棱尺寸或掉角的最小尺寸大于8mm。

b.灰球黏土团、草根等杂物造成破坏面的两个尺寸同时大于10mm×20mm。

c.有气泡、麻面、龟裂等缺陷。

蒸压灰砂砖的抗压强度、抗折强度、抗冻性指标略。

对于砂浆试块试验报告的检查：

在分项工程检验批质量验收时，砂浆试块的强度合格与否可能还不能确定，一是试块的龄期可能尚未达到 28d；二是检验批验收时尚不是砂浆试块验收批的验收，在一个单位工程中，同一类型、同一强度等级的砌筑砂浆可作为一个验收批，也就是说在一个检验批中，如已知其砂浆的强度，当达不到设计标准值，但超过设计标准值的 75%时，并不意味着砂浆强度不合格，当超过设计强度标准值时，也不意味着砂浆强度合格，这是因为砂浆强度的验收批可能由若干个分项工程检验批组成，当该检验批砂浆抗压强度达(不)到设计标准值时，可能因为别的检验批的砂浆强度较高(低)而使其平均值(不)合格，因此在砌筑砂浆施工时，其强度首先要保证不小于设计强度标准值的 75%，同时要保证砂浆验收批砂浆强度平均值达到设计强度标准值。

(2)主控项目第二项

检查方法：用百格网检查砖底面与砂浆的粘结痕迹面积。每处检测三块砖，取其平均值。

砂浆饱满度对砌体的强度(特别是抗剪强度)影响较大，应严格控制其质量，禁止干砖砌筑。

水平灰缝砂浆饱满度不小于 80%的规定沿用已久，根据四川省建筑科学研究院试验结果，当水泥混合砂浆水平灰缝饱满度达到 73.6%时，则可满足设计规范所规定的砌体抗压强度值。设计中对砂浆饱满度提出明确要求的砌体按设计要求检查。

(3)主控项目第三项

砌筑和接槎质量是保证砌体结构整体性能和抗震性能的关键之一，本项为强制性条文，必须严格控制。

砖砌体转角处和交接处的砌筑和接槎质量，是保证砖砌体结构整体性能和抗震性能的关键之一，唐山等地区震害教训充分证明了这一点。根据陕西省建筑科学研究设计院对交接处同时砌筑和不同留槎形式接槎部位连接性能的试验分析，证明同时砌筑的连接性能最佳；留踏步槎(斜槎)的次之；留直槎并按规定加拉结钢筋的再次之；仅留直槎不加设拉钢筋的最差。上述不同砌筑和留槎形式连接性能之比为 1.00∶0.93∶0.85∶0.72。

(4)主控项目第四项

对抗震设计烈度为 6 度、7 度地区的临时间断处，允许留直槎并按规定加设拉钢筋，这与原《砌体工程施工及验收规范》(GB 50203—98)相对照做了一点放

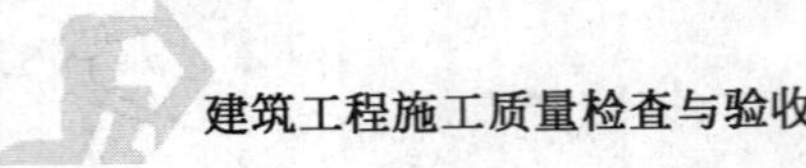

松。这主要是从实际出发，在保证施工质量的前提下，留直槎加设拉钢筋时，其连接性能较留斜槎时降低有限，对抗震设计烈度不高的地区允许采用留直槎加设拉结钢筋是可行的。

关于拉结筋见图 2-2 所示。

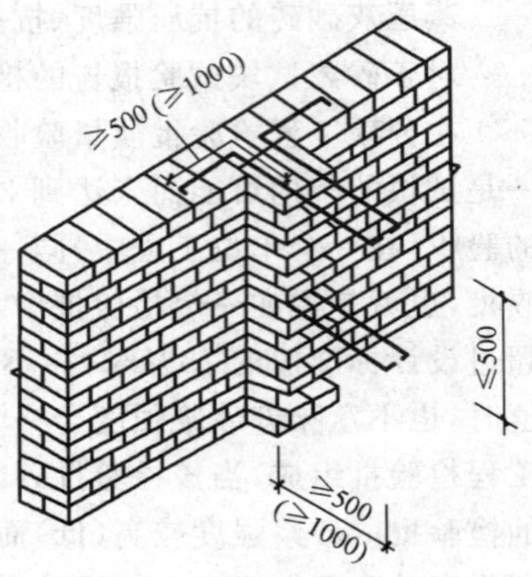

图 2-2　直槎拉结筋示意图

(5)主控项目第五项

砖砌体的位置及垂直度允许偏差和检查方法见表 2-54。

轴线位置偏移检查数量：查全部承重墙柱。

检查方法：用经纬仪和尺或用其他测量仪器检查。

砖砌体的位置及垂直度允许偏差　　表 2-54

项次	项目			允许偏差(mm)	检验方法
1	轴线位置偏移			10	用经纬仪和尺检查或用其他测量仪器检查
2	垂直度	每层		5	用 2m 托线板检查
		全高	≤10m	10	用经纬仪、吊线和尺检查，或用其他测量仪器检查
			>10m	20	

垂直度检查数量：外墙垂直度全高查阳角，不应少于 4 处，每层每 20m 查一处；内墙按有代表性的自然间抽 10%，但不应少于 3 间，每间不应少于 2 处，柱不少于 5 根。

检查方法：每层垂直度用 2m 托线板检查；全高垂直度用经纬仪、吊线和尺检查或用其他测量方法检查。

砖砌体的轴线偏移和垂直度是影响结构受力性能和结构安全的关键检测项目，因此将其列入主控项目。

在检查垂直度时，不一定每个检验批都有全高，但此时应采取双控的办法，假如工程共 6 层，所检检验批是 5 层，此时 5 层垂直度偏差控制在 5mm 范围以内，而 5 层全高也应按全高允许偏差值进行控制，并在砌筑 6 层时可对垂直度进行调整。

(6)一般项目第一项

除符合本条规定外，清水墙及窗间墙应无通缝；混水墙中长度大于或等于 300mm 的通缝每间不超过 3 处，且不得位于同一墙体上。

"通缝"是指砌体中上下两皮砖搭接长度小于25mm的部位。

(7)一般项目第二项

灰缝厚薄均匀不仅有利于美观，而且有利于砌体均匀传力。此外还影响砌体的抗压强度，12mm、10mm、8mm水平灰缝砌体的抗压强度之比为0.95∶1∶1.06。

(8)一般项目第三项

砖砌体一般尺寸允许偏差和检查方法见表2-55。

砖砌体一般尺寸允许偏差 表2-55

项次	项目		允许偏差(mm)	检验方法	抽检数量
1	基础顶面和楼面标高		±15	用水平仪和尺检查	应不少于5处
2	表面平整度	清水墙、柱	5	用2m靠尺和楔形塞尺检查	有代表性自然间10%，但应不少于3间，每间应不少于2处
		混水墙、柱	8		
3	门窗洞口高、宽(后塞口)		±5	用尺检查	检验批的10%，且应不少于5处
4	外墙上下窗口偏移		20	以底层窗口为准，用经纬仪或吊线检查	
5	水平灰缝平直度	清水墙	7	拉10m线和尺检查	有代表性自然间10%，但应不少于3间，每间应不少于2处
		混水墙	10		
6	清水墙游丁走缝		20	吊线和尺检查，以每层第一皮砖为准	

注：本表摘自《砌体工程施工质量验收规范》(GB 50203—2002)。

四 混凝土小型空心砌块砌体工程

混凝土小型空心砌块是指普通混凝土小型空心砌块和轻骨料混凝土小型空心砌块。

普通混凝土小型空心砌块是以水泥、砂、碎石或卵石、水，搅拌浇筑成型，养护而成。按其抗压强度的不同，分为MU3.5、MU5.0、MU7.5、MU10.0、MU15.0、MU20.0六个等级；轻骨料混凝土小型空心砌块组成成分与普通混凝土小型砌块的不同处，主要是以轻骨料(如陶粒、陶砂)代替了碎石或卵石。按其抗压强度的不同，分为MU1.5、MU2.5、MU3.5、MU5.0、MU7.5、MU10.0六

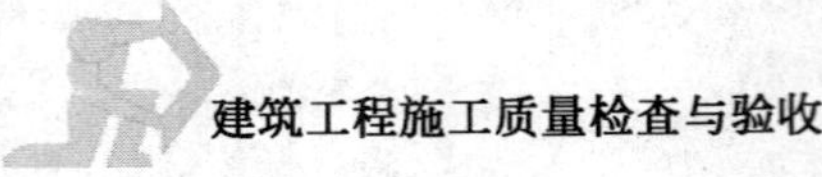

个强度等级。

1.混凝土小型空心砌块砌体工程基本规定

(1)施工时所用的小砌块的产品龄期不应小于28d。

小砌块龄期达到28d之前,自身收缩速度较快,其后收缩速度减慢,且强度趋于稳定。为有效控制砌体收缩裂缝和保证砌体强度,规定砌体施工时所用的小砌块,龄期不应小于28d。该项为强制性条文,应严格执行。

(2)砌筑小砌块时,应清除表面污物和芯柱用小砌块孔洞底部的毛边,剔除外观质量不合格的小砌块。

(3)施工时所用的砂浆,宜选用专用的小砌块砌筑砂浆。

专用的小砌块砌筑砂浆是指符合国家现行标准《混凝土小型空心砌块砌筑砂浆》(JC 860)的砌筑砂浆,该砂浆可提高小砌块与砂浆间的黏结力,且施工性能好。

砌筑砂浆:由水泥、砂、水以及根据需要掺入的掺和料与外加剂等组分,按一定比例,采用机械拌和制成,用于砌筑混凝土小型空心砌块的砂浆。

(4)底层室内地面以下或防潮层以下的砌体,应采用强度等级不低于C20的混凝土灌实小砌块的孔洞。

填实室内地面以下或防潮层以下砌体小砌块的孔洞,属于构造措施。主要目的是提高砌体的耐久性,预防或延缓冻害以及减轻地下水中有害物质对砌体的侵蚀。

(5)小砌块砌筑时,在天气干燥炎热的情况下,可提前洒水湿润小砌块;对轻骨料混凝土小砌块,可提前浇水湿润。小砌块表面有浮水时,不得施工。

普通混凝土小砌块具有饱和吸水率低和吸水速度迟缓的特点,一般情况下砌墙时可不浇水。轻骨料混凝土小砌块的吸水率较大,有些品种的轻骨料小砌块的饱和含水率可达15%左右,对这类小砌块宜提前浇水湿润。控制小砌块含水率的目的,一是避免砌筑时产生砂浆流淌;二是保证砂浆不至失水过快。在此前提下,施工单位可自行控制小砌块的含水率,并应与砌筑砂浆稠度相适应。

(6)承重墙体严禁使用断裂小砌块。

(7)小砌块墙体应对孔错缝搭砌,搭接长度不应小于90mm。墙体的个别部位不能满足上述要求时,应在灰缝中设置拉结钢筋或钢筋网片,但竖向通缝仍不得超过两皮小砌块。

确保小砌块砌体的砌筑质量,可简单归纳为六个字:对孔、错缝、反砌。所谓对孔,即上皮小砌块的孔洞对准下皮小砌块的孔洞,上、下皮小砌块的壁、肋能够较好传递竖向荷载，保证砌体的整体性及强度。所谓错缝，即上、下皮小砌块错开砌筑（搭砌），以增强砌体的整体性，这属于砌筑工艺的基本要求。

(8)小砌块应底面朝上反砌于墙上。

所谓反砌，即小砌块生产时底面朝上砌筑于墙体上，易于铺放砂浆和保证水平灰缝砂浆的饱满度，这也是确定砌体强度指标的试件的基本砌法。

(9)浇灌芯柱的混凝土，宜选用专用的小砌块灌孔混凝土，当采用普通混凝土时，其坍落度不应小于90mm。

小砌块孔洞的设计尺寸为120mm×120mm，由于产品生产误差和施工误差，墙体上的孔洞截面还要小些，因此，芯柱用混凝土的坍落度应尽量大一点，避免出现“卡颈”和振捣不密实。本条要求的坍落度90mm是最低控制指标。专用的小砌块灌孔混凝土坍落度不小于180mm，拌和物不离析、不泌水、施工性能好，故宜采用。专用的小砌块灌孔混凝土是指符合国家现行标准《混凝土小型空心砌块灌孔混凝土》(JC 861)的混凝土。

(10)浇灌芯柱混凝土，应遵守下列规定：

①清除孔洞内的砂浆等杂物，并用水冲洗。

②砌筑砂浆强度大于1MPa时，方可浇灌芯柱混凝土。

③在浇灌芯柱混凝土前应先注入适量与芯柱混凝土相同的去石水泥砂浆，再浇灌混凝土。

(11)需要移动砌体中的小砌块或小砌块被撞动时，应重新铺砌。

2. 混凝土小型空心砌块砌体工程分项工程检验批的质量检验

混凝土小型空心砌块砌体工程分项工程检验批的确定可根据楼层、施工段、变形缝划分。

混凝土小型空心砌块砌体工程分项工程检验批的检验标准和检验方法见表2-56。

关于混凝土小型空心砌块砌体工程分项工程检验批质量检验的说明：

(1)主控项目第一项

小砌块现场必须检查，该项为强制性条文。

①规格

主规格尺寸为390mm×190mm×190mm，其他规格尺寸可由供需双方协商。

最小外壁厚不应小于30mm、最小肋厚不应小于25mm。

空心率不应小于25%。

混凝土小型空心砌块砌体工程分项工程检验批的检验标准和检验方法　　表 2-56

项	序号	项目	合格质量标准	检验方法	抽检数量
主控项目	1	小砌块和砂浆的强度等级	小砌块和砂浆的强度等级必须符合设计要求	查小砌块和砂浆试块试验报告	每一生产厂家，每1万块小砌块至少应抽检一组。用于多层以上建筑基础和底层的小砌块抽检数量应不少于2组。 砂浆试块：每一检验批且不超过250m³砌体的各种类型及强度等级的砌筑砂浆，每台搅拌机应至少抽检一次
	2	砌体灰缝	砌体水平灰缝的砂浆饱满度应按净面积计算不得低于90%；竖向灰缝饱满度不得小于80%。竖缝凹槽部位应用砌筑砂浆填实；不得出现瞎缝、透明缝	用专用百格网检测小砌块与砂浆粘结痕迹。每处检测3块小砌块，取其平均值	每检验批应不少于3处
	3	砌筑留槎	墙体转角处和纵横墙交接处应同时砌筑。临时间断处应砌成斜槎，斜槎水平投影长度应不小于高度的2/3	观察检查	每检验批抽20%接槎，且应不少于5处
	4	轴线与垂直度控制	砌体的轴线偏移和垂直度偏差应按表2-54的规定执行	见表2-54	轴线查全部承重墙柱；外墙垂直度全高查阳角，应不少于4处，每层每20m查一处；内墙按有代表性的自然间抽10%，但应不少于3间，每间应不少于2处，柱不少于5根
一般项目	1	墙体灰缝尺寸	墙体的水平灰缝厚度和竖向灰缝宽度宜为10mm，但不应大于12mm，也不应小于8mm	用尺量5皮小砌块的高度和2m砌体长度折算	每层楼的检测点应不少于3处
	2	墙体一般尺寸允许偏差	小砌块墙体的一般尺寸允许偏差应按表2-55的规定执行	见表2-55	见表2-55

尺寸允许偏差应符合表2-57。

尺寸允许偏差 表2-57

项目名称	优等品(A)	一等品(B)	合格品(C)
长度	±2	±3	±3
宽度	±2	±3	±3
高度	±2	±3	+3 −4

注:本表摘自《普通混凝土小型空心砌块》(GB 8239—1997)。

②外观质量

外观质量应符合表2-58的规定。

外观质量 表2-58

<table>
<tr><th colspan="3">项目名称</th><th>优等品(A)</th><th>一等品(B)</th><th>合格品(C)</th></tr>
<tr><td colspan="2">弯曲(mm)</td><td>不大于</td><td>2</td><td>2</td><td>3</td></tr>
<tr><td rowspan="2">掉角缺棱</td><td>个数(个)</td><td>不多于</td><td>0</td><td>2</td><td>2</td></tr>
<tr><td>三个方向投影尺寸的最小值(mm)</td><td>不大于</td><td>0</td><td>20</td><td>30</td></tr>
<tr><td colspan="2">裂纹延伸的投影尺寸累计(mm)</td><td>不大于</td><td>0</td><td>20</td><td>30</td></tr>
</table>

注:本表摘自《普通混凝土小型空心砌块》(GB 8239—1997)。

混凝土小型空心砌块其他指标略。

砂浆强度的检查参照砖砌体的有关要求。

(2)主控项目第二项

小砌块砌体施工时对砂浆饱满度的要求,严于砖砌体的规定。究其原因,如下:①由于小砌块壁较薄肋较窄,应提出更高的要求。②砂浆饱满度对砌体强度及墙体整体性影响较大,其中抗剪强度较低又是小砌块砌体的一个弱点。③考虑了建筑物使用功能(如防渗漏)的需要。

五 配筋砌体分项工程

配筋砌体是指网状配筋砌体柱、水平配筋砌体墙、砖砌体和钢筋混凝土面层或钢筋砂浆面层组含砌体柱(墙)、砖砌体和钢筋混凝土构造柱组合墙以及配筋砌块砌体剪力墙的统称。

配筋砌体工程整体稳定性和承载力与砖砌体工程、混凝土小型空心砌块砌体工程都有共同的基本要求,配筋砌体工程基本规定除应符合本节第三、四的规定外,因配筋不同,还应符合配筋砌体工程一般规定。

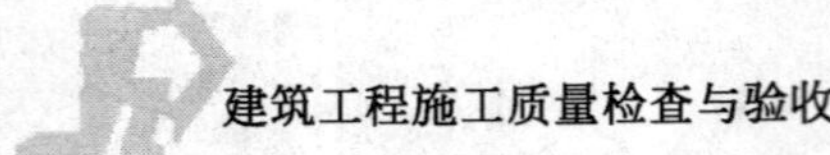

1. 配筋砌体工程一般规定

(1)配筋砌体工程除应满足本规定外,尚应符合本节第三、第四的规定。

(2)构造柱浇灌混凝土前,必须将砌体留槎部位和模板浇水湿润,将模板内的落地灰、砖渣和其他杂物清理干净,并在结合面处注入适量与构造柱混凝土相同的去石水泥砂浆。振捣时,应避免触碰墙体,严禁通过墙体传震。

注入适量的去石水泥砂浆是为了保证两次浇捣时结合的密实和整体性。

(3)设置在砌体水平灰缝中钢筋的锚固长度不宜小于50*d*,且其水平或垂直弯折段的长度不宜小于20*d* 和 150mm;钢筋的搭接长度不应小于55*d*。

保证锚固长度和搭接长度,主要是考虑配置在砌体水平灰缝中的受力钢筋,其握裹力次于混凝土中的钢筋。

(4)配筋砌块砌体剪力墙,应采用专用的小砌块砌筑砂浆和专用的小砌块灌孔混凝土。

2. 配筋砌体分项工程检验批的质量检验

配筋砌体分项工程检验批的检验标准和检验方法见表 2-59。

配筋砌体分项工程检验批的检验标准和检验方法 表 2-59

项	序号	项目	合格质量标准	检验方法	检查数量
主控项目	1	钢筋品种、规格和数量	**钢筋的品种、规格和数量应符合设计要求**	检查钢筋的合格证书、钢筋性能试验报告、隐蔽工程记录	全数检查
	2	混凝土、砂浆强度	**构造柱、芯柱、组合砌体构件、配筋砌体剪力墙构件的混凝土或砂浆的强度等级应符合设计要求**	检查混凝土或砂浆试块试验报告	各类构件每一检验批砌体至少应做一组试块
	3	马牙槎拉结筋	构造柱与墙体的连接处应砌成马牙槎,马牙槎应先退后进,预留的拉结钢筋应位置正确。施工中不得任意弯折。 合格标准:钢筋竖向移位不应超过100mm,每一马牙槎沿高度方向尺寸不应超过300mm。钢筋竖向位移和马牙槎尺寸偏差每一构造柱不应超过2处	观察检查	每检验批抽20%构造柱,且不少于3处
	4	构造柱位置及垂直度允许偏差	构造柱位置及垂直度的允许偏差应符合表 2-60 的规定	见表 2-60	每检验批抽10%,且应不少于5处
	5	芯柱	对配筋混凝土小型空心砌块砌体,芯柱混凝土应在装配式楼盖处贯通,不得削弱芯柱截面尺寸	观察检查	

续上表

项	序号	项目	合格质量标准	检验方法	检查数量
一般项目	1	水平灰缝钢筋	设置在砌体水平灰缝内的钢筋，应居中置于灰缝中。水平灰缝厚度应大于钢筋直径 4mm 以上。砌体外露面砂浆保护层的厚度应不小于 15mm	观察检查，辅以钢尺检测	每检验批抽检 3 个构件，每个构件检查 3 处
	2	钢筋防腐	设置在潮湿环境或有化学侵蚀性介质的环境中的砌体灰缝内的钢筋应采取防腐措施。 合格标准：防腐涂料无漏刷（喷浸），无起皮脱落现象	观察检查	每检验批抽检 10%的钢筋
	3	网状配筋及放置间距	网状配筋砌体中，钢筋网及放置间距应符合设计规定。 合格标准：钢筋网沿砌体高度位置超过设计规定一皮砖厚不得多于 1 处	钢筋规格检查钢筋网成品，钢筋网放置间距局部剔缝观察，或用探针刺入灰缝内检查，或用钢筋位置测定仪测定	每检验批抽 10%，且不应少于 5 处
	4	组合砌体拉结筋	组合砖砌体构件，竖向受力钢筋保护层应符合设计要求，距砖砌体表面距离应不小于 5mm；拉结筋两端应设弯钩，拉结筋及箍筋的位置应正确。 合格标准：钢筋保护层符合设计要求；拉结筋位置及弯钩设置 80%及以上符合要求，箍筋间距超过规定者每件不得多于 2 处，且每处不得超过一皮砖	支模前观察与尺量检查	每检验批抽检 10%，且应不少于 5 处
	5	砌块砌体钢筋搭接	配筋砌块砌体剪力墙中，采用搭接接头的受力钢筋搭接长度应不小于 $35d$，且应不少于 300mm	尺量检查	每检验批每类构件抽 20%（墙、柱、连梁），且不应少于 3 件

关于配筋砌体分项工程检验批质量检验的说明：

(1)主控项目第一项

钢筋的要求参见混凝土结构工程中钢筋工程。

(2)主控项目第二项

构造柱、芯柱、组合砌体构件、配筋砌体剪力墙构件等配筋砌体中的钢筋的

品种、规格、数量和混凝土或砂浆的强度直接影响砌体的结构性能，因此应符合设计要求。第一项和本项为强制性条文，必须严格执行。

(3)主控项目第三项

构造柱是房屋抗震设防的重要构造措施。为保证构造柱与墙体可靠的连接，使构造柱能充分发挥其作用而提出了施工要求。外露的拉结筋有时会妨碍施工，必要时进行弯折是可以的，但不允许随意弯折。在弯折与平直复位时，应仔细操作，避免使埋入部分的钢筋产生松动。

(4)主控项目第四项

参见表 2-60 构造柱的尺寸允许偏差。

构造柱的尺寸允许偏差 表 2-60

项次	项目			允许偏差(mm)	抽检方法
1	柱中心线位置			10	用经纬仪和尺检查或用其他测量仪器检查
2	柱层间错位			8	用经纬仪和尺检查或用其他测量仪器检查
3	柱垂直度	每层		10	用 2m 托线板检查
		全高	≤10m	15	用经纬仪、吊线和尺检查，或用其他测量仪器检查
			>10m	20	

注：本表摘自《砌体工程施工质量验收规范》(GB 50203—2002)。

(5)一般项目第一项

钢筋居中的目的一是为了保护钢筋，二是使砂浆层能与块体很好地粘结，但砂浆过厚又会降低砌体的强度，因此施工中应加以注意。

(6)一般项目第二项

设置在潮湿环境或有化学侵蚀性介质的环境中的砌体灰缝内的钢筋应采取防腐措施。

六 填充墙砌体分项工程

填充墙砌体工程是指用空心砖、蒸压加气混凝土砌块、轻骨料混凝土小型空心砌块等砌筑的墙体砌体工程。

1. 填充墙砌体工程的一般规定

(1)本章适用于房屋建筑采用空心砖、蒸压加气混凝土砌块、轻骨料混凝土小型空心砌块等砌筑填充墙砌体的施工质量验收。

(2)蒸压加气混凝土砌块、轻骨料混凝土小型空心砌块砌筑时，其产品龄期应超过 28d。

蒸压加气混凝土砌块、轻骨料混凝土小型空心砌块，其组成的材料均有水泥，系为水泥胶凝增强的块材，前期自身收缩较快，强度以 28d 为标准的设计强度。为了减少砌体收缩裂缝和保证砌体强度。使用时产品龄期应超过 28d。

(3)空心砖、蒸压加气混凝土砌块、轻骨料混凝土小型空心砌块等的运输、装卸过程中，严禁抛掷和倾倒。进场后应按品种、规格分别堆放整齐，堆置高度不宜超过 2m。加气混凝土砌块应防止雨淋。

堆置高度的控制，主要是因这些砌块的密度小，强度不高；防止雨淋，主要是加气混凝土砌块相对吸湿性大。

(4)填充墙砌体砌筑前，块材应提前 2d 浇水湿润。蒸压加气混凝土砌块砌筑时，应向砌筑面适量浇水。

合适的含水率：空心砖宜为 10%～15%，轻骨料混凝土小砌块宜为 5%～8%，蒸压加气混凝土砌块宜小于 15%(粉煤灰加气混凝土砌块宜小于 20%)。用蒸压加气混凝土砌块砌筑时，向砌筑面适量浇水，有利于保证砂浆强度和砌体的整体性。

(5)用轻骨料混凝土小型空心砌块或蒸压加气混凝土砌块砌筑墙体时，墙底部应砌烧结普通砖或多孔砖，或普通混凝土小型空心砌块，或现浇混凝土坎台等，其高度不宜小于 200mm。

2. 填充墙砌体分项工程检验批的检验标准

填充墙砌体分项工程检验批的确定可根据楼层、变形缝划分。

填充墙砌体分项工程检验批的检验标准和检验方法见表 2-61。

填充墙砌体分项工程检验批的检验标准和检验方法 表 2-61

项	序号	项目	合格质量标准	检验方法	检查数量
主控项目	1	砖、砌块和砌筑砂浆的强度等级	砖、砌块和砌筑砂浆的强度等级应符合设计要求	检查砖或砌块的产品合格证书、产品性能检测报告和砂浆试块试验报告	全数检查
一般项目	1	填充墙砌体一般尺寸允许偏差	填充墙砌体一般尺寸的允许偏差应符合表 2-62 的规定	见表 2-62	对表 2-62 中 1、2 项，在检验批的标准间中随机抽查 10%，但应不少于 3 间；大面积房间和楼道按两个轴线或每 10 延米按一标准间计数。每间检验不应少于 3 处。 对表 2-62 中 3、4 项，在检验批中抽检 10%，且不应少于 5 处

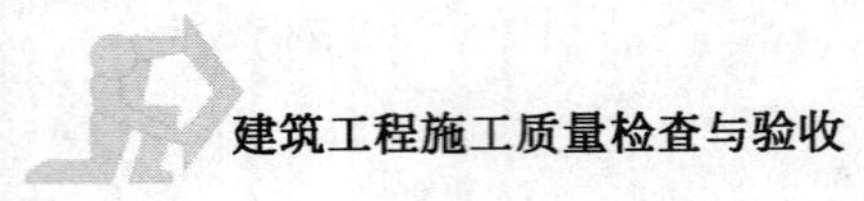

续上表

项	序号	项目	合格质量标准	检验方法	检查数量
一般项目	2	无混砌现象	蒸压加气混凝土砌块砌体和轻骨料混凝土小型空心砌块砌体不应与其他块材混砌	外观检查	在检验批中抽检 20%，且不应少于 5 处
	3	砂浆饱满度	填充墙砌体的砂浆饱满度及检验方法应符合表 2-63 的规定	见表 2-63	每步架子不少于 3 处，且每处不应少于 3 块
	4	拉结钢筋网片位置	填充墙砌体留置的拉结钢筋或网片的位置应与块体皮数相符合。拉结钢筋或网片应置于灰缝中。埋置长度应符合设计要求，竖向位置偏差不应超过一皮高度	观察和用尺量检查	在检验批中抽检 20%，且不应少于 5 处
	5	错缝搭砌	填充墙砌筑时应错缝搭砌，蒸压加气混凝土砌块搭砌长度不应小于砌块长度的 1/3；轻骨料混凝土小型空心砌块搭砌长度不应小于 90mm；竖向通缝应不大于 2 皮填充墙砌体的灰缝厚度和宽度	观察和用尺检查	在检验批的标准间中抽查 10%，且不应少于 3 间
	6	填充墙灰缝	空心砖、轻骨料混凝土小型空心砌块的砌体灰缝应为 8～12mm。蒸压加气混凝土砌块砌体的水平灰缝厚度及竖向灰缝宽度分别宜为 15mm 和 20mm	用尺量 5 皮空心砖或小砌块的高度和 2m 砌体长度折算	
	7	梁底砌法	填充墙砌至接近梁、板底时应留一定空隙，待填充墙砌筑完并应至少间隔 7d 后，再将其补砌挤紧	观察检查	每验收批抽 10% 填充墙片（每两柱间的填充墙为一墙片），且不应少于 3 片墙

关于填充墙砌体分项工程检验批质量检验的说明：

(1)主控项目

本项主要对填充材料提出了要求。

砖、砌块的强度等级应符合设计要求，检查时主要检查其产品合格证书、产品性能检测报告，有时合格证书和检测报告可合并到一起，规范未要求对填充墙的砖或砌块进行复试。砂浆应按规定做试块，其强度应按本节砌筑砂浆的要求进行评定并符合要求。

(2)一般项目第一项

填充墙砌体一般尺寸允许偏差见表 2-62。

填充墙砌体一般尺寸允许偏差 表 2-62

<table>
<tr><th>项次</th><th colspan="2">项 目</th><th>允许偏差(mm)</th><th>检 验 方 法</th></tr>
<tr><td rowspan="3">1</td><td colspan="2">轴线位移</td><td>10</td><td>用尺检查</td></tr>
<tr><td rowspan="2">垂直度</td><td>小于或等于 3m</td><td>5</td><td rowspan="2">用 2m 托线板或吊线、尺检查</td></tr>
<tr><td>大于 3m</td><td>10</td></tr>
<tr><td>2</td><td colspan="2">表面平整度</td><td>8</td><td>用 2m 靠尺和楔形塞尺检查</td></tr>
<tr><td>3</td><td colspan="2">门窗洞口高、宽(后塞口)</td><td>±5</td><td>用尺检查</td></tr>
<tr><td>4</td><td colspan="2">外墙上、下窗口偏移</td><td>20</td><td>用经纬仪或吊线检查</td></tr>
</table>

注:本表摘自《砌体工程施工质量验收规范》(GB 50203—2002)。

(3)一般项目第二项

加气混凝土砌块砌体和轻骨料混凝土小砌块砌体的干缩较大,为防止或控制砌体干缩裂缝的产生,做出"不应混砌"的规定。但对于因构造需要的墙底部、墙顶部、局部门、窗洞口处,可酌情采用其他块材补砌。

(4)一般项目第三项

填充墙砌体的砂浆饱满度及检验方法见表 2-63。

填充墙砌体的砂浆饱满度及检验方法 表 2-63

<table>
<tr><th>砌 体 分 类</th><th>灰缝</th><th>饱满度及要求</th><th>检 验 方 法</th></tr>
<tr><td rowspan="2">空心砖砌体</td><td>水平</td><td>≥80%</td><td rowspan="4">采用百格网检查块材底面砂浆的粘结痕迹面积</td></tr>
<tr><td>垂直</td><td>填满砂浆,不得有透明缝、瞎缝、假缝</td></tr>
<tr><td rowspan="2">加气混凝土砌块和轻骨料混凝土小砌块砌体</td><td>水平</td><td>≥80%</td></tr>
<tr><td>垂直</td><td>≥80%</td></tr>
</table>

注:本表摘自《砌体工程施工质量验收规范》(GB 50203—2002)。

(5)一般项目第五项

错缝,即上、下皮块体错开摆放,此种砌法为搭砌,以增强砌体的整体性。

(6)一般项目第六项

加气混凝土砌块尺寸较大,因此灰缝厚度规定稍大一些。但灰缝厚度过大,不仅浪费砂浆,而且灰缝的收缩也会加大,不利于裂缝的控制。

(7)一般项目第七项

填充墙砌完后，砌体还将产生一定变形，施工不当，不仅会影响砌体与梁或板底的紧密结合，还会产生结合部位的水平裂缝。当填充墙砌完后，间隔一段时间，使已砌墙体自由收缩，此后再补砌挤紧是防止结合部位出现水平裂缝的有效措施。

需要强调的是，填充墙分项工程应参加主体结构的验收，隔断参加装饰装修分部过程的验收。

七 砌体工程冬期施工的规定

现行验收规范对冬季施工提出了要求，当冬季施工时，质量检查人员及监理人员应认真把关，以保证工程质量。

1. 冬季施工时间的确定

当室外日平均气温连续 5d 稳定低于 5°C 时，砌体工程应采取冬期施工措施。

注：1. 气温根据当地气象资料确定。

2. 冬期施工期限以外，当日最低气温低于 0℃ 时，也应按冬期施工的规定执行。

2. 质量验收的规定

冬期施工的砌体工程质量验收除应符合本节要求外，尚应符合本节前面各节的要求及行业现行标准《建筑工程冬期施工规程》(JGJ 104)的规定。

3. 质量预控的要求

砌体工程冬期施工应有完整的冬期施工方案。

4. 冬季施工的用材

冬期施工所用材料应符合下列规定：

(1)石灰膏、电石膏等应防止受冻，如遭冻结，应经融化后使用。

(2)拌制砂浆用砂，不得含有冰块和大于 10mm 的冻结块。

(3)砌体用砖或其他块材不得遭水浸冻。

石灰膏、电石膏等若受冻使用，将直接影响砂浆的强度，因此石灰膏、电石膏等如遭受冻结，应经融化后方可使用。

砂中含有冰块和大于 10mm 的冻结块，也将影响砂浆强度的增长和砌体灰缝厚度的控制，因此拌制砂浆用砂的质量要符合要求。

遭水浸冻后的砖或其他块材，使用时将降低它们与砂浆的粘结强度并因它们温度较低而影响砂浆强度的增长，因此规定砌体用砖或其他块材不得遭水浸冻。

5. 留设试块的要求

冬期施工砂浆试块的留置，除应按常温规定要求外，尚应增留不少于 1 组与砌体同条件养护的试块，测试检验 28d 强度。

6. 砌筑的要求

基土无冻胀性时，基础可在冻结的地基上砌筑；基土有冻胀性时，应在未冻的地基上砌筑。在施工期间和回填土前，均应防止地基遭受冻结。

实际证明，在冻胀基土上砌筑基础，待基土解冻时会因不均匀沉降造成基础和上部结构破坏；施工期间和回填土前如地基受冻，会因地基冻胀造成砌体胀裂或因地基解冻造成砌体损坏。

普通砖、多孔砖和空心砖在气温高于 0℃ 条件下砌筑时，应浇水湿润。在气温低于或等于 0℃ 条件下砌筑时，可不浇水，但必须增大砂浆稠度。抗震设防烈度为 9 度的建筑物，普通砖、多孔砖和空心砖无法浇水湿润时，如无特殊措施，不得砌筑。

普通砖、多孔砖和空心砖的湿润程度对砌体强度的影响较大，特别对抗剪强度的影响更为明显，故规定在气温高于 0℃ 条件下砌筑时，仍应对砖进行浇水湿润。但在气温低于或等于 0℃ 条件下砌筑时，不宜对砖浇水，这是因为水在材料表面有可能立即结成冰薄膜，反而会降低砂浆的粘结强度，同时也给施工操作带来诸多不便。此时，可不浇水但必须适当增大砂浆的稠度。

抗震设计烈度为 9 度的地区虽为少数，但尚有冬期施工，因此保留原《砌体工程施工及验收规范》(GB 50203—98)对砖浇水湿润的要求，即“无法浇水湿润时，如无特殊措施，不得砌筑”。

拌和砂浆宜采用两步投料法。水的温度不得超过 80℃；砂的温度不得超过 40℃。

7. 砂浆砌筑温度的要求

砂浆使用温度应符合下列规定：

(1)采用掺外加剂法时，不应低于＋5℃。

(2)采用氯盐砂浆法时，不应低于＋5℃。

(3)采用暖棚法时，不应低于＋5℃。

(4)采用冻结法，当室外空气温度分别为 0～－10℃、－11～－25℃、－25℃以下时，砂浆使用最低温度分别为 10℃、15℃、20℃。

8. 暖棚法施工的要求

采用暖棚法施工，块材在砌筑时的温度不应低于＋5℃，距离所砌的结构底面 0.5m 处的棚内温度也不应低于＋5℃。

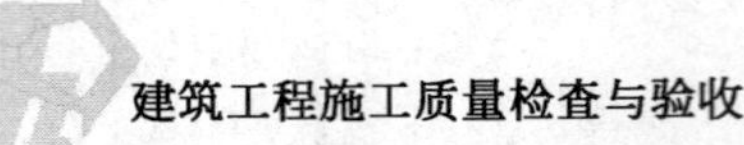

在暖棚内的砌体养护时间应根据暖棚内温度按表 2-64 确定。

暖棚法砌体的养护时间　　表 2-64

暖棚的温度(℃)	5	10	15	20
养护时间(d)	≥6	≥5	≥4	≥3

注:本表摘自《砌体工程施工质量验收规范》(GB 50203—2002)。

9.冬季施工方法的要求

在冻结法施工的解冻期间,应经常对砌体进行观测和检查,如发现裂缝、不均匀下沉等情况,应立即采取加固措施。

在解冻期间,砌体中砂浆基本无强度或强度较低,且可能产生不均匀沉降,造成砌体裂缝,为保证建筑物安全,在发现裂缝、不均匀下沉时应立即采取加固措施。

当采用掺盐砂浆法施工时,宜将砂浆强度等级按常温施工的强度等级提高一级。

配筋砌体不得采用掺盐砂浆法施工。

八 子分部工程的验收

主体结构分部工程砌体子分部工程的验收,同样应建立在其所包括的各砌体分项工程合格的基础之上。在工程实践中,诸多砌体子分部工程仅含有一个分项工程。若多层砖混住宅主体结构,全部采用普通黏土砖;多层框架结构,采用加气混凝土空心砌块作主体的填充墙,都只有一个分项工程。关于分项工程检验批和砌体分项工程的验收方法步骤此处略。

砌体工程子分部的验收应按表 1-7 进行,内容见下。

1.分项工程的汇总和核查

砌体子分部工程所包括的各分项工程(如砖砌体分项工程)经验收合格后,形成××分项工程质量验收记录。将所有的砌体分项工程汇总并按表 1-6 填写,同时核查所有砌体分项工程的验收资料和文件,并将结果填入相应栏内。

2.核查质量控制资料

砌体工程验收前,应提供下列文件和记录供核查:

(1)施工执行的技术标准。

(2)原材料的合格证书、产品性能检测报告。

(3)混凝土及砂浆配合比通知单。

(4)混凝土及砂浆试件抗压强度试验报告单。

(5)施工记录。

(6)各检验批的主控项目、一般项目验收记录。

(7)施工质量控制资料。

(8)重大技术问题的处理或修改设计的技术文件。

(9)其他必须提供的资料。

核查后将结果填写在相应栏内。

3. 安全和功能检验(检测)报告

主要是砂浆试块抗压报告的检查。

结构实体检验报告只有在混凝土子分部验收中才发生,砌体工程无。

4. 观感质量评价

砌体子分部工程验收时,应对砌体工程的观感质量作出总体评价。观感质量的评价是由验收组根据有关分项工程中一般项目中能观察到的项目进行的,检查时主要以观察为主,辅以尺量,其评价的标准是有关分项工程中一般项目的标准。

5. 签署验收意见

以上几点方面经资料和实际核查后,应在相应的栏中签字并由总监理工程师形成验收意见,子分部工程验收通过。

6. 异常情况的验收

(1)当砌体工程质量不符合要求时,应按现行国家标准《建筑工程施工质量统一验收标准》(GB 50300)规定执行。

现行国家标准《建筑工程施工质量统一验收标准》(GB 50300)中5.0.6条规定,当建筑工程质量不合要求时,应按下列规定进行处理:

①经返工重做或更换器具、设备的检验批,应重新进行验收。

②经有资质的检测单位检测鉴定能够达到设计要求的检验批,应予以验收。

③经有资质的检测单位检测鉴定达不到设计要求,但经原设计单位核算认可能够满足结构安全和使用功能的验收批,可予以验收。

④经返修或加固处理的分项、分部工程,虽然改变外形尺寸但仍能满足安全使用要求,可按处理技术方案和协商文件进行二次验收。

⑤通过返修或加固处理仍不能满足安全使用要求的,应不予验收。

(2)对有裂缝的砌体应按下列情况进行验收:

①对有可能影响结构安全性的砌体裂缝,应由有资质的检测单位检测鉴定,需返修或加固处理的,待返修或加固满足使用要求后进行二次验收。

②对不影响结构安全性的砌体裂缝,应予以验收,对明显影响使用功能和观

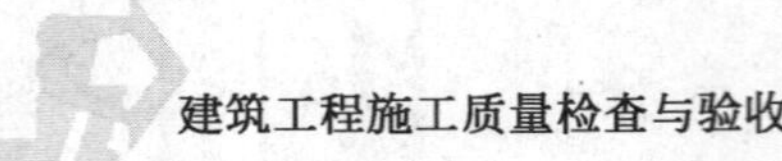

感质量的裂缝，应进行处理。

砌体中的裂缝现象常有发生，且又常常影响工程质量验收工作。因此，对有裂缝的砌体怎样进行验收给予规定。

在子分部工程验收之前，首先应对分项工程进行验收，填写分项工程质量验收记录，然后根据分部(子分部)工程合格条件进行验收，填写分部(子分部)工程验收记录。

第三节　钢结构子分部(分部)工程

钢结构在高层建筑、大跨结构、轻型工业厂房得到了越来越多的应用，钢网架结构、轻钢结构、高层钢结构等结构形式不断出现，对钢结构设计和钢结构制作安装提出了新的要求。

钢结构工程施工质量的验收应执行《钢结构工程施工质量验收规范》(GB 50205—2001)及有关标准。《钢结构工程施工质量验收规范》(GB 50205—2001)由总则、术语、基本规定、原材料及成品进场、钢结构焊接工程、紧固件连接工程、钢零件及钢部件加工工程、钢构件组装工程、钢构件预拼装工程、单层钢结构安装工程、多层及高层钢结构安装工程、钢网架结构安装工程、压型金属板工程和钢结构涂装工程组成，共 14 章。

根据现行国家标准《建筑工程施工质量验收统一标准》(GB 50300—2001)的规定，钢结构作为主体结构之一应按子分部工程竣工验收；当主体结构均为钢结构时应按分部工程竣工验收。大型钢结构工程可划分成若干个子分部工程进行竣工验收。钢结构工程专业性很强，须专业化施工。

一 基本规定

钢结构专业性很强，为了保证钢结构的使用安全和可靠性，基本规定对施工单位的准入制、施工现场的质量管理、施工质量控制、检验批、分项工程合格质量标准等提出了要求。

1. 施工单位资质和质量管理的要求

钢结构工程施工单位应具备相应的钢结构工程施工资质，施工现场质量管理应有相应的施工技术标准、质量管理体系、质量控制及检验制度，施工现场应有经项目技术负责人审批的施工组织设计、施工方案等技术文件。

本条是对从事钢结构工程的施工企业进行资质和质量管理内容进行检查验

收，强调市场准入制度的要求，属于新增加的管理方面。

2. 检测工具的规定

钢结构工程施工质量的验收，必须采用经计量检定、校准合格的计量器具。

钢结构工程施工质量验收所使用的计量器具必须是根据计量法规定的、定期计量检验，且保证在检定有效期内使用。

不同计量器具有不同的使用要求，同一计量器具在不同使用状况下，测量精度不同，因此，钢结构规范要求严格按有关规定正确操作计量器具。

3. 施工质量控制的规定

钢结构工程应按下列规定进行施工质量控制：

(1)采用的原材料及成品应进行进场验收。凡涉及安全、功能的原材料及成品应按钢结构规范的规定进行复验，并应经监理工程师(建设单位技术负责人)见证取样、送样。

(2)各工序应按施工技术标准进行质量控制，每道工序完成后，应进行检查。

(3)相关各专业工种之间，应进行交接检验，并经监理工程师(建设单位技术负责人)检查认可。

4. 质量验收程序及检验批的划分

钢结构工程施工质量验收应在施工单位自检基础上，按照检验批、分项工程、分部(子分部)工程进行。钢结构分部(子分部)工程中分项工程划分按照现行国家标准《建筑工程施工质量验收统一标准》(GB 50300)的规定执行。钢结构分项工程应由一个或若干个检验批组成，各分项工程检验批应按钢结构规范(本节)的规定进行划分。

根据现行国家标准《建筑工程施工质量验收统一标准》(GB 50300)的规定，钢结构工程施工质量的验收，是在施工单位自检合格的基础上，按照检验批、分项工程、分部(子分部)工程进行。一般来说，钢结构作为主体结构，属于分部工程，对大型钢结构工程可按空间刚度单元划分为若干个子分部工程；当主体结构中同时含钢筋混凝土结构、砌体结构等时，钢结构就属于子分部工程；钢结构分项工程是按照主要工种、材料、施工工艺等进行划分，钢结构规范将钢结构工程划分为10个分项工程；将分项工程划分成检验批进行验收，有助于及时纠正施工中出现的质量问题，确保工程质量，也符合施工实际需要。钢结构分项工程检验批划分遵循以下原则：

(1)单层钢结构按变形缝划分。

(2)多层及高层钢结构按楼层或施工段划分。

(3)压型金属板工程可按屋面、墙板、楼面等划分。

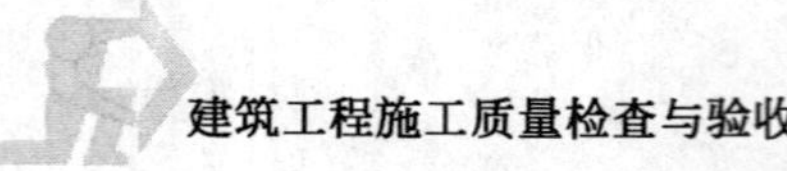

(4)对于原材料及成品进场时的验收,可以根据工程规模及进料实际情况合并或分解检验批。

钢结构规范强调检验批的验收是最小的验收单元,也是最重要和基本的验收工作内容,分项工程、(子)分部工程乃至于单位工程的验收,都是建立在检验批验收合格的基础之上的。

5.检验批合格质量标准

分项工程检验批合格质量标准应符合下列规定:

(1)主控项目必须符合钢结构规范(本节各检验批质量记录中的要求)合格质量标准的要求。

(2)一般项目其检验结果应有80%及以上的检查点(值)符合钢结构规范(本节各检验批质量记录中的要求)合格质量标准的要求,且最大值不应超过其允许偏差值的1.2倍。

(3)质量检查记录、质量证明文件等资料应完整。

检验批的合格质量主要取决于对主控项目和一般项目的检验结果。主控项目是对检验批的基本质量起决定性影响的检验项目,因此必须全部符合规范的规定,这意味着主控项目不允许有不符合要求的检验结果,即这种项目的检查具有否决权。一般项目是指对施工质量不起决定性作用的检验项目。本条第二款中80%的规定是参照原验评标准及工程实际情况确定的。考虑到钢结构对缺陷的敏感性,本条对一般偏差项目设定了一个1.2倍偏差限值的门槛值。

6.分项工程合格质量标准

分项工程合格质量标准应符合下列规定:

(1)分项工程所含的各检验批均应符合钢结构规范合格质量标准。

(2)分项工程所含的各检验批质量验收记录应完整。

分项工程的验收在检验批的基础上进行,一般情况下,两者具有相同或相近的性质,只是批量的大小不同而已,因此将有关的检验批汇集便构成分项工程的验收。分项工程合格质量的条件相对简单,只要构成分项工程的各检验批的验收资料文件完整,并且均已验收合格,则分项工程验收合格。

7.钢结构工程施工质量不符合规范要求的处理

当钢结构工程施工质量不符合规范要求时,应按下列规定进行处理:

(1)经返工重做或更换构(配)件的检验批,应重新进行验收。

(2)经有资质的检测单位检测鉴定能够达到设计要求的检验批,应予以验收。

(3)经有资质的检测单位检测鉴定达不到设计要求,但经原设计单位核算认

可能够满足结构安全和使用功能的检验批,可予以验收。

(4)经返修或加固处理的分项、分部工程,虽然改变外形尺寸但仍能满足安全使用要求,可按处理技术方案和协商文件进行验收。

本条给出了当质量不符合要求时的处理办法。一般情况下,不符合要求的现象在最基层的验收单元——检验批时就应发现并及时处理,否则将影响后续检验批和相关的分项工程、(子)分部工程的验收。因此,所有质量隐患必须尽快消灭在萌芽状态,这也是钢结构规范以强化验收促进过程控制原则的体现。

8. 严禁验收的规定

通过返修或加固处理仍不能满足安全使用要求的钢结构分部工程,严禁验收。

二 原材料及成品进场分项工程

用于钢结构各分项工程施工现场的主要材料、零(部)件、成品件、标准件等产品,均应进场验收。强化原材料及成品进场的准入制,有利于从源头上把好钢结构工程质量关。

该规范分别给出了钢材、焊接材料、连接用紧固标准件、焊接球螺栓球、封板锥头和套筒、金属压型板、涂装材料和其他(橡胶垫和其他特殊材料)原材和成品的质量检验标准。

原材料及成品进场分项工程具体质量检验标准略。

三 钢零件及钢部件加工工程分项工程

钢结构制作和安装中的钢零件及钢部件加工工程,主要是指钢结构制作和安装中钢零件及钢部件的加工。

零件的概念:组成部件或构件的最小单元,如节点板、翼缘板等。

部件的概念:由若干零件和部件组成的单元,如焊接 H 型钢、牛腿等。

钢零件及钢部件加工工程一般规定:钢零件及钢部件加工工程,可按相应的钢结构制作工程或钢结构安装工程检验批的划分原则划分为一个或若干个检验批,并按主控项目和一般项目的规定进行验收。

该分项工程质量检验标准略(下同)。

四 钢结构焊接工程分项工程

钢结构制作和安装中的钢构件焊接和焊钉焊接的工程质量验收应满足该规范中“钢结构焊接工程”的一般规定、主控项目和一般项目的检验标准。钢结构

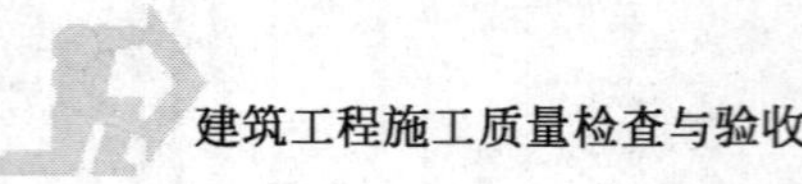

的焊接须在原材料验收合格的基础上进行，其检验批可按相应的钢结构制作或安装工程检验批的划分原则划分为一个或若干个检验批。

五 紧固件连接工程分项工程

紧固件连接工程一般是指钢结构制作和安装中的普通螺栓、扭剪型高强度螺栓、高强度大六角头螺栓、钢网架螺栓球节点用高强度螺栓及射钉、自攻钉、拉铆钉等连接工程。紧固件连接工程可按相应的钢结构制作或安装工程检验批的划分原则划分为一个或若干个检验批。紧固件连接工程的质量验收应符合"普通紧固件连接"和"高强度螺栓连接"的检验标准和一般规定。

六 钢构件预拼装工程分项工程

对于多节柱、梁、管构件等较大构件，由于受运输、起吊等条件限制，为了检验其各段制作的整体性，由设计规定或合同要求在出厂前进行工厂拼装。预拼装均在工厂支凳(平台)进行。

钢构件预拼装工程的质量验收应符合规范中对"钢构件预拼装工程"的规定和一般项目、主控项目的要求。钢构件预拼装工程可按钢结构制作工程检验批的划分原则划分为一个或若干个检验批。

七 单层钢结构安装工程分项工程

规范中"单层钢结构安装工程"部分适用于单层钢结构的主体结构、地下钢结构、檩条及墙架等次要构件、钢平台、钢梯、防护栏杆等安装工程的质量验收。

单层钢结构安装工程可按变形缝或空间刚度单元等划分成一个或若干个检验批。地下钢结构可按不同地下层划分检验批。钢结构安装检验批应在进场验收和焊接连接、紧固件连接、制作等分项工程验收合格的基础上进行验收。

八 多层及高层钢结构安装工程分项工程

多层及高层钢结构安装工程一般指多层及高层的主体结构、地下钢结构、檩条及墙架等次要构件、钢平台、钢梯、防护栏杆等安装工程。

多层及高层钢结构工程的柱、梁、支撑等构件的长度尺寸应包括焊接收缩余量等变形值；安装柱时，每节柱的定位轴线应从地面控制轴线直接引上，不得从下层柱的轴线引上；结构的楼层标高可按相对标高或设计标高进行控制；钢结构安装检验批应在进场验收和焊接连接、紧固件连接、制作等分项工程验收合格的基础上进行验收；多层及高层钢结构安装工程可按楼层或施工段等划分为一个或若干个检验批，地下钢结构可按不同地下层划分检验批；多层及高层钢结构安装应符合“安装偏差检测”和“安装结构安全”的有关规定。

九 钢结构涂装工程分项工程

钢结构涂装工程在验收时应归入主体结构分部工程，不能像普通的油漆工程纳入装饰装修分部工程。钢结构涂装工程适用于钢结构的防腐涂料（油漆类）涂装和防火涂料涂装工程的施工质量验收。钢结构涂装工程可按钢结构制作或钢结构安装工程检验批的划分原则划分成一个或若干个检验批进行验收。

十 钢结构子分部工程验收

根据现行国家标准《建筑工程施工质量验收统一标准》(GB 50300—2001)的规定，钢结构作为主体结构之一应按子分部工程竣工验收；当主体结构均为钢结构时应按分部工程竣工验收。大型钢结构工程可划分成若干个子分部工程进行竣工验收。

无论钢结构作为一个子分部工程还是钢结构主体结构分部工程，其验收的内容、方法程序和组织等都一致，其验收的合格条件也一样。

1.钢结构分部(子分部)工程合格质量标准

钢结构分部(子分部)工程合格质量标准应符合下列规定：

(1)各分项工程质量均应符合合格质量标准。

(2)质量控制资料和文件应完整。

(3)有关安全及功能的检验和见证检测结果应符合本规范相应合格质量标准的要求。

(4)有关观感质量应符合本规范相应合格质量标准的要求。

2.钢结构分部工程竣工验收时，应提供的文件和记录

钢结构分部工程竣工验收时，应提供下列文件和记录供核查：

(1)钢结构工程竣工图纸及相关设计文件。

(2)施工现场质量管理检查记录。

(3)有关安全及功能的检验和见证检测项目检查记录。

(4)有关观感质量检验项目检查记录。

(5)分部工程所含分项工程质量验收记录。

(6)分项工程所含检验批质量验收记录。

(7)强制性条文检验项目检查记录及证明文件。

(8)隐蔽工程检验项目检查验收记录。

(9)原材料、成品质量合格证明文件、中文标志及性能检测报告。

(10)不合格项的处理记录及验收记录。

(11)重大质量、技术问题实施方案及验收记录。

(12)其他有关文件和记录。

3. 钢结构子分部工程有关安全及功能的检验和见证检测项目

钢结构子分部工程有关安全及功能的检验和见证检测项目见表2-65,检验应在其分项工程验收合格后进行。

钢结构子分部工程有关安全及功能的检验和见证检测项目 表2-65

项次	项　目	抽检数量及检验方法	合格质量标准	备注
1	见证取样送样试验项目 (1)钢材及焊接材料复验。 (2)高强度螺栓预拉力、扭矩系数复验。 (3)摩擦面抗滑移系数复验。 (4)网架节点承载力试验	见本章有关条目规定	符合设计要求和国家现行有关产品标准的规定	
2	焊缝质量: (1)内部缺陷。 (2)外观缺陷。 (3)焊缝尺寸	一、二级焊缝按焊缝数随机抽检3%,且不应少于3处;检验采用超声波或射线探伤及本规范有关规定	见本规范有关条目规定	
3	高强度螺栓施工质量 (1)终拧扭矩。 (2)梅花头检查。 (3)网架螺栓球节点	按节点数随机抽检3%,且不应少于3个节点,检验按本规范有关条目执行	见本规范有关的规定	
4	柱脚及网架支座 (1)锚栓紧固。 (2)垫板、垫块。 (3)二次灌浆	按柱脚及网架支座数随机抽检10%,且不应少于3个;采用观察和尺量等方法进行检验	符合设计要求和本规范有关的规定	
5	主要构件变形 (1)钢屋(托)架、桁架、钢梁、吊车梁等垂直度和侧向弯曲。 (2)钢柱垂直度。 (3)网架结构挠度	除网架结构外,其他按构件数随机抽检3%,且不应少于3个;检验方法按本规范有关条目执行	见本规范有关条目的规定	

续上表

项次	项　目	抽检数量及检验方法	合格质量标准	备注
6	主体结构尺寸 (1)整体垂直度。 (2)整体平面弯曲	见本规范有关条目的规定	本规范有关条目的规定	

4.观感质量验收

钢结构子分部工程有关观感质量的检验项目按表2-66规定进行。

钢结构子分部工程有关观感质量的检验项目　　表2-66

项次	项　目	抽 检 数 量	合格质量标准	备注
1	普通涂层表面	随机抽查3个轴线结构构件	本规范有关条目的要求	
2	防火涂层表面	随机抽查3个轴线结构构件	本规范有关条目的要求	
3	压型金属板表面	随机抽查3个轴线间压型金属板表面	本规范有关条目的要求	
4	钢平台、钢梯、钢栏杆	随机抽查10%	连接牢固,无明显外观缺陷	

第四节　主体结构分部工程质量验收

为了方便主体结构分部工程施工质量的管理,结合工程的特点,根据“统一标准”和《砌体工程施工质量验收规范》(GB 50203—2002)、《混凝土结构工程施工质量验收规范》(GB 50204—2002)、《钢结构工程施工质量验收规范》(GB 50205—2002)、《木结构工程施工质量验收规范》(GB 50206—2002),把主体结构分部工程划分为若干个子分部工程,进而划分为分项工程和分项工程检验批。

本章前面三节介绍了主体结构分部工程三个子分部工程的验收,因分部工程和子分部工程的验收基本一致,所以概述主体结构分部工程的验收从略。

主体结构分部工程包括混凝土结构工程、砌体工程、钢结构工程和木结构工程等子分部工程。在工程实际中,并不是每一个主体结构工程都包括上述4个子分部工程,而只是其中的部分子分部工程。常见的框架结构主体结构工程仅有混凝土结构工程和砌体工程(填充墙工程)两个子分部工程,一般的砖混结构主体工程仅包括混凝土结构工程和砌体工程两个子分部工程,部分的钢结构工业厂房主体结构就是一个分部工程。

主体结构分部工程的验收是建立在所包含的若干个子分部工程基础之上。

主体结构分部工程质量的验收，与分项工程、子分部工程一样，应在施工单位自检合格的基础上，提出验收申请，然后由总监理工程师或建设单位项目负责人组织勘察、设计单位及施工单位的项目负责人、技术质量负责人，共同按设计要求和有关规范的规定进行验收。

主体结构分部工程各子分部工程完成并通过后，即可以按表1-7同子分部工程一样进行验收。所不同的是：一、验收的范围不是一个子分部工程，而是整个主体结构；二、汇总核查的不是分项工程，而是子分部工程；三、可能有分包单位参与验收。

小知识

上海市建筑工程白玉兰奖

上海市建筑工程白玉兰奖（市优质工程）是上海市建筑行业在工程质量方面的最高荣誉奖。上海市建筑工程白玉兰奖（市优质工程）的评选，其工程必须经市、区（县）政府质监部门认定的优良工程，并由企业所属系统的主管部门或工程所属地区的有关部门组成赛区来进行推荐。

上海市建筑工程白玉兰奖（市优质工程）由上海市建筑业联合会组织检查评审，对获上海市建筑工程白玉兰奖（市优质工程）的承建单位授予白玉兰杯和证书，并通报表彰，同时每年汇编上海市建筑工程白玉兰奖（市优质工程）画册，将获奖工程载入画册。

第三章 建筑装饰装修分部工程

【职业能力目标】

学完本章，你应会：

1. 结合工程实际情况，能正确地划分建筑装饰装修分部工程所含的子分部工程、分项工程和分项工程检验批。

2. 对常见的抹灰工程、门窗工程、饰面板（砖）工程、涂饰工程、建筑地面工程等子分部工程所包含的分项工程检验批，针对主控项目和一般项目的检验标准，能组织检查或验收，评定或认定该检验批项目的质量。

3. 能组织建筑装饰装修分部（子分部）工程的质量验收，正确判定该分部（子分部）是否合格。

【学习要求】

1. 掌握建筑装饰装修工程和建筑地面工程质量验收的基本规定。

2. 熟悉常见的抹灰工程、门窗工程、饰面板（砖）工程、涂饰工程、建筑地面工程等子分部工程所包含的分项工程检验批的检验标准；熟悉建筑装饰装修分部（子分部）工程质量验收的内容。

【本章说明】

建筑装饰装修工程在建筑工程中的地位和作用，随着我国经济的发展和人民生活的提高，已经成为一个独立的新兴行业。

建筑装饰装修的定义：为保护建筑物的主体结构、完善建筑物的使用功能和美化建筑物，采用装饰装修材料或饰物，对建筑物的内外表面及空间进行各种处

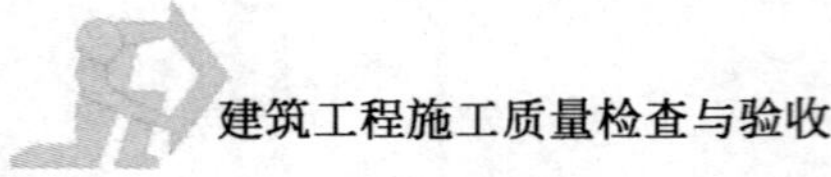

理的过程。建筑装饰装修的含义包括了“建筑装饰”、“建筑装修”和“建筑装潢”。

建筑装饰装修是采用材料对建筑物的内外表面及空间进行各种处理，饰面必须有所依附，故应先明确和理解两个概念：基体与基层。

基体：建筑的主体结构或围护结构。

基层：直接承受装饰装修施工的面层。

基体关系到建筑物的安全，基层关系到保护功能和装饰效果。

为了加强建筑工程质量管理，统一建筑装饰装修工程的质量验收，保证工程质量，国家制定了《建筑装饰装修工程质量验收规范》(GB 50210—2001)。

《建筑装饰装修工程质量验收规范》(GB 50210—2001)适用于新建、扩建、改建和既有建筑的装饰装修工程的质量验收，而不适应于古建筑和保护性建筑。

“统一标准”将建筑装饰装修工程列为一个分部工程，其子分部工程包括地面、抹灰、门窗、吊顶、轻质隔墙、饰面板(砖)、幕墙、涂饰、裱糊与软包、细部等工程，共计10个子分部工程。地面工程被列为建筑装饰装修分部工程的一个子分部工程，但因其特殊性和重要性，国家制定了专门的施工验收规范，故地面工程须按《建筑地面工程施工质量验收规范》(GB 50209—2002)进行验收。

本章内容主要依据《建筑装饰装修工程质量验收规范》(GB 50210—2001)《建筑地面工程施工质量验收规范》(GB 50209—2002)和“统一标准”编写。因篇幅所限，吊顶、轻质隔墙、幕墙、裱糊与软包、细部等子分部工程内容从略。

还需要说明的是，在装饰装修工程中，各种砂浆如没有特别的说明，各种砂浆的比例均为体积比。

第一节　基 本 规 定

建筑装饰装修工程的基本规定是对建筑装饰装修分部工程提出的最基本要求，是《建筑装饰装修工程质量验收规范》(GB 50210—2001)的核心，是对保证该分部工程的质量所提出的明确规定。

一　关于设计的规定

《建筑装饰装修工程质量验收规范》(GB 50210—2001)含有设计的规定，所以规范名称中不含“施工”二字。下面均是该验收规范对设计的规定：

(1)建筑装饰装修工程必须进行设计，并出具完整的施工图设计文件。

(2)承担建筑装饰装修工程设计的单位应具备相应的资质，并应建立质量管理体系。由于设计原因造成的质量问题应由设计单位负责。

(3)建筑装饰装修设计应符合城市规划、消防、环保、节能等有关规定。

(4)承担建筑装饰装修工程设计的单位应对建筑物进行必要的了解和实地勘察，设计深度应满足施工要求。

(5)建筑装饰装修工程设计必须保证建筑物的结构安全和主要使用功能。当涉及主体和承重结构改动或增加荷载时，必须由原结构设计单位或具备相应资质的设计单位核查有关原始资料，对既有建筑结构的安全性进行核验、确认。

(6)建筑装饰装修工程的防火、防雷和抗震设计应符合现行国家标准的规定。

(7)当墙体或吊顶内的管线可能产生冰冻或结露时，应进行防冻或防结露设计。

二 关于建筑装饰装修材料的规定

《建筑装饰装修工程质量验收规范》(GB 50210—2001)对建筑装饰装修材料的基本规定如下：

(1)建筑装饰装修工程所用材料的品种、规格和质量应符合设计要求与国家现行标准的规定。当设计无要求时应符合国家现行标准的规定。严禁使用国家明令淘汰的材料。

(2)建筑装饰装修工程所用材料的燃烧性能应符合现行国家标准《建筑内部装修设计防火规范》(GB 50222)、《建筑设计防火规范》(GBJ 16)和《高层民用建筑设计防火规范》(GB 50045)的规定。

(3)建筑装饰装修工程所用材料应符合国家有关建筑装饰装修材料有害物质限量标准的规定。

(4)所有材料进场时应对品种、规格、外观和尺寸进行验收。材料包装应完好，应有产品合格证书、中文说明书及相关性能的检测报告；进口产品应按规定进行商品检验。

(5)进场后需要进行复验的材料种类及项目应符合本规范各章的规定。同一厂家生产的同一品种、同一类型的进场材料应至少抽取一组样品进行复验，当合同另有约定时应按合同执行。

(6)当国家规定或合同约定应对材料进行见证检测，或对材料的质量发生争议时，应进行见证检测。

(7)承担建筑装饰装修材料检测的单位应具备相应的资质，并应建立质量管理体系。

(8)建筑装饰装修工程所使用的材料在运输、储存和施工过程中，必须采取有效措施防止损坏、变质和污染环境。

(9)建筑装饰装修工程所使用的材料应按设计要求进行防火、防腐和防虫处理。

(10)现场配制的材料如砂浆、胶粘剂等,应按设计要求或产品说明书配制。

从现行《建筑装饰装修工程质量验收规范》(GB 50210—2001)对材料的基本规定的条文可以看出,对材料的控制是一个系统的过程。从材料的品质、运输、进场、储存、见证检验和复验、处理、配制等方面都作了约束。明确的限定,是为了保证装饰装修工程质量,同时也明确了对材料质量控制的施工单位应该履行的责任。

进场验收。建筑装饰装修工程所用各种材料进场时都应按设计要求,对材料的品种、规格、外观和尺寸进行验收,设计无要求时应按国家现行标准进行验收。进场材料应有产品合格证书、中文说明书及相关性能的检测报告。材料供应商有义务提供真实的检测报告。检测报告是材料供应商对采购方的一种承诺,应存档备查。进口产品按国家质量监督检验检疫总局的有关规定进行商品检验,规定必须进行商检的进口产品,如玻璃幕墙用硅酮结构密封胶,供货方应提供商检合格证。有的单位在对材料进行验收时往往注重数量的验收而忽视质量的验收,一旦因材料质量问题发生争议时,供货单位会提供当时的验收证明,以证明接收单位对材料进行验收,而此时收货单位往往有口难辩,因为有的材料随着时间的推移和使用会发生变化。

见证检测。见证检测已成为工程质量管理中通行的一种方式。在下述三种情况下应进行见证检测:国家规定应进行见证检测时;合同约定应进行见证检测时;对材料的质量发生争议需要进行仲裁时。

复检是阻止不合格材料进场的关键。复验是对保证建筑装饰装修工程质量的一种确认。一般需要复验的材料及项目,主要考虑的是保证安全和主要使用功能的同时,尽量减少复验费用,尽量选择检测周期较短的。抽样数量的规定为满足验收规范的最低要求,对有疑问的样品应首先选取。进行复验有助于避免不合格材料用于装饰装修工程,也有助于解决提供样品与供货质量不一致的问题。

三 施工的规定

《建筑装饰装修工程质量验收规范》(GB 50210—2001)对建筑装饰装修材料的基本规定:

(1)承担建筑装饰装修工程施工的单位应具备相应的资质,并应建立质量

管理体系。施工单位应编制施工组织设计并应经过审查批准。施工单位应按有关的施工工艺标准或经审定的施工技术方案施工，并应对施工全过程实行质量控制。

(2)承担建筑装饰装修工程施工的人员应有相应岗位的资格证书。

(3)建筑装饰装修工程的施工质量应符合设计要求和《建筑装饰装修工程质量验收规范》的规定，对于违反设计文件和《建筑装饰装修工程质量验收规范》的规定施工造成质量问题的应由施工单位负责。

(4)建筑装饰装修工程施工中严禁违反设计文件擅自改动建筑主体、承重结构或主要使用功能；严禁未经设计确认和有关部门批准擅自拆改水、暖、电、燃气、通讯等配套设施。

在建筑装饰装修活动中，随意拆改承重墙，拆改供水、供电、采暖、通风等配套设施，就会影响到安全和主要的使用功能，故对施工单位从业活动作出了强制性规定，必须严格执行。

(5)施工单位应遵守有关环境保护的法律法规，并应采取有效措施控制施工现场的各种粉尘、废气、废弃物、噪声、振动等对周围环境造成的污染和危害。

建筑装饰装修工程在施工过程中，由于其特殊的施工环境和物化的劳动对象不尽相同，容易造成环境污染源，故对施工单位的行为做出强制性规定，必须严格执行。

(6)施工单位应遵守有关施工安全、劳动保护、防火和防毒的法律法规，应建立相应的管理制度，并应配备必要的设备、器具和标识。

(7)建筑装饰装修工程应在基体或基层的质量验收合格后施工。对既有建筑进行装饰装修前，应对基层进行处理并达到本规范的要求。

(8)建筑装饰装修工程施工前应有主要材料的样板或做样板间(件)，并应经有关各方确认。

(9)墙面采用保温材料的建筑装饰装修工程，所用保温材料的类型、品种、规格及施工工艺应符合设计要求。

(10)管道、设备等的安装及调试应在建筑装饰装修工程施工前完成，当必须同步进行时，应在饰面层施工前完成。装饰装修工程不得影响管道、设备等的使用和维修。涉及燃气管道的建筑装饰装修工程必须符合有关安全管理的规定。

(11)建筑装饰装修工程的电器安装应符合设计要求和国家现行标准的规定。严禁不经穿管直接埋设电线。

(12)室内外装饰装修工程施工的环境条件应满足施工工艺的要求。施工环境温度不应低于5℃。当必须在低于5℃气温下施工时，应采取保证工程质量的

有效措施。

(13)建筑装饰装修工程施工过程中应做好半成品、成品的保护,防止污染和损坏。

(14)建筑装饰装修工程验收前应将施工现场清理干净。

施工的基本规定,明确了对建筑装饰装修施工单位资质的要求和质量管理体系的建立,强调了施工从业人员的技能素质。在整个施工"过程"中,规定了施工单位行为必须合法,对应该怎样做,为什么要这样做,都应做出严格的界定。施工基本规定的实质,就是对影响建筑装饰装修工程质量"4M1E"五大因素进行了控制。

一般来说,建筑装饰装修工程的装饰装修效果很难用语言准确、完整的表述出来,有时,某些施工质量问题也需要有一个更直观的评判依据。因此,在施工前,通常应根据工程情况确定制作样板间、样板件或封存材料样板。样板间适用于宾馆客房、住宅、写字楼办公室等工程,样板件适用于外墙饰面或室内公共活动场所,主要材料样板是指建筑装饰装修工程中采用的壁纸、涂料、石材等涉及颜色、光泽、图案花纹等评判指标的材料。不管采用哪种方式,都应由建设(监理)方、施工方、供货方等有关各方确认。

第二节　抹灰子分部工程

抹灰工程是一个子分部工程,包括一般抹灰、装饰抹灰、清水砌体勾缝等分项工程。下面介绍抹灰工程的一般规定和常见的抹灰分项工程。

一般规定

一般规定是针对子分部工程应达到的质量要求。本验收规范对抹灰工程作出的一般规定,主要有应该检查的文件和记录、材料的复验及要求,隐蔽工程项目验收的内容、检验批的划分及检查数量、工艺要求等方面。抹灰工程一般规定的内容具体如下:

(1)适用于一般抹灰、装饰抹灰和清水砌体勾缝等分项工程的质量验收。

(2)抹灰工程验收时应检查下列文件和记录:

①抹灰工程的施工图、设计说明及其他设计文件。

②材料的产品合格证书、性能检测报告、进场验收记录和复验报告。

③隐蔽工程验收记录。

④施工记录。

验收时通过对相关技术文件和记录的检查,可以客观地反映出施工单位是否按图施工,是否符合设计要求、材料的品质是否合格以及在施工过程中是否进行了质量控制。

(3)抹灰工程应对水泥的凝结时间和安定性进行复验。

(4)抹灰工程应对下列隐蔽工程项目进行验收:

①抹灰总厚度大于或等于35mm时的加固措施。

②不同材料交接处的加固措施。

(5)各分项工程的检验批应按下列规定划分:

①相同材料、工艺和施工条件的室外抹灰工程每500~1000m² 应划分为一个检验批,不足500m² 也应划分为一个检验批。

原标准室外以4m左右高为一个检查层,难以适应装饰装修工程特点的要求,室外抹灰一般是上下层连续作业,是一个完整的抹灰面。新规范作这样的修改更为科学。

②相同材料、工艺和施工条件的室内抹工程每50个自然间(大面积房间和走廊按抹灰面积30m² 为一间)应划分为一个检验批,不足50间也应划分为一个检验批。

(6)检查数量应符合下列规定:

①室内每个检验批应至少抽查10%,并不得少于3间;不足3间时应全数检查。

②室外每个检验批每100m² 应至少抽查一处,每处不得小于10m²。

(7)外墙抹灰工程施工前应先安装钢木门窗框、护栏等,并应将墙上的施工孔洞堵塞密实。

(8)抹灰用的石灰膏的熟化期不应少于15d;罩面用的磨细石灰粉的熟化期不应少于3d。

(9)室内墙面、柱面和门洞口的阳角做法应符合设计要求。设计无要求时,应采用1:2水泥砂浆做暗护角,其高度不应低于2m,每侧宽度不应小于50mm。

(10)当要求抹灰层具有防水、防潮功能时,应采用防水砂浆。

(11)各种砂浆抹灰层,在凝结前应防止快干、水冲、撞击、振动和受冻,在凝结后应采取措施防止玷污和损坏。水泥砂浆抹灰层应在湿润条件下养护。

(12)外墙和顶棚的抹灰层与基层之间及各抹灰层之间必须粘结牢固。

外墙和顶棚抹灰由于粘结不牢导致脱落伤人的质量事故多次发生,引起了

有关部门的重视，如北京市、徐州市等地为解决混凝土顶棚基体表面抹灰层脱落的质量问题，要求各有条件的建筑施工单位，不得在混凝土顶棚基体表面抹灰，用腻子找平即可。由于各地工程的基层情况不同，如果规定顶棚不准抹灰，有的地区难以做到，故装饰装修规范规定，当顶棚必须抹灰时，应采取有效技术措施，严格进行基层处理，保证抹灰层与基层及各抹灰层之间粘结牢固。

二 一般抹灰分项工程

一般抹灰工程是一个分项工程，指的是石灰砂浆、水泥砂浆、水泥混合砂浆、聚合物水泥砂浆和麻刀石灰、纸筋石灰、石膏灰等某一抹灰分项工程。一般抹灰工程分为普通抹灰和高级抹灰，当设计无要求时，按普通抹灰验收。

一般抹灰分项工程检验批的划分见本节第一部分有关内容。

一般抹灰分项工程检验批质量检验标准和检验方法见表2-67。

一般抹灰分项工程检验批质量检验标准 表2-67

项	序号	项目	合格质量标准	检验方法	检查数量
主控项目	1	基层表面	抹灰前基层表面的尘土、污垢、油渍等应清除干净，并应洒水润湿	检查施工记录	（1）室内每个检验批应至少抽查10%，并不得少于3间；不足3间时应全数检查
	2	材料品种和性能	一般抹灰所用材料的品种和性能应符合设计要求。水泥的凝结时间和安定性复验应合格。砂浆的配合比应符合设计要求	检查产品合格证书、进场验收记录、复验报告和施工记录	
	3	操作要求	抹灰工程应分层进行。当抹灰总厚度大于或等于35mm时，应采取加强措施。不同材料基体交接处表面的抹灰，应采取防止开裂的加强措施，当采用加强网时，加强网与各基体的搭接宽度应不小于100mm	检查隐蔽工程验收记录和施工记录	
	4	层粘结及面层质量	抹灰层与基层之间及各抹灰层之间必须粘结牢固，抹灰层应无脱层、空鼓，面层应无爆灰和裂缝	观察；用小锤轻击检查；检查施工记录	
一般项目	1	表面质量	一般抹灰工程的表面质量应符合下列规定： （1）普通抹灰表面应光滑、洁净、接槎平整，分格缝应清晰。 （2）高级抹灰表面应光滑、洁净、颜色均匀、无抹纹，分格缝和灰线应清晰美观	观察；手摸检查	
	2	细部质量	护角、孔洞、槽、盒周围的抹灰表面应整齐、光滑；管道后面的抹灰表面应平整	观察	

续上表

项	序号	项目	合格质量标准	检验方法	检查数量
一般项目	3	层总厚度及层间材料	抹灰层的总厚度应符合设计要求；水泥砂浆不得抹在石灰砂浆层上；罩面石膏灰不得抹在水泥砂浆层上	检查施工记录	(2)室外每个检验批每100m²应至少抽查一处，每处不得小于10m²
	4	分格缝	抹灰分格缝的设置应符合设计要求，宽度和深度应均匀，表面应光滑，棱角应整齐	观察；尺量检查	
	5	滴水线(槽)	有排水要求的部位应做滴水线(槽)。滴水线(槽)应整齐顺直，滴水线应内高外低，滴水槽的宽度和深度均应不小于10mm	观察；尺量检查	
	6	允许偏差	一般抹灰工程质量的允许偏差和检验方法应符合表2-68的规定	见表2-68	

关于一般抹灰分项工程检验批质量检验的说明：

1.主控项目第一项

本项要求是对基层处理的规定，在抹灰前应做检查，并在施工记录中记录实际情况，专职质量检查员应抽查实物情况。

2.主控项目第二项

材料质量是保证抹灰工程质量的基础，因此，抹灰工程所用材料如水泥、砂、石灰膏、石膏、有机聚合物等应符合设计要求及国家现行产品标准的规定，并应有出厂合格证；材料进场时应进行现场验收，不合格的材料不得用在抹灰工程上，对影响抹灰工程质量与安全的主要材料的某些性能如水泥的凝结时间和安定性进行现场抽样复验，复验合格后方可使用。

砂浆的配合比设计文件中应有明确要求，粉刷砂浆不同于砌筑砂浆或混凝土的强度要求，因此所用品种配合比设计文件必须给出，有些工程不按设计配合比施工造成粉刷层粉化、疏松、脱落，墙面渗水等严重质量问题，应引起重视。

3.主控项目第三项

抹灰工程的质量关键是粘结牢固，无开裂、空鼓与脱落。如果粘结不牢，出现空鼓、开裂、脱落等缺陷，会降低对墙体的保护作用，且影响装饰效果。经调研分析，抹灰层之所以出现开裂、空鼓和脱落等质量问题，主要原因是基体表面清理不干净，如：基体表面尘埃及疏松物、脱模剂和油渍等影响抹灰粘结牢固的物

质未彻底清除干净；基体表面光滑，抹灰前未作毛化处理；抹灰前基体表面浇水不透，抹灰后砂浆中的水分很快被基体吸收，使砂浆中的水泥未充分水化生成水泥石，影响砂浆黏结力；砂浆质量不好，使用不当；一次抹灰过厚，干缩率较大等，都会影响抹灰层与基体的粘结牢固。

抹灰厚度过大时，容易产生起鼓、脱落等质量问题；不同材料基体交接处，由于吸水和收缩性不一致，接缝处表面的抹灰层容易开裂，上述情况均应采取加强措施，以切实保证抹灰工程的质量。

4. 主控项目第四项

抹灰工程经常出现的质量问题是裂缝。裂缝的形成可分为四种情况：第一种情况是大墙面出现裂缝；第二种情况是不同墙体材料交接处的表面或抹灰层与门窗框、墙裙、踢脚线等部件交接处出现裂缝；第三种情况是沿建筑结构缝处形成裂缝；第四种是抹灰层本身收缩引起的裂缝。规范规定抹灰工程的面层应无裂缝，如果出现裂痕则是允许的。裂缝是指裂开的缝，而裂痕是指将要裂开的痕迹，二者是有区别的。

5. 一般项目第六项

允许偏差和检验方法见表 2-68。

一般抹灰工程的允许偏差和检验方法 表 2-68

项次	项目	允许偏差(mm)		检验方法
		普通抹灰	高级抹灰	
1	立面垂直度	4	3	用 2m 垂直检测尺检查
2	表面平整度	4	3	用 2m 靠尺和塞尺检查
3	阴阳角方正	4	3	用直角检测尺检查
4	分格条(缝)直线度	4	3	拉 5m 线，不足 5m 拉通线，用钢直尺检查
5	墙裙、勒脚上口直线度	4	3	拉 5m 线，不足 5m 拉通线，用钢直尺检查

注：1. 普通抹灰，第 3 项阴角方正可不检查。

2. 顶棚抹灰，第 2 项表面平整度可不检查。但应平顺。

 三 装饰抹灰分项工程

装饰抹灰工程指的是水刷石、斩假石、干粘石、假面砖等装饰抹灰。

装饰抹灰分项工程检验批质量检验标准和检验方法见表 2-69。

装饰抹灰分项工程检验批质量检验标准和检验方法 表 2-69

<table>
<tr><th>项</th><th>序号</th><th>项目</th><th>合格质量标准</th><th>检验方法</th><th>检查数量</th></tr>
<tr><td rowspan="4">主控项目</td><td>1</td><td></td><td>见一般抹灰工程</td><td></td><td rowspan="8">(1)室内每个检验批应至少抽查10%，并不得少于3间；不足3间时应全数检查
(2)室外每个检验批每100m²应至少抽查一处，每处不得小于10m²</td></tr>
<tr><td>2</td><td></td><td>见一般抹灰工程</td><td></td></tr>
<tr><td>3</td><td></td><td>见一般抹灰工程</td><td></td></tr>
<tr><td>4</td><td></td><td>见一般抹灰工程</td><td></td></tr>
<tr><td rowspan="4">一般项目</td><td>1</td><td>表面质量</td><td>装饰抹灰工程的表面质量应符合下列规定
(1)水刷石表面应石粒清晰、分布均匀、紧密平整、色泽一致，应无掉粒和接槎痕迹。
(2)斩假石表面剁纹应均匀顺直、深浅一致，应无漏剁处；阳角处应横剁并留出宽窄一致的不剁边条，棱角应无损坏。
(3)干粘石表面应色泽一致、不露浆、不漏粘，石粒应粘结牢固、分布均匀，阳角处应无明显黑边。
(4)假面砖表面应平整、沟纹清晰、留缝整齐、色泽一致，应无掉角、脱皮、起砂等缺陷</td><td>观察；手摸检查</td></tr>
<tr><td>2</td><td>分格条(缝)</td><td>装饰抹灰分格条(缝)的设置应符合设计要求，宽度和深度应均匀，表面应平整光滑，棱角应整齐</td><td>观察</td></tr>
<tr><td>3</td><td>滴水线</td><td>有排水要求的部位应做滴水线(槽)。滴水线(槽)应整齐顺直，滴水线应内高外低，滴水槽的宽度和深度均应不小于10mm</td><td>观察尺量检查</td></tr>
<tr><td>4</td><td>允许偏差</td><td>装饰抹灰工程质量的允许偏差和检验方法应符合表 2-70 的规定</td><td>见表 2-70</td></tr>
</table>

关于装饰抹灰分项工程检验批质量检验的说明：

装饰抹灰工程和一般抹灰工程的主要区别是面层材料的不同，底层抹灰是一致的，其质量要求与一般抹灰工程质量要求相同。对保证装饰抹灰层粘结牢固、不出现空鼓、脱落、空鼓、裂缝等方面都是相同的要求，故装饰抹灰工程主控项目及验收方法与一般抹灰工程完全一样。装饰抹灰工程在保证装饰效果的质量验收，反映在一般项目的有关标准中。

装饰抹灰工程质量的允许偏差和检验方法应符合表 2-70 的规定。

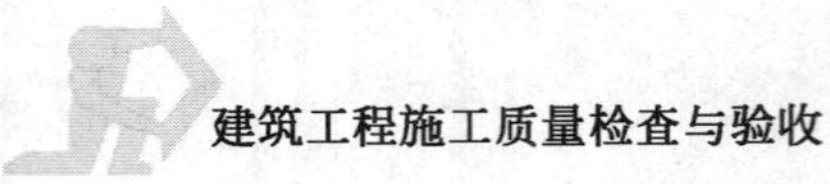

装饰抹灰的允许偏差和检验方法　　表 2-70

项　次	项　目	允许偏差(mm)				检验方法
		水刷石	斩假石	干粘石	假面砖	
1	立面垂直度	5	4	5	5	用2m垂直检测尺检查
2	表面平整度	3	3	5	4	用2m靠尺和塞尺检查
3	阳角方正	3	3	4	4	用直角检测尺检查
4	分格条(缝)直线度	3	3	3	3	拉5m线,不足5m拉通线,用钢直尺检查
5	墙裙、勒脚上口直线度	3	3	—	—	拉5m线,不足5m拉通线,用钢直尺检查

四 清水砌体勾缝分项工程

清水砌体勾缝工程一般指清水砌体砂浆勾缝和原浆勾缝。

清水砌体勾缝分项工程质量检验标准略。

第三节　门窗子分部工程

门窗工程是一个子分部工程,一般包括木门窗制作与安装、金属门窗安装、塑料门窗安装、特种门安装、门窗玻璃安装等分项工程。本节主要介绍门窗工程的一般规定、金属门窗安装、塑料门窗安装、门窗玻璃安装等内容。

一 门窗工程一般规定

验收规范对门窗工程作出的一般规定,主要是对材料性能的控制、材料的复验、隐蔽项目的验收、检验批的划分、工序及工艺要求等。具体规定内容如下:

(1)本节适用于木门窗制作与安装、金属门窗安装、塑料门窗安装、特种门安装、门窗玻璃安装等分项工程的质量验收。

(2)门窗工程验收时应检查下列文件和记录:

①门窗工程的施工图、设计说明及其他设计文件。

②材料的产品合格证书、性能检测报告、进场验收记录和复验报告。

③特种门及其附件的生产许可文件。

④隐蔽工程验收记录。

⑤施工记录。

(3)门窗工程应对下列材料及其性能指标进行复验：

①人造木板的甲醛含量。

民用建筑工程使用的人造木板是造成室内环境中甲醛污染的主要来源之一。甲醛对人有强烈的刺激性，伤害人的肺功能、肝功能及免疫功能，对人的身体危害较大。目前国内生产的人造板材大多采用脲醛树脂胶粘剂，因其粘结强度较低，加入过量的甲醛可以增强粘结强度。人造木板中甲醛释放持续时间长，释放量大，所以必须从材料上严加控制，禁止使用甲醛含量超标的人造板材。游离甲醛释放量应不大于 $0.12mg/m^3$。

②建筑外墙金属窗、塑料窗的抗风压性能、空气渗透性能和雨水渗漏性能。

随着高层、超高层的建筑越来越多，上述的材料性能能否达到安全及满足使用功能（保温、隔声、防水），有较大的影响，故列为复验内容。

(4)门窗工程应对下列隐蔽工程项目进行验收：

①预埋件和锚固件。

②隐蔽部位的防腐、填嵌处理。

隐蔽工程项目的验收，主要是为了保证门窗安装牢固。

(5)各分项工程的检验批应按下列规定划分：

①同一品种、类型和规格的木门窗、金属门窗、塑料门窗及门窗玻璃每100樘应划分为一个检验批，不足100樘也应划分为一个检验批。

②同一品种、类型和规格的特种门每50樘应划分为一个检验批，不足50樘也应划分为一个检验批。

门窗规格是指门窗的尺寸。

(6)检查数量应符合下列规定：

①木门窗、金属门窗、塑料门窗及门窗玻璃，每个检验批应至少抽查5%，并不得少于3樘，不足3樘时应全数检查；高层建筑的外窗，每个检验批应至少抽查10%，并不得少于6樘，不足6樘时应全数检查。

高层建筑（10层及10层以上居住建筑和建筑高度超过24m的公共建筑）的外窗各项性能要求更为严格，故每个检验批的检查数量需增加1倍。

②特种门每个检验批应至少抽查5樘，并不得少于10樘，不足10樘时应全数检查。

特种门一般指防火门、防盗门、自动门、全玻璃门、金属卷帘门等，特种门必须满足不同功能的使用要求，重要性明显高于普通门，加之数量比普通门少，故

每个检验批检查的数量要多。

(7)门窗安装前,应对门窗洞口尺寸进行检验。

对门窗洞口尺寸的检查,主要是为了排除洞口预留尺寸不准,及时处理洞口预留大小不准的问题。

本条规定了安装门窗前应对门窗洞口尺寸进行检查,除检查单个门窗洞口尺寸外,还应对能够通视的成排或成列的门窗洞口进行目测或拉通线检查。如果发现明显偏差,应采取处理措施后再安装门窗。

(8)金属门窗和塑料门窗安装应采用预留洞口的方法施工,不得采用边安装边砌口或先安装后砌口的方法施工。

本条规定是为了防止门窗框受挤压变形和表面保护层受损。木门窗安装也宜采用预留洞口的方法施工。如果采用先安装后砌口的方法施工时,则应注意避免木门窗在施工中受损、受挤压变形或受到污染。

(9)木门窗与砖石砌体、混凝土或抹灰层接触处应进行防腐处理并应设置防潮层;埋入砌体或混凝土中的木砖应进行防腐处理。

(10)当金属窗或塑料窗组合时,其拼樘料的尺寸、规格、壁厚应符合设计要求。

(11)建筑外门窗的安装必须牢固,在砌体上安装门窗严禁用射钉固定。

门窗安装是否牢固既影响使用功能又影响安全,其重要性尤其以外墙门窗更为显著。

无论采用何种方法固定,建筑外墙门窗均必须确保安装牢固,"规范"将此条列为强制性条文。内墙门窗安装也必须牢固,规范将内墙门窗安装牢固的要求列入主控项目而非强制性条文。考虑到砌体中砖、砌块以及灰缝的强度较低,如果在砌体上采用射钉枪紧固门窗框铁脚,容易受冲击破碎,故规定在砌体上安装门窗时严禁用射钉固定。

(12)特种门安装除应符合设计要求和本规范规定外,还应符合有关专业标准和主管部门的规定。

以上是验收规范对门窗工程质量验收的一般规定。

二 木门窗制作与安装分项工程

木门窗制作与安装分项工程按工艺形成两个检验批,一个是木门窗制作检验批,另一个是木门窗安装检验批。

1. 木门窗制作工程

本部分内容略。

2. 木门窗安装分项工程检验批质量检验标准

木门窗安装分项工程检验批质量检验标准和检验方法见表 2-71。

木门窗安装分项工程检验批质量检验标准和检验方法 表 2-71

项	序号	项目	合格质量标准	检验方法	检查数量
主控项目	1	木门窗品种、规格、安装方向位置	木门窗的品种、类形、规格、开启方向、安装位置及连接方式应符合设计要求	观察；尺量检查；检查成品门的产品合格证书	每个检验批应至少抽查5%，并不得少于3樘，不足3樘时应全数检查；高层建筑外窗，每个检验批应至少抽查10 %，并不得少于6樘，不足6樘时应按全数检查
	2	本门窗安装牢固	木门窗框的安装必须牢固，预埋木砖的防腐处理、木窗框固定点的数量、位置及固定方法应符合设计要求	观察；手扳检查；检查隐蔽工程验收记录和施工记录	
	3	木门窗扇安装	木门窗扇必须安装牢固，并应开关灵活，关闭严密，无倒翘	观察；开启和关闭检查；手扳检查	
	4	门窗配件安装	木门窗配件的型号、规格、数量应符合设计要求，安装应牢固，位置应正确，功能应满足使用要求	观察；开启和关闭检查；手扳检查	
一般项目	1	缝隙嵌填材料	木门窗与墙体间缝隙的填嵌材料应符合设计要求，填嵌应饱满。寒冷地区外门窗（或门窗框）与砌体间的空隙应填充保温材料	轻敲门窗框检查；检查隐蔽工程验收记录和施工记录	
	2	批水、盖口条等细部	木门窗批水、盖口条、压缝条、密封条的安装应顺直、与门窗结合应牢固、严密	观察；手扳检查	
	3	安装留缝限值及允许偏差	木门窗安装的留缝限值、允许偏差和检验方法应符合表 2-72 的规定	见表 2-72	

关于木门窗安装工程检验批质量检验的说明：

(1)主控项目第一项

观察和尺量检查门窗框安装的位置是否符合设计要求。检验时应与施工图纸对照，主要检查门窗框的标高、与墙体的相对尺寸、与墙面是外平还是内平或在墙身中某位置，如果是平开式的，还要检查开启方向是否正确。

(2)主控项目第二项

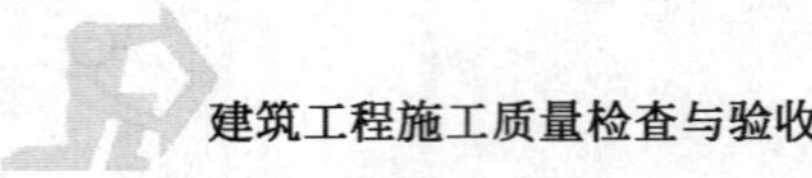

一般规定中要求对预埋件和锚固件、隐蔽部位的防腐、填嵌处要进行隐蔽验收，在分项工程检查时不仅要查看实物还要查记录。

①门窗框安装前应校正规方，钉好斜拉条(不得少于2根)，无下坎的门框应加钉水平拉条，防止在运输和安装过程中变形。

②门窗框(或成套门窗)应按设计要求的水平标高和平面位置在砌墙的过程中进行安装。

③在砖石墙上安装门框(或成套门窗)时，应用钉子固定于砌在墙内的木砖上，每边的固定点应不少于两处，其间距应不大于1.2m。

④当需要先砌墙后安装门窗框(或成套门窗)时，宜在预留门窗洞口的同时，留出门窗框走头的缺口，在门窗框调整就位后，封砌缺口。

当受条件限制，门窗框不能留走头时，应采取可靠措施将门窗框固定在墙内的木砖上，以防在施工或使用过程中发生安全事故。

⑤当门窗框的一面需镶贴脸板时，则门窗框凸出的厚度应等于抹灰层的厚度。

⑥寒冷地区的门窗框(或成套门窗)与外墙砌体间的空隙，应填塞保温材料。

木砖、木框与砌体接触处应进行防腐处理。

(3)主控项目第三项

木门窗、金属门窗和塑料门窗的安装均应无倒翘。在正常情况下，当门窗扇关闭时，门窗扇的上端本应与下端同时或上端略早于下端贴紧门窗的上框。所谓"倒翘"通常是指当门窗关闭时，门窗扇的下端已经贴紧门窗下框，而门窗扇的上端由于翘曲而未能与门窗的上框贴紧，尚有离缝的现象。

(4)主控项目第四项

所谓配件包括构件附带的或后配的各种零件，其中主要是各种五金件。门窗配件不仅影响门窗功能，有的也影响安全。

(5)一般项目第一项

检查门窗框与墙体间保温材料的填塞是否饱满、均匀。

保温材料凡填塞不密实将严重影响门窗防寒、防风等正常功能。保温材料应饱满，指填塞的材料应与框面齐平而不能有里外透亮的现象。

轻击门窗框检查主要是听其声音，凭经验判其填嵌材料是否饱满。

(6)一般项目第二项

该项要求除有美观作用外，同时也是保证门窗扇使用功能的重要项目，如门窗披水、压缝条起防风、防雨的作用。固定时，应用木螺钉与框、扇拧紧。

(7)一般项目第三项

木门窗安装的留缝限值、允许偏差和检验方法应符合表 2-72 的规定。

木门窗安装的留缝限值、允许偏差和检验方法　　表 2-72

项次	项目		留缝限值(mm)		允许偏差(mm)		检验方法
			普通	高级	普通	高级	
1	门窗槽口对角线长度差		—	—	3	2	用钢尺检查
2	门窗框的正、侧面垂直度		—	—	2	1	用 1m 垂直检测尺检查
3	框与扇、扇与扇接缝高低差		—	—	2	1	用钢直尺和塞尺检查
4	门窗扇对口缝		1～2.5	1.5～2	—	—	用塞尺检查
5	工业厂房双扇大门对口缝		2～5	—	—	—	
6	门窗扇与上框间留缝		1～2	1～1.5	—	—	
7	门窗扇与侧框间留缝		1～2.5	1～1.5	—	—	
8	窗扇与下框间留缝		2～3	2～2.5	—	—	
9	门扇与下框间留缝		3～5	3～4	—	—	
10	双层门窗内外框间距		—	—	4	3	用钢尺检查
11	无下框时门扇与地面间留缝	外门	4～7	5～6	—	—	用塞尺检查
		内门	5～8	6～ 7	—	—	
		卫生间门	8～12	8～10	—	—	
		厂房大门	10～20	—	—	—	

注:1. 表中除给出允许偏差外,对留缝尺寸等也给出了尺寸限值。考虑到所给尺寸限值是一个范围,故不再给出允许偏差。

2. 表中允许偏差栏中所列数值,凡注明正负号的,表示 GB 50210－2001 对此偏差的不同方向有不同要求,应严格遵守。凡没有注明正负号的,即使其偏差可能具有方向性,但 GB 50210—2001 并未对这类偏差的方向性作出规定,故检查时对这些偏差可以不考虑方向性要求。

3. 本表摘自《建筑装饰装修工程质量验收规范》(GB 50210—2001)。

三 金属门窗安装分项工程

金属门窗安装工程一般指钢门窗、铝合金门窗、涂色镀锌钢板门窗等门窗的安装工程。

金属门窗安装分项工程检验批质量检验标准和检验方法见表 2-73。

金属门窗安装分项工程检验批质量检验标准 表 2-73

项	序号	项目	合格质量标准	检验方法	检查数量
主控项目	1	门窗质量	金属门窗的品种、类型、规格、尺寸、性能、开启方向、安装位置、连接方式及铝合金门窗的型材壁厚应符合设计要求。金属门窗的防腐处理及填嵌、密封处理应符合设计要求	观察；尺量检查；检查产品合格证书、性能检测报告、进场验收记录和复验报告；检查隐蔽工程验收记录	每个检验批应至少抽查5%，并不得少于3樘，不足3樘时应全数检查；高层建筑的外窗，每个检验批应至少抽查10%，并不得少于6樘，不足6樘时应全数检查
	2	框和副框安装及预埋件	金属门窗框和副框的安装必须牢固。预埋件的数量、位置、埋设方式、与框的连接方式必须符合设计要求	手扳检查；检查隐蔽工程验收记录	
	3	门窗扇安装	金属门窗扇必须安装牢固，并应开关灵活、关闭严密，无倒翘。推拉门窗扇必须有防脱落措施	观察；开启和关闭检查；手扳检查	
	4	配件质量及安装	金属门窗配件的型号、规格、数量应符合设计要求，安装应牢固，位置应正确，功能应满足使用要求	观察；开启和关闭检查；手扳检查	
一般项目	1	表面质量	金属门窗表面应洁净、平整、光滑、色泽一致，无锈蚀。大面应无划痕、碰伤。漆膜或保护层应连续	观察	
	2	框与墙体间缝隙	金属门窗框与墙体之间的缝隙应填嵌饱满，并采用密封胶密封。密封胶表面应光滑、顺直，无裂纹	观察；轻敲门窗框检查；检查隐蔽工程验收记录	
	3	留缝限值和允许偏差	金属门窗安装的留缝限值、允许偏差和检验方法应符合表 2-74、表 2-75 和表 2-76 的规定	见表 2-74、表 2-75 和表 2-76 的规定	
	4	排水孔	有排水孔的金属门窗，排水孔应畅通，位置和数量应符合设计要求	观察	
	5	扇密封胶条或毛毡密封条	金属门窗扇的橡胶密封条或毛毡密封条应安装完好，不得脱槽	观察；开启和关闭检查	
	6	开关力	对于铝合金门窗：铝合金门窗推拉门窗扇开关力应不大于 100N	用弹簧秤检查	

关于金属门窗安装分项工程检验批质量检验的说明：

1. 主控项目第一项

钢门窗和铝合金门窗及附件应有出厂合格证和需方在产品出厂前对产品抽查的验收凭证，以防止产品进场后质量验收时存在问题。性能检测报告系指生产厂提供的材料性能检测报告，用于外墙的金属窗应有抗风压性能、空气渗透性能和雨水渗漏性能的检测报告。用料的规格、立面要求、结合形式、几何尺寸以及所用附件的材质、品种、形式、质量要求等应符合设计图纸和《钢窗检验规则》以及《铝合金检验规则》的规定。有的需方在货到后仅过数验收，对门窗的质量未在出厂前认真验收，进场也未验收检查，造成一些门窗质量不合格。另外，铝合金型材的壁厚经常达不到设计要求，由于铝合金型材的购销常以质量计算，所以施工单位往往会偷工减料，使用较薄的型材。

镀锌钢板门窗主控项目和一般项目除允许偏差与铝合金门窗不一致外，其余同铝合金门窗，下面不再提及。

2. 主控项目第二项

钢门窗是通过连接在外框上的燕尾铁脚与墙体等进行固定的，大面积的组合钢窗则是通过纵、横拼管与墙体等相互连接后，再将钢窗外框逐樘固定在拼管上，安装好的钢门窗在框与墙体填塞前必须检查预埋件的数量、位置、预埋深度、连接点的数量、电焊的质量等是否符合要求，并做好隐蔽记录。如有缺陷应及时处理，符合要求后及时做好框与墙体之间缝隙的填塞处理。

铝合金门窗是通过连接在外框上的铁件与墙体等进行固定的，在框与墙体填塞前必须检查预埋件的数量、位置、埋设方式与框的连接方式等是否符合要求，并做好隐蔽记录。在砌体上安装门、窗时严禁用射钉固定。如有缺陷应及时处理，符合要求后及时做好框与墙体之间缝隙的填塞处理。

3. 主控项目第三项

推拉门窗扇万一脱落极易造成人身安全事故，对高层建筑来说危险性更大，故规范规定金属门窗和塑料门窗的推拉门窗扇必须有防脱落措施。铝合金门窗的防脱落措施一般是在内框上边加装防止卸掉的装置。

4. 主控项目第四项

钢门窗的配件包括铰链、执手、支撑、门锁、地弹簧、闭门器、密封条、石棉条等；铝合金门窗的配件包括执手、支撑、门锁、地弹簧、闭门器、密封条等。本身质量应符合设计要求，所有应装的配件必须装全，包括连接螺栓均不得遗漏。螺母应拧紧，不得松动，如需现场焊接的，其焊接质量应符合要求。钢门窗配件的安装，必须在墙面、平顶粉刷完毕后并在安装玻璃前进行。钢门窗进行校正达到关闭严密、开启灵活、无倒翘后方可安装配件，以防止配件安装后再行校正。

5. 一般项目第二项

对钢门窗来说，除用燕尾钢脚与墙体联结外，还要对框与墙体间的缝隙填嵌密实，以增加其稳固和防止门窗边渗水，框与墙体间缝隙的填嵌材料，应符合设计要求，若设计无规定时，可用1∶2水泥砂浆填嵌密实。严禁用石灰砂浆或混合砂浆嵌缝。

铝合金门窗除用铁件（应进行镀锌处理）与墙体联结外，还要对框与墙体间的缝隙填嵌密实，以增加其稳固和防止门窗边渗水，框与墙体间缝隙的填嵌材料，应符合设计要求。窗框与墙体之间填嵌后应用密封胶密封。在检查时要注意铝合金横竖框接头处、下框铆钉处的打胶。

6. 一般项目第三项

金属门窗安装的留缝限值、允许偏差和检验方法应符合表2-74、表2-75和表2-76的规定。

钢门窗安装的留缝限值、允许偏差和检验方法 表2-74

项次	项　目		留缝限值(mm)	允许偏差	检验方法
1	门窗槽口宽度、高度	≤1500mm	—	2.5	用钢尺检查
		＞1500mm		3.5	
2	门窗槽对角线长度	≤2000mm		5	用钢尺检查
		＞2000mm	—	6	
3	门窗框的正、侧面垂直度		—	3	用1m垂直检测尺检查
4	门窗横框的水平度		—	3	用1m水平尺和塞尺检查
5	门窗横框标高		—	5	用钢尺检查
6	门窗竖向偏离中心		—	4	用钢尺检查
7	双层门窗内外框间距		—	5	用钢尺检查
8	门窗框、扇配合间隙		≤2	—	用塞尺检查
9	无下框时门扇与地面间留缝		4～8	—	用塞尺检查

铝合金门窗安装的留缝限值、允许偏差和检验方法　　表 2-75

项次	项　目		允许偏差	检验方法
1	门窗槽口宽度、高度	≤1500mm	1.5	用钢尺检查
		＞1500mm	2	
2	门窗槽对角线长度	≤2000mm	3	用钢尺检查
		＞2000mm	4	
3	门窗框的正、侧面垂直度		2.5	用垂直检测尺检查
4	门窗横框的水平度		2	用 1m 水平尺和塞尺检查
5	门窗横框标高		5	用钢尺检查
6	门窗竖向偏离中心		5	用钢尺检查
7	双层门窗内外框间距		4	用钢尺检查
8	推拉门窗扇与框搭接量		1.5	用钢直尺检查

涂色镀锌钢板门窗安装的允许偏差和检验方法　　表 2-76

项次	项　目		允许偏差	检验方法
1	门窗槽口宽度、高度	≤1500mm	2	用钢尺检查
		＞1500mm	3	
2	门窗槽对角线长度	≤2000mm	4	用钢尺检查
		＞2000mm	5	
3	门窗框的正、侧面垂直度		3	用垂直检测尺检查
4	门窗横框的水平度		3	用 1m 水平尺和塞尺检查
5	门窗横框标高		5	用钢尺检查
6	门窗竖向偏离中心		5	用钢尺检查
7	双层门窗内外框间距		4	用钢尺检查
8	推拉门窗扇与框搭接量		2	用钢直尺检查

7. 一般项目第三项

施工时，墙体洞口尺寸的大小应按设计要求留设，框边与洞壁结构的间隙应保持适当，一般不小于 2cm。

对于铝合金门窗，装入洞口应横平竖直，外框与洞口应弹性连接牢固，不得将门窗外框直接埋入墙体。铝合金门窗安装密封条时应留有伸缩余量，一般比门窗的装配边长 20～30mm，在转角处应斜面断开，并用胶粘剂粘牢固，以免产生收缩缝。门窗外框与墙体的缝隙填塞，应按设计要求处理。若设计无要求时，应采用闭孔弹性材料填塞，缝隙外表留 5～8mm 深的槽口，填嵌密封材料。有些工程在铝合金窗框与墙体间的缝隙中直接填塞水泥砂浆，必须予以纠正。

四 塑料门窗安装分项工程

随着我国建筑业的发展，塑料门窗的生产规模不断扩大，使用塑料门窗的地域越来越广泛。为了保证塑料门窗的安装质量，建设部曾专门制定《塑料门窗安装及验收规范》(JGJ 103—96)。

塑料门窗安装分项工程检验批质量检验标准和检验方法见表 2-77。

塑料门窗安装分项工程检验批质量检验标准 表 2-77

项目	序号	项目	合格质量标准	检验方法	检查数量
主控项目	1	门窗质量	塑料门窗的品种、类型、规格、尺寸、开启方向、安装位置、连接方式及填嵌密封处理应符合设计要求，内衬增强型钢的壁厚及设置应符合国家现行产品标准的质量要求	观察；尺量检查；检查产品合格证书、性能检测报告、进场验收记录和复验报告；检查隐蔽工程验收记录	每个检验批应至少抽查 5%，并不得少于 3 樘，不足 3 樘时应全数检查；高层建筑的外窗，每个检验批应至少抽查 10%，并不得少于 6 樘，不足 6 樘时应全数检查
	2	框、扇安装	塑料门窗框、副框和扇的安装必须牢固。固定片或膨胀螺栓的数量与位置应正确，连接方式应符合设计要求。固定点应距窗角、中横框、中竖框 150～200mm，固定点间距不应大于 600mm	观察；手扳检查；检查隐蔽工程验收记录	
	3	拼樘料与框连接	塑料门窗拼樘料内衬增强型钢的规格、壁厚必须符合设计要求，型钢应与型材内腔紧密吻合，其两端必须与洞口固定牢固。窗框必须与拼樘料连接紧密，固定点间距不应大于 600mm	观察；手扳检查；尺量检查；检查进场验收记录	
	4	门窗扇安装	塑料门窗扇应开关灵活、关闭严密，无倒翘。推拉门窗扇必须有防脱落措施	观察；开启和关闭检查；手扳检查	
	5	配件质量及安装	塑料门窗配件的型号、规格、数量应符合设计要求，安装应牢固，位置应正确，功能应满足使用要求	观察；手扳检查；尺量检查	
	6	框与墙体缝隙填嵌	塑料门窗框与墙体间缝隙应采用闭孔弹性材料填嵌饱满，表面应采用密封胶密封。密封胶应粘结牢固，表面应光滑、顺直、无裂纹	观察；检查隐蔽工程验收记录	

续上表

项目	序号	项目	合格质量标准	检验方法	检查数量
一般项目	1	表面质量	塑料门窗表面应洁净、平整、光滑，大面应无划痕、碰伤	观察	每个检验批应至少抽查5%，并不得少于3樘，不足3樘时应全数检查；高层建筑的外窗，每个检验批应至少抽查10%，并不得少于6樘，不足6樘时应全数检查
	2	密封条及旋转门窗间隙	塑料门窗扇的密封条不得脱槽。旋转窗间隙应基本均匀		
	3	门窗扇开关力	塑料门窗扇的开关力应符合下列规定 (1)平开门窗扇平铰链的开关力应不大于80N；滑撑铰链的开关力应不大于80N，并不小于30N。 (2)推拉门窗扇的开关力应不大于100N	观察；用弹簧秤检查	
	4	玻璃密封条、玻璃槽口	玻璃密封条与玻璃及玻璃槽口的接缝应平整，不得卷边、脱槽	观察	
	5	排水孔	排水孔应畅通，位置和数量应符合设计要求		
	6	安装允许偏差	塑料门窗安装的允许偏差和检验方法应符合表2-78的规定	见表2-78	

关于塑料门窗分项工程检验批质量检验的说明：

1. 主控项目第一项

门窗的品种、类型、规格、外观、外形尺寸、装配质量、力学性能应符合国家现行标准的有关规定；门窗中竖框、中横框或拼樘料等主要受力杆件中的增强型钢，应在产品说明中注明规格和尺寸。门窗的抗风压、空气渗透、雨水渗漏三项基本物理性能应符合《PVC塑料门》(JG/T 3017)和《PVC塑料窗》(JG/T 3018)中对这三项性能分级的规定及设计要求，供方应附有该等级的质量检测报告。如果设计对保温、隔声性能提出要求，其性能也应符合《PVC塑料门》(JG/T 3017)、《PVC塑料窗》(JG/T 3018)的规定及设计要求。门窗产品应有出厂合格证。三项性能还需现场取样复验，进场时还要验收并做记录。

2. 主控项目第二项

门窗不得有焊脚开焊、型材断裂等损坏现象，框和扇的平整度、直角度和翘曲度以及装配间隙应符合国家标准《PVC塑料门》(JG/T 3017)、《PVC塑料窗》(JG/T 3018)的有关规定，并不得有下垂和翘曲变形，以免妨碍开关。

塑料门窗安装工程中经常遇到门窗框、扇变形的质量问题，其主要原因是型

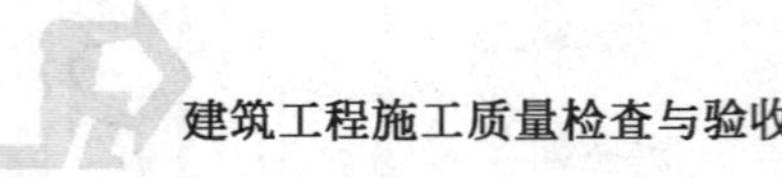

材的内衬增强型钢设置不合理。有的内衬增强型钢壁厚不够;有的型钢在型材腔内松旷、空隙大,不能与型材组合受力;有的少配型钢,分段插入型钢,甚至存在不配型钢的情况。为防止上述质量问题,规范规定内衬增强型钢的壁厚和设置应符合产品标准的要求。

3. 主控项目第三项

近年来,建筑装饰装修采用组合窗的形式逐渐增多。拼樘料不仅起连接作用,而且是组合窗的重要受力部件,故必须保证拼樘料的规格和质量。拼樘料的规格、尺寸、壁厚等应由设计给出,并应使组合窗能够承受该地区的瞬时风压值。

4. 主控项目第四项

参照铝合金门窗主控项目有关内容。

5. 主控项目第五项

塑料门窗采用的紧固件、五金件、增强型钢等,应符合下列要求:

(1)紧固件、五金件、增强型钢及金属衬板等,应进行表面防腐处理。

(2)紧固件的镀锌金属及其厚度宜符合现行国家标准《螺纹紧固件电镀层》(GB 5269)的有关规定,紧固件的尺寸、螺纹、公差、十字槽及机械性能等技术条件应符合现行国家标准《十字槽盘头自攻螺钉》(GB 845)、《十字槽沉头自攻螺钉》(GB 846)的有关规定。

(3)五金件型号、规格和性能均应符合国家标准的有关规定;滑撑铰链不得使用铝合金材料。

(4)全防腐型门窗应采用相应的防腐型五金件及紧固件。

(5)固定片厚度应大于或等于 1.5mm,最小宽度应大于或等于 15mm,其材质应采用 A235—A 冷轧钢板,其表面应进行镀锌处理。

(6)组合窗及连窗门的拼樘料应采用与其内腔紧密吻合的增强型钢作为内衬,型钢两端应比拼樘料长出 10～15mm。外窗的拼樘料截面尺寸及型钢形状、壁厚,应能使组合窗承受该地区的瞬时风压值。

塑料门窗装入洞口应横平竖直,外框与洞口应弹性连接牢固,不得将门窗外框直接埋入墙体。

横向及竖向组合时,应采取套插,搭接形成曲面组合,搭接长度宜为 10mm,并用密封膏密封。

安装密封条时应留有伸缩余量,一般比门窗的装配边长 20～30mm,在转角处应斜面断开,并用胶粘牢固,以免产生收缩缝。

若门窗为明螺钉连接时,应用与门窗颜色相同的密封材料将其掩埋密封。

安装后的门窗必须有可靠的刚性,必要时可增设加固件,并应作防腐处理。

在使用闭孔泡沫塑料、发泡聚苯乙烯等弹性材料时应分层填塞，填塞不宜过紧。对于保温、隔声等级要求较高的工程，应采用相应的隔热、隔声材料填塞。填塞后，撤掉临时固定用木楔或垫块，其空隙也应采用闭孔弹性材料填塞。

塑料门窗的线性膨胀系数较大，由于温度升降易引起门窗变形或在门窗框与墙体间出现裂缝，为了防止上述现象出现，特规定塑料门窗框与墙体间缝隙应采用伸缩性能较好的闭孔弹性材料填嵌，并用密封胶密封。采用闭孔材料则是为了防止材料吸水导致连接件锈蚀，影响安装强度。

6. 一般项目第六项

安装的允许偏差见表2-78。

塑料门窗安装的允许偏差和检验方法 表2-78

项次	项目		允许偏差(mm)	检验方法
1	门窗槽口宽度、高度	≤1500mm	2	用钢尺检查
		＞1500mm	3	
2	门窗槽口对角线长度差	≤2000mm	3	用钢尺检查
		＞2000mm	5	
3	门窗框的正、侧面垂直度		3	用1m垂直检测尺检查
4	门窗横框的水平度		3	用1m水平尺和塞尺检查
5	门窗横框标高		5	用钢尺检查
6	门窗竖向偏离中心		5	用钢直尺检查
7	双层门窗内外框间距		4	用钢尺检查
8	同樘平开门窗相邻扇高度差		2	用钢直尺检查
9	平开门窗铰链部位配合间隙		+2；−1	用塞尺检查
10	推拉门窗扇与框搭接量		+1.5；−2.5	用钢直尺检查
11	推拉门窗扇与竖框平行度		2	用1m水平尺和塞尺检查

五 特种门窗安装分项工程

略。

六 门窗玻璃安装分项工程

由于玻璃材料良好的通透性和装饰性，在建筑装饰装修工程中采用玻璃的做法越来越多，除传统的门窗玻璃外，幕墙、隔墙、吊顶也均有大量应用。近年来玻璃的品种和功能有很大发展，既有侧重安全性的钢化玻璃、夹层玻璃和夹丝玻璃，也有侧重节能的中空玻璃、反射玻璃和吸热玻璃。

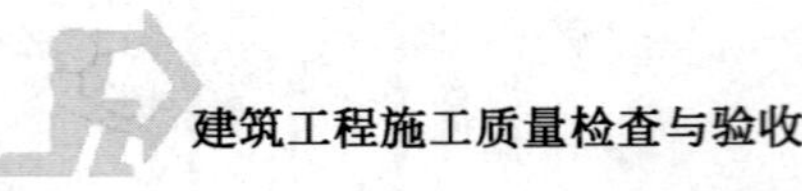

门窗玻璃安装工程一般指采用平板、吸热、反射、中空、夹层、夹丝、磨砂、钢化、压花等玻璃进行安装的工程。

门窗玻璃安装分项工程检验批质量检验标准和检验方法见表 2-79。

门窗玻璃安装分项工程检验批质量检验标准 表 2-79

项	序号	项目	合格质量标准	检验方法	检查数量
主控项目	1	玻璃质量	玻璃的品种、规格、尺寸、色彩、图案和涂膜朝向应符合设计要求。单块玻璃大于 1.5m² 时应使用安全玻璃	观察；检查产品合格证书、性能检测报告和进场验收记录	每个检验批应至少抽查5%，并不得少于3樘，不足3樘时应全数检查；高层建筑的外窗，每个检验批应至少抽查10%，并不得少于6樘，不足6樘时应全数检查
	2	玻璃裁割与安装质量	门窗玻璃裁割尺寸应正确。安装后的玻璃应牢固，不得有裂纹、损伤和松动	观察；轻敲检查	
	3	安装方法、钉子或钢丝卡	玻璃的安装方法应符合设计要求。固定玻璃的钉子或钢丝卡的数量、规格应保证玻璃安装牢固	观察；检查施工记录	
	4	木压条	镶钉木压条接触玻璃处，应与裁口边缘平齐。木压条应互相紧密连接，并与裁口边缘紧贴，割角应整齐	观察	
	5	密封条	密封条与玻璃、玻璃槽口的接触应紧密、平整。密封胶与玻璃、玻璃槽口的边缘应粘结牢固、接缝平齐		
	6	带密封条的玻璃压条	带密封条的玻璃压条，其密封条必须与玻璃全部贴紧，压条与型材之间应无明显缝隙，压条接缝应不大于 0.5mm	观察；尺量检查	
一般项目	1	玻璃表面	玻璃表面应洁净，不得有腻子、密封胶、涂料等污渍。中空玻璃内外表面均应洁净，玻璃中空层内不得有灰尘和水蒸气	观察	
	2	玻璃安装方向	门窗玻璃不应直接接触型材。单面镀膜玻璃的镀膜层及磨砂玻璃的磨砂面应朝向室内。中空玻璃的单面镀膜玻璃应在最外层，镀膜层应朝向室内	观察	
	3	腻子	腻子应填抹饱满、粘结牢固；腻子边缘与裁口应平齐。固定玻璃的卡子不应在腻子表面显露	观察	

关于门窗玻璃安装工程检验批质量检验的说明：

1.主控项目第一项

对玻璃质量进行检查时，不仅要对玻璃外观质量进行检查，还要检查合格证和性能检测报告，当门、窗玻璃大于 1.5m^2 时，应使用安全玻璃，安全玻璃系指钢化玻璃、夹层玻璃和夹丝玻璃。

2.主控项目第二项

为防止门窗的框、扇型材胀缩、变形时导致玻璃破碎，门窗玻璃不应直接接触型材。油灰应用熟桐油等天然干性油拌制，其他油料拌制的油灰必须经试验合格后，方可使用。油灰应具有塑性，嵌抹时不断裂、不出麻面，在常温下，应在20昼夜内硬化。用于钢门窗玻璃的油灰，应具有防锈性。

3.一般项目第一项

玻璃工程安装时注意玻璃的污染，安装后应进行清理，以保证玻璃的清洁，竣工后的玻璃工程，表面应洁净，不得留有油灰、浆水、油漆等斑污。

4.一般项目第二项

为防止窗的框扇型材胀缩、变形时导致玻璃破碎，门窗玻璃不应直接接触型材。

为保护镀膜玻璃上的镀膜层及发挥镀膜层的作用，规范规定了此条内容。

5.一般项目第三项

安装玻璃前，应将裁口内污垢清理干净，沿裁口全长均匀涂抹 1～3mm 厚的底油灰，腻子应与玻璃挤紧、无缝隙。面腻子应刮成斜面，四角呈“八”字形，表面不得有流淌、裂缝和麻面。从斜面看不到裁口，从裁口面看不到灰边。

玻璃安装需要打底，检查时一定要注意，凡未打底的应返工。腻子质量也存在一定问题，有的混有杂质或石蜡，有的油性小，粉质填料多；调拌不匀，太软不易成形，太硬不易刮平。加上操作技术不熟练、不认真，致使涂抹的腻子达不到质量标准，存在粘结不牢，出现皱皮、断裂、脱落等缺陷。

第四节　饰面板(砖)子分部工程

饰面板(砖)工程的应用十分广泛，在南方或北方的城乡各地，高层建筑或多层建筑的室内或室外随处可见饰面板(砖)工程。饰面板(砖)工程材料的品种、规格十分丰富，目前市场上产品质量的差异比较大。饰面板(砖)工程的质量事故也比较多，尤其是外墙饰面板(砖)工程空鼓脱落的质量问题直接关系到人民

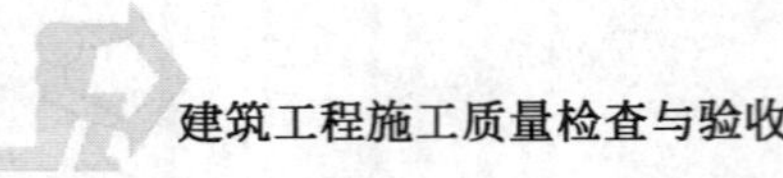

群众的生命安全。

本节主要适用于饰面板安装、饰面砖粘贴等分项工程的质量验收。

一般规定

验收规范对饰面板(砖)工程作出的一般规定,主要涉及应检查的文件、对材料性能的控制和复验、隐蔽项目的验收、检验批的划分、工序及工艺要求等。具体规定内容如下:

(1)本节适用于饰面板安装、饰面砖粘贴等分项工程的质量验收。

(2)饰面板(砖)工程验收时应检查下列文件和记录。

①饰面板(砖)工程的施工图、设计说明及其他设计文件。

②材料的产品合格证书、性能检测报告、进场验收记录和复验报告。

③后置埋件的现场拉拔检测报告。

④外墙饰面砖样板件的粘结强度检测报告。

⑤隐蔽工程验收记录。

⑥施工记录。

(3)饰面板(砖)工程应对下列材料及其性能指标进行复验。

①室内用花岗石的放射性。

②粘贴用水泥的凝结时间、安定性和抗压强度。

③外墙陶瓷面砖的吸水率。

④寒冷地区外墙陶瓷面砖的抗冻性。

(4)饰面板(砖)工程应对下列隐蔽工程项目进行验收。

①预埋件(或后置埋件)。

②连接节点。

③防水层。

(5)各分项工程的检验批应按下列规定划分。

①相同材料、工艺和施工条件的室内饰面板(砖)工程每50间(大面积房间和走廊按施工面积30m² 为一间)应划分为一个检验批,不足50间也应划分为一个检验批。

②相同材料、工艺和施工的室外饰面板(砖)工程每500～1000m² 应划分为一个检验批,不足500m² 也应划分为一个检验批。

(6)检查数量应符合下列规定。

①室内每个检验批应至少抽查10%,并不得少于3间;不足3间时应全数

检查。

②室外每个检验批每 100m² 应至少抽查一处,每处不得小于 10m²。

(7)外墙饰面砖粘贴前和施工过程中,均应在相同基层上做样板件,并对样板件的饰面砖粘结强度进行检验,其检验方法和结果判定应符合《建筑工程饰面砖粘结强度检验标准》(JGJ 110)的规定。

(8)饰面板(砖)工程的防震缝、伸缩缝、沉降缝等部位的处理应保证缝的使用功能和饰面的完整性。

从质量预控的角度出发,本节一般规定提出了后置埋件应做现场拉拔检测和外墙饰面砖样板件粘结强度检测。对于一些既有建筑来说,因为承受饰面板荷载的基体强度的资料常常不全,对核算其承载能力有一定的困难,后置埋件的现场拉拔力检测,可以实测出拉拔力是否满足设计要求,从而保证饰面板安装的安全性。

外墙粘贴饰面砖应在同一基体上做粘结强度的检测,在一些地区执行的较好,对外墙粘贴饰面砖的质量起到了很好的保证作用。外墙粘贴饰面砖的使用高度越高,安全问题就越突出。很多地区发生过外墙饰面砖脱落伤人的事件,由于在粘贴好的墙面上做粘结强度检测,会破坏面砖,恢复原样也很困难,但样板件粘结强度检测是对外墙粘贴饰面砖是否牢固安全的一种检测,是必须进行的。

本节一般规定还要求进行材料复验。无机非金属材料含有放射性核素,会影响到人身健康,考虑天然石材中花岗石的放射性存在一定的超标,因此要求对室内用花岗岩的放射性进行复验。

外墙陶瓷面砖的吸水率和寒冷地区外墙陶瓷面砖的抗冻性应进行复验。这是因为我国地域广阔,南北温差很大,不同地区所使用的外墙饰面砖经受的冻害程度有很大的差别,因此应结合各地气候环境制定出不同的抗冻指标。外墙饰面砖系多孔材料,其抗冻性与材料内部孔结构有关,而不同的孔结构又反映出不同的吸水率,因此可以通过控制吸水率来满足抗冻性要求。对于寒冷地区来说,冬季室外温度往往可达−30℃左右,外墙饰面砖就需要进行冻融循环试验,饰面砖的质量应满足这一地区气候条件的要求。

关于外墙饰面砖样板件的粘结强度检测的具体要求,行业标准《外墙饰面砖工程施工及验收规程》(JGJ 126—2000)中 6.0.6 条第 3 款规定:"外墙饰面砖工程,应进行粘结强度检验。其取样数量、检验方法、检验结果判定均应符合现行行业标准《建筑工程饰面砖粘结强度检验标准》(JGJ 110)的规定。"由于该方法为破坏性检验,破损饰面砖不易复原,且检验操作有一定难度,在实际验收中较少采用。规范规定在外墙饰面砖粘贴前和施工过程中应制作样板件并做粘结强

度试验。

外墙饰面板(砖)工程在防震缝、伸缩缝、沉降缝等部位的构造方法应保证防震缝、伸缩缝、沉降缝的使用功能。有些工程在使用过程中仅考虑装饰效果,而忽视了结构缝的使用功能,几年后饰面板随着主体结构的应力变化而受挤破损,带来质量安全隐患,又严重影响美观,这是在设计中应该充分注意的问题。

需要说明一下,“粘贴”和“安装”是两个不同的概念:一般饰面板尺寸都在400以上,须通过挂、卡等手段安装固定在墙面上;而饰面砖大都尺寸较小,可以通过水泥砂浆和水泥浆黏结在墙上。

二 饰面板安装分项工程

饰面板安装工程的质量检查与验收,一是指内墙饰面安装工程;二是指外墙饰面安装工程(高度不大于24m、抗震设防烈度不大于7度)的质量验收。

外墙饰面板安装工程“高度不大于24m、抗震设防烈度不大于7度”的适用范围,是参考了《高层民用建筑设计防火规范》中建筑高度的适用范围。目的是限制外墙饰面板工程的应用高度,以保证其安全。因为饰面板安装与幕墙工程相比,一般不需要进行严格的计算和检测。如果在24m以上的高度安装饰面板,应当按照幕墙工程的要求进行严格的结构计算,并应进行相应项目的检测。

饰面板安装分项工程检验批质量检验标准和检验方法见表2-80。

饰面板安装分项工程检验批质量检验标准 表2-80

<table>
<tr><th>项</th><th>序号</th><th>项目</th><th>合格质量标准</th><th>检验方法</th><th>检查数量</th></tr>
<tr><td rowspan="3">主控项目</td><td>1</td><td>材料质量</td><td>饰面板的品种、规格、颜色和性能应符合设计要求,木龙骨、木饰面板和塑料饰面板的燃烧性能等级应符合设计要求</td><td>观察;检查产品合格证书、进场验收记录和性能检测报告</td><td rowspan="3">室内每个检验批应至少抽查10%,并不得少于3间;不足3间时应合数检查。
室外每个检验批每 $100m^2$ 应至少抽查一处,每处不得小于 $10m^2$</td></tr>
<tr><td>2</td><td>饰面板孔、槽</td><td>饰面板孔、槽的数量、位置和尺寸应符合设计要求</td><td>检查进场验收记录和施工记录</td></tr>
<tr><td>3</td><td>饰面板安装</td><td>饰面板安装工程的预埋件(或后置埋件)、连接件的数量、规格、位置、连接方法和防腐处理必须符合设计要求。后置埋件的现场拉拔强度必须符合设计要求。饰面板安装必须牢固</td><td>手扳检查;检查进场验收记录、现场拉拔检测报告、隐蔽工程验收记录和施工记录</td></tr>
</table>

续上表

项	序号	项目	合格质量标准	检验方法	检查数量
一般项目	1	饰面板表面质量	饰面板表面应平整、洁净、色泽一致，无裂痕和缺损;石材表面应无泛碱等污染	观察	室内每个检验批应至少抽查10%，并不得少于3间;不足3间时应合数检查。室外每个检验批每100m²应至少抽查一处，每处不得小于10m²
	2	饰面板嵌缝	饰面板嵌缝应密实、平直，宽度和深度应符合设计要求，嵌填材料色泽应一致	观察;尺量检查	
	3	湿作业施工	采用湿作业法施工的饰面板工程，石材应进行防碱背涂处理。饰面板与基体之间的灌注材料应饱满、密实	用小锤轻击检查;检查施工记录	
	4	饰面板孔洞套割	饰面板上的孔洞应套割吻合，边缘应整齐	观察	
	5	安装允许偏差	饰面板安装的允许偏差和检验方法应符合表2-81的规定	见表2-81	

关于饰面板安装分项工程检验批质量检验的说明：

1.主控项目第一项

由于饰面材料的品种、规格、颜色和图案繁多，质量差异很大，为确保饰面工程的质量，饰面板(砖)的品种、规格、种类和型号以及光泽度、抗折强度、执压强度、吸水率、抗冻性能都应满足设计要求，并符合建筑材料的有关规定。白瓷砖和不耐风化的大理石不能镶贴在室外，使其裸露在风吹、日晒、雨淋、霜冻的环境中，应对照施工图进行检查，如属设计失误，在施工图会审时应提出。

2.主控项目第三项

这是一条强制性条文，必须认真执行，对饰面板安装工程涉及安全的五个重要检查项目:预埋件(或后置埋件)、连接件、防腐处理、后置埋件现场拉拔强度以及饰面板的安装，这五个重要检查项目是质量过程控制的重点，也是保证其安装安全质量的关键，因此作为强制性条文来要求。在施工过程中可以通过手板检查，检查材料实样和进场验收记录、检查现场后置埋件的拉拔强度检测报告、做好隐蔽工程的质量控制。

饰面板安装工程的施工方法主要有干作业施工和湿作业施工两种方法，目前主要应用于室内墙面装修和室外多层建筑的墙面装修。饰面板工程采用的石材有花岗岩、大理石、青石板和人造石材;采用的瓷板有抛光板和磨边板

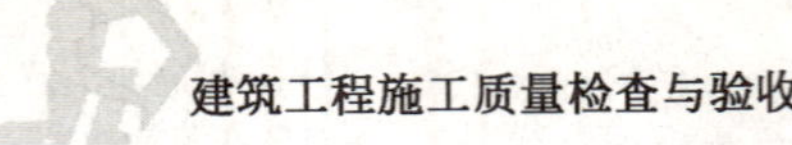

两种；金属饰面板有钢板、铝板等品种；木材饰面板主要用于内墙裙；另外铝塑板、塑料板也经常应用。

3. 一般项目第一项

饰面板安装工程的外观质量除一些常规的要求外，应注意采用传统的湿作业法安装天然石材容易泛碱的问题，这种严重影响饰面板观感质量的问题，是由于板后空腔中灌筑的水泥砂浆在水化时析出的氧氧化钙，泛到石材表面，产生不规则的花斑，严重影响建筑物室外石材饰面的装饰效果。因此，在天然石材安装前，应对石材板进行"防碱背涂剂"进行背涂处理。

施工和检查时应注意下列问题：

(1)预制水磨石饰面板接缝应干接，并用与饰面板同颜色的水泥浆填抹，保证表面美观。

(2)水刷石饰面板的接缝应垫水泥砂浆，并用水泥砂浆勾缝。

(3)釉面砖和外墙面砖的接缝，室外应用水泥浆或水泥砂浆勾缝；室内接缝宜用与釉面砖相同颜色的石膏灰或水泥浆缝，但潮湿的房间不得用石膏灰勾缝。

(4)天然石饰面板的接缝，安装光面和镜面的饰面板，室内接缝应干接，接缝处应用与饰面板相同颜色的水泥浆填抹；室外接缝可干接或在水平缝中垫铅条，垫铅条时，应将压出部分铲除至饰面板表面平齐。干接缝应用干性油脂腻子填抹。

粗磨面、麻面、条纹面、天然面饰面板的接缝和勾缝应用水泥砂浆。

(5)板(砖)的压向应正确。如门口两侧的阳角处，大面(墙面)应压小面(门口里侧)。反之小面砖容易撞掉，也不美观。在有排水的阴阳角处，防止水渗入，同时应注意板(砖)的压向问题。

(6)非整砖使用部位应适宜，在镶贴前应做好"选砖"和"预排"工作，在同一墙面上横竖排列，不得有一行以上的非整块。

4. 一般项目第三项

本项规定的目的之一是为了第一项的"石材表面应无泛碱污染"，所以石材应进行防碱背涂处理，也就是用酸和水泥中析出的碱进行中和，防止泛碱。饰面板与基体之间的灌筑材料不饱满、不密实也容易引起泛碱，作为是常见的质量缺陷，应予以控制。

5. 一般项目第五项

饰面板安装的允许偏差和检验方法应符合表 2-81 的规定。

饰面板安装的允许偏差和检验方法　　表 2-81

项次	项目	允许偏差(mm)							检验方法
		石材			瓷板	木材	塑料	金属	
		光面	剁斧石	蘑菇石					
1	立面垂直度	2	3	3	2	1.5	2	2	用 2m 垂直检测尺检查
2	表面平整度	2	3		1.5	1	3	3	用 2m 靠尺和塞尺检查
3	阴阳角方正	2	4	4	2	1.5	3	3	用直角检测尺检查
4	接缝直线度	2	4	4	2	1	1	1	拉 5m 线，不足 5m 拉通线，用钢直尺检查
5	墙裙、勒脚上口直线度	2	3	3	2	2	2	2	拉 5m 线，不足 5m 拉通线，用钢直尺检查
6	接缝高低差	0.5	3		0.5	0.5	1	1	用钢直尺和塞尺检查
7	接缝宽度	1	2	2	1	1	1	1	用钢直尺检查

三 饰面砖粘贴分项工程

饰面砖粘贴工程是采用粘贴法施工。其中陶瓷面砖主要包括釉面瓷砖、外墙面砖、陶瓷锦砖、陶瓷壁画、劈裂砖等；玻璃面砖主要包括玻璃饰砖、彩色玻璃面砖、釉面玻璃等。

外墙面砖是高级外墙贴面装饰材料，多以陶土为原料，压制成型后经高温煅烧而成。目前面砖存在的问题主要是色泽不一致，几何尺寸偏差较大，有的吸水率过大。国家已制定外墙面砖的标准，验评时应核查其性能指标，是否符合标准要求。

釉面砖(瓷砖)有白色釉面砖、彩色釉面砖、印花砖、图案砖以及各种装饰面砖等。釉面砖表面光滑、美观，易清洗。目前釉面砖存在的问题主要是色泽不一致、几何尺寸不准确、表面平整度差等，检查时应加强对原材料的验收。

陶瓷锦砖现在普遍使用的是陶瓷、玻瓷、玻璃三种锦砖。陶瓷锦砖质地坚实，经久耐用。玻瓷和玻璃锦砖较差，但色泽多样，一般都耐酸、耐磨、不渗水，有一定的抗压力，吸水率小。陶瓷锦砖不易碎裂，玻璃锦砖比较差。

饰面砖粘贴工程适用于内墙饰面砖粘贴工程和高度不大于 100m、抗震设防烈度不大于 8 度、采用满粘法施工的外墙饰面砖粘贴工程的质量验收。

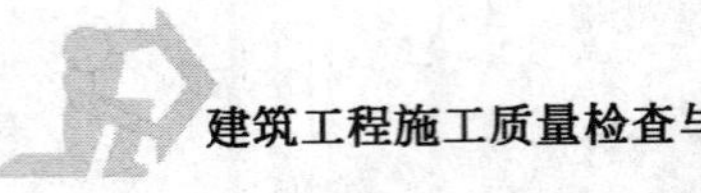

饰面砖粘贴分项工程质量检验标准和检验方法见表2-82。

饰面砖粘贴分项工程质量检验标准　　表2-82

项	序号	项目	合格质量标准	检验方法	检查数量
主控项目	1	饰面砖质量	饰面砖的品种、规格、图案、颜色和性能应符合设计要求	观察；检查产品合格证书、进场验收记录、性能检测报告和复验报告	室内每个检验批应至少抽查10%，并不得少于3间；不足3间时应合数检查。 室外每个检验批每100m²应至少抽查一处，每处不得小于10m²
	2	饰面砖粘贴材料	饰面砖粘贴工程的找平、防水、粘结和勾缝材料及施工方法应符合设计要求及国家现行产品标准和工程技术标准的规定	检查产品合格证书、复验报告和隐蔽工程验收记录	
	3	饰面砖粘贴	饰面砖粘贴必须牢固	检查样板件粘结强度检测报告和施工记录	
	4	满粘法施工	满粘法施工的饰面砖工程应无空鼓、裂缝	观察；用小锤轻击检查	
一般项目	1	饰面砖表面质量	饰面砖表面应平整、洁净、色泽一致，无裂痕和缺损	观察	
	2	阴阳角及非整砖	阴阳角处搭接方式、非整砖使用部位应符合设计要求	观察	
	3	墙面突出物	墙面突出物周围的饰面砖应整砖套割吻合，边缘应整齐。墙裙、贴脸突出墙面的厚度应一致	观察；尺量检查	
	4	饰面砖接缝、填嵌、宽深	饰面砖接缝应平直、光滑，填嵌应连续、密实，宽度和深度应符合设计要求	观察；尺量检查	
	5	滴水线	有排水要求的部位应做滴水线(槽)滴水线(槽)应顺直，流水坡向应正确，坡度符合设计要求	观察；用水平尺检查	
	6	允许偏差	饰面砖粘贴的允许偏差和检验方法应符合表2-83的规定	见表2-83	

关于饰面砖粘贴分项工程检验批质量检验的说明：

1. 主控项目第一项

随着新型材料的不断发展，饰面砖面临一定的挑战，饰面砖本身存在质量和防污染、防墙面渗水的不足，现有些地区已不提倡使用。

面砖的吸水率、抗冻性(寒冷地区)、粘贴用水泥的安定性、凝结时间和抗压强度应进行复验。

2. 主控项目第二项

关于饰面砖粘贴工程的找平、防水、粘结和勾缝材料及施工方法应符合设计要求，并参照《外墙饰面砖工程施工及验收规程》(JGJ 126)的有关规定。

3. 主控项目第三项

饰面砖粘贴必须牢固。这是必须严格执行的强制性条文。我国从20世纪80年代后期开始，城乡各地采用饰面砖进行外墙面装修迅速增加。有些地方没有很好地执行国家质量检验标准，饰面砖由于各种原因空鼓、脱落的质量事故也不断出现，这不仅仅破坏了建筑物的装饰效果，同时给人民群众带来安全隐患，由此造成的工程返工以及经济索赔也造成了很大的经济损失。要求饰面砖粘贴必须牢固就是要求施工中要认真选材并符合国家现行产品标准，同时要做好样板件粘结强度的检测。施工方法应是满粘法并应在施工中控制找平、防水、粘结和勾缝各道工序，保证饰面砖粘贴无空鼓、裂缝、粘贴牢固。

4. 主控项目第四项

镶贴饰面的基体，应有足够的稳定性、刚度和强度，其表面的要求应按一般抹灰的规定执行。

空鼓是检验是否牢固的一个重要指标，施工方法为满粘法的饰面工程应严禁空鼓。

5. 一般项目第二项

在贴面砖之前，应根据面砖的尺寸和饰面的尺寸进行认真设计，运用计算机进行计算排列。施工时根据设计弹线、排砖，以保证非整砖用得最少，以达到美观的目的。

6. 一般项目第三项

面砖粘贴质量除了牢固以外，主要是观感的要求，而其关键点就在细部的处理。

7. 一般项目第四项

贴面砖接缝宽度不一的原因主要是没有排砖，没有进行整体布局的设计，造成施工时随意粘贴。故面砖粘贴前一定要进行设计。

8. 一般项目第六项

饰面砖粘贴的允许偏差和检验方法见表 2-83。

饰面砖粘贴的允许偏差和检验方法 表 2-83

项次	项目	允许偏差(mm)		检验方法
		外墙面砖	内墙面砖	
1	立面垂直度	3	2	用 2m 垂直检测尺检查
2	表面平整度	4	3	用 2m 靠尺和塞尺检查
3	阴阳角方正	3	3	用直角检测尺检查
4	接缝直线度	3		拉 5m 线,不足 5m 拉通线,用钢直尺检查
5	接缝高低差	1	0.5	用钢直尺和塞尺检查
6	接缝宽度	1	1	用钢直尺

在镶贴面砖前要注意挑选,使其色泽、纹理一致。瓷砖材料质地疏松,如施工前浸泡不透,砂浆中的浆水渗进砖内,表面污染变色,同时瓷砖还会吸收粘贴材料中的水分,影响粘贴材料强度及密实度;施工后要注意擦洗,表面残留砂浆、污点均应擦干净,并应注意镶贴后的饰面保护。

第五节 涂饰子分部工程

涂饰工程一般指水性涂料涂饰、溶剂型涂料涂饰、美术涂饰等。

水性涂料是完全或主要以水为介质;溶剂型涂料是完全以有机物为介质;美术涂饰可采用水性或溶剂型涂料,涂饰注重花纹图案、色彩变化的装饰效果。

一 涂饰工程的一般规定

验收规范对涂饰工程应检查的文件和记录、检验批的划分和检查数量、基层的质量、施工环境温度、验收的时间等作出了规定,内容如下:

1. 本节适用于水性涂料涂饰、溶剂型涂料涂饰、美术涂饰等分项工程的质量验收。

2. 应检查的文件和记录

(1)涂饰工程的施工图、设计说明及其他设计文件。

检查设计说明很重要,一般涂饰工程涂料的选用、颜色、涂饰方法等,都要用文字的形式标注在施工图上。

(2)材料的产品合格证书、性能检测报告和进场验收记录。

(3)施工记录。

3. 各分项工程检验批应按下列规定划分

(1)室外涂饰工程每一栋楼的同类涂料涂饰的墙面 500～1000m² 应划分为一个检验批,不足 500m² 也应划分为一个检验批。

(2)室内涂饰工程同类涂料涂饰的墙面每 50 间(大面积房间和走廊按涂饰面积 30m² 为一间)应划分为一个检验批,不足 50 间也应划分为一个检验批。

4. 检查数量应符合下列规定

(1)室外涂饰工程每 100m² 应至少检查一处,每处不得小于 100m²。

(2)室内涂饰工程每个检验批应至少抽查 10%,并不得少于 3 间;不足 3 间应全数检查。

5. 涂饰工程的基层处理应符合下列要求

(1)新建筑物的混凝土或抹灰基层在涂饰涂料前应涂刷抗碱封闭底漆。

一般涂料大多呈弱碱性或中性,如果涂在龄期很短的混凝土或抹灰基体上,其基体的强碱反应会使涂料破乳,性能发生变化。已有建筑涂饰的基体也应该剔除疏松的表层,进行修补、清洁处理,并涂刷界面剂,以利于涂料的附着。

(2)旧墙面在涂饰涂料前应清除疏松的旧装修层,并涂刷界面剂。

(3)混凝土或抹灰基层涂刷溶剂型涂料时,含水率不得大于 8%;涂刷乳液型涂料时,含水率不得大于 10%。木材基层的含水率不得大于 12%。

对基层含水率的要求,主要是为了保证涂料的粘结牢固和涂料的成膜质量。不同类型的涂料对混凝土或抹灰基层的含水率要求不尽相同。国际上一般规定为不大于 8%(指涂饰溶剂型涂料),考虑国内外建筑涂料产品标准对基层含水率的要求均在 10%左右。故规定涂饰乳液型涂料对基层含水率要求不大于 10%。

(4)基层腻子应平整、坚实、牢固,无粉化、起皮和裂缝;内墙腻子的粘结强度应符合《建筑室内用腻子》(JG/T 3049)的规定。

批刮腻子的质量是否达到规定要求,对涂饰工程质量影响很大。

(5)厨房、卫生间墙面必须使用耐水腻子。

涂饰工程所用的腻子对涂饰质量有一定的影响,常用腻子及润粉配合比(质量比)如下:

①混凝土表面、抹灰表面用腻子

a. 适用于室内的腻子

聚醋酸乙烯乳液(即白乳胶):滑石粉或大白粉:2%羧甲基纤维素溶液

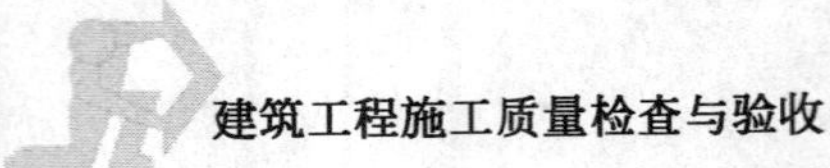

＝1∶5∶3.5

b. 适用于外墙、厨房、厕所、浴室的腻子

聚醋酸乙烯乳液∶水泥∶水＝1∶5∶1

②木料表面的石膏腻子

石膏粉∶熟桐油∶水＝20∶7∶50

③木料表面清漆的润水粉

大白粉∶骨胶∶土黄或其他颜料∶水＝14∶1∶1∶18

④木料表面清漆的润油粉

大白粉∶松香水∶熟桐油＝24∶16∶2

⑤金属表面的腻子

石膏粉∶熟桐油∶油性腻子或醇酸腻子∶底漆∶水＝20∶5∶10∶7∶45

对于浴厕间等有防水要求的墙面用防潮腻子还不能满足防水要求，应使用耐水腻子。

6. 水性涂料涂饰工程施工的环境温度应在5～35℃之间

7. 涂饰工程应在涂层养护期满后进行质量验收

涂料工程的材料花色丰富、品种繁多，其以经济、施工速度快、便于更新的特点在装饰装修工程中应用极其广泛。近年来，随着涂料产品耐水性、耐腐蚀性、耐污染性及耐候性能的提高以及城市景观的需要，越来越多的建筑外墙选用涂料饰面，随季节、温度变化的变色涂料也将出现，涂料的发展前景较为广阔。

与涂饰工程有关的相关标准：

(1)《合成树脂乳液砂壁状建筑涂料》(JG/T 24)。

(2)《合成树脂乳液外墙涂料》GB/T 9755)。

(3)《合成树脂乳液内墙涂料》(GB/T 9756)。

(4)《溶剂型外墙涂料》(GB/T 9757)。

(5)《复层建筑涂料》(GB/T 9779)。

(6)《外墙无机建筑涂料》(JG/T 25)。

(7)《饰面型防火涂料通用技术标准》(GB 12441)。

(8)《水溶性内墙涂料》(JC/T 423)。

(9)《多彩内墙涂料》(JG/T 003)。

(10)《聚氨酯清漆》(HG 2454)。

(11)《聚氨酯磁漆》(HG/T 2660)。

(12)《建筑室内用腻子》(JG/T 3049)。

(13)《溶剂型木器涂料中有害物质限量》(GB 18581—2001)。

(14)《内墙涂料中有害物质限量》(GB 18582—2001)。

(15)《民用建筑室内环境污染控制规范》(GB 50325—2001)。

二 水性涂料涂饰分项工程

水性涂料是完全或主要用水作为稀释剂的涂料，有乳液型涂料、无机涂料、水溶性涂料等。对于水性涂料，过低的温度或过高的温度都会破坏涂料的成膜，应注意涂饰工程施工的环境温度，同时，还应该注意涂饰工程环境的清洁，外墙面涂饰时风力不要过大，这些环境因素都会对涂饰工程的质量产生影响，施工时应注意。涂料不仅要有合格证，还要有性能检测报告。

水性涂料涂饰分项工程检验批质量检验标准和检验方法见表 2-84。

水性涂料涂饰分项工程检验批质量检验标准 表 2-84

项	序号	项目	合格质量标准	检验方法	检查数量
主控项目	1	材料质量	水性涂料涂饰工程所用涂料的品种、型号和性能应符合设计要求	检查产品合格证书、性能检测报告和进场验收记录	室外涂饰工程每 100m² 应至少抽查一处，每处不得小于 10m²。室内涂饰工程每个检验批应至少抽查 10%，并不得少于 3 间；不足 3 间时应全数检查
	2	涂饰颜色和图案	水性涂料涂饰工程的颜色、图案应符合设计要求	观察	
	3	涂饰综合质量	水性涂料涂饰工程应涂饰均匀、粘结牢固，不得漏涂、透底、起皮和掉粉	观察；手摸检查	
	4	基层处理的要求	水性涂料涂饰工程的基层处理应符合基层处理	观察；手摸检查；检查施工记录	
一般项目	1	与其他材料和设备衔接处	涂层与其他装修材料和设备衔接处应吻合，界面应清晰	观察；手摸检查；检查施工记录	
	2	薄涂料涂饰质量允许偏差	薄涂料的涂饰质量和检验方法应符合表 2-85 的规定	见表 2-85	
	3	厚涂料涂饰质量允许偏差	厚涂料的涂饰质量和检验方法应符合表 2-86 的规定	见表 2-86	
	4	复层涂料涂饰质量允许偏差	复层涂料的涂饰质量和检验方法应符合表 2-87 的规定	见表 2-87	

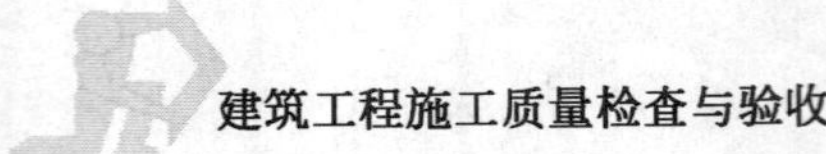

关于水性涂料涂饰分项工程质量检验的说明：

1.主控项目第一项

对于涂料的性能，在工程实践中常发现施工单位和业主对涂料的质量没有约定，工程竣工后，发现涂料涂饰工程变色、掉粉、起皮，此时施工单位无法提供涂料的质量证明书，结果是不管基层是否有问题，涂料施工单位都要承担主要责任。因为涂料施工单位不能证明自己使用的涂料是合格的。

2.主控项目第三项

涂料的透底、起皮和掉粉主要与涂料质量有关，而透底与施涂的遍数和涂料涂层厚度有关。

3.一般项目第二项

薄涂料的涂饰质量和检验方法见表2-85。

薄涂料的涂饰质量和检验方法 表2-85

项次	项目	普通涂饰	高级涂饰	检验方法
1	颜色	均匀一致	均匀一致	观察
2	泛碱、咬色	允许少量轻微	不允许	
3	流坠、疙瘩	允许少量轻微	不允许	
4	砂眼、刷纹	允许少量轻微砂眼，刷纹通顺	无砂眼，无刷纹	
5	装饰线、分色线直线度允许偏差(mm)	2	1	拉5m线，不足5m拉通线，用钢直尺检查

4.一般项目第三项

厚涂料的涂饰质量和检验方法见表2-86。

厚涂料的涂饰质量和检验方法 表2-86

项次	项目	普通涂饰	高级涂饰	检验方法
1	颜色	均匀一致	均匀一致	观察
2	泛碱、咬色	允许少量轻微	不允许	
3	点状分布	—	疏密均匀	

5.一般项目第四项

复层涂料的涂饰质量和检验方法见表2-87。

复层涂料的涂饰质量和检验方法　表 2-87

项次	项目	质量要求	检验方法
1	颜色	均匀一致	观察
2	泛碱、咬色	不允许	
3	喷点疏密程度	均匀，不允许连片	

三 溶剂型涂料涂饰分项工程

溶剂型涂料涂饰工程，一般是指采用丙烯酸酯涂料、聚氨酯丙烯酸涂料、有机硅丙烯酸涂料等涂饰基层。

溶剂型涂料涂饰分项工程质量检验标准和检验方法见表 2-88。

溶剂型涂料涂饰分项工程质量检验标准　表 2-88

项	序号	项目	合格质量标准	检验方法	检查数量
主控项目	1	涂料质量	溶剂型涂料涂饰工程所选用涂料的品种、型号和性能应符合设计要求	检查产品合格证书、性能检测报告和进场验收记录	室外涂饰工程每 $100m^2$ 应至少检查一处，每处不得小于 $10m^2$
	2	颜色、光泽、图案	溶剂型涂料涂饰工程的颜色、光泽、图案应符合设计要求	观察	
	3	涂饰综合质量	溶剂型涂料涂饰工程应涂饰均匀、粘结牢固，不得漏涂、透底、起皮和反锈	观察；手摸检查	
	4	基层处理	溶剂型涂料涂饰工程的基层处理应符合以下要求： (1)新建筑物的混凝土或抹灰基层在涂饰涂料前应涂刷抗碱封闭底漆。 (2)旧墙面在涂饰涂料前应清除疏松的旧装修层，并涂刷界面剂。 (3)混凝土或抹灰基层涂刷溶剂型涂料时，含水率不得大于 8%；涂刷乳液型涂料时，含水率不得大于 10%。木材基层的含水率不得大于 12%。 (4)基层腻子应平整、坚实、牢固，无粉化、起皮和裂缝；内墙腻子的粘结强度应符合《建筑室内用腻子》(JG/T 3049)的规定。 (5)厨房、卫生间墙面必须使用耐水腻子	观察；手摸检查；检查施工记录	

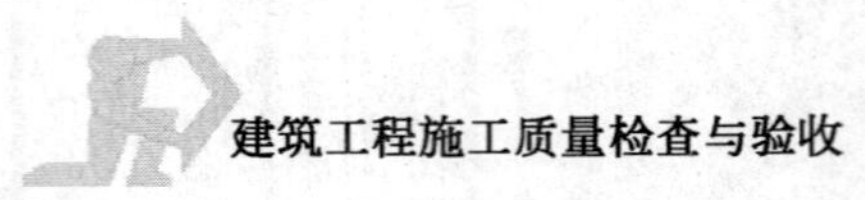

续上表

项	序号	项目	合格质量标准	检验方法	检查数量
一般项目	1	与其他材料、设备衔接	涂层与其他装修材料和设备衔接处应吻合,界面应清晰	观察	室内涂饰工程每个检验批应至少抽查10%,并不得少于3间;不足3间时应全数检查
	2	色漆涂饰质量	色漆的涂饰质量和检验方法应符合表2-89的规定	见表2-89	
	3	清漆涂饰质量	清漆的涂饰质量和检验方法应符合表2-90的规定	见表2-90	

关于溶剂型涂料涂饰分项工程质量检验的说明:

1. 主控项目第一项

一般施工单位不具备对油漆涂料检测的条件,工程检测机构也不具备对油漆的检测条件,只能凭经验、观察和试用等办法来确定油漆质量的优劣,故在工程施工前要检查其合格证书和性能检测报告。

2. 一般项目第二项

色漆的涂饰质量和检验方法见表2-89。

色漆的涂饰质量和检验方法 表2-89

项次	项目	普通涂饰	高级涂饰	检验方法
1	颜色	均匀一致	均匀一致	观察
2	光泽、光滑	光泽基本均匀光滑,无挡手感	光泽均匀一致光滑	观察、手摸检查
3	刷纹	刷纹通顺	无刷纹	观察
4	裹棱、流坠、皱皮	明显处不允许	不允许	观察
5	装饰线、分色线直线度允许偏差(mm)	2	1	拉5m线,不足5m拉通线,用钢直尺检查

3. 一般项目第三项

清漆的涂饰质量和检验方法见表2-90。

清漆的涂饰质量和检验方法　　表 2-90

项次	项　目	普通涂饰	高级涂饰	检 验 方 法
1	颜色	基本一致	均匀一致	观察
2	木纹	棕眼刮平、木纹清楚	棕眼刮平、木纹清楚	观察
3	光泽、光滑	光泽基本均匀光滑无挡手感	光泽均匀一致光滑	观察、手摸检查
4	刷纹	无刷纹	无刷纹	观察
5	裹棱、流坠、皱皮	明显处不允许	不允许	观察

第六节　建筑地面子分部工程

本节适用于建筑工程中建筑地面工程(含室外散水、明沟、踏步、台阶和坡道等附属工程)施工质量的验收,不适用于保温、隔热、超净、屏蔽、绝缘、防止放射线以及防腐蚀等特殊要求的建筑地面工程施工质量验收。

根据《建筑工程施工质量验收统一标准》(GB 50300—2001)的规定,地面工程为建筑装饰装修分项工程中的一项子分部工程,但该子分部工程和其他子分部工程不一样,有其特殊性和重要性,所以国家专门制定了《建筑地面工程施工质量验收规范》(GB 50209—2002)。

建筑地面工程包括基层和面层两部分,基层下面为结构层,不属于地面工程。故建筑地面工程的检验就是对基层和面层两部分分别进行的检查与验收。

一 基本规定

建筑地面工程的基本规定,主要是对其整体面层、板块面层、木、竹面层子分部工程及各属的分项工程施工质量验收作出共同性要求。基本规定对建筑地面子分部工程和分项工程的划分、材料的质量、施工工序、施工工艺、施工环境温度、施工质量的检验及检验方法等诸方面作出了明确的要求。

1. 子分部、分项工程的划分

建筑地面工程子分部工程、分项工程的划分,按表 2-91 执行。

建筑地面子分部工程、分项工程划分表　　表 2-91

分部工程	子分部工程		分项工程
建筑装饰装修工程	地面	整体面层	基层：基土、灰土垫层、砂垫层和砂石垫层、碎石垫层和碎砖垫层、三合土垫层、炉渣垫层、水泥混凝土垫层、找平层、隔离层、填充层
			面层：水泥混凝土面层、水泥砂浆面层、水磨石面层、水泥钢(铁)屑面层、防油渗面层、不发火(防爆的)面层
		板块面层	基层：基土、灰土垫层、砂垫层和砂石垫层、碎石垫层和碎砖垫层、三合土垫层、炉渣垫层、水泥混凝土垫层、找平层、隔离层、填充层
			面层：砖面层(陶瓷锦砖、缸砖、陶瓷地砖和水泥花砖面层)、大理石面层和花岗石面层、预制板块面层(水泥混凝土板块、水磨石板块面层)、料石面层(条石、块石面层)、塑料板面层、活动地板面层、地毯面层
		木、竹面层	基层：基土、灰土垫层、砂垫层和砂石垫层、碎石垫层和碎砖垫层、三合土垫层、炉渣垫层、水泥混凝土垫层、找平层、隔离层、填充层
			面层：实木地板面层(条材、块材面层)、实木复合地板面层(条材、块材面层)、中密度(强化)复合地板面层(条材面层)、竹地板面层

注：本表摘自《建筑地面工程施工质量验收规范》(GB 50209—2002)。

关于本表应该这样理解：地面工程是一个笼统的子分部工程，因地面面层分整体面层、板块面层和竹木面层三类，就有了整体面层地面子分部工程、板块面层地面子分部工程和竹木面层地面子分部工程三类子分部工程。

2. 质量管理的要求

建筑施工企业在建筑地面工程施工时，应有质量管理体系和相应的施工工艺技术标准。

施工工艺技术标准可由企业自己制订。

3. 材料要求

(1)建筑地面工程采用的材料应按设计要求和规范的规定选用，并应符合国家标准的规定，进场材料应有中文质量合格证明文件、规格、型号及性能检测报告，对重要材料应有复验报告。

所谓重要材料，在各分项工程检验批中将会提出，凡属重要材料均会提出复验的要求。

(2)厕浴间和有防滑要求的建筑地面的板块材料应符合设计要求。

(3)建筑地面采用的大理石、花岗石等天然石材必须符合国家现行行业标准《天然石材产品放射防护分类控制标准》(JC 518)中有关材料含有害物质的限量规定,进场应具有检测报告。

该条规定的行业标准已经作废,已由国家标准《建筑材料放射性核素限量》(GB 6566—2001)替代。

(4)胶粘剂、沥青胶结料和涂料等材料应按设计要求选用,并应符合现行国家标准《民用建筑工程室内环境污染控制规范》(GB 50325)的规定。

木、竹面层采用的胶粘剂、饰品涂料对人体直接有害,应严格控制。

4.施工工序

(1)建筑地面下的沟槽、暗管等工程完工后,经检验合格并做隐蔽记录,方可进行建筑地面工程的施工。

(2)建筑地面工程基层(各构造层)和面层的铺设,均应等其下一层检验合格后方可施工上一层。建筑地面工程各层铺设前与相关专业的分部(子分部)工程、分项工程以及设备管道安装工程之间,应进行交接检验。

建筑地面各构造层施工时,不仅是本工程上、下层的施工顺序,有时还涉及到与其他各分部工程之间的交叉进行。为保证相关土建和安装之间的施工质量,避免完工后发生质量问题的纠纷,中间交接质量的检验极其必要。

(3)各类面层的铺设宜在室内装饰工程基本完工后进行。木、竹面层以及活动地板、塑料板、地毯面层的铺设,应待抹灰工程或管道试压等施工完工后进行。

5.建筑地面坡度的控制及附属工程的施工

(1)铺设有坡度的地面应采用基土高差达到设计要求的坡度;铺设有坡度的楼面(或架空地面)应采用在钢筋混凝土板上变更填充层(或找平层)铺设的厚度或以结构起坡达到设计要求的坡度。

(2)室外散水、明沟、踏步、台阶和坡道等附属工程,其面层和基层(各构造层)均应符合设计要求。施工时应按本规范基层铺设中基土和相应垫层以及面层的规定执行。

(3)水泥混凝土散水、明沟,应设置伸缩缝,其延米间距不得大于10m;房屋转角处应做45°的缝。水泥混凝土散水、明沟和台阶等与建筑物连接处应设接缝处理。上述缝宽为15~20mm,缝内填嵌柔性密封材料。

6.建筑地面变形缝

建筑地面的变形缝应按设计要求设置,并应符合下列规定:

(1)建筑地面的沉降缝、伸缩缝和防震缝,应与结构相应缝的位置一致,且应

贯通建筑地面的各构造层。

(2)沉降缝和防震缝的宽度应符合设计要求,缝内清理干净,以柔性密封材料填嵌后用板封盖,并应与面层齐平。

7. 建筑地面镶边

建筑地面镶边,当设计无要求时,应符合下列规定:

(1)有强烈机械作用下的水泥类整体面层与其他类型的面层邻接处,应设置金属镶边构件。

(2)采用水磨石整体面层时,应用同类材料以分格条设置镶边。

(3)条石面层和砖面层与其他面层邻接处,应用顶铺的同类材料镶边。

(4)采用木、竹面层和塑料板面层时,应用同类材料镶边。

(5)地面面层与管沟、孔洞、检查井等邻接处,均应设置镶边。

(6)管沟、变形缝等处的建筑地面面层的镶边构件,应在面层铺设前装设。

8. 对有防水排水的建筑地面的质量要求

厕浴间、厨房和有排水(或其他液体)要求的建筑地面面层与相连接各类面层的标高差应符合设计要求。

9. 建筑地面施工环境温度的控制

建筑地面工程施工时,各层环境温度的控制应符合下列规定:

(1)采用掺有水泥、石灰的拌和料铺设以及用石油沥青胶结料铺贴时,不应低于5℃。

(2)采用有机胶粘剂粘贴时,不应低于10℃。

(3)采用砂、石材料铺设时,不应低于0℃。

10. 检验水泥混凝土和水泥砂浆试块组数的确定

检验水泥混凝土和水泥砂浆强度试块的组数,按每一层(或检验批)建筑地面工程不应少于1组,当每一层(或检验批)建筑地面面积大于1000m² 时,每增加1000m² 应增做1组试块(小于1000m² 按1000m² 计算)。如改变配合比时,应相应制作试块组数。

11. 检验批的划分及检验数量

(1)基层(各构造层)和各类面层分项工程的施工质量验收应按每一层次或每层施工段(或变形缝)划分为检验批,高层建筑的标准层可按每三层(不足三层按三层计)作为检验批。

(2)每检验批应以各子分部工程的基层(各构造层)和各类面层所划分的分项工程按自然间(或标准间)检验,抽查数量应随机检验不应少于3间;不足3间应全数检查;其中走廊(过道)应以10米延长为一间,工业厂房(按单跨计)、礼堂、门厅应以两个轴线为1间计算。

(3)有防水要求的建筑地面子分部工程的分项工程施工质量,每检验批抽查数量应按其房间总数随机检验不应少于4间,不足4间应全数检查。

12. 检验工具及检验方法的规定

(1)检查允许偏差的项目,应采用钢尺、2m靠尺、楔形塞尺、坡度尺和水准仪。

(2)检查空鼓应采用敲击的方法。

(3)检查有防水要求建筑地面的基层(各构造层)和面层,应采用泼水或蓄水方法,蓄水时间不得少于24h。

(4)检查各类面层(含不需铺设部分或局部面层)表面的裂纹、脱皮、麻面和起砂等质量缺陷,应采用观感的方法。

13. 建筑地面工程质量合格的标准

(1)质量检验的主控项目必须达到规范规定的质量标准。

(2)一般项目80%以上的检查点(处)符合规范规定的质量要求,其他检查点(处)不得有明显影响使用,并不得大于允许偏差值的50%。

(3)凡达不到质量标准,应按《建筑工程施工质量验收统一标准》(GB 50300—2001)有关规定处理。

14. 施工质量验收组织程序

建筑地面工程完工后,施工单位应组织自检,如自检合格,由监理单位(建设单位)组织对分项工程、子分部工程进行检验。

建筑地面工程完工后,施工单位应对面层采取保护措施。

二 基层铺设分项工程

基层是指面层下的各构造层,基层铺设是指基土、垫层、找平层、隔离层和填充层等层次的铺设施工。

1. 一般规定

(1)本节适用于基土、垫层、找平层、隔离层和填充层等基层分项工程的施工质量检验。

(2)基层铺设的材料质量、密实度和强度等级(或配合比)等应符合设计要求和本规范的规定。

(3)基层铺设前,其下一层表面应干净、无积水。

(4)当垫层、找平层内埋设暗管时,管道应按设计要求予以稳固。

(5)基层的标高、坡度、厚度等应符合设计要求。基层表面平整,其允许偏差

应符合表 2-92 的规定。

基层表面的允许偏差和检验方法　　表 2-92

项次	项目	允许偏差												检验方法
		基土	垫层				找平层				填充层		隔离层	
						毛地板								
		土	砂、砂石、碎石、碎砖	灰土、三合土、炉渣、水泥混凝土	木搁栅	拼花实木地板、拼花实木复合地板面层	其他种类面层	用沥青玛𤧛脂做结合层铺设拼花木板、板块面层	用水泥砂浆做结合层铺设板块面层	用胶粘剂做结合层铺设拼花木板、塑料板、强化复合地板、竹地板面层	松散材料	板、块材料	防水、防潮、防油渗	
1	表面平整度	15	15	10	3	3	5	3	5	2	7	5	3	用 2m 靠尺和楔形塞尺检查
2	标高	−50	±20	±10	±5	±5	±8	±5	±8	±4	±4		±4	用水准仪检查
3	坡度	不大于房间相应尺寸的 2/1000，且不大于 30												用坡度尺检查
4	厚度	在个别地方不大于设计厚度的 1/10												用钢尺检查

注：本表摘自《建筑地面工程施工质量验收规范》(GB 50209—2002)。

几个概念：

①基土　是指底层地面的地基土层，是对软弱土层按设计要求进行的加固土层。

②垫层　是承受并传递地面荷载于基土上的构造层。

③找平层　是指在垫层、楼板层或填充层上起整平、找坡或加强作用的构造层。

④隔离层　是指防治建筑地面上各种液体或地下水、潮气渗漏地面等作用的构造层；因防止地下潮气透过地面，也称为防潮层。

⑤填充层　是指在建筑地面上起隔声、保温、找坡和暗敷管线等作用的构造层。

2. 基层构造

建筑楼地面工程俗称地面工程，其包括地面工程和楼面工程两部分。建筑楼地面的做法较多，常见的地面工程做法有：基土＋碎石垫层＋水泥混凝土垫层＋面层；基土＋碎石垫层＋水泥混凝土垫层＋水泥砂浆找平层＋面层。常见的楼面工程做法主要有：结构楼板层＋水泥混凝土垫层＋面层；结构楼板层＋水泥混凝土垫层＋水泥砂浆找平层＋面层。

下面主要介绍基土、碎石垫层、碎砖垫层、水泥混凝土垫层和水泥砂浆找平层等5个基层分项工程的质量检查与验收，灰土垫层、砂垫层和砂石垫层、三合土垫层、炉渣垫层、隔离层、填充层等基层分项工程从略。

3. 基层铺设分项工程的质量检验

基层铺设各分项工程检验批的划分见前一节基本规定部分有关的内容，下面介绍常见的各分项工程检验批的检验标准和检验方法。

(1)基土铺设分项工程检验批

基土铺设分项工程检验批的质量检验标准和检验方法见表2-93。

基土铺设分项工程检验批的质量检验标准 表2-93

项	序号	项　目	合格质量标准	检 验 方 法	检 查 数 量
主控项目	1	基土土料	基土严禁用淤泥、腐殖土、冻土、耕植土、膨胀土和含有有机物质大于8%的土作为填土	观察检查和检查土质记录	随机检验应不少于3间，不足3间应全数检验；其中走廊（过道）应以10延长米为1间，工业厂房（按单跨计）、礼堂、门厅应以每个轴线为1间计算。 有防水要求的房间随机检验应不少于4间，不足4间，应全数检查
	2	基土压实	基土应均匀密实，压实系数应符合设计要求，设计无要求时，应不小于0.90	观察检查和检查试验记录	
一般项目	1	基土表面允许偏差	基土表面的允许偏差应符合以下规定： 表面平整度：不大于15mm 标高：0，－50mm 坡度：不大于房间相应尺寸的2/1000，且不大于30mm 厚度：在个别地方不大于设计厚度的1/10	表面平整度：用2m靠尺和楔形塞尺检查 标高：用水准仪检查 坡度：用坡度尺检查 厚度：有钢尺检查	

注：1. 对软弱土层应按设计要求进行处理。

2. 填土应分层压(夯)实，填土的质量应符合现行的国家标准《建筑地基基础工程施工质量验收规范》的有关规定。

3. 填土时应为最优含水量。重要工程或大面积的地面填土前，应取土样，按击实试验确定最优含水量与相应的最大干密度。

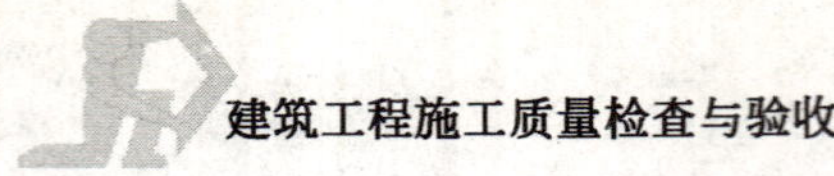

关于基土铺设分项工程检验批质量验收的说明：

①主控项目第一项

在淤泥、淤泥质土及杂填土、冲填土等软弱土层上施工时，应按设计要求对基土进行更换或加固。

淤泥、腐植土、冻土、耕植土和有机物含量大于8%的土，均不得用作填土，是否大于8%应对回填土的土质进行检查。膨胀土作为填土时，应进行技术处理。

填土的质量尚应符合《民用建筑工程室内环境污染控制规范》(GB 50325—2001)。

②主控项目第二项

填土的施工应采用机械或人工方法分层压(夯)实，土块的粒径不应大于50mm。填土施工时分层厚度及压实遍数应符合表2-94的规定。每层压(夯)实后土的压实系数应符合设计要求，但不应小于0.9，压实系数通过土工试验确定。

填土时的分层厚度及压实遍数　　表2-94

压实机具	分层厚度(mm)	每层压实遍数
平碾	250～300	6～8
振动压实机	250～350	3～4
柴油打夯机	200～250	3～4
人工打夯	＜200	3～4

填土时宜控制在最优含水量的情况下施工；过干的土在压实前应加以湿润，过湿的土应予以晾干。

(2)砂石垫层和碎砖垫层分项工程检验批

砂石垫层和碎砖垫层分项工程检验批的质量检验标准和检验方法见表2-95。

砂石垫层和碎砖垫层分项工程检验批的质量检验标准　　表2-95

<table>
<tr><th>项</th><th>序号</th><th>项目</th><th>合格质量标准</th><th>检验方法</th><th>检查数量</th></tr>
<tr><td rowspan="2">主控项目</td><td>1</td><td>材料质量</td><td>碎石的强度应均匀，最大粒径应不大于垫层厚度的2/3；碎砖不应采用风化、酥松、夹有有机杂质的砖料，颗粒粒径应不大于60mm</td><td>观察检查和检查材质合格证明文件及检测报告</td><td rowspan="2">抽查数量应随机检验应不少于3间；不足3间，应全数检查；其中走廊(过道)应以10延长米为1间，工业厂房(按单跨计)、礼堂、门厅应以两个轴线为1间计算</td></tr>
<tr><td>2</td><td>垫层密实度</td><td>碎石、碎砖垫层的密实度应符合设计要求</td><td>观察检查和检查试验记录</td></tr>
</table>

续上表

项	序号	项　目	合格质量标准	检验方法	检查数量
一般项目	1	碎石、碎砖垫层表面允许偏差	碎石、碎砖垫层的表面允许偏差应符合以下规定： 表面平整度：15mm 标高：±20mm 坡度：不大于房间相应尺寸的2/1000，且不大于30mm 厚度：在个别地方不大于设计厚度的1/10	表面平整度：用2m靠尺和楔形塞尺检查 标高：用水准仪检查 坡度：用坡度尺检查 厚度：用钢尺检查	有防水要求的建筑地面子分部工程的分项工程施工质量每个检验批抽查数量应按其房间总数随机检验应不少于4间；不足4间，应全数检查

注：1. 碎石垫层和碎砖垫层厚度应不小于100mm。
　　2. 垫层应分层压（夯）实，达到表面坚实、平整。

关于砂石垫层和碎砖垫层分项工程检验批质量验收的说明：

①主控项目第一项

碎石垫层应摊铺均匀，表面空隙应以粒径为5～25mm的细石子填补，碎石应级配良好。压实前应洒水使砂石表面保持湿润，采用机械碾压或人工夯实时，均不应小于三遍，并夯压到不松动为止。

碎砖垫层应分层摊铺均匀，洒水湿润后，采用机具夯实，表面平整度应符合一般项目的要求。夯实后的厚度不应大于虚铺厚度的3/4。在已铺设的垫层上，不得用锤击的方法进行砖料加工。

②主控项目第二项

设计应有对碎石、碎砖垫层密实度的要求，垫层施工后应对密实度进行试验，检查试验记录，密实度应符合设计要求。

(3)水泥混凝土垫层分项工程检验批

水泥混凝土垫层分项工程检验批的质量检验标准和检验方法见表2-96。

水泥混凝土垫层分项工程检验批的质量检验标准　　　表2-96

项	序号	项　目	合格质量标准	检验方法	检查数量
主控项目	1	材料质量	水泥混凝土垫层采用的粗骨料，其最大粒径应不大于垫层厚度的2/3；含泥量应不大于2%；砂为中粗砂，其含泥量应不大于3%	观察检查和检查材质合格证明文件及检测报告	抽查数量应随机检验应不少于3间；不足3间，应全数检查；其中走廊（过道）应以10延长米为1间，
	2	混凝土强度等级	混凝土的强度等级应符合设计要求，且应不小于C10	观察检查和检查配合比通知单及检测报告	

续上表

项	序号	项　目	合格质量标准	检验方法	检查数量
一般项目	1	水泥混凝土垫层表面允许偏差	水泥混凝土垫层表面的允许偏差应符合以下规定： 表面平整度：10mm 标高：±10mm 坡度：不大于房间相应尺寸的2/1000，且不大于30mm 厚度：在个别地方不大于设计厚度的1/10	表面平整度：用2m靠尺和楔形塞尺检查 标高：用水准仪检查 坡度：用坡度尺检查 厚度：用钢尺检查	工业厂房（按单跨计）、礼堂、门厅应以两个轴线为1间计算。 有防水要求的建筑地面子分部工程的分项工程施工质量每检验批抽查数量应按其房间总数随机检验应不少于4间；不足4间，应全数检查

注：1. 水泥混凝土垫层铺设在基土上，当气温长期处于0℃以下，设计无要求时，垫层应设置伸缩缝。

2. 水泥混凝土垫层的厚度不应小于60mm。

3. 垫层铺设前，其下一层表面应湿润。

4. 室内地面的水泥混凝土垫层，应设置纵向缩缝和横向缩缝。纵向缩缝间距不得大于6m，横向缩缝不得大于12m。

5. 垫层的纵向缩缝应做平头缝或加肋板平头缝。当垫层厚度大于150mm时，可做企口缝。横向缩缝应做假缝。平头缝和企口缝的缝间不得放置隔离材料，浇筑时应互相紧贴。企口缝的尺寸应符合设计要求，假缝宽度为5～20mm，深度为垫层厚度的1/3，缝内填水泥砂浆。

6. 工业厂房、礼堂、门厅等大面积水泥混凝土垫层应分区段浇筑。分区段应结合变形缝位置、不同类型的建筑地面连接处和设备基础的位置进行划分，并应与设置的纵向、横向缩缝的间距相一致。

7. 水泥混凝土施工质量检验尚应符合现行国家标准《混凝土结构工程施工质量验收规范》(GB 50204)的有关规定。

关于水泥混凝土垫层分项工程检验批质量检验的说明：对于主控项目第二项，混凝土的强度应符合《混凝土强度检验评定标准》的要求。

混凝土施工前，应进行配合比设计，通过试配确定符合混凝土强度和和易性符合要求的配合比，并开出配合比通知单。

(4)找平层分项工程检验批

找平层分项工程检验批的质量检验标准和检验方法见表2-97。

找平层分项工程检验批的质量检验标准 表 2-97

<table>
<tr><th>项</th><th>序号</th><th>项目</th><th>合格质量标准</th><th>检验方法</th><th>检查数量</th></tr>
<tr><td rowspan="3">主控项目</td><td>1</td><td>材料质量</td><td>找平层采用碎石或卵石的粒径应不大于其厚度的 2/3，含泥量应不大于 2%；砂为中粗砂，其含泥量应不大于 3%</td><td>观察检查和检查材质合格证明文件及检测报告</td><td rowspan="6">抽查数量应随机检验应不少于 3 间；不足 3 间，应全数检查；其中走廊（过道）应以 10 延长米为 1 间，工业厂房（按单跨计）、礼堂、门厅应以两个轴线为 1 间计算。
有防水要求的建筑地面子分部工程的分项工程施工质量每检验批抽查数量应按其房间总数随机检验应不少于 4 间；不足 4 间，应全数检查</td></tr>
<tr><td>2</td><td>配合比或强度等级</td><td>水泥砂浆体积比或水泥混凝土强度等级应符合设计要求，且水泥砂浆体积比应不小于 1∶3（或相应的强度等级）；水泥混凝土强度等级应不小于 C15</td><td>观察检查和检查配合比通知单及检测报告</td></tr>
<tr><td>3</td><td>有防水要求套管地漏</td><td>有防水要求的建筑地面工程的立管、套管、地漏处严禁渗漏，坡向应正确、无积水</td><td>观察检查和蓄水、泼水检验及坡度尺检查</td></tr>
<tr><td rowspan="3">一般项目</td><td>1</td><td>找平层与下层结合</td><td>找平层与其下一层结合牢固，不得有空鼓</td><td>用小锤轻击检查</td></tr>
<tr><td>2</td><td>找平层表面质量</td><td>找平层表面应密实，不得有起砂、蜂窝和裂缝等缺陷</td><td>观察检查</td></tr>
<tr><td>3</td><td>找平层表面允许偏差</td><td>找平层的表面允许偏差应符合表 2-92 的规定</td><td>见表 2-92</td></tr>
</table>

注：1. 铺设找平层前，当其下一层有松散填充料时，应予铺平振实。
2. 有防水要求的建筑地面工程，铺设前必须对立管、套管和地漏与楼板节点之间进行密封处理；排水坡度应符合设计要求。
3. 在预制钢筋混凝土板上铺设找平层前，板缝填嵌的施工应符合下列要求：
(1) 预制钢筋混凝土板相邻缝底宽应不小于 20mm。
(2) 填嵌时，板缝内应清理干净，保持湿润。
(3) 填缝采用细石混凝土，其强度等级不得小于 C20。填缝高度应低于板面 10～20mm，且振捣密实，表面不应压光；填缝后应养护。
(4) 当板缝底宽大于 40mm 时，应按设计要求配置钢筋。
4. 在预制钢筋混凝土板上铺设找平层时，其板端应按设计要求做防裂的构造措施。

关于找平层分项工程检验批质量检验的说明：

①主控项目第一项

找平层应采用水泥砂浆、水泥混凝土和沥青砂浆、沥青混凝土铺设，并应符合同类面层的规定。

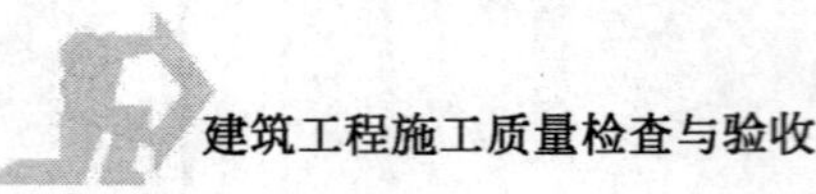

②主控项目第二项

混凝土试块的取样方法、取样频率、强度评定按混凝土结构工程执行。

水泥砂浆体积比不宜小于1∶2～1∶2.5。

在预制钢筋混凝土板上铺设找平层时，其板端间应按设计要求采取防裂的构造措施。

③主控项目第三项

有防水要求的楼面工程，在铺设找平层前，应对立管、套管和地漏与楼板节点之间进行密封处理。并应在管四周留出深8～10mm的沟槽，采用防水卷材或防水涂料裹住管口和地漏(图2-3)。

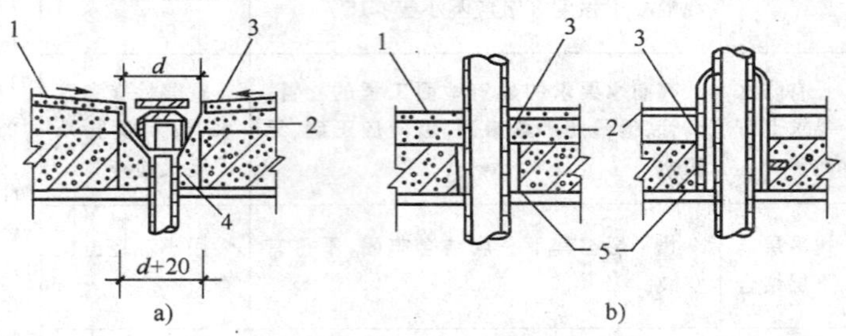

图2-3　管道与楼面防水构造

a)地漏与楼面防水构造；b)立管、套管与楼面防水构造

1-面层按设计；2-找平层(防水层)；3-地漏(管)四周留出8～10mm小沟槽(无钉剔槽、打毛、扫净)；4-1∶2水泥砂浆或细石混凝土填实；5-1∶2水泥砂浆

在水泥砂浆或水泥混凝土找平层上铺涂防水卷材或防水涂料隔离层时，找平层表面应洁净、干燥，其含水率不应大于9%，并应涂刷基层处理剂。基层处理剂应采用与卷材性能配套的材料或采用同类涂料的底子油。铺设找平层后，涂刷基层处理剂的相隔时间以及其配合比均应通过试验确定。

在沥青砂浆或沥青混凝土找平层上铺设水泥类(掺有水泥的拌和料，以下同)面层或结合层时，找平层的表面应符合隔离层与填充层中沥青类的规定。

有防水要求的建筑地面蓄水试验是为了检查渗漏，蓄水时为24h不渗漏为合格，泼水是为了检查坡度，不积水为合格。

 三 面层铺设分项工程

建筑地面工程面层有整体面层、板块面层和竹木面层三类。各类面层较多(表2-91)，这里仅介绍常见的水泥混凝土、水泥砂浆、水磨石三个整体面层和砖、大理石花岗岩两个板块面层以及实木地板、复合地板、竹地板三个竹木面层。

1. 整体面层

(1)一般规定

①整体面层铺设适用于水泥混凝土(含细石混凝土)面层、水泥砂浆面层、水磨石面层、水泥钢(铁)屑面层、防油渗面层和不发火(防爆的)面层等面层分项工程的施工质量检验。

②铺设整体面层时,其水泥类基层的抗压强度不得小于1.2MPa;表面应粗糙、洁净、湿润并不得有积水。铺设前宜涂刷界面处理剂。

③铺设整体面层,应符合设计要求,并应符合下列规定:

a. 建筑地面的沉降缝、伸缩缝和防震缝,应与结构相应缝的位置一致,且应贯通建筑地面的各构造层。

b. 沉降缝和防震缝的宽度应符合设计要求,缝内清理干净,以柔性密封材料填嵌后用板封盖,并应与面层齐平。

④整体面层施工后,养护时间不应少于7d;抗压强度应达到5MPa后,方准上人行走;抗压强度应达到设计要求后,方可正常使用。

⑤当采用掺有水泥拌和料做踢脚线时,不得用石灰砂浆打底。

⑥整体面层的找平工作应在水泥初凝前完成,压光工作应在水泥终凝前完成。

⑦整体面层的允许偏差应符合表2-98的规定。

整体面层的允许偏差和检查方法 表2-98

项次	项　目	允许偏差(mm)						检验方法
		水泥混凝土面层	水泥砂浆面层	普通水磨石面层	高级水磨石面层	水泥钢(铁)屑面层	防油渗混凝土和不发火(防爆的)面层	
1	平面平整度	5	4	3	2	4	5	用2m靠尺和楔形塞尺检查
2	踢脚线上口平直	4	4	3	3	4	4	拉5m线和用钢尺检查
3	缝格平直	3	3	3	2	3	3	

(2)水泥混凝土面层分项工程检验批

水泥混凝土面层分项工程检验批的质量检验标准和检验方法见表2-99。

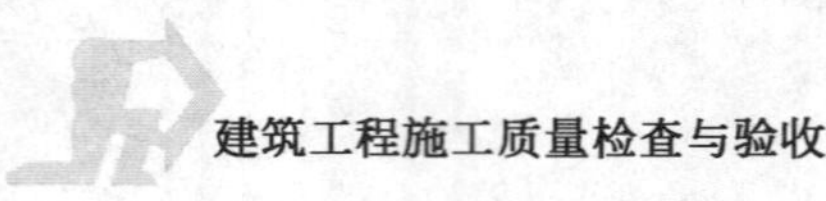

水泥混凝土面层分项工程检验批的质量检验标准 表 2-99

项	序号	项目	合格质量标准	检验方法	检查数量
主控项目	1	粗骨料粒径	水泥混凝土采用的粗骨料，其最大粒径应不大于面层厚度的 2/3，细石混凝土面层采用的石子粒径应不大于 15mm	观察检查和检查材质合格证明文件及检测报告	抽查数量应随机检验应不少于 3 间；不足 3 间，应全数检查；其中走廊（过道）应以 10 延长米为 1 间，工业厂房（按单跨计）、礼堂、门厅应以两个轴线为 1 间计算。 有防水要求的检验批抽查数量应按其房间总数随机检验应不少于 4 间；不足 4 间，应全数检查
	2	面层强度等级	面层的强度等级应符合设计要求，且水泥混凝土面层强度等级应不小于 C20；水泥混凝土垫层兼面层强度等级应不小于 C15	检查配合比通知单及检测报告	
	3	面层与下一层结合	面层与下一层应结合牢固，无空鼓、裂纹 注：空鼓面积应不大于 $400cm^2$，且每自然间（标准间）不多于 2 处可不计	用小锤轻击检查	
一般项目	1	表面质量	面层表面不应有裂纹、脱皮、麻面、起砂等缺陷	观察检查	
	2	表面坡度	面层表面的坡度应符合设计要求，不得有倒泛水和积水现象	观察和采用泼水或用坡度尺检查	
	3	踢脚线与墙面结合	水泥砂浆踢脚线与墙面应紧密结合，高度一致，出墙厚度均匀 注：局部空鼓长度应不大于 300mm，且每自然间（标准间）不多于 2 处可不计	用小锤轻击、钢尺和观察检查	
	4	楼梯踏步	楼梯踏步的宽度、高度应符合设计要求。楼层梯段相邻踏步高度差应不大于 10mm，每踏步两端宽度差应不大于 10mm；旋转楼梯梯段的每踏步两端宽度的允许偏差为 5mm。楼梯踏步的齿角应整齐，防滑条应顺直	观察和钢尺检查	
	5	水泥混凝土面层表面允许偏差	水泥混凝土面层的允许偏差应符合以下规定： 表面平整度：5mm 踢脚线上口平直：4mm 缝格平直：3mm	表面平整度：用 2m 靠尺和楔形塞尺检查； 踢脚线上口平直和缝格平直：拉 5m 线和用钢尺检查	

注：1. 水泥混凝土面层厚度应符合设计要求。

2. 水泥混凝土面层铺设不得留施工缝。当施工间隙超过允许时间规定时，应对接槎处进行处理。

关于水泥混凝土面层分项工程检验批质量检验的说明：

①主控项目第二项

该项检查主要检查混凝土的强度，参考混凝土结构工程中混凝土强度的评定。

②主控项目第三项

浇筑水泥混凝土面层时，其坍落度不宜大于30mm，并应振捣密实。

水泥混凝土面层不应留置施工缝。当施工间歇超过允许时间规定，在继续浇筑混凝土时，应对已凝结的混凝土接槎处进行处理；刷一层水泥浆，其水灰比宜为 0.4～0.5，再浇筑混凝土，并应捣实压平，不显接头槎。

浇筑钢筋混凝土楼板或水泥混凝土垫层兼面层时，应采用随捣随抹的方法。当面层表面出现泌水时，可加干拌的水泥和砂进行撒匀，其水泥与砂的体积比宜为 1：2～1：2.5，并应进行抹平和压光工作。采用的水泥和砂应符合水泥砂浆面层的规定，不能在表面撒干水泥。

③一般项目第一项

表面有麻面、起砂等现象时，一般为配合比不当，水泥用量偏少所致。表面如出现裂缝应检查裂缝性质，根据裂缝的性质确定处理方法。

④一般项目第二项

该项检查针对有防水要求的面层进行检查，由于基层已要求做过蓄水试验，故此处不要求进行蓄水试验，仅要求对坡度进行检查。

⑤一般项目第三项

踢脚线的出墙厚度未作规定，但规定出墙厚度应一致，踢脚线施工时不宜过厚，过厚影响美观，宜控制在 8mm 下。

⑥一般项目第四项

楼梯踏步相邻高度差原检验评定标准要求小于 20mm，现行验收规范要求小于 10mm，提高了要求，在日常检查中，常发现第一级或最后一级台阶（踏步）尺寸偏大或偏小，在施工中对尺寸未加控制，作为施工单位，要求施工过程中予以控制，以保证允许偏差符合要求。

(3)水泥砂浆面层分项工程检验批

水泥砂浆面层分项工程检验批的质量检验标准和检验方法见表 2-100。

关于水泥砂浆面层分项工程检验批质量检验的说明：

①主控项目第二项

水泥砂浆应拌和均匀，施工时应随铺随拍实；抹平工作应在水泥初凝前完成；压光工作应在水泥终凝前完成，并做好养护工作。

水泥砂浆面层分项工程检验批的质量检验标准　　表 2-100

<table>
<tr><th>项</th><th>序号</th><th>项　目</th><th>合格质量标准</th><th>检 验 方 法</th><th>检 查 数 量</th></tr>
<tr><td rowspan="3">主控项目</td><td>1</td><td>材料质量</td><td>水泥采用硅酸盐水泥、普通硅酸盐水泥，其强度等级应不小于 32.5 级，不同品种、不同强度等级的水泥严禁混用；砂应为中粗砂，当采用石屑时，其粒径应为 1～5mm，且含泥量应不大于 3%</td><td>观察检查和检查材质合格证明文件及检测报告</td><td rowspan="8">抽查数量应随机检验应不少于 3 间；不足 3 间，应全数检查；其中走廊（过道）应以 10 延长米为 1 间，工业厂房（按单跨计）、礼堂、门厅应以两个轴线为 1 间计算
有防水要求的检验批抽查数量应按其房间总数随机检验应不少于 4 间；不足 4 间，应全数检查</td></tr>
<tr><td>2</td><td>体积比及强度等级</td><td>水泥砂浆面层的体积比（强度等级）必须符合设计要求；且体积比应为 1：2，强度等级应不小于 M15</td><td>检查配合比通知单和检测报告</td></tr>
<tr><td>3</td><td>面层与下一层结合</td><td>面层与下一层应结合牢固，无空鼓、裂纹
注：空鼓面积应不大于 400cm²，且每自然间（标准间）不多于 2 处可不计</td><td>用小锤轻击检查</td></tr>
<tr><td rowspan="5">一般项目</td><td>1</td><td>面层坡度</td><td>面层表面的坡度应符合设计要求，不得有倒泛水和积水现象</td><td>观察和采用泼水或坡度尺检查</td></tr>
<tr><td>2</td><td>表面质量</td><td>面层表面应洁净，无裂纹、脱皮、麻面、起砂等缺陷</td><td>观察检查</td></tr>
<tr><td>3</td><td>踢脚线质量</td><td>踢脚线与墙面应紧密结合，高度一致，出墙厚度均匀
注：局部空鼓长度应不大于 300mm，且每自然间（标准间）不多于 2 处可不计</td><td>用小锤轻击、钢尺和观察检查</td></tr>
<tr><td>4</td><td>楼梯踏步</td><td>楼梯踏步的宽步、高度应符合设计要求。楼层楼段相邻踏步高度差应不大于 10mm，每踏步两端宽度差应不大于 10mm；旋转楼梯梯段的每踏步两端宽度的允许偏差为 5mm。楼梯踏步的齿角应整齐，防滑条应顺直</td><td>观察和钢尺检查</td></tr>
<tr><td>5</td><td>水泥砂浆面层允许偏差</td><td>水泥砂浆面层的允许偏差应符合以下规定：
表面平整度：4mm
踢脚线上口平直：4mm
缝格平直：3mm</td><td>表面平整度：用 2m 靠尺和楔形塞尺检查。
踢脚线上口平直和缝格平直：拉 5m 线和用钢尺检查</td></tr>
</table>

注：水泥砂浆面层的厚度应符合设计要求，且不应小于 20mm。

当水泥砂浆面层内埋设管线等出现局部厚度减薄时，应按设计要求进行防止面层开裂处理后方可施工。

注意该项检查对面层强度的要求应查检测报告，也就是说要做水泥砂浆试块。

②一般项目第二项

面层出现裂纹、脱皮、磨石、起砂等缺陷，主要与配合比（水泥用量）及养护等有关，应加强过程控制。

其他几项见水泥混凝土相应项。

(4)水磨石面层分项工程检验批

水磨石面层分项工程检验批的质量检验标准和检验方法见表 2-101。

水磨石面层分项工程检验批的质量检验标准 表 2-101

项	序号	项目	合格质量标准	检验方法	检查数量
主控项目	1	材料质量	水磨石面层的石粒，应采用坚硬可磨白云石、大理石等岩石加工而成，石粒应洁净无杂物，其粒径除特殊要求外应为 6～15mm；水泥强度等级应不小于 32.5 级；颜料应采用耐光、耐碱的矿物原料，不得使用酸性颜料	观察检查和检查材质合格证明文件	抽查数量应随机检验应不少于3间；不足3间，应全数检查；其中走廊（过道）应以 10 延长米为1间；工业厂房（按单跨计）、礼堂、门厅应以两个轴线为1间计算
	2	拌和料体积比（水泥:石粒）	水磨石面层拌和料的体积比应符合设计要求，且为 1∶1.5～1∶2.5（水泥∶石粒）	检查配合比通知单和检测报告	
	3	面层与下一层结合	面层与下一层结合应牢固，无空鼓、裂纹 注：空鼓面积应不大于 $400cm^2$，且每自然间（标准间）不多于 2 处可不计	用小锤轻击检查	
一般项目	1	面层表面质量	面层表面应光滑；无明显裂纹、砂眼和磨纹；石粒密实，显露均匀；颜色图案一致，不混色；分格条牢固、顺直和清晰	观察检查	
	2	踢脚线	踢脚线与墙面应紧密结合，高度一致，出墙厚度均匀 注：局部空鼓长度不大于 300mm，且每自然间（标准间）不多于 2 处可不计	用小锤轻击、钢尺和观察检查	

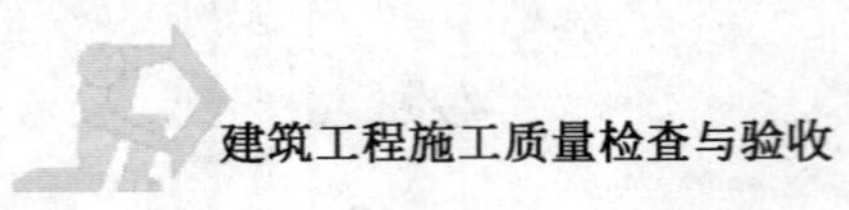

续上表

项	序号	项目	合格质量标准	检验方法	检查数量
一般项目	3	楼梯踏步	楼梯踏步的宽度、高度应符合设计要求。楼层梯段相邻踏步高度差应不大于10mm，每踏步两端宽度差应不大于10mm，旋转楼梯梯段的每踏步两端宽度的允许偏差为5mm。楼梯踏步的齿角应整齐，防滑条应顺直	观察和钢尺检查	有防水要求的检验批抽查数量应按其房间总数随机检验应不少于4间；不足4间，应全数检查
	4	水磨石面层表面允许偏差	水磨石面层的允许偏差应符合以下规定： 表面平整度： 高级水磨石：2mm 普通水磨石：3mm 踢脚线上口平直：7mm 缝格平直： 高级水磨石：2mm 普通水磨石：3mm	表面平整度：用2m靠尺和楔形塞尺检查。 踢脚线和缝格：拉5m线和用钢尺检查	

注：1. 水磨石面层应采用水泥与石粒的拌和料铺设。面层厚度除有特殊要求外，宜为12～18mm，且按石粒粒径确定。水磨石面层的颜色和图案应符合设计要求。

2. 白色或浅色的水磨石面层，应采用白水泥；深色的水磨石面层，宜采用硅酸盐水泥、普通硅酸盐水泥或矿渣硅酸盐水泥；同颜色的面层应使用同一批水泥。同一彩色面层应使用同厂、同批的颜料；其掺入量宜为水泥质量的3%～6%或由试验确定。
3. 水磨石面层的结合层的水泥砂浆体积比宜为1：3，相应的强度等级应不小于M10，水泥砂浆稠度（以标准圆锥体沉入度计）宜为30～35mm。
4. 普通水磨石面层磨光遍数应不少于3遍。高级水磨石面层的厚度和磨光遍数由设计确定。
5. 在水磨石面层磨光后，涂草酸和上蜡前，其表面不得污染。

关于水泥砂浆面层分项工程检验批检验的说明：

①主控项目第一项

a. 在铺设水磨石面层前，应在基层面上按设计要求的分格或图案设置铜条或玻璃条，亦可采用彩色塑料条。分格条应采用水泥浆固定，水泥浆顶部应低于条顶4～6mm，并做成45℃。分格条应平直、牢固、接头严密，并作为铺设面层的标志。

铺设时应在下一层表面涂刷与面层颜色相同的水泥浆结合层，其水灰比宜为0.4～0.5，亦可在水泥浆内掺加胶粘剂，随刷随铺。

b. 水磨石拌和料应拌和均匀，平整地铺设在结合层上；铺拌和料宜高出分格条2mm，并应拍平、滚压密实。

c. 水磨石面层应采用磨石机分遍磨光。开磨前应先试磨，以面层石粒不松动方可开磨。

面层表面呈现的细小空隙和凹痕，应用同色水泥浆涂抹；脱落的石粒应补齐，养护后应再磨，直至磨光、平整、无孔隙为度。表面石子应显露均匀，无缺石子现象。

d. 在水磨石面层磨光后涂草酸和上蜡前，其表面严禁污染。涂草酸和上蜡工作，应在有影响面层质量的其他工程全部完成后进行。

②主控项目第二项

该项检查应为过程控制，对配料的配合比进行检查，首先检查配合比通知单，配合比满足设计要求，同时水泥∶石粒应在1∶1.5～1∶2.5范围之内。

现场对配合比应抽检。其允许偏差水泥控制在±2%，石粒控制在±3%内。

③主控项目第三项

在分隔条的交界处易出现空鼓，施工时应注意拌和料和基层的粘结。

④一般项目第一项

水磨石出现砂眼和磨纹时有发生，主要是工作做的不细，细磨不到位，特别是细部阳角等处，要做好水磨石地面，除大面积精心细磨外，对细部应用手工来磨，方能达到理想效果。

其余各项见水泥混凝土面层一般项目相应项。

2. 板块面层

(1)一般规定

①板块面层铺设适用于砖面层、大理石面层和花岗岩面层、预制板块面层、料石面层、塑料板面层、活动地板面层和地毯面层等面层分项工程的施工质量检验。

②铺设板块面层时，其水泥类基层的抗压强度不得小于1.2MPa。

③铺设板块面层的结合层和板块间的填缝采用水泥砂浆，应符合下列规定：

a. 配制水泥砂浆应采用硅酸盐水泥、普通硅酸盐水泥或矿渣硅酸盐水泥；其水泥强度等级不宜小于32.5级。

b. 配制水泥砂浆的砂应符合国家现行行业标准《普通混凝土用砂质量标准及检验方法》(JGJ 52)的规定。

c. 配制水泥砂浆的体积比(或强度等级)应符合设计要求。

④结合层和板块面层填缝的沥青胶结材料应符合国家现行有关产品标准和设计要求。

⑤板块的铺砌应符合设计要求，当设计无要求时，宜避免出现板块小于1/4边长的边角料。

⑥铺设水泥混凝土板块、水磨石板块、水泥花砖、陶瓷锦砖、陶瓷地砖、缸砖、料石、大理石和花岗石面层等的结合层和填缝的水泥砂浆，在面层铺设后，表面

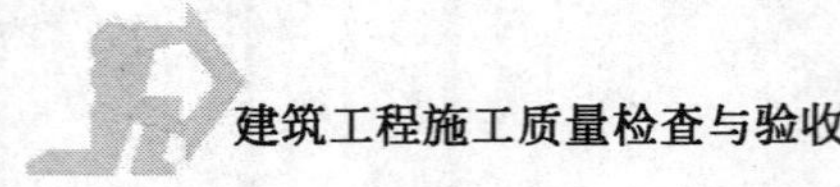

应覆盖、湿润，其养护时间不应少于7d。

当板块面层的水泥砂浆结合层的抗压强度达到设计要求后，方可正常使用。

⑦板块类踢脚线施工时，不得采用石灰砂浆打底。

⑧板、块面层的允许偏差应符合表2-102的规定。

板、块面层的允许偏差和检验方法(mm) 表2-102

项次	项目	允许偏差											检验方法
		陶瓷锦砖、面层、高级水磨石板、陶瓷地砖面层	缸砖面层	水泥花砖面层	水磨石板块面层	大理石面层和花岗石面层	塑料板面层	水泥混凝土板块面层	碎拼大理石、碎拼花岗岩面层	活动地板面层	条石面层	块石面层	
1	表面平整度	2.0	4.0	3.0	3.0	1.0	2.0	4.0	3.0	2.0	10.0	0.0	用2m靠尺和楔形塞尺检查
2	缝格骨直	3.0	3.0	3.0	3.0	2.0	3.0	3.0	—	2.5	8.0	8.0	拉5m线和用钢尺检查
3	接缝高低差	0.5	1.5	0.5	1.0	0.5	0.5	1.5	—	0.4	2.0	—	用钢尺和楔形塞尺检查
4	踢脚线上口平直	3.0	4.0	—	4.0	1.0	2.0	4.0	1.0	—	—	—	拉5m线和用钢尺检查
5	板块间隙宽度	2.0	2.0	2.0	2.0	1.0	—	6.0	—	0.3	5.0	—	用钢尺检查

(2)砖面层分项工程检验批

砖面层分项工程检验批的质量检验标准和检验方法见表2-103。

砖面层分项工程检验批的质量检验标准 表2-103

项	序号	项目	合格质量标准	检验方法	检查数量
主控项目	1	板材质量	面层所用的板块的品种、质量必须符合设计要求	观察检查和检查材质合格证明文件及检测报告	抽查数量应随机检验应不少于3间；不足3间，应全数检查；其中走廊(过道)应以10延长米为1间，工业厂房(按单跨计)、礼堂、
	2	面层与下一层结合	面层与下一层的结合(粘结)应牢固，无空鼓 注：凡单块砖边角有局部空鼓，且每自然间(标准间)不超过总数的5%可不计	用小锤轻击检查	

续上表

项	序号	项目	合格质量标准	检验方法	检查数量
一般项目	1	面层表面质量	砖面层的表面应洁净、图案清晰，色泽一致，接缝平整，深浅一致，周边顺直。板块无裂纹、掉角和缺棱等缺陷	观察检查	门厅应以两个轴线为1间计算 有防水要求的检验批抽查数量应按其房间总数随机检验应不少于4间；不足4间，应全数检查
	2	面层邻接处镶边	面层邻接处的镶边用料及尺寸应符合设计要求，边角整齐、光滑	观察和用钢尺检查	
	3	踢脚线质量	踢脚线表面应洁净、高度一致、结合牢固、出墙厚度一致	观察和用小锤轻击及钢尺检查	
	4	楼梯踏步	楼梯踏步和台阶板块的缝隙宽度应一致、齿角整齐；楼层梯段相邻踏步高度差应不大于10mm；防滑条顺直	观察和用钢尺检查	
	5	面层表面坡度	面层表面的坡度应符合设计要求，不倒泛水、无积水；与地漏、管道结合处应严密牢固，无渗漏	观察、泼水或坡度尺及蓄水检查	
	6	面层表面允许偏差	砖面层的允许偏差见表2-104	表面平整度：用2m靠尺和楔形塞尺检查 缝格平直：拉5m线和用钢尺检查 接缝高低差：用钢尺和楔形塞尺检查 踢脚线上口平直：拉5m线和用钢尺检查 板块间隙宽度：用钢尺检查	

注：1. 砖面层采用陶瓷锦砖、缸砖、陶瓷地砖和水泥花砖应在结合层上铺设。

2. 有防腐蚀要求的砖面层采用的耐酸瓷砖、浸渍沥青砖、缸砖的材质、铺设以及施工质量验收应符合现行国家标准《建筑防腐蚀工程施工及验收规范》(GB 50212)的规定。

3. 在水泥砂浆结合层上铺贴缸砖、陶瓷地砖和水泥花砖面层时，应符合下列规定：

(1)在铺贴前，应对砖的规格尺寸、外观质量、色泽等进行预选，浸水湿润晾干待用。

(2)勾缝和压缝应采用同品种、同强度等级、同颜色的水泥，并做养护和保护。

4. 在水泥砂浆结合层上铺贴陶瓷锦砖面层时，砖底面应洁净，每联陶瓷锦砖之间、与结合层之间以及在墙角、镶边、靠墙处，应紧密贴合。在靠墙处不得采用砂浆填补。

5. 在沥青胶结料结合层上铺贴缸砖面层时，缸砖应干净，铺贴时应在摊铺热沥青胶结料上进行，并应在胶结料凝结前完成。

6. 采用胶粘剂在结合层上粘贴砖面层时，胶粘剂选用应符合现行国家标准《民用建筑工程室内环境污染控制规范》(GB 50325)的规定。

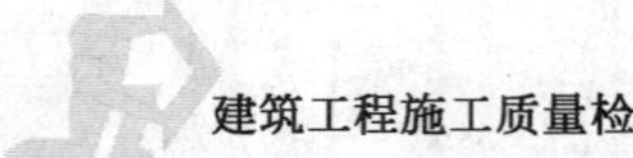

关于面砖分项工程检验批质量检验的说明：

①主控项目第一项

面砖的缝隙宽度应符合设计要求。当设计无规定时，紧密铺贴缝隙宽度不宜大于 1mm；虚缝铺贴缝隙宽度宜为 5～10mm；大面积施工时，应采取分段按顺序铺贴，按标准拉线镶贴，并做各道工序的检查和复验工作。

面层铺贴应在 24h 内进行擦缝、勾缝和压缝工作。缝的深度宜为砖厚的 1/3；擦缝和勾缝应采用同品种、同强度等级、同颜色的水泥，随做随清理水泥，并做养护和保护。

在水泥砂浆结合层上铺贴陶瓷锦砖时，应符合下列要求：

结合层和陶瓷锦砖应分段同时铺贴，在铺贴前，应刷水泥浆，其厚度宜为 2～2.5mm，并应随刷随铺贴，用抹子拍实；陶瓷锦砖面层应洁净，每联陶瓷锦砖之间、与结合层之间以及在墙角、镶边和靠墙边，均应紧密贴合，并不得有空隙。在靠墙处不得采用砂浆填补。

陶瓷锦砖面层在铺贴后，应淋水、揭纸，并采用白水泥擦缝，做面层的清理和保护工作。在砖面层铺完后，面层应坚实、平整、洁净、线路顺直，不应有空鼓、松动、脱落和裂缝、缺棱、掉角、污染等缺陷。

②主控项目第二项

凡单块砖边角有局部空鼓，且每自然间(标准间)不超过总数的 5%可不计。

③一般项目第五项

没有防水要求的面层不进行该项检查。

④一般项目第六项

检查时，应在所用砖的品种上打“√”。砖面层的允许偏差见表 2-104。

砖面层的允许偏差 表 2-104

项　目	允许偏差 (mm)	
表面平整度	缸砖	4.0
	水泥花砖	3.0
	陶瓷锦砖、陶瓷地砖	2.0
缝格平直	3.0	
接缝高低差	陶瓷锦砖、陶瓷地砖、水泥花砖	0.5
	缸砖	1.5
踢脚线上口平直	陶瓷锦砖、陶瓷地砖、水泥花砖	3.0
	缸砖	4.0
板块间隙宽度	2.0	

(3)大理石和花岗岩面层分项工程检验批

大理石和花岗岩面层分项工程检验批的质量检验标准和检验方法见表2-105。

大理石和花岗岩面层分项工程检验批的质量检验标准 表 2-105

项	序号	项目	合格质量标准	检验方法	检查数量
主控项目	1	板块品种、质量	大理石、花岗石面层所用板块的品种、质量应符合设计要求	观察检查和检查材质合格记录	抽查数量应随机检验应不少于3间;不足3间,应全数检查;其中走廊(过道)应以10延长米为1间,工业厂房(按单跨计)、礼堂、门厅应以两个轴线为1间计算
	2	面层与下一层结合	面层与下一层应结合牢固,无空鼓 注:凡单块板块边角有局部空鼓,且每自然间(标准间)不超过总数的5%可不计	用小锤轻击检查	
一般项目	1	面层表面质量	大理石、花岗石面层的表面应洁净、平整、无磨痕,且应图案清晰、色泽一致、接缝均匀、周边顺直、镶嵌正确、板块无裂纹、掉角、缺棱等缺陷	观察检查	
	2	踢脚线质量	踢脚线表面应洁净,高度一致、结合牢固、出墙厚度一致	观察和用小锤轻击及钢尺检查	
	3	楼梯踏步	楼梯踏步和台阶板块的缝隙宽度应一致、齿角整齐,楼层梯段相邻踏步高度差应不大于10mm,防滑条应顺直、牢固	观察和用钢尺检查	
	4	面层坡度及其他要求	面层表面的坡度应符合设计要求,不倒泛水、无积水与地漏、管道结合处应严密牢固,无渗漏	观察、泼水或坡度尺及蓄水检查	

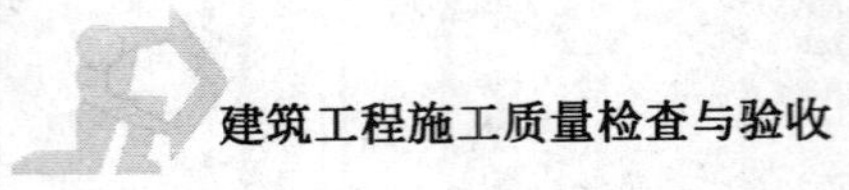

续上表

项	序号	项目	合格质量标准	检验方法	检查数量
一般项目	5	面层表面允许偏差	大理石和花岗石面层(或碎拼大理石、碎拼花岗石)的允许偏差应符合表2-106的规定	表面平整度:用2m靠尺和楔形塞尺检查。 缝格平直:拉5m线和用钢尺检查。 接缝高低差:用钢尺和楔形塞尺检查。 踢脚线上口平直:拉5m线和用钢尺检查。 板块间隙宽度:用钢尺检查	有防水要求的检验批抽查数量应按其房间总数随机检验应不少于4间;不足4间,应全数检查

注:1. 大理石、花岗石面层采用天然大理石、花岗石(或碎拼大理石、碎拼花岗石)板材应在结合层上铺设。

2. 天然大理石、花岗石的技术等级、光泽度、外观等质量要求应符合国家现行行业标准《天然大理石建筑板材》(JC 79)、《天然花岗石建筑板材》(JC 205)的规定。

3. 板材有裂缝、掉角、翘曲和表面有缺陷时应予剔除,品种不同的板材不得混杂使用;在铺设前,应根据石材的颜色、花纹、图案、纹理等按设计要求,试拼编号。

4. 铺设大理石、花岗石面层前,板材应浸湿、晾干,结合层与板材应分段同时铺设。

关于大理石和花岗岩面层分项工程检验批分项工程检验批质量检验的说明:

①主控项目第二项

凡单块板块边角有局部空鼓,且每自然间(标准间)不超过总数的5%可不计。

大理石板材不得用于室处地面面层。

结合层的厚度:当采用水泥砂(其体积比)为1∶4～1∶6(水泥∶砂)时应为20～30mm,当采用水泥砂浆时应为10～15mm。

当采用1∶4～1∶6水泥砂结合层时,应洒水干拌均匀。当采用水泥砂浆结合层时,宜为干硬性水泥砂浆,并应符合结合层用材的规定。

在铺砌大理石、花岗石面层时,板材应先用水浸湿,待擦干或表面晾干后方可铺设;结合层与板材应分段同时铺砌,铺砌时宜采用水泥浆或干铺水泥砂洒水作粘结。

铺砌的板材应平整,线路顺直,镶嵌正确;板材间、板材与结合层以及在墙角、镶边和靠墙处均应紧密砌合,不得有空隙。

大理石、花岗石面层的表面应洁净、平整、坚实;板材间的缝隙宽度当设计无规定时不应大于1mm。铺砌后，其表面应加保护，待结合层的水泥砂浆强度达到要求后，方可打蜡达到光滑洁亮。

②一般项目第五项

大理石和花岗石面层（或碎拼大理石、碎拼花岗石）的允许偏差应符合表2-106的规定。

大理石、花岗石面层（或碎拼大理石、碎拼花岗石）的允许偏差 表2-106

项　目	允许偏差(mm)	项　目	允许偏差(mm)
表面平整度	1.0	踢脚线上口平直	1.0
缝格平直	2.0	板块间隙宽度	1.0
接缝高低差	0.5		

3.竹木地板面层

几种木地板的定义如下：

实木地板：采用条材和块材实木地板或采用拼花实木地板在基层上铺设。其铺设的方法：分空铺和实铺两种。

实木复合地板：采用条材和块材实木复合地板或采用拼花实木地板，以空铺和实铺方式在基层上铺设。

中密度（强化）复合地板面层：是采用中密度（强化）复合地板直接可铺设在水泥类基层上，也可以铺设在毛地板面层上。一般来讲，板与板之间排紧，板缝中刷专用粘结胶。

中密度（强化）复合地板的铺设质量要求及施工与铺设实木复合地板大致相同。所不同处的是复合地板铺设前，应先在基层（或毛地板上）铺一层衬垫层（如泡沫塑料布等）。

(1)一般规定

①木、竹面层铺设适用于实木地板面层、实木复合地板面层、中密度（强化）复合地板面层，竹地板面层等（包括免刨免漆类）分项工程的施工质量检验。

②木、竹地板面层下的木搁栅、垫木、毛地板等采用木材的树种、选材标准和铺设时木材含水率以及防腐、防蛀处理等，均应符合现行国家标准《木结构工程施工质量验收规范》(GB 50206)的有关规定。所选用的材料，进场时应对其断面尺寸、含水率等主要技术指标进行抽检，抽检数量应符合产品标准的规定。

③与厕浴间、厨房等潮湿场所相邻的木、竹面层连接处应做防水（防潮）处理。

建筑工程的厕浴间、厨房及有防水、防潮要求的建筑地面与木、竹地面应有

建筑标高差，其标高差必须符合设计要求；与其相邻的木、竹地面层应有防水、防潮处理，防水、防潮的构造处理及做法应符合设计要求。

④木、竹面层铺设在水泥类基层上，其基层表在应坚硬、平整、洁净、干燥、不起砂。

木、竹面层铺设在水泥类基层上，其基层的技术质量标准应符合规范整体面层的铺设要求，水泥类基层通过质量验收后方可铺设木、竹面层。

⑤建筑地面工程的木、竹面层搁栅下架空结构层（或构造层）的质量检验，应符合相应国家现行标准的规定。

⑥木、竹面层的通风构造层包括室内通风沟、室外通风窗等，均应符合设计要求。

木、竹面层的面层构造层、架空构造层、通风等设计与施工是组成建筑木、竹地面的三大要素，其设计与施工质量直接影响到建筑木、竹地面的正常使用功能、耐久程度及环境保护效果；通风设计与施工尤为突出，无论原始的自然通风，或是近代的室内外的有组织通风，还是现代的机械通风，其通风的长久功能效果主要涉及室内通风沟或其室外通风窗的构造、施工及管理，必须符合设计要求。

⑦木、竹面层的允许偏差，应符合表 2-107 的规定。

木、竹面层的允许偏差(mm)　　表 2-107

项次	项目	允许偏差				检验方法
		实木地板面层			实木复合地板、中密度（强化）复合地板面层、竹地板面层	
		松木地板	硬木地板	拼花地板		
1	板面缝隙宽度	1.0	0.5	0.2	0.5	用钢尺检查
2	表面平整度	3.0	2.0	2.0	2.0	用 2m 靠尺和楔形塞尺检查
3	踢脚线上口平齐	3.0	3.0	3.0	3.0	拉 5m 通线，不足 5m 拉通线和用钢尺检查
4	板面拼缝平直	3.0	3.0	3.0	3.0	
5	相邻板材高差	0.5	0.5	0.5	0.5	用钢尺和楔形塞尺检查
6	踢脚线与面层的接缝	1.0				楔形塞尺检查

(2)实木地板面层分项工程检验批

实木地板面层分项工程检验批的质量检验标准和检验方法见表 2-108。

实木地板面层分项工程检验批的质量检验标准 表 2-108

项	序号	项目	合格质量标准	检验方法	检查数量
主控项目	1	材料质量	实木地板面层所采用的材质和铺设时的木材含水率必须符合设计要求。木搁栅、垫木和毛地板等必须做防腐、防蛀处理	观察检查和检查材质合格证明文件及检测报告	抽查数量应随机检验应不少于3间;不足3间,应全数检查;其中走廊(过道)应以10延长米为1间,工业厂房(按单跨计)、礼堂、门厅应以两个轴线为1间计算。有防水要求的检验批抽查数量应按其房间总数随机检验应不少于4间;不足4间,应全数检查
	2	木栅栏安装	木搁栅安装应牢固、平直	观察、脚踩检查	
	3	面层铺设	面层铺设应牢固;粘结无空鼓	观察、脚踩或用小锤轻击检查	
一般项目	1	面层质量	实木地板面层应刨平、磨光,无明显刨痕和毛刺等现象;图案清晰、颜色均匀一致	观察、手摸和脚踩检查	
	2	面层缝隙	(1)实木地板铺设时,面板与墙之间应留 8～12mm 缝隙。 (2)面层缝隙应严密;接头位置应错开、表面洁净	观察检查	
	3	拼花地板	拼花地板接缝应对齐,粘、钉严密;缝隙宽度均匀一致;表面洁净,胶黏无溢胶	观察检查	
	4	踢脚线	踢脚线表面应光滑,接缝严密,高度一致	观察和钢尺检查	
	5	表面允许偏差	实木地板面层的允许偏差应符合有 2-109 的规定	板面缝隙宽度:用钢尺检查。 表面平整度:用 2m 靠尺和楔形塞尺检查。 踢脚线上的平齐和板面拼缝平直:拉 5m 通线,不足 5m 拉通线和用钢尺检查。 相邻板材高差:用钢尺和楔形塞尺检查。 踢脚线与面层接缝:楔形塞尺检查	

注:1. 实木地板面层采用条材和块材实木地板或采用拼花实木地板,以空铺或实铺方式在基层上铺设。

2. 实木地板面层可采用双层面层和单层面层铺设,其厚度应符合设计要求。实木地板面层的条材和块材应采用具有商品检验合格证的产品,其产品类别、型号、适用树种、检验规则以及技术条件等均应符合现行国家标准《实木地板》(GB/T 15036.1～6)的规定。

3. 铺设实木地板面层时,其木搁栅的截面尺寸、间距和稳固方法等均应符合设计要求。木搁栅固定时,不得损坏基层和预埋管线。木搁栅应垫实钉牢,与墙之间应留出 30mm 的缝隙,表面应平直。

4. 毛地板铺设时,木材髓心应向上,其板间缝隙应不大于 3mm,与墙之间应留 8～12mm 空隙,表面应刨平。

5. 实木地板面层铺设时,面板与墙之间应留 8～12mm 缝隙。

6. 采用实木制作的踢脚线,背面应抽槽并做防腐处理。

实木地板面层的允许偏差应符合有 2-109 的规定。另外，表 2-110 给出了实木地板的主要尺寸及偏差(mm)。

实木地板面层的允许偏差 表 2-109

项目	允许偏差(mm)	
板面缝隙宽度	拼花地板	0.2
	硬木地板	0.5
	松木地板	1.0
表面平整度	拼花、硬木地板	2.0
	松木地板	3.0
踢脚线上口平齐	3.0	
板面拼缝平直	3.0	
相邻板材高差	0.5	
踢脚线与面层接缝	1.0	

实木地板的主要尺寸及偏差 表 2-110

名称	偏差(mm)
长度	长度≤500 时，公称长度与每个测量值之差绝对值≤0.5 长度>500 时，公称长度与每测量值之差绝对值≤1.0
宽度	公称宽度与平均宽度之差绝对值≤0.3，宽度最大值与最小值之差≤0.3
厚度	公称厚度与平均厚度之差绝对值≤0.3，厚度最大值与最小值之差≤0.4

注：1. 实木地板长度和宽度是指不包括榫舌的长度和宽度。

2. 镶嵌地板只测量方形单元的外形尺寸。

3. 榫接地板的榫舌宽度应≥4.0mm，槽最大高度与榫最大厚度之差应为 0～0.4mm。

4. 本表摘自《实木地板》(GB/T 15036.1—2001)。

(3)中密度(强化)复合地板面层分项工程检验批

中密度(强化)复合地板面层分项工程检验批的质量检验标准和检验方法见表 2-111。

中密度(强化)复合地板面层分项工程检验批的质量检验标准 表 2-111

项	序号	项目	合格质量标准	检验方法	检查数量
主控项目	1	材料质量	中密度(强化)复合地板面层所采用的材料，其技术等级及质量要求应符合设计要求。木搁栅、垫木和毛地板等应做防腐、防蛀处理	观察检查和检查材质合格证明文件及检测报告	抽查数量应随机检验应不少于 3 间；不足 3 间，应全数检查。
	2	木搁栅安装	木搁栅安装应牢固、平直	观察、脚踩检查	
	3	面层铺设	面层铺设应牢固	观察、脚踩检查	

续上表

项	序号	项目	合格质量标准	检验方法	检查数量
一般项目	1	面层外观质量	中密度(强化)复合地板面层图案和颜色应符合设计要求,图案清晰,颜色一致,板面无翘曲	观察、用2m靠尺和楔形塞尺检查	其中走廊(过道)应以10延长米为1间,工业厂房(按单跨计)、礼堂、门厅应以两个轴线为1间计算。 有防水要求的检验批抽查数量应按其房间总数随机检验应不少于4间;不足4间,应全数检查面层外观质量
	2	面层接头	面层的接头应错开、缝隙严密、表面洁净	观察检查	
	3	踢脚线	踢脚线表面应光滑,接缝严密,高度一致	观察和钢尺检查	
	4	面层允许偏差	中密度(强化)复合木地板面层的允许偏差应符合表2-112的规定	板面缝隙宽度:用钢尺检查。 表面平整度:用2m靠尺和楔形塞尺检查。 踢脚线上口平齐和板面拼缝平直:拉5m通线,不足5m拉通线和用钢尺检查。 相邻板材高差:用钢尺和楔形塞尺检验	

注:1. 中密度(强化)复合地板面层的材料以及面层下的板或衬垫等材质应符合设计要求,并采用具有商品检验合格证的产品,其技术等级及质量要求均应符合国家现行标准的规定。
2. 中密度(强化)复合地板面层铺设时,相邻条板端头应错开不小于300mm距离;衬垫层及面层与墙之间应留不小于10mm空隙。

表2-112给出了中密度(强化)复合木地板面层的允许偏差。

中密度(强化)复合木地板面层的允许偏差 表2-112

项 目	允许偏差(mm)	项 目	允许偏差(mm)
板面缝隙宽度	0.5	板面拼缝平直	3.0
表面平整度	2.0	相邻板材高差	0.5
踢脚线上口平齐	3.0	踢脚线与面层接缝	1.0

四 建筑地面工程子分部工程验收

建筑地面工程子分部工程验收较为简单,前面已经介绍过子分部工程的验收,现在从简概述之。

1. 子分部工程合格的标准

建筑地面工程施工质量中各类面层子分部工程的面层铺设与其相应的基层

铺设的分项工程施工质量检验应全部合格。

2.子分部工程质量验收应检查的工程质量文件和记录

(1)建筑地面工程设计图纸和工程变更文件等。

(2)原材料的出厂检验报告和质量合格保证文件、材料进场检(试)验报告(含抽样报告)。

(3)各层的强度等级、密实度等试验报告和测定记录。

(4)各类建筑地面工程施工质量控制文件。

(5)各构造层的隐蔽验收及其他有关验收文件。

3.子分部工程质量验收应检查的安全和功能项目

(1)有防水要求的建筑地面子分部工程的分项工程施工质量的蓄水检验记录,并抽查复验认定。

(2)建筑地面板块面层铺设子分部工程和木、竹面层铺设子分部工程、采用的天然石材、胶粘剂、沥青胶结料和涂料等材料证明资料。

4.子分部工程观感质量综合评价应检查的项目

(1)变形缝的位置和宽度以及填缝质量应符合规定。

(2)室内建筑地面工程按各子分部工程经抽查分别作出评价。

(3)楼梯、踏步等工程项目经抽查分别作出评价。

第七节　室内环境质量验收

在建筑物中,由于建筑材料、装饰装修材料中所含有害物质造成的建筑物内的环境污染,尤其对房屋室内的空气污染,严重地影响用户身心健康。许多案例说明,长期在空气污染严重、通风状况不良的室内居住或工作,会导致许多健康问题,轻者出现头痛、嗜睡、疲惫、无力等症状,重者会导致支气管炎、癌症等疾病,此类病症被国际医学界统称为“建筑综合症”。劣质建筑及装饰装修材料散发出的有害气体是导致室内空气污染的主要原因,必须对建筑材料有害物质进行控制,对室内环境质量进行验收。

近年来,我国政府逐步加强了对室内环境问题的管理,正逐步将有关内容纳入技术法规。《建筑装饰装修工程质量验收规范》(GB 50210—2001)要求,在分部工程质量验收时,室内环境质量应符合《民用建筑工程室内环境污染控制规范》(BG 50325—2001)的规定,应按该规范要求进行室内环境质量验收。

一 室内环境验收内容（检测项目）

1. 氡（Rn—222）

2. 甲醛

3. 氨

4. 苯

5. 总挥发性有机化合物（TVOC）

二 检测取样有关规定

1. 取样要求

民用建筑工程验收时，应抽检有代表性的房间室内环境污染物浓度。抽检数量不得少于 5%，并不得少于 3 间；房间总数少于 3 间时，应全数检测。凡进行了样板间室内环境污染物浓度检测且检测合格的，抽检数量减半，但不得少于 3 间。

2. 取样数量

（1）室内环境污染物浓度检测点应按房间的面积设置。

（2）房间使用面积小于 $50m^2$ 时，设 1 个检测点。

（3）房间使用面积 50～$100m^2$ 时，设 2 个检测点。

（4）房间使用面积大于 $100m^2$ 时，设 3～5 个检测点。

3. 取样方法

（1）环境污染物浓度现场检测点应距内墙面不不于 0.5m，距地面高度 0.8～1.5m。检测点应均匀分布，并应避开通风道和通风口。

（2）对采用集中空调的建筑工程室内环境中游离甲醛、苯、氨、总挥发性有机化合物（TVOC）浓度检测时，应在空调正确运转的条件下进行；对采用自然通风的建筑工程室内环境中游离甲醛、苯、氨、总挥发性有机化合物（TVOC）浓度检测时，应在房间的门窗关闭 1h 后进行；氡浓度检测时，应在房间的对外门窗关闭 24h 以后进行。

4. 检测质量评价

（1）评价指标

室内环境污染物浓度限量按国家规定的民用建筑工程室内环境污染物浓度限量进行检测和评价。室内环境污染物浓度限量见表 2-113。

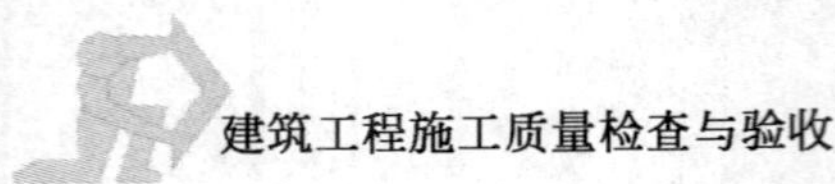

室内环境污染物浓度限量　　表 2-113

污染物	Ⅰ类民用建筑工程	Ⅱ类民用建筑工程
氡(Bq/m^3)	≤200	≤400
游离甲醛(mg/m^3)	≤0.08	≤0.12
苯(mg/m^3)	≤0.09	≤0.09
氨(mg/m^3)	≤0.2	≤0.5
TVOC(mg/m^3)	≤0.5	≤0.6

注:1. Ⅰ类民用建筑工程:住宅、医院、老年建筑、幼儿园、学校教室等。

2. Ⅱ类民用建筑工程:办公楼、商店、旅馆、文件娱乐场所、书店、图书馆、展览馆、体育馆、公共交通等候车室、餐厅、理发店等。

3. 表中污染物浓度限量,除氡外均应以同步测定的室外空气相应值为空白值。

4. TVOC 为总挥发性有机化合物。

(2)验收评价

①当室内环境污染浓度的全部检测结果符合表 2-113 规定时,可判定该工程室内环境质量合格。

②当室内环境污染物浓度检测结果不符合规范的规定时,应查找原因,采取措施进行处理,并可进行再次检测。再次检测时,抽检数量应增加 1 倍。室内环境污染物浓度再次检测结果全部符合规范的规定时,可判定为室内环境质量合格。

③室内环境质量验收不合格的工程,严禁投入使用。

为控制室内环境质量,国家质检总局于 2001 年 12 月 10 日正式批准发布了《室内装饰装修材料有害物质限量》10 项国家标准,并于 2002 年 1 月 1 日实施。要求各有关生产企业生产的产品应严格执行新的国家标准,并规定自 2002 年 7 月 1 日起,市场上停止销售不符合该 10 项国家标准的产品。

控制有害物质限量的 10 种材料为:人造板及其制品、溶剂型木器涂料、内墙涂料、胶粘剂、木家具、壁纸、聚氯乙烯卷材地板、地毯、地毯衬垫及地毯胶粘剂、混凝土外加剂中释放氨、建筑材料放射性元素。

室内环境质量须经有资质的检测学位抽测确定,其结果是建筑装饰装修分部工程验收合格的条件之一。

第八节　分部工程验收

 验收的程序和组织

建筑装饰装修工程质量验收的程序和组织应符合“统一标准”的有关规定。

二 检验批合格的判定

(1)抽查样本均应符合主控项目的规定。

(2)抽查样本的80%以上符合一般项目的规定,但不符合一般项目的20%抽查样本,不得有影响使用功能的缺陷或明显影响装饰效果的缺陷。这样既考虑了外观质量缺陷返工成本高,又考虑了当前装饰装修施工水平参差不齐的实际状况。

(3)一般项目中有允许偏差的检验项目,其最大偏差值不得超过允许偏差值的1.5倍。

三 分项工程的质量验收

分项工程的质量应达到所包含的各检验批均应达到"检验批合格的判定"条件的规定。

四 隐蔽工程的验收

建筑装饰装修工程施工过程中,应对隐蔽工程进行验收,并按表2-114的格式填写记录。

隐蔽工程验收记录　　表2-114

装饰装修工程名称		项目经理	
分项工程名称		专业工长	
隐蔽工程项目			
施工单位			
施工标准名称及代号			
施工图名称及编号			
隐蔽工程部位	质量要求	施工单位自查记录	监理(建设)单位验收记录
施工单位自查结论	施工单位项目技术负责人:　年　月　日		
监理(建设)单位验收结论	监理工程师(建设单位项目负责人):　年　月　日		

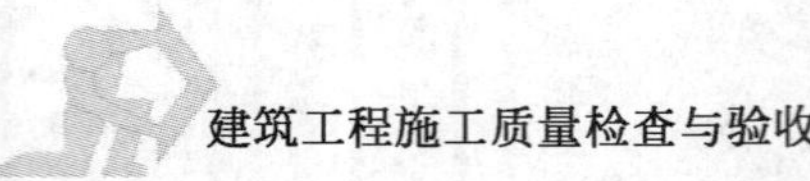

五 子分部工程质量验收合格的判定

(1)子分部工程中各分项工程的质量均验收合格。

(2)应具备各子分部工程规定检查的文件和记录。

(3)涉及有关安全和功能的检测项目,应具备合格报告表。

各子分部工程需要进行安全和功能检测的项目见表 2-115。

有关安全和功能的检测项目表 表 2-115

项 次	子分部工程	检 测 项 目
1	门窗工程	(1)建筑外墙金属窗的抗风压性能、空气渗透性能和雨水渗漏性能。 (2)建筑外墙塑料窗的抗风压性能、空气渗透性能和雨水渗漏性能
2	饰面板(砖)工程	(1)饰面板后置埋件的现场拉拔强度。 (2)饰面砖样板件的粘结强度
3	幕墙工程	(1)硅酮结构胶的相容性试验。 (2)幕墙后置埋件的现场拉拔强度。 (3)幕墙的抗风压性能、空气渗透性能、雨水渗漏性能及平面变形性能

(4)观感质量应符合装饰规范各分项工程中一般项目的要求。

六 分部工程质量验收合格的判定

建筑装饰装修工程质量验收规范,是决定该分部工程是否能够交付使用的质量要求,因此只有一个合格标准。

分部工程中各子分部工程的质量均应验收合格,并按上述第五条 1～4 子项的规定进行核查,特别是按表 2-115 相关检测项目逐项进行检查,同时室内环境质量抽检合格,才能达到验收合格。

当建筑工程只有装饰装修分部工程时,可作为单位工程验收。

对要特殊要求建筑装饰装修工程,如满足声学、光学、屏蔽、绝缘、超净、防雷、防辐射等,往往按设计要求采用一些特殊装饰装修材料和工艺,在对此类工程验收时,应按合同约定加测相关技术指标。

建筑装饰装修工程的室内环境质量,应符合《民用建筑工程室内环境污染控制规范》(GB 50352—2002)的规定,见表 2-113。

小知识

江苏建设工程优质工程奖——扬子杯奖

江苏省“扬子杯”优质工程奖是江苏省建设工程质量最高荣誉奖，评选对象为我省境内、已经建成并投入使用的各类建设工程。江苏省“扬子杯”优质工程奖每年评审一次；评审数一般控制在该年度竣工工程数量的2%左右；工程评审的类别原则上按下述比例安排：公共建筑占获奖总数约50%，工业、交通、水利、市政、园林等工程占20%，住宅工程占30%。评审工作的组织领导由省建设厅负责，省建筑工程管理局参与；评选工作由省建筑业协会负责实施。

第四章
屋面分部工程

【职业能力目标】

学完本章，你应会：

1. 结合工程实际情况，正确地划分屋面分部工程所包括的子分部工程、分项工程和分项工程检验批。

2. 对较为常见的卷材防水屋面、涂膜防水屋面、刚性防水屋面等子分部工程所包含的分项工程(含细部构造)检验批，针对主控项目和一般项目的检验标准，能组织检查或验收，正确地评定或认定该检验批项目的质量。

3. 能组织屋面分部(子分部)工程的质量验收，正确判定该分部(子分部)是否合格。

【学习要求】

1. 掌握屋面工程施工质量验收的基本规定。

2. 熟悉屋面工程中较常见的分项工程检验批主控项目和一般项目的验收标准；熟悉屋面工程分部(子分部)工程质量验收的内容。

【本章说明】

屋面工程的主要功能是排水、防水、保温、隔热。屋面防水做法有刚性和柔性两种。刚性防水屋面有瓦屋面、细石混凝土刚性防水屋面两类；柔性防水屋面有卷材防水屋面和涂膜防水屋面两类；另外还有隔热、蓄水和种植等特种屋面。故作为九大分部工程之一的屋面分部工程包括卷材防水屋面、涂膜防水屋面、瓦屋面、细石混凝土刚性防水屋面和隔热(蓄水和种植)特种屋面等五个子分部工程。

每一种屋面(即子分部工程)都由不同的构造层次组成,不同的构造层次就形成了不同的分项工程。

屋面的做法较多,常见的屋面做法有:

(1)细石混凝土刚性屋面:现浇结构层(属于主体分部,下同)+20 厚水泥砂浆找平层+隔离层+40 厚细石混凝土防水层(内配双向钢筋网)。

(2)细石混凝土刚性隔热屋面:现浇结构层+20 厚水泥砂浆找平层+隔离层+40 厚细石混凝土防水层(内配双向钢筋网)+180～200 砖垫架空+预制混凝土板(水泥砂浆填缝)。

(3)细石混凝土刚性保温屋面:现浇结构层+20 厚水泥砂浆找平层+保温层+找平层+隔离层+40 厚细石混凝土防水层(内配双向钢筋网)。

(4)高分子或高聚物改性沥青卷材防水屋面:现浇结构层(预制板)+水泥砂浆找平层(细石混凝土整浇层粉光)+高分子或高聚物改性沥青卷材防水层+保护层。

(5)两道设防:现浇结构层+20 厚水泥砂浆找平层+高分子或高聚物改性沥青卷材防水层+隔离层+40 厚细石混凝土防水层(内配双向钢筋网)。

所以某一类屋面子分部工程包括的分项工程由设计图纸确定,不同的设计做法决定了所包括的分项工程。比如对于第 1 种情况,则有找平层、隔离层、细石混凝土防水层三个分项工程;对于第 3 种情况,则有找平层、保温层、找平层、隔离层、细石混凝土防水层等 5 个分项工程。

屋面分部工程共包括:屋面找平层、屋面保温隔热层、卷材防水、涂膜防水工程、细石混凝土屋面、刚性屋面密封材料嵌缝、平瓦屋面、油毡瓦屋面、金属板材屋面、隔热屋面、细部构造等 11 个分项工程工程。

由于原材料、设计和施工等原因,屋面渗水时有发生,严重影响使用功能,虽然经过建设行政主管部门和广大建设工作者的努力,屋面渗漏情况有所好转,但仍没有根本杜绝,因此屋面工程的各种原材料、拌和物、制品和配件均要严格把关,必须符合设计要求或技术标准规定。施工中应检查产品出厂合格证和试验报告,这对保证屋面工程的质量将有着重要作用。为加强建筑工程质量管理,提高屋面工程的质量,国家将原屋面工程的施工及验收规范和质量检验评定标准合并,组成了《屋面工程质量验收规范》(GB 50207—2002),需要指出的是:该规范适用于工业与民用建筑屋面工程质量的验收,和其他专业规范不同的是该规范不仅仅是施工质量验收规范,还涉及质量管理、材料、设计等方面的问题。

本章主要按照《屋面工程质量验收规范》(GB 50207—2002)和《建筑工程施

工质量验收统一标准》(GB 50300—2001)编写。编写时省略了部分不太常见的内容。

第一节 基本规定

屋面工程的基本规定,主要是对屋面的防水等级、设防要求、防水层的施工条件、施工过程的质量控制、屋面工程子分部分项的划分,检验批的规定、验收程序以及合格判定作出了明确的要求。

一 屋面的防水等级、防水层合理使用年限和设防要求

重要建筑和一般建筑使用的防水材料及防水构造应有所区别,否则难以保证使用功能的要求。根据建筑物的性质、重要程度、使用功能要求、建筑结构特点,将屋面工程划分不同的等级是有必要的。

屋面工程应根据建筑物的性质、重要程度、使用功能要求以及防水层合理使用年限,按不同等级进行设防,并应符合表 2-117 的要求。

屋面防水等级和设防要求 表 2-117

项目	屋面防水等级			
	I	II	III	IV
建筑物类别	特别重要或对防水有特别要求的建筑	重要的建筑和高层建筑	一般的建筑	非永久性的建筑
防水层合理使用年限	25 年	15 年	10 年	5 年
防水层选用材料	宜选用合成高分子防水卷材、高聚物改性沥青防水卷材、金属板材、合成高分子防水涂料、细石防水混凝土等材料	宜选用高聚物改性沥青防水卷材、合成高分子防水卷材、金属板材、合成高分子防水涂料、高聚物改性沥青防水涂料、细石防水混凝土、平瓦、油毡瓦等材料	宜选用三毡四油沥青防水卷材、高聚物改性沥青防水卷材、合成高分子防水卷材、金属板材、高聚物改性沥青防水涂料、细石防水混凝土、平瓦、油毡瓦等材料	可选用二毡三油沥青防水卷材、高聚物改性沥青、防水涂料等材料
设防要求	三道或三道以上	两道防水设防	一道防水设防	一道防水设防

屋面工程应根据工程特点、地区自然条件等,按照屋面防水等级的设防要求,进行防水构造设计,重要部位应有详图;对屋面保温层的厚度,应通过计算设计确定。

二 屋面工程施工质量的控制要求

(1)屋面工程的防水层应由经资质审查合格的防水专业队伍进行施工;作业人员应持有当地建设行政主管部门颁发的上岗证。

防水工程施工属于专业施工范围,承担施工的单位须具有专项资质,要求具有较强的综合能力和施工经验。

(2)屋面工程施工前,施工单位应进行图纸会审,并应编制屋面工程施工方案或技术措施。

图纸会审要掌握设计构造、设防要求、层次和节点处理方法,熟悉材料及性能要求。

(3)屋面工程施工时,应建立各道工序的自检、交接检和专职人员检查的"三检"制度,并有完整的检查记录。每道工序完成,应经监理单位(或建设单位)检查验收,合格后方可进行下道工序的施工。

(4)当下道工序或相邻工程施工时,对屋面已完成的部分应采取保护措施。

对屋面工程的成品保护是一个非常重要的问题,很多工程在屋面施工完后,又上去人进行其他作业,如安装太阳能热水器、天线、安装广告支架、堆放脚手架工具等,造成防水层的局部破坏而出现渗漏。所以,对于防水层施工完成后的成品保护应引起重视。

(5)伸出屋面的管道、设备或预埋件等,应在防水层施工前安设完毕;屋面防水层完工后,不得在其上凿孔打洞或重物冲击。

(6)屋面工程完工后,应按规范的有关规定对细部构造、接缝、保护层等进行外观检验,并进行淋水或蓄水检验。

屋面工程必须做到无渗漏,才能保证使用的要求。无论是防水层本身还是屋面细部构造,通过外观检验只能看到表面的特征是否符合设计和规范的要求,肉眼很难判断是否会渗漏。只有经过雨后或持续淋水 2h 后使屋面处于工作状态下经受实际考验,才能观察出屋面工程是否有渗漏。能作蓄水检验的屋面,其蓄水时间不应小于 24h,淋水或蓄水检验应做记录并经监理签证。

三 防水材料的质量要求

防水材料的质量是保证屋面防水的首要条件。

屋面工程所采用的防水、保温隔热材料应有产品合格证书和性能检测报告,

材料的品种、规格、性能等应符合现行国家产品标准和设计要求。

材料进场后，应按本规范附录A、附录B的规定抽样复验，并提出试验报告；不合格的材料，不得在屋面工程中使用。

附录A为：屋面工程防水和保温材料的质量指标；附录B为：现行建筑防水工程材料标准和现场抽样复试要求（本处省略）。

对于常见的SBS高聚物改性沥青防水卷材现场抽样复验的项目如下：

(1)现场抽样数量：大于1000卷抽5卷。每500～1000卷抽4卷，100～499卷抽3卷，100卷以下抽2卷，进行规格尺寸和外观质量检验。在外观质量检验合格的卷材中，任取一卷作物理性能检验。

(2)外观质量检验：孔洞、缺边、裂口，边缘不整齐，胎体露白、未浸透，撒布材料粒度、颜色，每卷卷材的接头。

(3)物理性能检验：拉力，最大拉力时延伸率，耐热度，低温柔度，不透水性。

四 屋面保温层和防水层施工的自然环境要求

屋面工程一般为露天施工，雨、雪、霜、雾、大风等对防水质量影响极大，基层含水率增大或湿度过大，会造成防水层与基层黏结不牢，大风容易将尘埃、砂粒带到基层面上，同样会降低基层的粘结强度。温差太大，如气温过低，会影响卷材与基层的黏结力，施涂防水涂料会延长涂膜固化时间。气温太高，涂层容易出现开裂。为了保证屋面工程的防水质量，故**严禁在雨天、雪天和五级风及其以上时施工，施工环境气温宜符合表2-118的规定要求。**

屋面保温层和防水层施工环境气温 表2-118

项　　目	施工环境气温
粘结保温层	热沥青不低于－10℃；水泥砂浆不低于5℃
沥青防水材料	不低于5℃
高聚物改性沥青防水卷材	冷粘法不低于5℃；热熔法不低于－10℃
合成高分子防水卷材	冷粘法不低于5℃；热风焊接法不低于－10℃
高聚物改性沥青防水涂料	溶剂型不低于－5℃，水溶型不低于5℃
合成高分子防水涂料	溶剂型不低于－5℃，水溶型不低于5℃
刚性防水层	不低于5℃

五 屋面子分部工程和分项工程的划分

子分部工程是根据材料种类、施工特点、专业类别划分的，分项工程的划分主要是为了符合施工实际和控制质量。

屋面子分部工程和分项工程的划分应符合表 2-119 的规定。

屋面子分部工程和分项工程的划分 表 2-119

分部工程	子分部工程	分项工程
屋面工程	卷材防水屋面	保温层,找平层,卷材防水层,细部构造
	涂膜防水屋面	保温层,找平层,涂膜防水层,细部构造
	刚性防水屋面	细石混凝土防水层,密封材料嵌缝,细部构造
	瓦屋面	平瓦屋面,油毡瓦屋面,金属板材屋面,细部构造
	隔热屋面	架空屋面,蓄水屋面,种植屋面

六 检查数量

屋面工程各分项工程的施工质量检验批量应符合下列规定:

(1)卷材防水屋面、涂膜防水屋面、刚性防水屋面、瓦屋面和隔热屋面工程,应按屋面面积每 100m² 抽查一处,每处 10m²,且不得少于 3 处。

(2)接缝密封防水,每 50m² 应抽查一处,每处 5m²,且不得少于 3 处。

(3)细部构造根据分项工程的内容,应全部进行检查。

细部构造是屋面工程中最容易出现渗漏的薄弱环节。在渗漏的屋面工程中,70%以上是节点渗漏。所以,对于细部构造每一个地方都不允许渗漏。如水落口不管有多少个,一个也不允许渗漏;天沟、檐沟必须保证纵向找坡符合设计要求,才能排水畅通、沟中不积水。鉴于较难用检查的百分率来确定屋面防水细部构造的整体质量,所以规范明确规定细部构造应按全部进行检查,以确保屋面工程的质量。

关于屋面工程的验收程序和组织以及质量验收合格判定等要求,本节不再重复,和前面有关内容一致。

第二节 卷材防水屋面子分部工程

卷材防水屋面的构造做法较多,无论哪一种做法,找平层是必不可少的层次,因为它是卷材防水层的基层;另外,保温层是保温屋面的基本构造层次。

故卷材防水屋面子分部工程根据设计要求可能包括找平层、保温层、卷材防水层、细部构造等分项工程。细部构造分项工程的检查验收见本章后面有关内容。

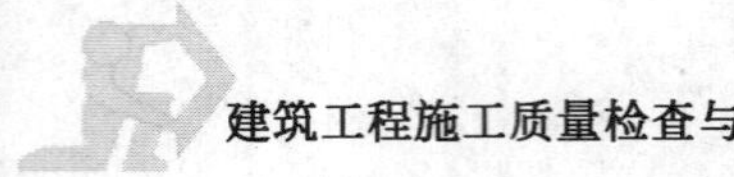

一 屋面找平层分项工程

1. 一般规定

(1)屋面找平层适用于防水层基层采用水泥砂浆、细石混凝土或沥青砂浆的整体找平层。

(2)找平层的厚度和技术要求应符合表 2-120 的规定。

找平层的厚度和技术要求　　表 2-120

类　别	基 层 种 类	厚度(mm)	技 术 要 求
水泥砂浆找平层	整体混凝土	15～20	1∶2.5～1∶3(水泥∶砂)体积比,水泥强度等级不低于 32.5 级
	整体或板状材料保温层	20～25	
	装配式混凝土板,松散材料保温层	20～30	
细石混凝土找平层	松散材料保温层	30～35	混凝土强度等级不低于 C20
沥青砂浆找平层	整体混凝土	15～20	1∶8(沥青∶砂)质量比
	装配式混凝土板,整体或板状材料保温层	20～25	

(3)找平层的基层采用装配式钢筋混凝土板时,应符合下列规定:

①板端、侧缝应用细石混凝土灌缝,其强度等级不应低于 C20。

②板缝宽度大于 40mm 或上窄下宽时,板缝内应设置构造钢筋。

③板端缝应进行密封处理。

目前国内很少使用小型预制构件作为结构层,但大跨度预应力多孔板和大型屋面板装配式结构仍在使用,为了获得整体性和刚度好的基层,对板缝的灌缝作了详细具体规定。

当板缝过宽或上窄下宽时,灌缝的混凝土干缩受振动后容易掉落,故需在缝内配筋。板端缝处是变形最大的部位,板在长期荷载作用下的挠曲变形会导致板与板间的接头缝隙增大,此处必须进行密封处理。

(4)找平层的排水坡度应符合设计要求。平屋面采用结构找坡不应小于 3%,采用材料找坡宜为 2%;天沟、檐沟纵向找坡不应小于 1%,沟底水落差不得超过 200mm。

平屋面在建筑功能许可情况下应尽量作成结构找坡,坡度应尽量大些,坡度过小施工不易准确,所以规定不应小于 3%。材料找坡时,为了减轻屋面荷载,坡度规定宜为 2%。天沟、檐沟的纵向坡度不能过小,否则容易导致施工时找坡困难而造成积水,防水层长期被水浸泡会加速损坏。

(5)基层与突出屋面结构(女儿墙、山墙、天窗壁、变形缝、烟囱等)的交接处和基层的转角处,找平层均应做成圆弧形,圆弧半径应符合表 2-121 的要求。内

部排水的水落口周围，找平层应做成略低的凹坑。

转角处圆弧半径　　表 2-121

卷 材 种 类	圆弧半径(mm)
沥青防水卷材	100～150
高聚物改性沥青防水卷材	50
合成高分子防水卷材	20

(6)找平层宜设分格缝，并嵌填密封材料。分格缝应留设在板端缝处，其纵横缝的最大间距：水泥砂浆或细石混凝土找平层，不宜大于 6m；沥青砂浆找平层，不宜大于 4m。

由于找平层收缩和温差的影响。水泥砂浆或细石混凝土找平层应预先留设分格缝，使裂缝集中于分格缝中，减少找平层大面积开裂的可能；沥青砂浆在低温时收缩更大，所以间距规定较小。其缝宽宜为 20mm，并填嵌密封材料。同时，为了变形集中，分格缝应留在结构变形最易发生负弯矩的板端处。

2. 屋面找平层分项工程检验批

屋面找平层分项工程检验批质量检验标准和检验方法见表 2-122。

屋面找平层分项工程检验批质量检验标准和检验方法　　表 2-122

项	序号	项　目	合格质量标准	检 验 方 法	检 查 数 量
主控项目	1	材料质量及配合比	找平层的材料质量及配合比，必须符合设计要求	检查出厂合格证、质量检验报告和计量措施	按屋面面积每 $100m^2$ 抽查 1 处，每处 $10m^2$，且不得少于 3 处
	2	排水坡度	屋面(含天沟、檐沟)找平层的排水坡度，必须符合设计要求	用水平仪(水平尺)、拉线和尺量检查	
一般项目	1	交接处的转角处细部处理	基层与突出屋面结构的交接处和基层的转角处，均应做成圆弧形，且整齐平顺	观察和尺量检查	
	2	表面质量	水泥砂浆、细石混凝土找平层应平整、压光，不得有酥松、起砂、起皮现象；沥青砂浆找平层不得有拌和不匀、蜂窝现象	观察检查	
	3	分格缝位置和间距	找平层分格缝的位置和间距应符合设计要求	观察和尺量检查	
	4	表面平整度允许偏差	找平层表面平整度的允许偏差为 5mm	用 2m 靠尺和楔形塞尺检查	

关于屋面找平层分项工程检验批质量检验的说明：

(1)主控项目第一项

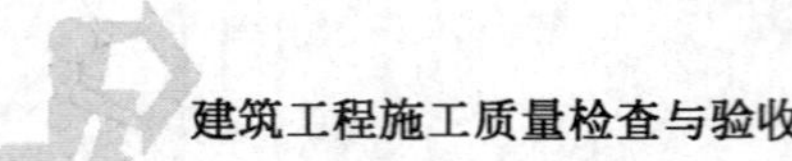

水泥和砂的质量标准参见《混凝土结构工程》。水泥砂浆找平层采用1：2.5～1：3(水泥：砂)体积比,水泥强度等级不得低于32.5级;找平层采用强度等级不得低于C20的细石混凝土;沥青砂浆找平层采用1：8(沥青：砂)质量比,沥青可采用10号、30号的建筑石油沥青或其熔合物,具体材质及配合比应符合设计要求。水泥砂浆找平层宜掺微膨胀剂。

(2)主控项目第二项

屋面(含天沟、檐沟)找平层的坡度,必须符合设计要求。卷材屋面的坡度不宜超过25%,当不能满足坡度要求时应采取防止卷材下滑的措施。平屋面的排水坡度:结构找坡不应小于3%;材料找坡宜为2%。

平屋面宜由结构找坡。当用材料找坡时,可用轻质材料或保温层找坡。

天沟、檐沟纵向坡度不应小于1%;沟底水落差不得超过200mm。天沟、檐沟排水不得流经变形缝和防火墙。内落水的水落斗周围应使用轻混凝土或细石混凝土做成半径为0.5m,坡度大于5%的杯形坡。

(3)一般项目第一项

基层与突出屋面结构的连接处和基层转角处,找平层应做成圆弧形,内部排水的水落口周围,找平层应做成略低的凹坑。

基层与突出屋面结构的女儿墙、山墙、天窗壁,变形缝、烟囱、管道等的连接处,以及在基层的转角处(檐口、天沟、斜沟、水落口、屋脊等)沥青防水材料均应做成半径为100～150 mm的圆弧高聚物改性沥青,合成高分子防水卷材分别做成半径50mm、20mm的圆弧。如果半径过小,粘贴油毡时往往不易使油毡贴紧,造成胶结料堆积,容易流淌;半径过大,则造成浪费。

对基层与突出屋面的结构应在屋面卷材铺贴前做完圆弧或钝角,以保证防水层的质量。

(4)一般项目第二项

由于目前一些施工单位对找平层质量不够重视,致使水泥砂浆、细石混凝土找平层的表面有酥松、起砂、起皮和裂缝现象,直接影响防水层和基层的粘结质量或导致防水层开裂。

对找平层的质量要求,除排水坡度满足设计要求外,还规定找平层要在收水后二次压光,使表面坚固密实、平整;水泥砂浆终凝后,应采取浇水、覆盖浇水、喷养护剂、涂刷冷底子油等手段充分养护,保证砂浆中的水泥充分水化,以确保找平层质量。

影响水泥砂浆质量的主要因素有原材料的质量,配合比,搅拌是否均匀,铺设是否压实,有无认真养护等。施工时应清理干净,夏季施工时应湿润表面,水泥砂浆铺设前,先刷水灰比为0.4～0.5的水泥净浆,随即铺设水泥砂浆,并粉平压实，粉平时严禁在表面洒水。

(5)一般项目第三项

卷材防水层的不规则拉裂是由于找平层开裂造成的；而水泥砂浆找平层的开裂又是难以避免的。找平层合理分格后，可将裂缝集中到分格缝处，便于集中处理。分格缝一般以屋架或承重墙间距为界。如将分格缝留设在预制板支承边的拼缝处，缝宽一般为 20mm。纵横向的最大间距规定：水泥砂浆或细石混凝土找平层不宜大于 6m，沥青找平层不宜大于 4m。分格缝应附加 200～300mm 宽的油毡，用沥青胶结材料单边点贴覆盖。

 屋面保温层分项工程

1. 一般规定

(1)屋面保温层适用于松散、板状材料或整体现浇(喷)保温层。

(2)保温层应干燥，封闭式保温层的含水率应相当于该材料在当地自然风干状态下的平均含水率。

保温材料受潮后，其孔隙中存在水蒸气和水，含水率对导热系数的影响颇大，特别是负温度下更使导热系数增大，为保证建筑的保温效果，就有必要规定保温层含水率限值。保温材料在自然环境下，因空气的温度而具有一定的含水率。

(3)屋面保温层干燥有困难时，应采用排汽措施。

当屋面保温层(指正置式或封闭式)含水率过大、且不易干燥时，则应该采取措施进行排汽。排汽目的是：①因为保温材料含水率过大，保温性能降低，达不到设计要求。②当气温升高，水分蒸发，产生气体膨胀后使防水层鼓泡而破坏。

(4)倒置式屋面应采用吸水率小、长期浸水不腐烂的保温材料。保温层上应用混凝土等块材、水泥砂浆或卵石做保护层；卵石保护层与保温层之间，应干铺一层无纺聚酯纤维布做隔离层。

倒置式屋面指将保温层设置在防水层上面的屋面。

低吸水率的材料和长期浸水不腐烂的保温材料有闭孔泡沫玻璃、聚苯泡沫板、硬质聚氨酯泡沫板等几种。

(5)松散材料保温层施工应符合下列规定：

①铺设松散材料保温层的基层应平整、干燥和干净。

②保温层含水率应符合设计要求。

③松散保温材料应分层铺设并压实，压实的程度与厚度应经试验确定。

④保温层施工完成后，应及时进行找平层和防水层的施工；雨季施工时，保

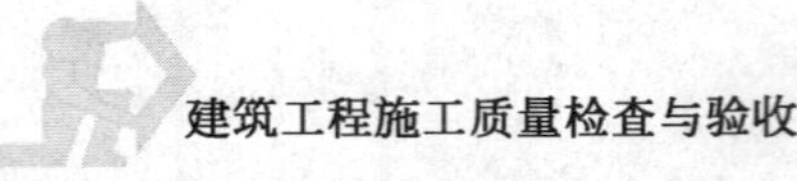

温层应采取遮盖措施。

(6)板状材料保温层施工应符合下列规定:

①板状材料保温层的基层应平整、干燥和干净。

②板状保温材料应紧靠在需保温的基层表面上,并应铺平垫稳。

③分层铺设的板块上下层接缝应相互错开;板间缝隙应采用同类材料嵌填密实。

④粘贴的板状保温材料应贴严、粘牢。

(7)整体现浇(喷)保温层施工应符合下列规定:

①沥青膨胀蛭石、沥青膨胀珍珠岩宜用机械搅拌,并应色泽一致,无沥青团;压实程度根据试验确定,其厚度应符合设计要求,表面应平整。

②硬质聚氨酯泡沫塑料应按配比准确计量,发泡厚度均匀一致。

整体现浇(喷)保温层所给出的两种材料,一种是沥青膨胀蛭石(珍珠岩),一种是硬泡聚氨酯,它们都是吸水率低的材料。而水泥珍珠岩、水泥蛭石施工后,其含水率可高达100%以上,且吸水率也很大,不能保证保温功能,如基层质量有问题还会引起渗水,故应逐步淘汰。保证现浇保温层质量的关键,是表面平整和厚度满足设计要求。

2.屋面保温层分项工程检验批质量检验标准

屋面保温层分项工程检验批质量检验标准和检验方法见表2-123。

屋面保温层分项工程检验批质量检验标准和检验方法　　表2-123

项	序号	项　目	合格质量标准	检验方法	检查数量
主控项目	1	材料质量	保温材料的堆积密度或表观密度、导热系数以及板材的强度、吸水率,必须符合设计要求	检查出厂合格证、质量检验报告和现场抽样复验报告	按屋面面积每100m²抽查1处。每处100m²,且不得少于3处
	2	保温层含水率	保温层的含水率必须符合设计要求	检查现场抽样检验报告	
一般项目	1	保温层铺设	保温层的铺设应符合下列要求 (1)松散保温材料:分层铺设,压实适当,表面平整,找坡正确。 (2)板状保温材料:紧贴(靠)基层,铺平垫稳,拼缝严密,找坡正确。 (3)整体现浇保温层:拌和均匀,分层铺设,压实适当,表面平整,找坡正确	观察检查	
	2	倒置式屋面保护层	当倒置式屋面保护层采用卵石铺压时。卵石应分布均匀,卵石的质量应符合设计要求	观察检查和按堆积密度计算其质(重)量	

续上表

项	序号	项　　目	合格质量标准	检 验 方 法	检查数量
一般项目	3	保温层厚度允许偏差	保温层厚度的允许偏差：松散保温材料和整体现浇保温层为+10%，-5%；板状保温材料为±5%，且不得大于4mm	用钢针插入和尺量检查	按屋面面积每100m²抽查1处。每处100m²，且不得少于3处

关于屋面保温层分项工程检验批质量检验的说明：

(1)主控项目第一项

保温层可采用松散材料保温层、板状保温层或整体保温层。

当保温屋面的基层为装配式钢筋混凝土板时，应采用细石混凝土灌缝，其强度等级不应小于C20。灌缝的细石混凝土宜掺微膨胀剂。当屋面板缝宽度大于40mm或上窄下宽时，板缝内应设置构造钢筋。

(2)主控项目第二项

保温材料的干湿程度与导热系数关系很大，限制含水率是保证工程质量的重要环节。材料在当地自然风干状态下的平衡含水率视为合格的含水率。具体地讲，当采用有机胶结材料时，保温层的含水率不得超过5%；当采用无机胶结材料时，保温层的含水率不得超过20%。

含水率的检查较为简单，检查时查验检验报告，含水率小于以上规定视为合格，否则应待干燥后再施工。

(3)一般项目第一项

①松散保温材料。要求分层铺设，压实适当，表面平整，找坡正确。

②板状保温材料。要求紧贴(靠)基层，铺平垫稳，找坡正确，上下层错缝并填嵌密实。

(4)一般项目第二项

保温层厚度直接影响屋面保温的效果，检查时应实测厚度的偏差，过厚浪费材料，过薄则达不到设计要求。

(5)一般项目第三项

倒置式屋面当保护层采用卵石铺压时，卵石铺设应防止过量，以免加大屋面荷载，致使结构开裂或变形过大，故应注意。

屋面保温层分项工程检验批质量验收记录和填写范例略。

三 卷材防水层分项工程

卷材防水层适用于防水等级为Ⅰ～Ⅳ级的屋面防水。如屋面防水层采用多道设防时,可采用同种卷材叠层或不同卷材复合,也可以采用卷材和涂膜复合及刚性防水和卷材复合,复合有利于材性互补,对防水有利。

1. 一般规定

(1)卷材防水层适用于防水等级为Ⅰ～Ⅳ级的屋面防水。

(2)卷材防水层应采用高聚物改性沥青防水卷材、合成高分子防水卷材或沥青防水卷材。所选用的基层处理剂、接缝胶粘剂、密封材料等配套材料应与铺贴的卷材材性相容。

(3)在坡度大于25%的屋面上采用卷材作防水层时,应采取固定措施。固定点应密封严密。

卷材屋面坡度超过25%时,常发生下滑现象,故应采取防止下滑措施。防止卷材下滑的措施除采取满粘法外,目前还有钉压固定等方法,固定点亦应封闭严密。

(4)铺设屋面隔气层和防水层前,基层必须干净、干燥。

干燥程度的简易检验方法,是将1m^{2}卷材平地干铺在找平层上,静置3～4h后掀开检查,找平层覆盖部位与卷材上未见水印即认为干燥。

(5)卷材铺贴方向应符合下列规定:

①屋面坡度小于3%时,卷材宜平行屋脊铺贴。

②屋面坡度在3%～15%时,卷材可平行或垂直屋脊铺贴。

③屋面坡度大于15%或屋面受震动时,沥青防水卷材应垂直屋脊铺贴,高聚物改性沥青防水卷材和合成高分子防水卷材可平行或垂直屋脊铺贴。

④上下层卷材不得相互垂直铺贴。

(6)卷材厚度选用应符合表2-124的规定。

卷材厚度选用表　　表2-124

屋面防水等级	设防道数	合成高分子防水卷材	高聚物改性沥青防水卷材	沥青防水卷材
Ⅰ级	三道或三道以设防	不应小于1.5mm	不应小于3mm	—
Ⅱ级	两道设防	不应小于1.2mm	不应小于3mm	—
Ⅲ级	一道设防	不应小于1.2mm	不应小于4mm	三毡四油
Ⅳ级	一道设防	—	—	二毡三油

(7)铺贴卷材采用搭接法时，上下层及相邻两幅卷材的搭接缝应错开。各种卷材搭接宽度应符合表 2-125 的要求。

卷材搭接宽度(mm)　　表 2-125

卷材种类 \ 铺贴方法		短边搭接		长边搭接	
		满粘法	空铺、点粘、条粘法	满粘法	空铺、点粘、条粘法
沥青防水卷材		100	150	70	100
高聚物改性沥青防水卷材		80	100	80	100
合成高分子防水卷材	胶粘剂	80	100	80	100
	胶粘带	50	60	50	60
	单缝焊	60,有效焊接宽度不小于 25			
	双缝焊	80,有效焊接宽 10×2＋空腔宽			

注：本表摘自《屋面工程质量验收规范》(GB 50207—2002)。

(8)冷粘法铺贴卷材应符合下列规定：

①胶粘剂涂刷应均匀，不露底，不堆积。

②根据胶粘剂的性能，应控制胶粘剂涂刷与卷材铺贴的间隔时间。

③铺贴的卷材下面的空气应排尽，并辊压粘结牢固。

④铺贴卷材应平整顺直，搭接尺寸准确，不得扭曲、皱折。

⑤接缝口应用密封材料封严，宽度不应小于 10mm。

采用冷粘法铺贴卷材时，胶粘剂的涂刷质量对保证卷材防水施工质量关系极大，涂刷不均匀、有堆积或漏涂现象时，不但影响卷材的黏结力，还会造成材料浪费。

根据胶粘剂的性能和施工环境要求不同，有的可以在涂刷后立即粘贴，有的要待溶剂挥发后粘贴，间隔时间还和气温、湿度、风力等因素有关。因此，要求控制好间隔时间。

卷材防水搭接缝的粘结质量，关键是搭接宽度和粘结密封性能。搭接缝平直、不扭曲，才能使搭接宽度有起码的保证；涂满胶粘剂、粘结牢固、溢出胶粘剂，才能证明粘结牢固、封闭严密。为保证搭接尺寸，一般在已铺卷材上以规定的搭接宽度弹出粉线作为标准。卷材铺贴后，要求接缝口用宽 10mm 的密封材料封严，以提高防水层的密封抗渗性能。

(9)热熔法铺贴卷材应符合下列规定：

①火焰加热器加热卷材应均匀，不得过分加热或烧穿卷材；厚度小于 3mm 的高聚物改性沥青防水卷材严禁采用热熔法施工。

②卷材表面热熔后应立即滚铺卷材，卷材下面的空气应排尽，并辊压粘结牢固，不得空鼓。

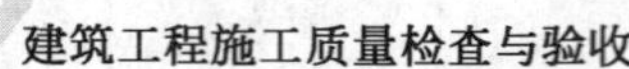

③卷材接缝部位必须溢出热熔的改性沥青胶。

④铺贴的卷材应平整顺直,搭接尺寸准确,不得扭曲、皱折。

施工加热时卷材幅宽内必须均匀一致,要求火焰加热器的喷嘴与卷材的距离应适当,加热至卷材表面有光亮黑色时方可以粘合。若熔化不够,会影响卷材接缝的粘结强度和密封性能;加温过高,会使改性沥青老化变焦且把卷材烧穿。

因表面层所涂覆的改性沥青热熔胶较薄,采用热熔法施工容易把胎体增强材料烧坏,使其降低乃至失去拉伸强度,从而严重影响卷材防水层的质量。因此,对厚度小于 3mm 的高聚物改性沥青防水卷材,作出严禁采用热熔法施工的规定。铺贴卷材时应将空气排出,才能粘贴牢固;滚铺卷材时缝边必须溢出热熔的改性沥青胶,使接缝粘结牢固、封闭严密。

为保证铺贴的卷材平整顺直,搭接尺寸准确,不发生扭曲,应沿预留的或现场弹出的粉线作为标准进行施工作业。

(10)自粘法铺贴卷材应符合下列规定:

①铺贴卷材前基层表面应均匀涂刷基层处理剂,干燥后应及时铺贴卷材。

②铺贴卷材时,应将自粘胶底面的隔离纸全部撕净。

③卷材下面的空气应排尽,并辊压粘结牢固。

④铺贴的卷材应平整顺直,搭接尺寸准确,不得扭曲、皱折,搭接部位宜采用热风加热,随即粘贴牢固。

⑤接缝口应用密封材料封严,宽度不应小于 10mm。

首先将隔离纸撕净,否则不能实现完全粘贴。为了提高卷材与基层的粘结性能,基层涂刷处理剂,并及时铺贴卷材。为保证接缝粘结性能,搭接部位提倡采用热风加热,尤其在温度较低时施工,这一措施就更为必要。

采用这种铺贴工艺,考虑到施工的可靠度、防水层的收缩,以及外力使缝口翘边开缝的可能,要求接缝口用密封材料封严,以提高其密封抗渗的性能。

在铺贴立面或大坡面卷材时,立面和大坡面处卷材容易下滑,可采用加热方法使自粘卷材与基层粘结牢固,必要时还应采用钉压固定等措施。

(11)卷材热风焊接施工应符合下列规定:

①焊接前卷材的铺设应平整顺直,搭接尺寸准确,不得扭曲、皱折。

②卷材的焊接面应清扫干净,无水滴、油污及附着物。

③焊接时应先焊长边搭接缝,后焊短边搭接缝。

④控制热风、加热温度和时间,焊接处不得有漏焊、跳焊、焊焦或焊接不牢现象。

⑤焊接时不得损害非焊接部位的卷材。

为使接缝焊接牢固、封闭严密,应将接缝表面的油污、尘土、水滴等附着物擦拭干净后，才能进行焊接施工。焊接前卷材的铺设应正确，不得扭曲。同时，焊接速度与热风温度、操作人员的熟练程度关系极大，焊接施工时必须严格控制，绝不能出现漏焊、跳焊、焊焦或焊接不牢等现象。

(12)沥青玛碲脂的配制和使用应符合下列规定：

①配制沥青玛碲脂的配合比应视使用条件、坡度和当地历年极端最高气温，并根据所用的材料经试验确定；施工中应按确定的配合比严格配料，每工作班均应检查软化点和柔韧性。

②热沥青玛碲脂的加热温度不应高于 240℃，使用温度不应低于 190℃。

③冷沥青玛碲脂应涂刮均匀，不得过厚或堆积。

粘结层厚度：热沥青玛碲脂宜为 1～1.5mm，冷沥青玛碲脂宜为 0.5～1mm。

面层厚度：热沥青玛碲脂宜为 2～3mm，冷沥青玛碲脂为 1～1.5mm。

粘贴各层沥青防水卷材和粘结绿豆砂保护层采用沥青玛碲脂，其标号应根据屋面的使用条件、坡度和当地历年极端最高气温按表 2-126 选用。

沥青玛碲脂选用标号 表 2-126

屋面坡度	历年极端最高气温	沥青玛碲脂标号
2%～3%	小于 38℃	S-60
	38～41℃	S-65
	41～45℃	S-70
3%～15%	小于 38℃	S-65
	38～41℃	S-70
	41～45℃	S-75
15%～25%	小于 38℃	S-75
	38～41℃	S-80
	41～45℃	S-85

注：1. 卷材防水层上有块体保护层或整体刚性保护层时，沥青玛碲脂标号可按本表降低 5 号。

2. 屋面受其他热源影响（如高温车间等）或屋面坡度超过 25%时，应将沥青玛碲脂的标号适当提高。

沥青玛碲脂的质量要求见表 2-127。

沥青玛碲脂的质量要求 表 2-127

	S-60	S-65	S-70	S-75	S-80	S-85
耐热度	用 2mm 厚的沥青玛碲脂粘合两张沥青油纸，在不低于下列温度（℃）中，在 1∶1 坡度上停放 5h 后，沥青玛碲脂不应流淌，油纸不应滑动					
	60	65	70	75	80	85

续上表

	S-60	S-65	S-70	S-75	S-80	S-85
柔韧性	涂在沥青油纸上的 2mm 厚的沥青玛碲脂层，在 18±2℃时围绕下列直径（mm）的圆棒，用 2s 的时间以均衡速度弯成半周，沥青玛碲脂不应有裂纹					
	10	15	15	20	25	30
粘结力	用手将两张粘贴在一起的油纸慢慢地一次撕开，从油纸和沥青玛碲脂粘贴面的任何一面的撕开部分，应不大于粘贴面积的 1/2					

为确保沥青卷材防水层的质量，所选用的沥青玛碲脂应按配合比严格配料，每个工作班均应检查软化点和柔韧性。至于沥青玛碲脂耐热度和相对应的软化点关系数据，应由试验部门根据所用原材料试配后确定。热沥青玛碲脂的加热温度不得超过 240℃，否则会因油分挥发加速沥青玛碲脂的老化，影响了沥青玛碲脂的粘结性能；热沥青玛碲脂的使用温度也不得低于 190℃，否则会因黏度增加而不便于涂刷均匀，影响了沥青玛碲脂对卷材的粘结性。同时，规定了冷、热沥青玛碲脂粘结层和面层的厚度，并要求涂刷均匀不得过厚或堆积，以确保沥青卷材防水层的质量。

(13)天沟、檐沟、檐口、泛水和立面卷材收头的端部应裁齐，塞入预留凹槽内，用金属压条钉压固定，最大钉距不应大于 900mm，并用密封材料嵌填封严。

(14)卷材防水层完工并经验收合格后，应做好成品保护。

保护层的施工应符合下列规定：

①绿豆砂应清洁、预热、铺撒均匀，并使其与沥青玛碲脂粘结牢固，不得残留未粘结的绿豆砂。

②云母或蛭石保护层不得有粉料，撒铺应均匀，不得露底，多余的云母或蛭石应清除。

③水泥砂浆保护层的表面应抹平压光，并设表面分格缝，分格面积宜为 $1m^2$。

④块体材料保护层应留设分格缝，分格面积不宜大于 $100m^2$，分隔缝宽度不宜小于 20mm。

⑤细石混凝土保护层，混凝土应密实，表面抹平压光，并留设分格缝，分格面积不大于 $36m^2$。

⑥浅色涂料保护层应与卷材粘结牢固，厚薄均匀，不得漏涂。

⑦水泥砂浆、块材或细石混凝土保护层与防水层之间应设置隔离层。

⑧刚性保护层与女儿墙、山墙之间应预留宽度为 30mm，并用密封材料嵌填严密。

为防止紫外光线对卷材防水层的直接照射并延长其使用年限，规定卷材防水层均应做保护层，并按保护层所采用材料不同分别作出规定。

用绿豆砂保护层，系传统的做法。据全国调查，许多工程因未能认真按规定施工而不能确保防水工程质量。绿豆砂保护层应铺撒均匀、粘结牢固，才能真正起到保护层的作用。由于近年来出现了冷沥青玛碲脂，这种胶结材料适用以云母或蛭石做保护层，根据调研效果可靠、工艺可行，可以使用。

水泥砂浆保护层由于水泥砂浆自身的干缩或温度变化影响，往往产生严重龟裂，且裂缝宽度较大，以致造成碎裂、脱落。根据工程实践经验，在水泥砂浆保护层上划分表面分格缝，将裂缝均匀分布在分格缝内，避免了大面积的表面龟裂，故在规范中列入了这一项行之有效的规定。

用块体材料做保护层时，在调研中发现往往因温度升高、膨胀致使块体隆起。因此，规范作出对块体材料保护层应留设分格缝的规定。

对现浇细石混凝土保护层分格面积作出了明确的规定。分格缝过密会给施工带来困难，也不容易确保质量，故根据多年的实践经验，将分格面积定 $36m^2$ 是适当的。

浅色涂料保护层要求将卷材表面清理干净，均匀涂刷保护涂料，确保涂层的质量要求。

根据历次对屋面工程的调查，发现许多工程的水泥砂浆、块材、细石混凝土等刚性保护层与女儿墙均未留空隙。当高温季节，刚性保护层热胀顶推女儿墙，有的还将女儿墙推裂造成渗漏；而在刚性保护层与女儿墙间留出空隙的屋面，均未见有推裂女儿墙的现象，故规定了刚性保护层与女儿墙之间应预留 30mm 以上空隙，并用密封材料封闭严密。另外，还强调在刚性保护层与柔性防水层之间设置隔离层的必要性，以保证刚性保护层胀缩变形时不致损坏防水层。

2. 卷材防水层分项工程检验批

卷材防水层分项工程检验批质量检验标准和检验方法见表 2-128。

卷材防水层分项工程检验批质量检验标准和检验方法 表 2-128

项	序号	项 目	合格质量标准	检 验 方 法	检查数量
主控项目	1	卷材及配套材料质量	卷材防水层所用卷材及其配套材料；必须符合设计要求	检查出厂合格证、质量检验报告和现场抽样复验报告	按屋面面积每 $100m^2$ 抽查 1 处，每处 $10m^2$，且不得少于 3 处
	2	卷材防水层	卷材防水层不得有渗漏或积水现象	雨后或淋水、蓄水检验	

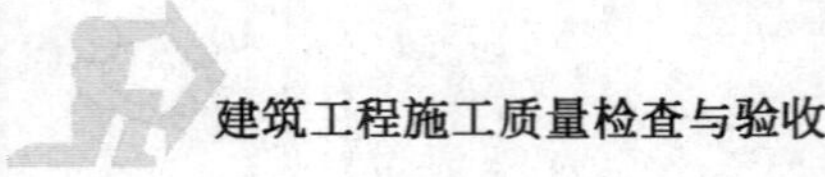

续上表

项	序号	项　目	合格质量标准	检 验 方 法	检查数量
主控项目	3	防水细部构造	卷材防水层在天沟、檐沟、檐口、水落口、泛水、变形缝和伸出屋面管道的防水构造，必须符合设计要求	观察检查和检查隐蔽工程验收记录	
一般项目	1	卷材搭接缝与收头质量	卷材防水层的搭接缝应粘(焊)结牢固，密封严密，不得有褶皱、翘边和鼓泡等缺陷；防水层的收头应与基层粘结并固定牢固，缝口封严，不得翘边	观察检查	
	2	卷材保护层	卷材防水层上的撒布材料和浅色涂料保护层应铺撒或涂刷均匀，黏结牢固；水泥砂浆、块材或细石混凝土保护层与卷材防水层间应设置隔离层；刚性保护层的分格缝留置应符合设计要求	观察检查	按屋面面积每 100m² 抽查 1 处，每处 10m²，且不得少于 3 处
	3	排汽屋面孔道留置	排汽屋面的排汽道应纵横贯通，不得堵塞。排气管应安装牢固，位置正确，封闭严密	观察检查	
	4	卷材铺贴方向及搭接宽度允许偏差	卷材的铺贴方向应正确，卷材搭接宽度的允许偏差为－10mm	观察和尺量检查	

关于卷材防水层分项工程检验批质量检验的说明：

(1)主控项目第一项

现场检查时，应查验：

①出厂合格证、质量检验报告，这两份内容由厂家提供，出厂合格证和质量检验报告也可合二为一，但质量指标应齐全。

②现场抽样复验报告是材料到现场后抽样复验的报告，一般情况下，抽样复验报告的指标是物理性能指标，而外观质量不在该报告中反映，因此，外观质量应现场检查，外观质量检查合格是物理性能检查的必要条件，也就是说如果外观不合格则该批材料不合格，则不必做物理性能指标就可退货，不能用于工程。

卷材防水层应采用高聚物改性沥青防水卷材、合成高分子防水卷材或沥青防水卷材。

(2)主控项目第二项

屋面漏水情况、屋面卷材防水层漏水情况，应在施工过程中加强质量控制、严格质量检查、监督，屋面卷材防水层渗漏的现象及原因如下：

①山墙、女儿墙部位漏水。卷材收口处张口、没有钉牢；封口砂浆开裂、剥

落、木条腐烂，失去作用，山墙或女儿墙与屋面板缺乏牢固拉结，转角处没有做成钝角；垂直面卷材与屋面卷材没有分层搭槎；没有撒铺垂直面的绿豆砂；压顶板滴水线破损或做法不正确，雨水沿墙进入卷材层。

②天沟漏水。天沟纵向找坡小于5‰，甚至有倒坡、落水口高于天沟面，落水口四周卷材粘贴不严或卷材铺贴层数不够，天沟排水不畅或漏水。

③变形缝漏水。屋面变形缝如伸缩缝、沉降缝等没有做干铺卷材层，铁皮没有向顺水方向搭接，铁皮安装不牢固，变形缝长度方向未按规定找坡，甚至往中间泛水；变形缝上卷材该断未断；变形缝发生变形时卷材被拉裂，造成漏雨。

④屋面卷材层漏水。卷材铺贴时搭接长度不够，封口不严，有翘边现象，上下层卷材接缝未错开或错开位置不够。

检验屋面有无渗漏和积水、排水系统是否通畅，可在雨后或持续淋水2h以后进行。有可能做蓄水检验的屋面，其蓄水时间不应少于24h。

(3)主控项目第三项

天沟、檐沟、檐口、水落口、泛水、变形缝和伸出屋面管道等处，是当前屋面防水工程渗漏最严重的部位。因此，卷材屋面的防水构造设计应符合下列规定：

①应根据屋面的结构变形、温差变形、干缩变形和震动等因素，使节点设防能够满足基层变形的需要。

②应采用柔性密封、防排结合、材料防水与构造防水相结合的做法。

③应采用防水卷材、防水涂料、密封材料和刚性防水材料等材性互补并用的多道设防(包括设置附加层)。

上述防水构造的施工尚应符合后面细部构造的规定。

(4)一般项目第一项

天沟、檐沟与屋面交接处常发生裂缝，在这个部位应采用增铺卷材或防水涂膜附加层。由于卷材铺贴较厚，檐沟卷材收头又在沟邦顶部，不采取固定措施就会由于卷材的弹性发生翘边脱落现象。

卷材在泛水处应采用满粘，防止立面卷材下滑。收头密封形式还应根据墙体材料及泛水高度确定。

①女儿墙较低，卷材铺到压顶下，其上用金属或钢筋混凝土等盖压。

②墙体为砖砌时，应预留凹槽将卷材收头压实，用压条钉压，密封材料封严，抹水泥砂浆或聚合物砂浆保护。凹槽距屋面找平层高度不应小于250mm。

③墙体为混凝土时，卷材的收头可采用金属压条钉压，并用密封材料封固。

油毡铺贴前，应按设计要求涂刷冷底子油，如设计无要求则应符合下列规定：

①基层处理剂的选择应与卷材的材性相容。

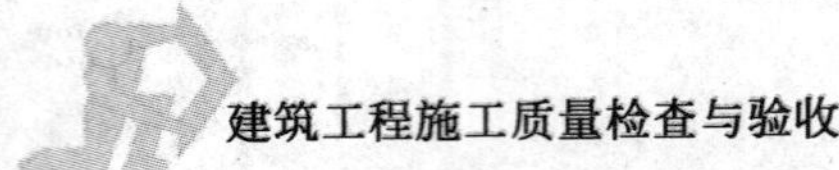

②基层处理剂可采取喷涂法或涂刷法施工。喷、涂应均匀一致。当喷、涂两遍时，第二遍喷、涂应在第一遍干燥后进行。待最后一遍喷、涂干燥后，方可铺贴卷材。

③喷、涂基层处理剂前，应用毛刷对屋面节点、周边、拐角等处先行涂刷。

卷材铺设方向应符合一般规定第5条。

屋面防水层施工时，应先做好节点、附加层和屋面排水比较集中部位（屋面与水落口连接处、檐口、天沟、檐沟、屋面转角处、板端缝等）的处理，然后由屋面最低标高处向上施工。铺贴天沟、檐沟卷材时，宜顺天沟、檐沟方向，减少搭接。

卷材搭接的方向、宽度和要求，应根据屋面坡度、年最大频率风向和卷材的材性决定：

①铺贴卷材应采用搭接法，上下层及相邻两幅卷材的搭接缝应错开。平行于屋脊的搭接缝应顺流水方向搭接；垂直于屋脊的搭接缝应顺年最大频率风向搭接。

②各种卷材搭接宽度应符合表2-125的要求。卷材搭接宽度的允许偏差为－10mm。

③高聚物改性沥青防水卷材和合成高分子防水卷材的搭接缝，宜用材性相容的密封材料封严。

④叠层铺设的各层卷材，在天沟与屋面的连接处，应采用叉接法搭接，搭接缝应错开；接缝宜留在屋面或天沟侧面，不宜留在沟底。

在铺贴卷材时，不得污染檐口的外侧和墙面。

(5)一般项目第三项

排汽孔道可以使基层中的水分蒸发后沿着排汽道排出，对防止卷材屋面起鼓和减少开裂有良好的作用。为了使基层(包括保温层、找平层)的含水率下降，达到自然风干状态：要求排汽道纵横贯通，不得堵塞，并与大气连通的排气孔相通。

排气孔一般安装在屋面中间，安装必须牢固，并有防水措施。

找平层设置的分格缝可兼做排气道，排汽道间距宜为6m，纵横设置。屋面面积每36m^{2}宜设一个排气出口。

排气出口应埋设排汽管，排气管应设置在结构层上，穿过保温层的管壁应设排气孔，以保证排汽道的畅通。排气出口亦可设在檐口下或屋面排气道交叉处。

排气管的安装必须牢固、封闭严密，否则会使排气管变成了进水孔，造成屋面漏水。

(6)一般项目第四项

搭接宽度见表2-125所示。

第三节　涂膜防水屋面子分部工程

防水涂料在常温下呈无定型液体，涂刷于基层表面能形成密封的防水膜。涂刷的基层或是找平层或是保温层。

一 屋面找平层分项工程

找平层、保温层的质量要求应符合本章第二节找平层相关规定。

二 屋面保温层分项工程

找平层、保温层的质量要求应符合本章第二节保温层相关规定。

三 涂膜防水层分项工程

1. 一般规定

(1)涂膜防水屋面适用于防水等级为 I～IV 级屋面防水。

涂膜防水层用于 III、IV 级防水屋面时均可单独采用一道设防，也可用于 I、II 级屋面多道防水设防中的一道防水层。两道以上设防时，防水涂料与防水卷材应采用相容类材料；涂膜防水层与刚性防水层之间（如刚性防水层在其上）应设隔离层；防水涂料与防水卷材复合使用形成一道防水层，涂料与卷材应选择相容类材料。

(2)防水涂料应采用高聚物改性沥青防水涂料、合成高分子防水涂料。

将适用于涂膜防水层的涂料分成两类：

①高聚物改性沥青防水涂料：水乳型阳离子氯丁胶乳改性沥青防水涂料、溶剂型氯丁胶改性沥青防水涂料、再生胶改性沥青防水涂料、SBS(APP)改性沥青防水涂料等。

②合成高分子防水涂料：聚合物水泥防水涂料、丙烯酸酯防水涂料、单组分(双组分)聚氨酯防水涂料等。

除此之外，无机盐类防水涂料不适用于屋面防水工程；聚氯乙烯改性煤焦油防水涂料有毒并容易造成污染，施工时还需动用明火，目前已限制使用。

(3)防水涂膜施工应符合下列规定：

①涂膜应根据防水涂料的品种分层分遍涂布，不得一次涂成。

②应待先涂的涂层干燥成膜后，方可涂后一遍涂料。

③需铺设胎体增强材料时，屋面坡度小于15%时可平行屋脊铺设，屋面坡度大于15%时应垂直于屋脊铺设。

④胎体长边搭接宽度不应小于50mm，短边搭接宽度不应小于70mm。

⑤采用两层胎体增强材料时，上下层不得相互垂直铺设，搭接缝应错开，其间距不应小于幅宽的1/3。

防水涂膜在满足厚度要求的前提下，涂刷的遍数越多对成膜的密度越好。因此涂刷时应多遍涂刷，不论是厚质涂料还是薄质涂料均不得一次成膜；每遍涂刷应均匀，不得有露底、漏涂和堆积现象；多遍涂刷时，应待前一涂层干燥成膜后，方可涂刷后一遍涂料；两涂层施工间隔时间不宜过长，否则易形成分层现象。

屋面坡度小于15%时，胎体增强材料平行或垂直屋脊铺设应视方便施工而定；屋面坡度大于15%时，为防止胎体增强材料下滑应垂直于屋脊铺设。平行于屋脊铺设时，必须由最低标高处向上铺设，胎体增强材料顺着流水方向搭接，避免呛水；胎体增强材料铺贴时，应边涂刷边铺贴，避免两者分离；为了便于工程质量验收和确保涂膜防水层的完整性，规定长边搭接宽度不小于50mm，短边搭

接宽度不小于70mm，没有必要按卷材搭接宽度来规定。

当采用两层胎体增强材料时，上、下层不得垂直铺设，使其两层胎体材料同方向有一致的延伸性；上、下层的搭接缝应错开不小于1/3幅宽，避免上、下层胎体材料产生重缝及防水层厚薄不均匀。

(4)涂膜厚度选用应符合表2-129的规定。

涂膜厚度选用表 表2-129

屋面防水等级	设 防 道 数	高聚物改性沥青防水涂料	合成高分子防水涂料
I级	三道或三道以上设防	—	不应小于1.5 mm
II级	两道设防	不应小于3mm	不应小于1.5 mm
III级	一道设防	不应小于3mm	不应小于2mm
IV级	一道设防	不应小于2mm	

高聚物改性沥青防水涂料(如溶剂型和水乳型防水涂料)称之为薄质涂料，涂布固化后很难形成较厚的涂膜，但此类涂料对沥青进行了较好的改性，材料性能优于沥青基防水涂料。所以规定了在防水等级为II、III级屋面上使用时其厚度不应小于3mm，它可通过薄涂多次或多布多涂来达到厚度的要求。合成高分子防水涂料(如多组分聚氨酯防水涂料、丙烯酸酯类浅色防水涂料等)，其性能大大优于高聚物改性沥青防水涂料。由于合成高分子防水涂料价格较贵，所以规

定一道设防时其厚度不应小于 2mm，它可分遍涂刮来达到厚度的要求。合成高分子防水涂料与其他防水材料复合使用时的综合防水效果好，涂膜本身厚度可适当减薄一些，但不应小于 1.5mm。

(5)屋面基层的干燥程度应视所用涂料特性确定。当采用溶剂型涂料时，屋面基层应干燥。

一般来说，涂膜防水层基层含水率越低越有利于防水层与基层的粘结，涂膜防水层不易形成气泡。水乳型防水涂料或聚合物水泥防水涂料，对基层干燥程度的要求不如溶剂性防水涂料严格。当基层干燥程度不符合规范的要求时，防水涂膜施工应按产品说明书要求操作。

(6)多组分涂料应按配合比准确计量，搅拌均匀，并应根据有效时间确定使用量。

所谓多组分即两种或两种以上材料在现场混合搅拌形成的涂料。

采用多组分涂料时，由于各组分的配料计量不准和搅拌不均匀，将会影响混合料的充分反应，造成涂料性能指标下降。一般配成的涂料固化时间比较短，应按照一次涂布用量确定配料的多少，在固化前用完；已固化的涂料不能和未固化的涂料混合使用，否则将会降低防水涂膜的质量。当涂料黏度过大或涂料固化过快或过慢时，可分别加入适量的稀释剂、缓凝剂或促凝剂，调节黏度或固化时间，但不得影响防水涂膜的质量。

(7)天沟、檐沟、檐口、泛水和立面涂膜防水层的收头，应用防水涂料多遍涂刷或用密封材料封严。

(8)涂膜防水层完工并经验收合格后，应做好成品保护。保护层的施工应符合卷材防水一般规定中的相关规定。

2. 涂膜防水层分项工程检验批质量检验标准

涂膜防水层分项工程检验批质量检验标准和检验方法见表 2-130。

涂膜防水层分项工程检验批质量检验标准和检验方法 表 2-130

项	序号	项 目	合格质量标准	检验方法	检查数量
主控项目	1	涂料及膜体质量	防水涂料和胎体增强材料必须符合设计要求	检查出厂合格证、质量检验报告和现场抽样复验报告	按屋面面积每 100m² 抽查1处，每处 10m²，且不得少于 3 处
	2	涂膜防水层不得渗漏或积水	涂膜防水层不得有渗漏或积水现象	雨后或淋水、蓄水检验	
	3	防水细部构造	涂膜防水层在天沟、檐沟、檐口、水落口、泛水、变形缝和伸出屋面管道的防水构造，必须符合设计要求	观察检查和检查隐蔽工程验收记录	

续上表

项	序号	项　目	合格质量标准	检 验 方 法	检查数量
一般项目	1	涂膜施工	涂膜防水层与基层应粘结牢固，表面平整，涂刷均匀，无流淌、褶皱、鼓泡、露胎体和翘边等缺陷	观察检查	全数检查
	2	涂膜保护层	涂膜防水层上的撒布材料或浅色涂料保护层应铺撒或涂刷均匀，粘结牢固；水泥砂浆、块材或细石混凝土保护层与涂膜防水层间应设置隔离层；刚性保护层的分格缝留置应符合设计要求	观察检查	按屋面面积每 $100m^2$ 抽查 1 处。每处 $10m^2$，且不得少于 3 处
	3	涂膜厚度及最小厚度	涂膜防水层的平均厚度应符合设计要求，最小厚度应不小于设计厚度的 80%	针测法或取样量测	

关于涂膜防水层分项工程检验批质量检验的说明：

(1)主控项目第一项

防水涂料的质量指标是根据屋面工程的需要规定了的物理性能要求，而不是这些材料的全部指标和最高或最低标准要求。

(2)主控项目第二项

防水是屋面的主要功能之一，若涂膜防水层出现渗漏或积水现象，将是最大的弊病。检验屋面有无渗漏和积水、排水系统是否通畅，可在雨后或持续淋水 2h 以后进行。有可能作蓄水检验的屋面，其蓄水时间不应少于 24h。

(3)主控项目第三项

天沟、檐沟、檐口、水落口、泛水、变形缝和伸出屋面管道等处，是当前屋面防水工程渗漏最严重的部位。因此，卷材屋面的防水构造设计应符合下列规定：

①应根据屋面的结构变形、温差变形、干缩变形和震动等因素，使节点设防能够满足基层变形的需要。

②应采用柔性密封、防排结合、材料防水与构造防水相结合的做法。

③应采用防水卷材、防水涂料、密封材料和刚性防水材料等材料互补并用的多道设防(包括设置附加层)。

上述防水构造的施工尚应符合有关细部构造的规定。

(4)一般项目第一项

涂膜防水层合理使用年限长短的决定因素，除防水涂料技术性能外就是涂膜的厚度，涂膜防水层厚度应包括胎体厚度。检查时现场检测或检查取样检测的检测报告。

(5)一般项目第二项

观察检查涂膜防水层与基层粘贴情况，要求粘结牢固，表面平整，涂刷均匀，无流淌、皱折、鼓泡、露胎体和翘边等缺陷。

涂膜防水层成膜后如出现流淌、鼓泡、露体胎和翘边等缺陷，会降低防水工程质量而影响使用寿命。

关于涂膜防水层与基层粘结牢固的问题，考虑到防水涂料的粘结性是反映防水涂料性能优劣的一项重要指标，而且涂膜防水层施工时，基层可预见变形部位(如分格缝处)可采用空铺附加层。因此，验收时规定涂膜防水层与基层应粘结牢固是合理的要求。

(6)一般项目第三项

防水层上设置保护层可提高防水层的合理使用年限。如采用细砂等粉料作保护层，应在涂刮最后一遍涂料时边涂边撒布，使细砂等粉料与防水层粘结牢固，并要求撒铺均匀不得露底，起到长期保护防水层的作用。与防水层粘结不牢的细砂等粉料要待涂膜干燥后将多余的细砂等粉料及时清除掉，避免因雨水冲刷将多余的细砂等粉料堆积到水落口处，堵塞水落口或使屋面积水而影响排水效果。

第四节　刚性防水屋面子分部工程

刚性防水屋面是在基层上铺设的普通细石混凝土防水层、补偿收缩混凝土防水层等刚性材料做防水层的屋面工程。

刚性防水层由于使用刚性防水材料，抗拉强度低，干缩变形、温度变形及结构变形，容易产生裂缝，适用于防水等级为 I～III 级的屋面防水。对于防水等级为 II 级及其以上的重要建筑，要求与柔性防水材料结合，做到刚柔相济。刚性防水在 III 级屋面中应用比较广泛。不适用于在松散材料保温层做防水层，受较大震动或冲击的屋面、坡度大于 15%(因混凝土不容易振捣密实)，也不适宜做刚性防水屋面。

细石混凝土防水层的基层一般是水泥砂浆找平层分项工程(上撒细砂一层并干铺纸基油毡一层)，其应符合本章第二节水泥砂浆找平层的一般规定。

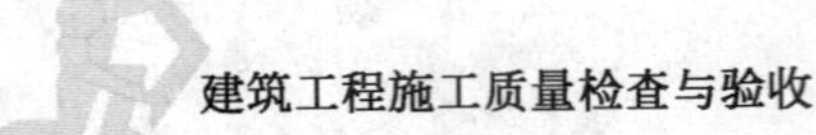

一 细石混凝土防水层分项工程

1.一般规定

(1)细石混凝土防水层适用于防水等级为I～III级的屋面防水;不适用于设有松散材料保温层、受较大振动或冲击以及坡度大于15%的建筑屋面。

细石混凝土防水层包括普通细石混凝土防水层和补偿收缩混凝土防水层。由于刚性防水材料的表观密度大、抗拉强度低、极限拉应力变小,常因混凝土的干缩变形、温度变形及结构变形而产生裂缝。因此,对于屋面防水等级为II级及其以上的重要建筑,只有在刚性与柔性防水材料结合做两道防水设防时方可使用。细石混凝土防水层所用材料易得,耐穿刺能力强,耐久性能好,维修方便,所以在III级屋面中应用较为广泛。为了解决细石混凝土防水层裂缝的问题,除采取设分格缝等构造措施外,还可加入膨胀剂拌制补偿收缩混凝土。由于混凝土防水层产生受力裂缝。故不得在松散材料保温层上做细石混凝土防水层。至于受较大振动或冲击屋面,易使混凝土产生疲劳裂缝;当屋面坡度大于15%时,混凝土不易振捣密实,所以均不能采用细石混凝土防水层。

(2)细石混凝土不得使用火山灰质水泥;当采用矿渣硅酸盐水泥时,应采用减少泌水性的措施。粗骨料含泥量不应大于1%,细骨料含泥量不应大于2%。

混凝土水灰比不应大于0.55;每立方米混凝土水泥用量不得少于330kg;含砂率宜为35%～40%;灰砂(水泥：砂)比宜为1：2～1：2.5;混凝土强度等级不应低于C20。

由于火山灰质水泥干缩率大、易开裂,所以在刚性防水屋面上不得采用。矿渣硅酸盐水泥泌水性大、抗渗性能差,应采用减少泌水性的措施。普通硅酸盐水泥或硅酸盐水泥早期强度高、干缩性小、性能较稳定、耐风化,同时比用其他品种水泥拌制的混凝土碳化速度慢,所以宜在刚性防水屋面上使用。

粗、细骨料的含泥量大小,直接影响细石混凝土防水层的质量。如粗、细骨料中的含泥量过大,则易导致混凝土产生裂纹。所以确定其含泥量要求时,应与强度等级等于或高于C30的普通混凝土相同。

提高混凝土的密实性,有利于提高混凝土的抗风化能力和减缓碳化速度,也有利于提高混凝土的抗渗性。混凝土水灰比是控制密度的决定性因素,过多的水分蒸发后在混凝土中形成微小的孔隙,降低了混凝土的密实性,故限定水灰比不得大于0.55。至于最小水泥用量、含砂率、灰砂比的限制,都是为了形成足够的水泥砂浆包裹粗骨料表面,并充分堵塞粗骨料间的空隙,以保证混凝土的密实性和提高混凝土的抗渗性。

(3)混凝土中掺加膨胀剂、减水剂、防水剂等外加剂时,应按配合比准确计量,投料顺序得当,并应用机械搅拌,机械振捣。

为了改善普通细石混凝土的防水性能,提倡在混凝土中加入膨胀剂、减水剂、防水剂等外加剂。外加剂掺量是关键的工艺参数,应按所选用的外加剂使用说明或通过试验确定掺量,并根据其说明书决定采用先掺法还是后掺法或同掺法,按配合比做到准确计量。

(4)细石混凝土防水层的分格缝,应设在屋面板的支承端、屋面转折处、防水层与突出屋面结构的交接处,不宜大于6m。分格缝内应嵌填密封材料。

混凝土构件受温度影响产生的热胀冷缩以及混凝土本身的干缩及荷载作用下挠曲引起的角度位,都能导致混凝土构件的板端裂缝,而装配式混凝土屋面适应变形的能力更差。在这些有规律的裂缝处设置分格缝,并用密封材料嵌填,以柔适变,刚柔结合,达到减少裂缝和增强防水的目的。分格缝的位置应设在变形较大或较易变形的屋面板支承端、屋面转折处、防水层与突出屋面结构的交接处。至于分格缝的间距,考虑到我国工业建筑柱网以6m为模数,而民用建筑的开间模数多数也小于6m,所以规定分格缝间距不宜大于6m,分隔缝中所用的嵌缝材料应有一定弹性,以适应变形的需要。

(5)细石混凝土防水层的厚度不应小于40mm,并应配置双向钢筋网片。钢筋网片在分格缝处应断开,其保护层厚度不应小于10mm。

细石混凝土防水层的厚度如小于40mm,则混凝土失水很快,水泥水化不充分,降低了混凝土的抗渗性能;而一些石子粒径可能超过细石混凝土防水层厚度的一半,上部水泥砂浆收缩后容易在此处出现微裂而造成渗水的通道,故细石混凝土防水层厚度不应小于40mm。

混凝土防水层中宜配置双向钢筋网片,当钢筋间距为100～200mm时,可满足刚性防水屋面的构造及计算要求。分格缝处钢筋断开的目的是利用各分格中的混凝土防水层能自由伸缩。

(6)细石混凝土防水层与立墙及突出屋面结构等交接处,均应做柔性密封处理;细石混凝土防水层与基层间宜设置隔离层。

刚性防水层与山墙、女儿墙以及突出屋面交接处变形复杂,易于开裂而造成渗漏。同时,由于刚性防水层温度和干湿变形,造成推裂女儿墙的现象,故在这些部位应留设缝隙,并用柔性密封材料进行处理,既留有伸缩余地也可做到防渗漏。

由于温差、干缩、荷载作用等因素,常使结构层发生变形、开裂导致刚性防水层产生裂缝。在刚性防水层与基层之间设置隔离层,这样防水层就可以自由伸缩,减少结构变形对刚性防水层产生的不利影响。补偿收缩混凝土防水层虽有

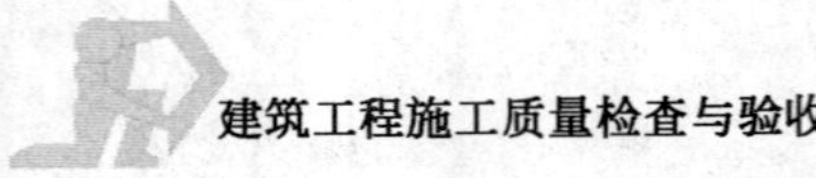

一定的抗裂性，但在刚性防水层与基层之间仍以设置隔离层为佳，隔离层设置的方法应符合设计要求。

2. 刚性防水层分项工程检验批质量检验标准

刚性防水层分项工程检验批质量检验标准和检验方法见表 2-131。

刚性防水层分项工程检验批质量检验标准和检验方法 表 2-131

项	序号	项目	合格质量标准	检验方法	检查数量
主控项目	1	材料质量及配合比	细石混凝土的原材料及配合比必须符合设计要求	检查出厂合格证、质量检验报告、计量措施和现场抽样复验报告	按屋面面积每 100m^2 抽查 1 处，每处不得少于 10m^2，且不得少于 3 处
	2	细石混凝土防水层不得渗漏或积水	**细石混凝土防水层不得有渗漏或积水现象**	雨后或淋水、蓄水检验	
	3	细部防水构造	细石混凝土防水层在天沟、檐沟、檐口、水落口、泛水、变形缝和伸出屋面管道的防水构造，必须符合设计要求	观察检查和检查隐蔽工程验收记录	
一般项目	1	防水层施工表面质量	细石混凝土防水层应表面平整、压实抹光，不得有裂缝、起壳、起砂等缺陷	观察检查	
	2	防水层厚度和钢筋位置	细石混凝土防水层的厚度和钢筋位置应符合设计要求	观察和尺量检查	
	3	分格缝位置和间距	细石混凝土分格缝的位置和间距应符合设计要求	观察和尺量检查	
	4	表面平整度允许偏差	细石混凝土防水层表面平整度的允许偏差为 5mm	用 2m 靠尺和楔形塞尺检查	

关于刚性防水层分项工程检验批质量检验的说明：

(1)主控项目第一项

细石混凝土是由水泥、细石、沙子、水、外加剂组成。应检查水泥、外加剂的出厂合格证，细石、沙子应有试验报告。混凝土原材料质量标准和混凝土强度评定检验参见《混凝土结构工程》。防水层的细石混凝土宜用普通硅酸盐水泥或硅酸盐水泥。

当采用矿渣硅酸盐水泥时应采取减小泌水性的措施；不得使用火山灰质硅

酸盐水泥。

混凝土的抗渗性是通过提高混凝土密实度来实现的。检查混凝土的质量，只检验抗压强度，不必测试抗渗强度等级。

(2)主控项目第二项

细石混凝土防水层应在雨后或淋水 2h 后进行检查，使防水层经受雨淋的考验，观察是否有渗漏，以确保防水层的使用功能。

有条件进行蓄水检验的应做蓄水检验，蓄水检验时间为 24h，不渗不漏为合格。

(3)主控项目第三项

细石混凝土防水层在天沟、檐沟、檐口、水落口、泛水、变形缝和伸出屋面管道等处，防水构造均应符合设计要求，确保细石混凝土防水层的整体质量。

设计图纸应给出细部构造大样图，屋面泛水与屋面防水层必须一次做成。泛水高度不应低于 250mm。

细部防水构造在做屋面之前应对隐蔽项目进行验收，并做出隐蔽验收记录。

(4)一般项目第一项

细石混凝土防水层应按每个分格板块一次浇筑完成，严禁留施工缝。如果防水层留设施工缝，往往因接槎处理不好，形成渗水通道导致屋面渗漏。

混凝土抹压时不得在表面洒水、加水泥浆或撒干水泥，否则只能使混凝土表面产生一层浮浆，混凝土硬化后内部与表面的强度和干缩不一致，极易产生面层的收缩龟裂、脱皮现象，降低防水层的防水效果。混凝土收水后二次压光可以封闭毛细孔，提高抗渗性，是保证防水层表面密实的极其重要的一道工序。

混凝土的养护应在浇筑 12～24h 后进行，养护时间不得少于 14d，养护初期屋面不得上人。养护方法可采取洒水湿润，也可覆盖塑料薄膜、喷涂养护剂等，但必须保证细石混凝土处于充分的湿润状态。

(5)一般项目第二项

细石混凝土防水层厚度一般为 40～60mm，如果厚度小于 40mm，无法保证钢筋网片保护层厚度（规定不应小于 10mm），从而降低了防水层的抗渗性能。

在混凝土浇筑前应检查钢筋的位置，其保护层固定措施是否适当，同时检查基层的标高和浇筑混凝土防水层后的标高，如达不到设计要求应进行处理。

普通细石混凝土、补偿收缩混凝土的强度等级不应小于 C20。补偿收缩混凝土的自由膨胀率为 0.05%～0.1%。钢筋应放在细石混凝土防水层中间偏上，施工时应用垫块垫准，防止踩下，保证保护层的厚度。

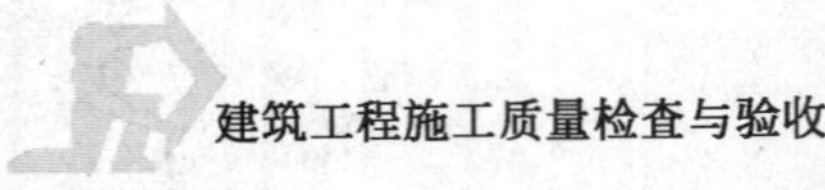

二 密封材料嵌缝分项工程

1. 一般规定

(1)密封材料嵌缝适用于刚性防水屋面分格缝以及天沟、檐沟、泛水、变形缝等细部构造的密封处理。

屋面工程中构件与构件、构件与配件的拼接缝,以及天沟、檐沟、泛水、变形缝等细部构造的防水层收头,都是屋面渗漏水的主要通道,密封防水处理质量直接影响屋面防水的连续性和整体性。屋面密封防水处理不能视为独立的一道防水层,应与卷材防水屋面、涂膜防水屋面、刚性防水屋面以及隔热屋面配套使用,并且适用于防水等级为I～III级屋面。

(2)密封防水部位的基层质量应符合下列要求:

①基层应牢固,表面应平整、密实,不得有蜂窝、麻面、起皮和起砂现象。

②嵌填密封材料的基层应干净、干燥。

如果接触密封材料的基层强度不够,或有蜂窝、麻面、起皮、起砂现象,都会降低密封材料与基层的粘结强度。基层不平整、不密实或嵌填密封材料不均匀,接缝位移时会造成密封材料局部拉坏,失去密封防水的作用,在填嵌密封之前应进行检查。

(3)密封防水处理连接部位的基层,应涂刷与密封材料相配套的基层处理剂。基层处理剂应配比准确,搅拌均匀。采用多组分基层处理剂时,应根据有效时间确定使用量。

改性沥青密封材料的基层处理剂一般都是现场配制,为保证基层处理剂的质量,配比应准确,搅拌应均匀。多组分基层处理剂属于反应固化型材料,配制时应根据固化前的有效时间确定一次使用量,应用多少配制多少,未用完的材料不得下次使用。

基层处理剂涂刷完毕后再铺放背衬材料,将会对接缝壁的基层处理剂有一定的破坏,削弱基层处理剂的作用。这里需要说明的是,设计时应选择与背衬材料不相容的基层处理剂。

基层处理剂配制时一般均加有溶剂,当溶剂尚未完全挥发时,嵌填密封材料会影响密封材料与基层处理剂的粘结性能,降低基层处理剂的作用。因此,嵌填密封材料应待基层处理剂达到表干状态后方可进行。基层处理剂表干后应立即嵌填密封材料,否则基层处理剂将被污染,同时,也会削弱密封材料与基层的粘结强度。

(4)接缝处的密封材料底部应填放背衬材料,外露的密封材料上应设置保护层,其宽度不应小于200mm。

背衬材料应填塞在接缝处的密封材料底部，其作用是控制密封材料的嵌填深度，预防密封材料与缝的底部粘结而形成三面粘，避免造成应力集中和破坏密封防水。因此，背衬材料应尽量选择与密封材料不粘结或黏结力弱的材料。背衬材料的形状有圆形、方形或片状，应根据实际需要决定，常用的有泡沫棒或油毡条。

(5)密封材料嵌填完成后不得碰损及污染，固化前不得踩踏。

嵌填完毕的密封材料，一般应养护 2～3d。接缝密封防水处理通常在下一道工序施工前，应对接缝部位的密封材料嵌填对构造尺寸和形状都有一定的要求，未固化的材料不具备一定的弹性，踩踏后密封材料会发生塑性变形，导致密封材料构造尺寸不符合设计要求，所以对嵌填的密封材料固化前不得踩踏。

2. 密封材料嵌缝分项工程检验批质量检验标准

密封材料嵌缝分项工程检验批质量检验标准和检验方法见表 2-132。

密封材料嵌缝分项工程检验批质量检验标准和检验方法 表 2-132

项	序号	项目	合格质量标准	检验方法	检查数量
主控项目	1	密封材料质量	密封材料的质量必须符合设计要求	检查产品出厂合格证、配合比和现场抽样复验报告	每 50m 应抽查 1 处，每处 5m，且不得少于 3 处
	2	嵌缝施工质量	**密封材料嵌填必须密实、连续、饱满，粘结牢固，无气泡、开裂、脱落等缺陷**	观察检查	
一般项目	1	嵌缝基层处理	嵌填密封材料的基层应牢固、干净、干燥，表面应平整、密实	观察检查	
	2	外观质量	嵌填的密封材料表面应平滑，缝边应顺直，无凹凸不平现象	观察检查	
	3	接缝宽度允许偏差	密封防水接缝宽度的允许偏差为±10%，接缝深度为宽度的 0.5～0.7 倍	尺量检查	

关于密封材料嵌缝分项工程检验批质量检验的说明：

(1)主控项目第一项

密封材料用在屋面上，主要是起防水作用；其次对于有隔气要求的屋面，还可起隔气作用，因此密封材料首先必须具备水密性和气密性；另外密封材料防水主要是将屋面各个节点连接起来，使屋面形成一个连续的整体，能在气候、温差变化及振动、冲击、错动等条件下起到防水作用，这就要求密封材料还必须经受得起长期的压缩——拉伸振动疲劳作用，必须具备一定的拉伸——压缩循环性、弹塑性和粘结性；我们所指的密封材料是不定型膏状体，是目前屋面最常用的，因此还要求密封材料必须具备可施工性。

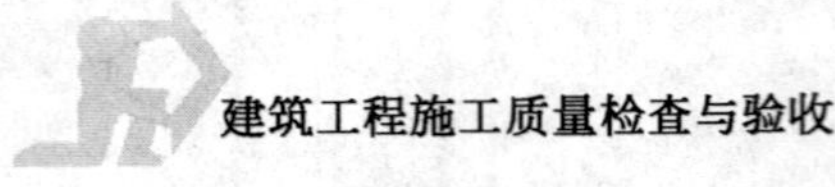

(2)主控项目第二项

该项为强制性条文,要达到密实、连续、饱满,粘结牢固,无气泡、开裂、脱落等缺陷。

①采用改性石油沥青密封材料嵌填时应注意以下两点:a.热灌法施工应由下向上进行,并减少接头;垂直于屋脊的板缝宜先浇灌,同时在纵横交叉处宜沿平行于屋脊的两侧板缝各延伸浇灌150mm,并留成斜槎。密封材料熬制及浇灌温度应按不同材料要求严格控制。b.冷嵌法施工应先将少量密封材料批刮到缝槽两侧,分次将密封材料嵌填在缝内,用力压嵌密实。嵌填时密封材料与缝壁不得留有空隙,并防止裹入空气。接头应采用斜槎。

②采用合成高分子密封材料嵌填时,不管是用挤出枪还是用腻子刀施工,表面都不会光滑平直,可能还会出现凹陷、漏嵌填、孔洞、气泡等现象,故应在密封材料干前进行修整。如果干前不修整,则干后不易修整,且容易将成膜固化的密封材料破坏。

(3)一般项目第一项

密封防水部位基层的质量,要求基层应牢固、干净、干燥,表面应平直密实。如果接触密封材料的基层强度不够,或有蜂窝、麻面、起皮、起砂现象,都会降低密封材料与基层的粘结强度。基层不平整、不密实或嵌填密封材料不均匀,接缝位移时会造成密封材料局部拉坏,失去密封防水的作用。

(4)一般项目第二项

屋面密封防水的接缝宽度规定不应大于40mm,且不应小于10mm。考虑到接缝宽度太窄,密封材料不易嵌填,太宽则造成材料浪费,故规定接缝宽度的允许偏差为±10%。如果接缝宽度不符合上述要求,应进行调整或用聚合物水泥砂浆处理;板缝为上窄下宽时,灌缝的混凝土易脱落会造成密封材料流坠,应在板外侧做成台阶形,并配置适量的构造钢筋。

接缝深度为接缝宽度的0.5～0.7倍,此为一个经验值。

(5)一般项目第三项

要求表面应平滑,缝边应顺直,无凹凸不平现象。

第五节　细部构造分项工程

细部构造是指屋面的天沟、檐口、泛水、水落口、变形缝、伸出屋面管道等部位的防水构造。细部构造节点接缝多,应力集中,变形集中,防水处理略有疏漏,极容易产生渗漏通道。屋面渗漏大部分发生在细部构造部分。

一般规定

(1)细部构造适用于屋面的天沟、檐口、泛水、水落口、变形缝、伸出屋面管道等部位的防水构造。

(2)用于细部构造处理的防水卷材、防水涂料和密封材料的质量,均应符合规范有关规定的要求。

本章基本规定给出了材料的质量要求。用于细部构造的防水材料,由于品种多、用量少而作用非常大,所以对细部构造处理所用的防水材料,也应按照有关的材料标准进行检查验收。

(3)卷材或涂膜防水层在天沟、檐沟与屋面交接处、泛水、阴阳角等部位,应增加卷材或涂膜附加层。

(4)天沟、檐沟的防水构造应符合下列要求:

①沟内附加层在天沟、檐沟与屋面交接处宜空铺,空铺的宽度不应小于200mm。

②卷材防水层应由沟底翻上至沟外檐顶部,卷材收头应用水泥钉固定,并用密封材料封严。

③涂膜收头应用防水涂料多遍涂刷或用密封材料封严。

④在天沟、檐沟与细石混凝土防水层的交接处,应留凹槽并用密封材料嵌填严密。

天沟、檐沟与屋面交接处的变形大,若采用满粘的防水层,防水层极易被拉裂,故该部位应作附加层,附加层宜空铺,空铺的宽度不应小于200mm。屋面采用刚性防水层时,应在天沟、檐沟与细石混凝土防水层间预留凹槽,并用密封材料嵌填严密。

天沟、檐沟的混凝土在搁置梁部位均会产生开裂现象,裂缝会延伸至檐沟顶端,所以防水层应从沟底上翻至外檐的顶部。为防止收头翘边,卷材防水层应用压条钉压固定,涂料防水层应增加涂刷遍数,必要时用密封材料封严。

(5)檐口的防水构造应符合下列要求:

①铺贴檐口800mm范围内的卷材应采取满粘法。

②卷材收头应压入凹槽,采用金属压条钉压,并用密封材料封口。

③涂膜收头应用防水涂料多遍涂刷或用密封材料封严。

④檐口下端应抹出鹰嘴和滴水槽。

檐口部位的收头和滴水是檐口处理的关键。檐口800mm范围内的卷材应采取满粘法铺贴,在距檐口边缘50mm处预留凹槽,将防水层压入槽内,用金属

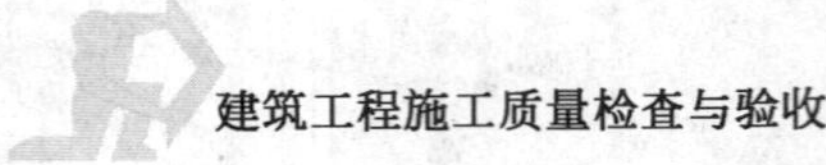

压条钉压，密封材料封口。檐口下端用水泥砂浆抹出鹰嘴和滴水槽。

(6)女儿墙泛水的防水构造应符合下列要求：

①铺贴泛水处的卷材应采取满粘法。

②砖墙上的卷材收头可直接铺压在女儿墙压顶下，压顶应做防水处理；也可压入砖墙凹槽内固定密封，凹槽距屋面找平层不应小于250mm，凹槽上部的墙体应做防水处理。

③涂膜防水层应直接涂刷至女儿墙的压顶下，收头处理应用防水涂料多遍涂刷封严，压顶应做防水处理。

④混凝土墙上的卷材收头应采用金属压条钉压，并用密封材料封严。

砖砌女儿墙、山墙常因抹灰和压顶开裂使雨水从裂缝渗入砖墙，沿砖墙流入室内，故砖砌女儿墙、山墙及压顶均应进行防水处理。

女儿墙泛水的收头若处理不当易产生翘边现象，使雨水从开口处渗入防水层下部，故应按设计要求进行收头处理。

(7)水落口的防水构造应符合下列要求：

①水落口杯上口的标高应设置在沟底的最低处。

②防水层贴入水落口杯内不应小于50mm。

③水落口周围直径500mm范围内的坡度不应小于5%，并采用防水涂料或密封材料涂封，其厚度不应小于2mm。

④水落口杯与基层接触处应留宽20mm、深20 mm凹槽，并嵌填密封材料。

因为水落口与天沟、檐沟的材料不同，环境温度变化的热胀冷缩会使水落口与檐沟间产生裂缝，故水落口应固定牢固。水落口杯周围500mm范围内，规定坡度不应小于5%，以利排水，并采用防水涂料或密封材料涂封严密，避免水落口处开裂而产生渗漏。

(8)变形缝的防水构造应符合下列要求：

①变形缝的泛水高度不应小于250mm。

②防水层应铺贴到变形缝两侧砌体的上部。

③变形缝内应填充聚苯乙烯泡沫塑料，上部填放的衬垫材料并用卷材封盖。

④变形缝顶部应加扣混凝土或金属盖板，混凝土盖板的接缝应用密封材料嵌填。

变形缝内应填充泡沫塑料或沥青麻丝，其上放衬垫材料，并用卷材封盖；顶部应加扣混凝土盖板或金属盖板。

(9)伸出屋面管道的防水构造应符合下列要求：

①管道根部直径500mm范围内，找平层应抹出高度不小于30mm的圆台。

②管道周围与找平层或细石混凝土防水层之间，应预留 20mm×20mm 的凹槽，并用密封材料嵌填严密。

③管道根部四周应增设附加层，宽度和高度均不应小于 300mm。

④管道上的防水层收头处应用金属箍紧固，并用密封材料封严。

二 细部构造分项工程检验批质量检验标准

细部构造分项工程检验批质量检验标准和检验方法见表 2-133。

细部构造分项工程检验批质量检验标准和检验方法　　表 2-133

<table>
<tr><th>项</th><th>序号</th><th colspan="2">项目</th><th>合格质量标准</th><th>检验方法</th><th>检查数量</th></tr>
<tr><td rowspan="4">主控项目</td><td>1</td><td colspan="2">天沟、檐沟排水坡度</td><td>天沟、檐沟的排水坡度，必须符合设计要求</td><td>用水平仪（水平尺）、拉线和尺量检查</td><td rowspan="4">全数检查</td></tr>
<tr><td rowspan="3">2</td><td rowspan="3">防水构造</td><td>天沟、檐沟</td><td>天沟、檐沟的防水构造应符合下列要求：
(1)沟内附加层在天沟、檐沟与屋面交接处宜空铺，空铺的宽度不应小于 200mm。
(2)卷材防水层应由沟底翻上至沟外檐顶部，卷材收头应用水泥钉固定，并用密封材料封严。
(3)涂膜收头应用防水涂料多遍涂刷或用密封材料封严。
(4)在天沟、檐沟与细石混凝土防水层的交接处，应留凹槽并用密封材料嵌填严密</td><td rowspan="3">观察检查和检查隐蔽观察验收记录</td></tr>
<tr><td>檐口</td><td>檐口的防水构造应符合下列要求：
(1)铺贴檐口 800mm 范围内的卷材应采取满粘法。
(2)卷材收头应压入凹槽，采用金属压条钉压，并用密封材料封口。
(3)涂膜收头应用防水涂料多遍涂刷或用密封材料封严。
(4)檐口下端应抹出鹰嘴和滴水槽</td></tr>
<tr><td>女儿墙</td><td>女儿墙泛水的防水构造应符合下列要求：
(1)铺贴泛水处的卷材应采取满粘法。
(2)砖墙上的卷材收头可直接铺压在女儿墙压顶下，压顶应做防水处理；也可压入砖墙凹槽内固定密封，凹槽距屋面找平层不应小于 250mm，凹槽上部的墙体应做防水处理。
(3)涂膜防水层应直接涂刷至女儿墙的压顶下，收头处理应用防水涂料多遍涂刷封严，压顶应做防水处理。
(4)混凝土墙上的卷材收头应采用金属压条钉压，并用密封材料封严</td></tr>
</table>

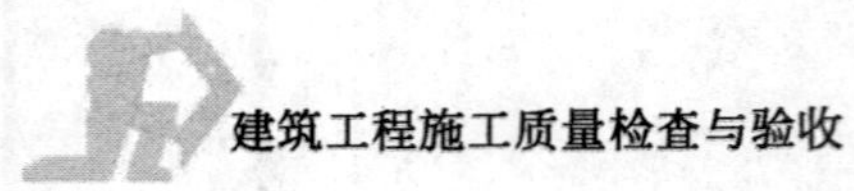

续上表

<table>
<tr><th>项</th><th>序号</th><th colspan="2">项目</th><th>合格质量标准</th><th>检验方法</th><th>检查数量</th></tr>
<tr><td rowspan="3">主控项目</td><td rowspan="3">2</td><td rowspan="3">防水构造</td><td>水落口</td><td>水落口的防水构造应符合下列要求：
(1)水落口杯上口的标高应设置在沟底的最低处。
(2)防水层贴入水落口杯内不应小于50mm。
(3)水落口周围直径500mm范围内的坡度不应小于5%，并采用防水涂料或密封材料涂封，其厚度应不小于2mm。
(4)水落口杯与基层接触处应留宽20mm、深20mm凹槽，并嵌填密封材料</td><td rowspan="3">观察检查和检查隐蔽观察验收记录</td><td rowspan="3">全数检查</td></tr>
<tr><td>变形缝</td><td>变形缝的防水构造应符合下列要求：
(1)变形缝的泛水高度不应小于250mm。
(2)防水层应铺贴到变形缝两侧砌体的上部。
(3)变形缝内应填充聚苯乙烯泡沫塑料，上部填放衬垫材料，并用卷材封盖。
(4)变形缝顶部应加扣混凝土或金属盖板。混凝土盖板的接缝应用密封材料嵌填</td></tr>
<tr><td>模拟</td><td>伸出屋面管道的防水构造应符合下列要求：
(1)管道根部直径500mm范围内，找平层应抹出高度不应小于30mm的圆锥台。
(2)管道周围与找平层或细石混凝土防水层之间，应预留20mm×20mm的凹槽，并用密封材料嵌填严密。
(3)管道根部四周应增设附加层，宽度和高度均不应小于300mm。
(4)管道上的防水层收头处应用金属箍紧固，并用密封材料封严</td></tr>
</table>

关于细部构造分项工程检验批质量检验的说明：

(1)主控项目第一项

天沟、檐沟的排水坡度和排水方向应能保证雨水及时排走，充分体现防排结合的屋面工程设计思想。如果屋面长期积水或干湿交替，在天沟等低洼处滋生青苔、杂草或发生霉烂，最后导致屋面渗漏。

(2)主控项目第二项

屋面的天沟、檐沟、水落口、泛水、变形缝和伸出屋面管道的防水构造，是屋面工程中最容易出现渗漏的薄弱环节。对屋面工程的综合治理，应该体现“材料是基础，设计是前提，施工是关键，管理维护要加强”的原则。因此，对屋面细部的防水构造施工必须符合设计要求。

第六节　分部工程验收

建筑屋面工程是一个分部工程，它包括防水屋面、涂膜防水屋面、瓦屋面、细石混凝土刚性防水屋面和隔热（蓄水和种植）特种屋面等五个子分部工程。各子分部工程又由若干个分项工程组成，各分项工程由一个或若干个检验批组成。

 屋面分部工程验收的程序

1. 检验批的质量验收

检验批的质量按主控项目和一般项目进行验收。检验批应符合相应的质量标准，强制性条文必须严格执行。不符合质量标准的，应及时进行处理。建筑屋面工程常见的分项工程检验批的划分和质量检验前面已经介绍。

2. 分项工程的质量验收

分项工程应按构成分项工程划分的检验批进行验收。各分项工程按表 1-6 进行汇总验收。

3. 子分部工程的验收

子分部工程的验收，应在分项通过验收的基础上，对必要的部位进行抽样检验和使用功能满足程度的检查，按表 1-7 进行验收。

4. 分部工程的验收

分部工程的验收，应在分项、子分部工程通过验收的基础上，对必要的部位应进行抽样检验和使用功能满足程度的检查，并按表 1-7 进行验收。

屋面工程完工后，施工单位先行自检，并整理施工过程中的有关文件记录，确认合格后，报监理单位。分部工程应由总监理工程师（建设单位项目负责人）组织施工技术质量负责人进行验收。

屋面工程验收文件和记录应按表 2-134 执行。

屋面工程验收的文件和记录　　表 2-134

序　号	项　　目	文件和记录
1	防水设计	设计图纸及会审记录、设计变更通知单和材料代用核定单
2	施工方案	施工方法、技术措施、质量保证措施
3	技术交底记录	施工操作要求及注意事项
4	材料质量证明文件	出厂合格证、质量检验报告和试验报告

续上表

序 号	项 目	文件和记录
5	中间检查记录	分项工程质量验收记录、隐蔽工程验收记录、施工检验记录、淋水或蓄水检验记录
6	施工日志	逐日施工情况
7	工程检验记录	抽样质量检验及观察检查
8	其他技术资料	事故处理报告、技术总结

二 屋面分部工程验收的内容

根据分部工程的 4 大合格条件，按表 1-7 进行验收。

1. 统计核查子分部工程和所包含的分项工程数量

屋面分部工程所包含的全部子分部工程应全部完成，并验收合格；同时每个分项工程和子分部工程验收过程正确，资料完整，手续符合要求。

将屋面分部工程所包含的全部子分部工程按表 1-7 进行统计填写在相应栏内。

2. 核查质量控制资料

分部工程验收时应核查下列资料：

(1)图纸会审、设计变更、洽商记录。

(2)原材料出厂合格证书及进检(试)验报告。

(3)施工试验报告及见证检测报告。

(4)隐蔽验收记录。

(5)施工记录。

(6)分项工程质量验收记录。

(7)新材料、新工艺施工记录。

其中屋面工程的隐蔽验收记录内容应包括：

①卷材、涂膜防水层的基层。

②密封防水处理部位。

③天沟、檐沟、泛水和变形缝等细部做法。

④卷材、涂膜防水层的搭接宽度和附加层。

⑤刚性保护层与卷材、涂膜防水层之间设置的隔离层。

3. 屋面工程观感质量验收

工程的观感质量应由有关各方组成的验收人员通过现场检查共同确认。必须进行观感质量验收的内容包括：

(1)防水层不得有渗漏或积水现象。

(2)使用的材料应符合设计要求和质量标准的规定。

(3)找平层表面应平整,不得有酥松、起砂、起皮现象。

(4)保温层的厚度、含水率和表观密度应符合设计要求。

(5)天沟、檐沟、泛水和变形缝等构造,应符合设计要求。

(6)卷材铺贴方法和搭接顺序应符合设计要求,搭接宽度正确,接缝严密,不得有皱折、鼓泡和翘边现象。

(7)涂膜防水层的厚度应符合设计要求,涂层无裂纹、皱折、流淌、鼓泡和露胎体现象。

(8)刚性防水层表面应平整、压光,不起砂,不起皮,不开裂。分格缝应平直,位置正确。

(9)嵌缝密封材料应与两侧基层粘牢,密封部位光滑、平直,不得有开裂、鼓泡、下塌现象。

(10)平瓦屋面的基层应平整、牢固,瓦片排列整齐、平直,搭接合理,接缝严密,不得有残缺瓦片。

4. 安全和使用功能的检验

(1)检查屋面有无渗漏、积水和排水系统是否畅通,应在雨后或持续淋水 2h 后进行。有可能作蓄水检验的屋面,其蓄水时间不应少于 24h。

(2)屋面工程验收后,应填写分部工程质量验收记录,交建设单位和总包施工单位存档。

装饰装修分部工程验收记录表和填写范例见表 2-135。

装饰装修分部工程验收记录 表 2-135

工程名称	×× 工 程		结构类型	框架剪力墙	层 数	地上 16 层 地下 2 层
施工单位	××建设集团有限公司		技术部门负责人	×××	质量部负责人	×××
分包单位	××装饰装修工程有限公司		分包单位负责人	×××	分包技术负责人	×××
序号	子分部工程名称	分项工程数	施工单位检查评定	验收意见		
1	地面	4	√	建筑装饰装修分部中各子分部工程验收合格		
2	抹灰	4	√			
3	门窗	4	√			
4	吊顶	3	√			
5	轻质隔墙	4	√			
6	饰面砖	4	√			
7	幕墙	2	√			
8	细部	1	√			

续上表

<table>
<tr><td colspan="2">质量控制资料</td><td>√</td><td>各子分部工程质量控制资料齐全</td></tr>
<tr><td colspan="2">安全和功能检验(检测)报告</td><td>幕墙及外窗的各项检测报告均合格</td><td>同意施工单位评定</td></tr>
<tr><td colspan="2">结构实体检验报告(混凝土子分部验收发生)</td><td>/</td><td>/</td></tr>
<tr><td colspan="2">观感质量验收</td><td>观感质量为“好”</td><td>同意施工单位评定</td></tr>
<tr><td rowspan="5">验收单位</td><td>分包单位</td><td colspan="2">项目经理:××× 2006 年 6 月 8 日</td></tr>
<tr><td>施工单位</td><td colspan="2">项目经理:××× 2006 年 6 月 8 日</td></tr>
<tr><td>勘察单位</td><td colspan="2">项目负责人:××× 2006 年 6 月 8 日</td></tr>
<tr><td>设计单位</td><td colspan="2">项目负责人:××× 2006 年 6 月 8 日</td></tr>
<tr><td>监理(建设)单位</td><td colspan="2">各子分部工程均符合设计及规范要求,质量控制资料及安全和功能检验(检测)报告齐全,合格,观感质量良好,同意施工单位评定结果,验收合格。
总监理工程师:×××
(建设单位项目专业负责人) 2006 年 6 月 8 日</td></tr>
</table>

小知识

天津市建设工程“海河杯”奖

天津市建设工程市级优质工程定名为“海河杯”奖,是天津市建筑行业评选的市级建设工程质量最高荣誉奖。“海河杯”工程的创优和评优活动是在天津市建设管理委员会(以下简称市建委)支持下的行业行为,天津市建筑业协会(以下简称市建协)负责组织全市“海河杯”工程的评审工作并承担相应责任。“海河杯”工程的创优和评优活动分为市、区两级进行。区级评审是市级评审的基础。“海河杯”工程每年评审一次,对获得“海河杯”奖的企业予以表彰。“海河杯”工程的评审活动采用“两评一审”制,即初评,复评和评审委员会最终监督审核。“海河杯”工程的正式申报,评审和表彰,一般在当年 3 月份申报,4 月份初评,9 月份复评,年底进行表彰,具体时间以届时通知为准。

“海河杯”奖级的设置包括:“金奖海河杯”、“海河杯”两级。“金奖海河杯”工程参照国家级工程质量奖项的规模条件,由评委会从入选“海河杯”工程中推荐产生，其数量一般为10至15个。

市建协对获奖工程的申报单位给予如下奖励：授予工程总承包，主要承建单位（包括按规定独立申报的业主单位）“海河杯”和证书；授予建设单位，监理单位，参建单位相应奖项证书；授予获奖工程项目部的项目经理相应奖项荣誉证书，作为个人业绩考核依据。

“海河杯”工程的奖杯，证书按照一项工程一杯一证，向申报单位颁发（正本）。联合申报“海河杯”奖的工程可按一项工程二杯二证颁发（正本），向符合申报项目的参建单位颁发副本。

第五章 建筑安装工程质量检查与验收简介

【职业能力目标】

学完本章，你应会：

结合工程实际情况，能正确地确定单位工程所包括的建筑给水排水及采暖工程、通风与空调工程、智能建筑化工程、电梯工程和建筑电气工程等分部工程。

【学习要求】

了解单位工程可能包括的安装类分部工程。

【本章说明】

建筑安装工程包括建筑给水排水及采暖工程、通风与空调工程、智能建筑化工程、电梯工程和建筑电气工程五大分部工程。它们是建筑工程不可分割的一部分，直接与使用功能有关，需要进行检查与验收，是单位工程验收的基础和验收合格的前提条件。

地基与基础工程、主体结构工程、建筑装饰装修工程和屋面工程四大分部俗称土建工程，在建筑工程中缺一不可；建筑安装五大分部工程在建筑工程中不一定全部出现，可能只是包括其中的两个或两个以上分部。

本章仅对建筑安装五大分部进行简要的介绍。

第一节 建筑给水、排水及采暖分部工程

建筑给水、排水及采暖工程是房屋建筑工程不可缺少的分部工程。建筑给水、排水及采暖工程直接涉及建筑物的使用功能，关系到人民群众的日常生活，因此国家制定了《建筑给水排水及采暖工程施工质量验收规范》，其规范编号为(GB 50242—2002)。

建筑给水、排水及采暖工程属于建筑工程九大分部工程之一，其施工质量的验收应按《建筑给水排水及采暖工程施工质量验收规范》(GB 50242—2002)和《建筑工程施工质量验收统一标准》(GB 50300—2001)进行。

建筑给水、排水及采暖分部工程依然按照检验批、分项工程、子分部工程、分部工程进行验收，各层次的合格条件遵循“统一标准”的规定。

根据《建筑给水排水及采暖工程施工质量验收规范》，建筑给水、排水及采暖工程子分部工程和分项工程划分如下，见表2-136。

建筑给排水及采暖工程子分部工程和分项工程划分 表2-136

分部工程	子分部工程	分项工程
建筑给水、排水及采暖	室内给水系统	给水管道及配件安装、室内消火栓系统安装、给水设备安装、管道防腐、绝热
	室内排水系统	排水管道及配件安装、雨水管道及配件安装
	室内热水供应系统	管道及配件安装、辅助设备安装、防腐、绝热
	卫生器具安装	卫生器具安装、卫生器具给水配件安装、卫生器具排水管道安装
	室内采暖系统	管道及配件安装、辅助设备及散热器安装、金属辐射板安装、低温热水地板辐射采暖系统安装、系统水压试验及调试、防腐、绝热
	室外给水管网	给水管道安装、消防水泵接合器及室外消火栓安装、管沟及井池
	室外排水管网	排水管道安装、排水管沟与井池
	室外供热管网	管道及配件安装、系统水压试验及调试、防腐、绝热
	建筑中水系统及游泳池系统	建筑中水系统管道及辅助设备安装、游泳池水系统安装
	供热锅炉及辅助设备安装	锅炉安装、辅助设备及管道安装、安全附件安装、烘炉、煮炉和试运行、换热站安装、防腐、绝热

《建筑给水排水及采暖工程施工质量验收规范》适用于建筑给水、排水及采暖工程施工质量的验收。

第二节 建筑电气分部工程

建筑电气工程是房屋建筑工程不可缺少的分部工程之一。国家为了加强建筑工程质量管理，统一建筑电气工程施工质量的验收，保证工程质量，制定了《建筑电气工程施工质量验收规范》(GB 50303—2002)，该规范适用于满足建筑物预期使用功能要求的电气安装工程施工质量验收。适用电压等级为10kV及以下。使用该规范时应与国家标准《建筑工程施工质量验收统一标准》(GB 50300—2001)和相应的设计规范配套适应。

建筑电气分部工程，在电气分部工程质量验收时，其验收的程序和组织；单位(子单位)工程、分部(子分部)工程、分项工程和检验批的划分以及合格判定；发生工程质量不符合规定的处理以及验收中使用的表格及填写方法等，均必须遵循验收"统一标准"的规定。

建筑电气工程施工质量验收除应执行《建筑电气工程施工质量验收规范》(GB 50303—2002)外，还应符合国家现行有关标准、规范的规定。

建筑电气分部工程子分部、分项工程的划分见表2-137。

建筑电气分部工程子分部、分项工程的划分 表2-137

分部工程	子分部工程	分项工程
建筑电气	室外电气	架空线路及杆上电气设备安装，变压器、箱式变电所安装，成套配电柜、控制柜(屏、台)和动力、照明配电箱(盘)及控制柜安装，电线、电缆导管和线槽敷设，电线、电缆穿管和线槽敷设，电缆头制作。导线连接和线路电气试验，建筑物外部装饰灯具、航空障碍标志灯和庭院路灯安装，建筑照明通电试运行，接地装置安装
	变配电室	变压器、箱式变电所安装，成套配电柜、控制柜(屏、台)、动力、照明配电箱(盘)安装，裸母线、封闭母线、插接式母线安装，电缆沟内和电缆竖井内电缆敷设，电缆头制作，导线连接和线路电气试验，接地装置安装，避雷引下线和变配电室接地干线敷设
	供电干线	裸母线、封闭母线、插接式母线安装，桥架安装和桥架内电缆敷设，电缆沟内和电缆竖井内电缆敷设，电线、电缆导管和线槽敷设，电线、电缆穿管和线槽敷线，电缆头制作，导线连接和线路电气试验
	电气动力	成套配电柜、控制柜(屏、台)和动力、照明配电箱(盘)及安装，低压电动机、电加热器及电动执行机构检查、接线，低压电气动力设备检测、试验和空载试运行，桥架安装和桥架内电缆敷设，电线、电缆导管和线槽敷设，电线、电缆穿管和线槽敷线，电缆头制作，导线连接和线路电气试验，插座、开关、风扇安装

续上表

分部工程	子分部工程	分项工程
建筑电气	电气照明安装	成套配电柜、控制柜(屏、台)和动力、照明配电箱(盘)安装,电线、电缆导管和线槽敷设,电线、电缆导管和线槽敷线,槽板配线,钢索配线,电缆头制作,导线连接和线路电气试验,普通灯具安装,专用灯具安装,插座、开关、风扇安装,建筑照明通电试运行
	备用和不间断电源安装	成套配电柜、控制柜(屏、台)和动力、照明配电箱(盘)安装,柴油发电机组安装,不间断电源的其他功能单元安装,裸母线、封闭母线、插接式母线安装,电线、电缆导管和线槽敷设,电线、电缆导管和线槽敷线,电缆头制作,导线连接和线路电气试验,接地装置安装
	防雷及接地安装	接地装置安装,避雷引下线和变配电室接地干线敷设,建筑物等电位连接,接闪器安装

第三节　通风与空调分部工程

通风与空调工程施工质量的验收,应符合《建筑工程施工质量验收统一标准》(GB 50300—2001)、《通风与空调工程施工质量验收规范》(GB 50243—2002)、被批准的设计图纸、合同约定的内容和相关技术标准的规定进行。

《通风与空调工程施工质量验收规范》(GB 50243—2002)是国家为了加强建筑工程质量管理、统一通风与空调工程施工质量的验收、保证工程质量而制定的。该规范适用于建筑工程通风与空调工程施工质量的验收,但是通风与空调工程施工质量的验收,涉及的工程技术和设备,《通风与空调工程施工质量验收规范》(GB 50243—2002)不可能全部包括。为满足和完善工程的验收标准,通风与空调工程施工质量的验收除应执行《通风与空调工程施工质量验收规范》(GB 50243—2002)规范的规定外,尚应符合现行国家有关标准、规范的规定。

通风与空调分部工程、子分部工程、分项工程的划分见表 2-138。

通风与空调分部工程子分部工程、分项工程的划分　　表 2-138

分部工程	子分部工程	分项工程
通风与空调	送排风系统	风管与配件制作，部件制作，风管系统安装，空气处理设备安装，消声设备制作与安装，风管与设备防腐，风机安装，系统调试
	防排烟系统	风管与配件制作，部件制作，风管系统安装，防排烟风口、常闭正压风口与设备安装，风管与设备防腐，风机安装，系统调试
	除尘系统	风管与配件制作，部件制作，风管系统安装，除尘器与排污设备安装，风管与设备防腐，风机安装，系统调试
	空调风系统	风管与配件制作，部件制作，风管系统安装，空气处理设备安装，消声设备制作与安装，风管与设备防腐，风机安装，风管与设备绝热，系统调试
	净化空调系统	风管与配件制作，部件制作，风管系统安装，空气处理设备安装，消声设备制作与安装，风管与设备防腐，风机安装，风管与设备绝热，高效过滤器安装，系统调试
	制冷设备系统	制冷机组安装，制冷剂管道及配件安装，制冷附属设备安装，管道及设备的防腐与绝热，系统调试
	空调水系统	管道冷热(媒)水系统安装，冷却水系统安装，冷凝水系统安装，阀门及部件安装，冷却塔安装，水泵及附属设备安装，管道与设备的防腐与绝热，系统调试

第四节　电梯分部工程

为了加强建筑工程质量管理，统一电梯安装工程施工质量的验收，国家制订了《电梯工程施工质量验收规范》(GB 50310—2002)，该规范适用于电力驱动的拽引式或强制式电梯，液压电梯及自动扶梯和自动人行道 3 个子分部安装工程质量验收，不适用于杂物电梯安装工程质量的验收。

在电梯工程质量验收时，除执行该规范外，还应与国家标准《建筑工程施工质量验收统一标准》(GB 50300—2001)配套使用，并应符合现行有关国家标准的规定。

电梯工程子分部工程、分项工程的划分见表 2-139。

电梯工程子分部工程、分项工程的划分　　表 2-139

分部工程	子分部工程	分项工程
电梯	电力驱动的拽引式或强制式电梯安装	设备进场验收，土建交接检验，驱动主机，导轨，门系统，轿厢，对重（平衡重），安全部件，悬挂装置，随行电缆，补偿装置，电气装置，整机安装验收
	液压电梯安装	设备进场验收，土建交接检验，液压系统，导轨，门系统，轿厢，对重（平衡重），安全部件，悬挂装置，随行电缆，电气装置，整机安装验收
	自动扶梯、自动人行道安装	设备进场验收，土建交接检验，整机安装验收

第五节　智能建筑分部工程

智能建筑工程属于九大分部工程之一，智能建筑工程的验收依据是"统一标准"和《智能建筑工程质量验收规范》(GB 30339—2003)。该规范内容是对通信网络系统、信息网络系统、建筑设备监控系统、火灾自动报警及消防联动系统、安全防范系统、综合布线系统、智能化系统集成、电源与接地、环境和住宅智能化等智能建筑工程的质量控制、系统检测和竣工验收做出规定，由总则、术语和符号、基本规定、通信网络系统、信息网络系统、建筑设备监控系统、火灾自动报警及消防联动系统、安全防范系统、综合布线系统、智能化系统集成、电源与接地、环境、住宅(小区)智能化等 13 章构成。

智能建筑工程子分部工程、分项工程的划分见表 2-140。

子分部工程、分项工程的划分　　表 2-140

分部工程	子分部工程	分项工程
智能建筑	通信网络系统	通信系统，卫星及有线电视系统，公共广播系统
	办公自动化系统	计算机网络系统，信息平台及办公自动化应用软件，网络安全系统
	建筑设备监控系统	空调与通风系统，变配电系统，照明系统，给排水系统，热源和热交换系统，冷冻和冷却系统，电梯和自动扶梯系统，中央管理工作站与操作分站，子系统通信接口

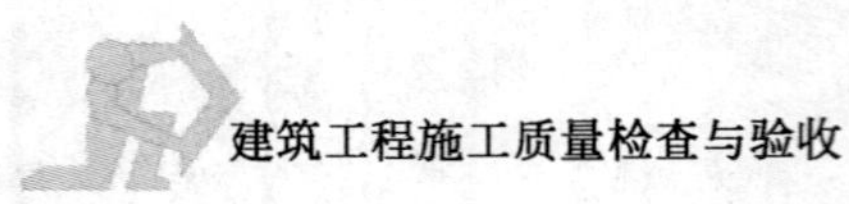

续上表

分部工程	子分部工程	分 项 工 程
智能建筑	火灾报警及消防联动系统	火灾和可燃气体探测系统，火灾报警控制系统，消防联动系统
	安全防范系统	电视监控系统，入侵报警系统，巡更系统，出入口控制(门禁)系统，停车管理系统
	综合布线系统	缆线敷设和终接，机柜、机架、配线架的安装，信息插座和光缆芯线终端的安装
	智能化集成系统	集成系统网络，实时数据库，信息安全，功能接口
	电源与接地	智能建筑电源，防雷及接地
	环境	空间环境，室内空调环境，视觉照明环境，电磁环境
	住宅(小区)智能化系统	火灾自动报警及消防联动系统，安全防范系统(含电视监控系统、入侵报警系统、巡更系统、门禁系统、楼宇对讲系统、住户对讲呼救系统、停车管理系统)，物业管理系统(多表现场计量及与远程传输系统、建筑设备监控系统、公共广播系统、小区网络及信息服务系统、物业办公自动化系统)，智能家庭信息平台

《智能建筑工程质量验收规范》(GB 30339—2003)适用于智能建筑工程的系统检测和施工验收。具体见下：

(1)通信网络系统适用于智能建筑工程中安装的通信网络系统及其与公用通信网之间的接口的系统检测和施工验收。

(2)信息网络系统适用于智能建筑工程中信息网络系统的系统检测和施工验收。

(3)建筑设备监控系统适用于智能建筑工程中建筑设备监控系统的系统检测和竣工验收。

(4)火灾报警及消防联动系统适用于智能建筑工程中的火灾自动报警及消防联动系统的系统检测和施工验收。

(5)安全防范系统适用于智能建筑工程中的安全防范系统的工程实施及质量控制、系统检测和竣工验收。对银行、金融、证券、文博等高风险建筑还必须执行公共安全行业对特殊行业的相关规定和标准。

安全防范系统的范围应包括视频安防监控系统、入侵报警系统、出入口控制(门禁)系统、巡更管理系统、停车场(库)管理系统等各子系统。

(6)综合布线系统适用于智能建筑工程中综合布线系统的工程实施及质量控制、系统检测和竣工验收。综合布线系统的检测和验收，还应符合《建筑与建筑群综合布线系统工程验收规范》(GB/T 50312—2000)的规定。

(7)智能化集成系统适用于智能建筑工程中的智能化系统集成的工程实施及质量控制、系统检测和竣工验收。

(8)电源与接地适用于智能建筑工程中的智能化系统电源、防雷及接地系统的系统检测和竣工验收。

(9)环境适用于智能建筑内计算机房、通信控制室、监控室及重要办公区域环境的系统检测和验收。环境的检测验收内容包括：空间环境、室内空调环境、视觉照明环境、室内噪声及室内电磁环境。

(10)住宅(小区)智能化适用于建筑工程中的新建、扩建或改建的民用住宅和住宅小区智能化的工程实施及质量控制、系统检测和竣工验收。

住宅(小区)智能化包括火灾自动报警及消防联动系统、安全防范系统、通信网络系统、信息网络系统、监控与管理系统、家庭控制器、综合布线系统、电源和接地、环境、室外设备及管网等。

第六节　建筑节能工程

建筑节能工程是指为节约建筑使用能耗所进行的建筑施工及安装工程，它是当前和今后国家提倡和发展的重点，较为重要。

国家为了加强建筑节能工程的施工质量管理，统一建筑节能工程施工质量验收，提高建筑工程节能效果，依据现行国家有关工程质量和建筑节能的法律、法规、管理要求和相关技术标准，制订了《建筑节能工程施工质量验收规范》(GB 50411—2007)。

该规范适用于新建、改建和扩建的民用建筑工程中墙体、幕墙、门窗、屋面、地面、采暖、通风与空调、采暖与空调系统的冷热源和附属设备及其管网、配电与照明、监测与控制等建筑节能工程施工质量的验收，同时，适用于既有建筑节能改造工程的验收。

该规范自 2007 年 10 月 1 日起实施，具体内容参见《建筑节能工程施工质量验收规范》(GB 50411—2007)。

小知识

实施工程建设强制性标准监督规定

中华人民共和国建设部令

第81号

《实施工程建设强制性标准监督规定》已于2000年8月21日经第27次部常务会议通过，现予以发布，自发布之日起施行。

部长　俞正声

二○○○年八月二十五日

《实施工程建设强制性标准监督规定》全文如下：

第一条　为加强工程建设强制性标准实施的监督工作，保证建设工程质量，保障人民的生命，财产安全，维护社会公共利益，根据《中华人民共和国标准化法》、《中华人民共和国标准化法实施条例》和《建设工程质量管理条例》，制定本规定。

第二条　在中华人民共和国境内从事新建、扩建、改建等工程建设活动，必须执行工程建设强制性标准。

第三条　本规定所称工程建设强制性标准是指直接涉及工程质量、安全、卫生及环境保护等方面的工程建设标准强制性条文。

国家工程建设标准强制性条文由国务院建设行政主管部门会同国务院有关行政主管部门确定。

第四条　国务院建设行政主管部门负责全国实施工程建设强制性标准的监督管理工作。

国务院有关行政主管部门按照国务院的职能分工负责实施工程建设强制性标准的监督管理工作。

县级以上地方人民政府建设行政主管部门负责本行政区域内实施工程建设强制性标准的监督管理工作。

第五条　工程建设中拟采用的新技术、新工艺、新材料，不符合现行强制性标准规定的，应当由拟采用单位提请建设单位组织专题技术论证，报批准标准的建设行政主管部门或者国务院有关主管部门审定。

工程建设中采用国际标准或者国外标准，现行强制性标准未作规定的，建设单位应当向国务院建设行政主管部门或者国务院有关行政主管部门备案。

第六条 建设项目规划审查机构应当对工程建设规划阶段执行强制性标准的情况实施监督。

施工图设计文件审查单位应当对工程建设勘察、设计阶段执行强制性标准的情况实施监督。

建筑安全监督管理机构应当对工程建设施工阶段执行施工安全强制性标准的情况实施监督。

工程质量监督机构应当对工程建设施工、监理、验收等阶段执行强制性标准的情况实施监督。

第七条 建设项目规划审查机关、施工设计图设计文件审查单位、建筑安全监督管理机构、工程质量监督机构的技术人员必须熟悉、掌握工程建设强制性标准。

第八条 工程建设标准批准部门应当定期对建设项目规划审查机关、施工图设计文件审查单位、建筑安全监督管理机构、工程质量监督机构实施强制性标准的监督进行检查，对监督不力的单位和个人，给予通报批评，建议有关部门处理。

第九条 工程建设标准批准部门应当对工程项目执行强制性标准情况进行监督检查。监督检查可以采取重点检查、抽查和专项检查的方式。

第十条 强制性标准监督检查的内容包括：

（一）有关工程技术人员是否熟悉、掌握强制性标准；

（二）工程项目的规划、勘察、设计、施工、验收等是否符合强制性标准的规定；

（三）工程项目采用的材料、设备是否符合强制性标准的规定；

（四）工程项目的安全、质量是否符合强制性标准的规定；

（五）工程中采用的导则、指南、手册、计算机软件的内容是否符合强制性标准的规定。

第十一条 工程建设标准批准部门应当将强制性标准监督检查结果在一定范围内公告。

第十二条 工程建设强制性标准的解释由工程建设标准批准部门负责。

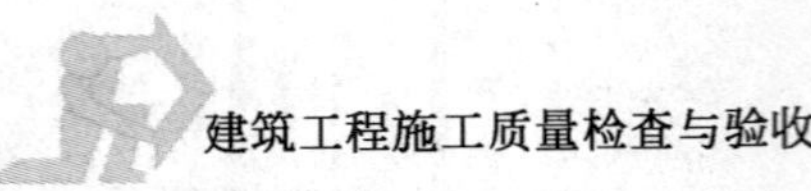

有关标准具体技术内容的解释，工程建设标准批准部门可以委托该标准的编制管理单位负责。

第十三条 工程技术人员应当参加有关工程建设强制性标准的培训，并可以计入继续教育学时。

第十四条 建设行政主管部门或者有关行政主管部门在处理重大工程事故时，应当有工程建设标准方面的专家参加；工程事故报告应当包括是否符合工程建设强制性标准的意见。

第十五条 任何单位和个人对违反工程建设强制性标准的行为有权向建设行政主管部门或者有关部门检举、控告、投诉。

第十六条 建设单位有下列行为之一的，责令改正，并处以 20 万元以上 50 万元以下的罚款：

(一)明示或者暗示施工单位使用不合格的建筑材料、建筑构配件和设备的；

(二)明示或者暗示设计单位或者施工单位违反工程建设强制性标准，降低工程质量的。

第十七条 勘察、设计单位违反工程建设强制性标准进行勘察、设计的，责令改正，并处以 10 万元以上 30 万元以下的罚款。

有前款行为，造成工程质量事故的，责令停业整顿，降低资质等级；情节严重的，吊销资质证书；造成损失的，依法承担赔偿责任。

第十八条 施工单位违反工程建设强制性标准的，责令改正，处工程合同价款 2%以上 4%以下的罚款；造成建设工程质量不符合规定的质量标准的，负责返工、修理，并赔偿因此造成的损失；情节严重的，责令停业整顿，降低资质等级或者吊销资质证书。

第十九条 工程监理单位违反强制性标准规定，将不合格的建设工程以及建筑材料、建筑构配件和设备按照合格签字的，责令改正，处 50 万元以上 100 万元以下的罚款，降低资质等级或者吊销资质证书；有违法所得的，予以没收；造成损失的，承担连带赔偿责任。

第二十条 违反工程建设强制性标准造成工程质量、安全隐患或者工程事故的，按照《建设工程质量管理条例》有关规定，对事故责任单位和责任人进行处罚。

第二十一条 有关责令停业整顿、降低资质等级和吊销资质证书的行政处罚，由颁发资质证书的机关决定；其他行政处罚，由建设行政主管部门或者有关部门依照法定职权决定。

第二十二条 建设行政主管部门和有关行政部门工作人员，玩忽职守、滥用职权、徇私舞弊的，给予行政处分；构成犯罪的，依法追究刑事责任。

第二十三条 本规定由国务院建设行政主管部门负责解释。

第二十四条 本规定自发布之日起施行。

第六章 单位工程竣工验收与备案

【职业能力目标】

学完本章，你应会：

1. 正确地组织单位工程的竣工验收。
2. 正确地进行建筑工程安全和功能检验资料的核查和主要功能的抽查；
3. 能进行一般项目的观感质量检查。

【学习要求】

1. 熟悉单位工程竣工验收的条件和竣工验收的详细程序和组织要求。
2. 熟悉单位工程安全和功能检验资料的核查和主要功能的抽查内容

【本章说明】

单位工程是指具备独立施工条件并能形成独立使用功能的建筑物及构筑物。如住宅小区建筑群中的一栋住宅楼，学校建筑群中的一栋教学楼、办公楼等，都是一个单位工程。单位工程由分部组成，单位工程的竣工验收建立在各分布工程验收合格的基础之上。本章主要根据“统一标准”和建设部关于房屋工程竣工验收的有关规定而编写。

第一节　单位工程竣工验收

一　单位(子单位)工程施工质量竣工验收条件

单位工程施工质量竣工验收应具备的条件：

(1)完成工程设计和合同约定的各项内容并接入正式的水源、电源。

(2)施工单位在工程完工后,已自行组织有关人员进行了检查评定,并向建设单位提出工程竣工报告。工程竣工报告应经项目经理和施工单位有关负责人审核签字,同时将工程竣工资料报送监理(建设)单位进行审查。

单位工程中的分包工程完工后,分包单位对所承包的工程项目进行检查评定,总包单位应派人参加,分包工程竣工资料应交给总包单位。

(3)对于委托监理的工程项目,总监理工程师应组织专业监理工程师,依据有关法律、法规、工程建设强制性标准、设计文件及施工合同,对承包单位报送的竣工资料进行审查,同时对工程质量进行竣工预验收。对存在的问题,应及时要求承包单位整改。整改完毕后由总监理工程师签署工程竣工报验单,并在此基础上提出工程质量评估报告和竣工资料审查认可意见,工程质量评估报告应经总监理工程师和监理单位技术负责人审核签字。

(4)勘察、设计单位对勘察、设计文件及施工过程中由设计单位签署的设计变更通知书进行检查,并提出质量检查报告。质量检查报告应经该项目勘察、设计负责人和勘察、设计单位有关负责人审核签字。勘察单位已参加地基基础分部(包含工程中含有桩基子分部)的验收,并出具了认可验收的质量检查报告,可不参加工程的竣工验收。

(5)有完整的技术档案和施工管理资料,并经监理单位审查通过。

(6)有工程使用的主要建筑材料、建筑构配件和设备的进场试验报告。

(7)建设单位已按合同约定支付工程款。对未支付的工程款,已制定了甲乙双方确认的支付计划。

(8)有施工单位签署的工程质量保修书。建设单位和施工单位应当明确约定保修范围、保修期限和保修责任等,双方约定的保修范围、保修期限必须符合国家有关规定。住宅工程应有《住宅使用说明书》和《工程质量保证书》。

(9)建设单位提请规划、消防、环保、城建档案等有关部门进行专项验收,并按专项验收部门提出的意见整改完毕,取得专项验收相应的合格证明文件或准许使用文件。

(10)建设行政主管部门及其委托的工程质量监督机构等有关部门责令整改的问题全部整改完毕。

(11)工程质量监督机构已签发了该工程的地基基础分部和主体结构分部的质量验收监督记录,工程竣工资料已送质监机构抽查并符合要求。

(12)如发生过工程质量事故或工程质量投诉,应已处理完毕。

在竣工验收时,对某些剩余工程和缺陷工程,在不影响交付的前提下,经建设单位、设计单位、施工单位和监理单位协商，施工单位应在竣工验收后的限定时间内完成。

二 单位工程施工质量竣工验收的程序和组织

1. 施工单位自验收

质量竣工自验的标准应与正式验收一样，主要是：工程是否符合国家（或地方政府主管部门）规定的竣工标准和竣工口径；工程完成情况是否符合施工图纸和设计的使用要求；工程质量是否符合国家和地方政府规定的标准和要求；工程是否达到合同规定的要求和标准等等。

另外，参加竣工自验的人员，应由项目经理组织生产、技术、质量、合同、预算以及有关的施工工长（或施工员、工号负责人）等共同参加。自验的方式，应分层分段、分房间地由上述人员按照自己主管的内容逐一进行检查。在检查中要做好记录。对不符合要求的部位和项目，确定修补措施和标准，并指定专人负责，定期修理完毕。

在基层施工单位自我检查的基础上，并对查出的问题全部修补完毕以后，项目经理应提请上级（分公司或总公司一级）进行复验（按一般习惯，国家重点工程、省市级重点工程，都应提请总公司级的上级单位复验）。通过复验，要解决全部遗留问题，为正式验收做好充分的准备。

施工单位在自查、自评工作完成后，应编制《工程竣工报告》，由项目负责人、单位法定代表人和技术负责人签字并加盖单位公章后，和全部竣工资料一起提交给监理单位进行初验。未委托监理的工程，施工单位应将工程竣工报告直接提交建设单位。

《工程竣工报告》应当包括以下主要内容：已完工程情况、技术档案和施工管理资料情况、安全和主要使用功能的核查及抽查结果、观感质量验收结果、工程质量自验结论等。

2. 初验收

监理单位收到工程竣工报告和全部施工资料之后，总监理工程师应组织各专业监理工程师对竣工资料及各专业工程的质量情况进行全面检查，对检查出的问题，应督促施工单位及时整改。对需要进行功能试验的项目（包括单机试车和无负荷试车），监理工程师应督促施工单位及时进行试验，并对重要项目进行监督、检查，必要时请建设单位和设计单位参加；监理工程师应认真审查试验报告单并督促施工单位搞好成品保护和现场清理。

初验合格的，由施工单位向建设单位申请竣工验收，同时由总监理工程师向建设单位提出质量评估报告；初验不合格的，监理单位应提出具体整改意见，由施工单位根据监理单位的意见进行整改。未委托监理的工程，由建设单位组织有关单位初验。

3.正式验收

(1)正式验收准备

①建设单位收到施工单位《工程竣工报告》和总监理工程师签发的质量评估报告后，对符合竣工验收要求的工程，组织设计、施工、监理等单位和有关方面的专业人士组成验收组，并制定《建设工程施工质量竣工验收方案》与《单位工程施工质量竣工验收通知书》。建设单位的项目负责人、施工单位的技术负责人和项目经理(含分包单位的项目负责人)、监理单位的总监理工程师、设计单位的项目负责人必须是验收组的成员。验收方案中应包含验收的程序、时间、地点、人员组成、执行标准等，各责任主体准备好验收的报告材料。

②建设单位应当在工程竣工验收 7 个工作日前将验收的时间、地点及验收组名单通知工程质量监督机构。工程质量监督机构接到通知后，于验收之日应列席参加验收。

(2)正式验收

工程质量监督机构验收之日应派人列席参加验收会议，对工程质量竣工验收的组织形式、验收程序、执行验收标准等情况进行现场监督。

正式验收会议由建设单位宣布验收会议开始。建设单位应首先汇报工程概况和专项验收情况，介绍工程验收方案和验收组成员名单，并安排参验人员签到，然后按步骤进行验收：

①建设、设计、施工、监理等单位按顺序汇报工程合同的履约情况，以及工程建设各个环节执行法律、法规和工程建设强制性标准情况。

②验收组审阅建设、勘察、设计、施工、监理等单位提交的工程施工质量验收资料(放在现场)，形成《单位(子单位)工程施工质量控制资料检查记录》、验收组相关成员签字。

③明确有关工程安全和功能检查资料的核查内容，确定抽查项目，验收组成员进行现场抽查，对每个抽查项目形成检查记录，验收组相关成员签字，再汇总到《单位(子单位)工程安全和功能检验资料检查及主要功能抽查记录》之中，验收组相关成员签字。

④验收组现场查验工程实物观感质量，形成《单位(子单位)工程观感质量检查记录》，验收组相关成员签字。

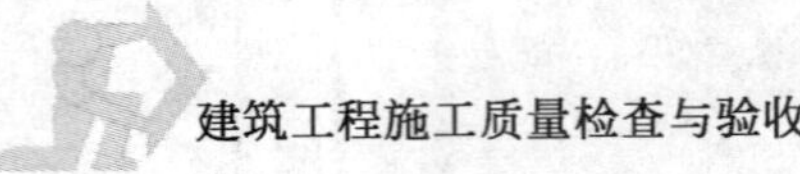

验收组对以上四项验收内容作出全面评价，形成工程施工质量竣工验收结论意见，验收组人员签字。如果验收不合格，验收组提出书面整改意见，限期整改，重新组织工程施工质量竣工验收；如果验收合格，填写《单位（子单位）工程施工质量竣工验收记录》，相关单位签字盖章。

参与工程竣工验收的建设、设计、施工、监理等各方不能形成一致意见时，应当协商提出解决的办法，协商不成的可请建设行政主管部门或工程质量监督机构协调处理。

三 单位（子单位）工程的验收

单位（子单位）工程质量验收，是工程建设最终的质量验收，也称竣工验收。

《统一标准》规定：

单位（子单位）工程质量验收合格应符合下列规定：

(1)单位（子单位）工程所含分部（子分部）工程的质量均应验收合格。

(2)质量控制资料应完整。

(3)单位（子单位）工程所含分部工程有关安全和功能的检测资料应完整。

(4)主要功能项目的抽查结果应符合相关专业质量验收规范的规定

(5)观感质量验收应符合要求。

根据《统一标准》的规定，单位（子单位）工程的质量验收，应从上述 5 个方面进行验收。

1. 单位（子单位）工程所含分部（子分部）工程的质量验收

只要该单位（子单位）工程所含分部（子分部）工程前面均已验收合格，并形成分部（子分部）工程验收记录。单位工程竣工验收前施工总包单位只须进行认真准备，将所有分部、子分部工程质量验收的记录表，及时进行收集整理，并列出目次表，依次将其装订成册。这项工作就算完成。

2. 单位工程质量控制资料的验收

单位（子单位）工程质量控制资料应按表 1-8-1 所涉及的检查项目进行检查。也是先由施工单位检查合格，再提交监理单位验收。具体检查验收的要求可参见第一篇第三章第六节第三部分有关内容。

3. 建筑工程安全和功能检验资料核查及主要功能抽查

这是单位（子单位）工程上述 5 大合格条件之第三条和第四条。

单位（子单位）工程安全和功能检验资料核查及主要功能抽查的项目见表 1-8-2 所列内容。

建筑工程安全和功能检验资料核查及主要功能抽查在分部(子分部)工程和单位(子单位)工程验收时,重点应注意4个方面的要求、两个方面的内容。

四个要求是:检查各施工质量验收规范中规定的检测项目是否都进行了验收,不能进行检测的项目应该说明原因;检查各项检测记录(报告)的内容、数据是否符合要求,包括检测项目的内容,所遵循的检测方法标准,检测结果的数据是否达到规定的要求;核查资料的检测程序、有关取样人、检测人、审核人、试验负责人,以及单位加盖公章,有关人员签字是否齐全等;到单位(子单位)工程验收时,对各分部、子分部工程应该进行检测的项目核查,检测资料内容、数量、数据及使用的检测方法、标准、程序等进行核查和抽查。

两个方面的检查内容是:工程安全和功能检验资料核查,主要是验收组对施工单位已检查过的内容进行资料核查;主要功能抽查,主要是验收组在进行验收时随机对主要功能进行抽查。

对于建筑与结构工程,其核查和抽查的内容详细叙述如下:

(1)屋面淋水试验

建筑物的屋面是经受雨水最直接、受水面积最大的部位。建筑物的屋面从形式上主要分为坡屋面、平屋面和拱形屋面三种。建筑物的屋面施工完毕后能否达到防水、防渗漏的要求,须对屋面进行泼水或淋水或蓄水试验。一般来讲,坡屋面可进行泼水或淋水试验,平屋面可进行泼水、淋水或蓄水试验。

①屋面工程完工后,应对细部构造包括屋面天沟、檐沟、檐口、泛水、压顶、水落口、变形缝、伸出屋面管道,以及接缝处的女儿墙、管道、排气道(孔)和保护层等进行雨期观察或淋水、蓄水检查。

②淋水试验持续时间不得少于2h。

③做蓄水检查的屋面,蓄水时间不得少于24h。

④宏观应检查各部位的防水效果,既要查验自检记录,又要实地查看工程实体有无渗漏现象,具体查看是否有湿渍、渗水、水珠、滴漏或线漏等。

⑤屋面淋(蓄)水试验应记录工程名称、检查部位、检查日期、检查方法(淋水、蓄水)、蓄水深度、淋(蓄)水时间、检查结果(有无渗漏)等。

(2)地下室防水效果检查

地下室验收时,应对地下室有无渗漏现象进行检查,填写"地下室防水效果检查记录",检查内容应包括裂缝、渗漏部位、渗漏面积大小、渗漏情况、处理意见等。发现渗漏现象应制作"背水内表面结构工程展开图"。

检查时应记录工程名称、检查部位、检查时间、检查方法和内容,以及检查结果等。

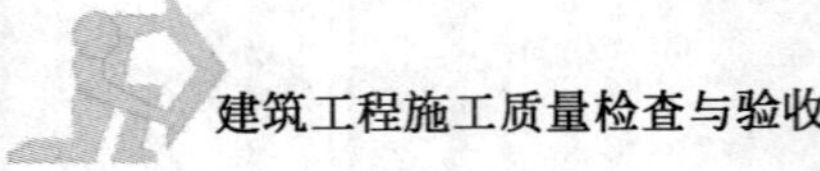

(3)有防水要求的地面蓄水试验

凡有防水要求的房间应有防水层完工后及装修后的蓄水检查记录。

①有防水要求的地面必须100％进行蓄水试验。

②蓄水试验程序及结果。蓄水前,应将地漏和下水管口堵塞严密;蓄水深度一般为30～100mm,不得超过设计活荷载,并不得超过立管套管的高度;蓄水时间应不少于24h,无渗漏为合格;蓄水试验中发现渗漏是否及时查找原因,采取相应措施后,重新进行试验,直至合格。

③蓄水试验应记录检查方式(蓄水时间、深度)、检查结果以及复查意见等。

(4)建筑物垂直度、标高、全高测量

垂直度、标高、全高测量记录主要包括:

①建筑物结构工程完成和工程竣工时,对建筑物垂直度和全高进行实测并记录,填写《建筑物垂直度、标高、全高测量记录》,要有"实测部位"、"实测偏差"、测量结果说明,并有"观测示意图"。

②楼层及全高标高测量,填写《建筑物标高测量记录》有"实测部位"和"实测值"。

③超过允许偏差且影响结构性能的部位,应由施工单位提出技术处理方案,并经建设(监理)单位认可,必要时,经原设计单位认可后进行处理并记录。

(5)抽气(风)道检查

通风道、烟道应全数做通风、抽风和漏风以及串风试验,检查畅通情况,并做记录。

检查时重点应记录主烟道、风道、副烟道、风道的检查结果等,并填写"通风(烟)道检查记录"。

(6)幕墙及外窗气密性、水密性、耐风压检测

①幕墙:幕墙应检测抗风压性能、空气渗透性能、雨水渗漏性能及平面变形性能等。

②外墙金属窗和塑料窗等的抗风压性能、空气渗透性能和雨水渗漏性能。

③检测报告应包括幕墙(外窗)种类、检测日期、检测部位、检测项目及内容、检测方法、检测结果以及复查结论等。

(7)建筑物沉降观测测量

建筑物变形测量亦是影响安全和功能的必测项目,主要包括:沉降观测、倾斜观测、位移观测及裂缝观测等。

①根据设计要求和规范规定,进行沉降观测时,应由建设单位委托有资质的测量单位进行施工过程中及竣工后的沉降观测工作。

②测量单位应按设计要求和规范规定，或监理单位批准的观测方案，设置沉降观测点，绘制沉降观测点布置图，定期进行沉降观测记录，并应附沉降观测点的沉降量与时间、荷载关系曲线图和沉降观测技术报告。

(8)节能、保温测试

建筑工程应按照建筑节能标准，对建筑物所使用的材料、构配件、设备、采暖、通风空调、照明等涉及节能、保温的项目进行检测。

节能、保温测试应委托有相应资质的检测单位检测，并由其出具检测报告。

(9)室内环境检测

①建筑工程及室内装饰装修工程应按照现行国家规范要求，在工程完工至少7天以后和工程交付使用前对室内环境进行质量验收。

②室内环境检测应由建设单位委托经考核认可的检测机构进行，并出具室内环境污染物浓度检测报告。

③检测报告中应包括检测部位、检测项目(氡、甲醛、氨、苯、TVOC等)、取样位置、取样数量、取样方法、测试结果、检测日期等。具体检测要求见第二篇第三章第七节室内环境质量验收有关内容。

关于给排水与采暖工程、建筑电气工程、通风与空调工程、电梯工程、智能建筑工程等，核查和抽查的内容内容略。

4. 单位工程观感质量验收

2001年以来，颁布实施的“建筑工程施工质量验收标准和规范”规定了对分部、子分部工程和单位、子单位工程分别进行观感质量检查。评价结论分为“好”、“一般”、“差”3个等级。具体标准是检验批的主控项目和一般项目，且多数在一般项目内，进行评价时检查人员可宏观掌握。

需要说明的是，有影响安全或重要使用功能的缺陷，不能进行观感质量评价，应处理后再评价。

评价时，施工单位应先自行检查合格后，由建设单位或监理单位来验收。参加评价的人员应有相应的资格，由建设单位负责人或项目负责人组织，也可由总监理工程师组织，建设单位中相关专业质量的负责人参加，监理单位和设计单位以及施工单位有关人员参加，验收组在听取其他参加人员的意见后，共同做出评价。评价时，可分项评价，也可分大的方面综合评价，最后对分部(子分部)和单位(子单位)工程分别做出观感的质量评价。

下面就“建筑与结构工程”观感质量检查的内容介绍“统一标准”中规定评价为“好”、“一般”的要求。若不能满足“好”及“一般”要求，则应评为“差”。被评价为“差”的项目应进行处理，若确实不能处理，则应由参加验收各方共同恰商解

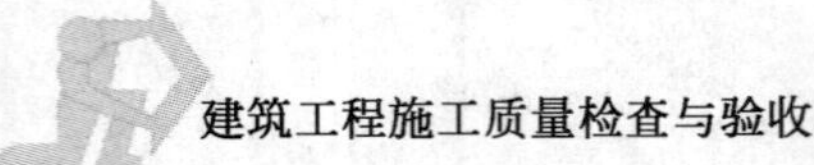

决，并做记录。

(1)室外墙面

①墙面

一般：必须粘结牢固。无脱层、裂缝、爆灰、露底，无空鼓，表面平整，无明显污染和接槎痕迹，颜色基本一致，其中，水刷石石粒紧密，无掉粒；干粘石(砂)分布均匀。涂料无掉粉、漏刷、透底、起皮、轻微咬色、流坠、疙瘩。天然板、人造板、釉面砖、陶瓷锦砖，接缝填嵌密实、平直、均匀，套割基本吻合，墙裙等突出墙面的厚度基本一致。

好：在一般基础上，颜色一致。无空鼓、污染和接槎痕迹。其中，水刷石石粒清晰无掉粒，干粘石(砂)无漏粘，阳角无黑边。天然板、人造板、釉面砖、陶瓷锦砖，套割吻合，流水坡向正确，无变色、起碱和光泽受损处。

②大角

一般：方正、顺直。

好：在一般基础上，整齐、美观。

③横竖线角(包括阳台、花台、外窗、腰线、格条等)

一般：无明显缺楞掉角，窗台坡度适宜。

好：在一般基础上，无缺楞掉角。

④散水、台阶、明沟

一般：表面光滑，坡度适宜，线角顺直，无明显脱皮、起砂、轻微龟裂和麻面。其中，散水坡不倒泛水，有伸缩缝，填缝符合要求。外台阶齿角基本整齐。明沟截面符合设计要求，坡向适宜。

好：在一般基础上，无裂纹、空鼓、麻面。外台阶齿角整齐，明沟坡度、坡向符合设计要求。

⑤滴水线(槽)

一般：滴水线(槽)基本顺直，槽的深度和宽度满足要求。

好：在一般基础上，流水坡向正确，线(槽)整齐一致，有断水。

(2)变形缝

一般：缝宽、位置、隔断、封闭伸缩片、附加层、填嵌材料、面层覆盖形式基本符合设计要求和规范规定。

好：在一般基础上，封闭严密，功能性好，洁净、顺直。

(3)水落管、屋面

①水落管

一般：水落斗、跌水、卡具、弯头符合规定。安装牢固，顺水承插深不小于

40mm,距地不小于200mm,距墙不小于20mm,正侧顺直。

好:在一般基础上,管箍间距相等且≯1.2m,弯头的结合角度成纯角。

②屋面

A 屋面坡向

一般:排水方向,坡度符合设计要求,无明显积水。

好:在一般基础上,无积水和杂物。

B 屋面防水层(瓦、铁、细石混凝土屋面应按相应标准执行)

一般:表面涂刷均匀,铺贴顺序、方向、长短边搭接符合规范规定。粘结牢固,无滑移、翘边、起泡、皱折等缺陷。

好:在一般基础上,表面平整,高低跨或集中排水处有保护措施。

C 屋面细部

a 墙(管)根

一般:卷材附加层、立面收头及泛水做法基本符合规范规定,收头高不小于250mm,转角处应作成半径为100～150mm圆弧钝角。

好:在一般基础上,根部附加层、立面收头、泛水及转角处做法符合规范规定,有压顶或突出腰线的泛水沿有滴水,管头有伞罩。

b 水落口、天沟

一般:水落口防腐并伸入卷材,安装牢固,盖以箅子或罩,天沟卷材顺水接槎,边角为钝角并顺直。

好:在一般基础上,交接合理,无翘边,流水通畅。

c 变形缝

一般:功能性好,伸缩片、附加层、填嵌材料、面层覆盖符合设计要求,防锈涂料涂刷均匀。

好:在一般基础上,封闭严密不漏水,洁净,线角顺直。

D 屋面保护层

a 绿豆砂

一般:粒径宜3～5ram,筛选干净,干燥,撒铺均匀,粘结牢固。

好:在一般基础上,砂色浅,颗粒均匀,表面洁净,未粘结的砂清扫干净。

b 板块

一般:表面平整,色泽基本一致,缝格平直,填嵌密实,无裂缝、缺楞掉角,坡向符合设计要求,无明显积水,不渗漏。

好:在一般基础上,平整洁净,图案清晰,色泽一致,接缝均匀,无积水。

(4)室内墙面

一般：必须粘结牢固，无脱皮、掉灰、空鼓、裂纹（风裂除外）、爆灰，墙面接槎平整，孔洞、槽、盒边缘整齐，管道背面平顺，墙表面基本光滑、洁净，颜色均匀，线角顺直。其中面层刮白、涂料和刷喷浆无掉粉、起皮、透底和漏刷，少量轻微反碱、咬色不多于5处，门窗、灯具基本洁净；壁纸、墙布无翘折，无明显斑污、胶痕，拼缝横平竖直，与贴脸、踢脚等交接处严密。

好：在一般基础上，阴阳角方正。其中刮白、涂料和刷喷浆，颜色一致，有光度；壁纸、墙布无斑污、胶痕，斜视不见拼缝，图案和花纹吻合，交接处无缝隙。门窗、灯具洁净，表面美观。

(5)室内顶棚

①罩面板

一般：安装牢固，无翘曲、折裂、缺棱掉角，表面平整、洁净。无明显变色、污染、反锈、麻点和锤印，接缝宽窄均匀，压条顺直，无翘曲。

好：在一般基础上，颜色一致，无污染、反锈、麻点、锤印，接缝压条宽窄一致、整齐、平直、严密。

②中级抹灰

一般：表面光滑，接槎平整，线角顺直。

好：在一般基础上，表面光滑，洁净，颜色均匀，线角顺直。

(6)室内地面

一般：必须粘结牢固，无空鼓，表面密实压光、平整、无明显裂纹、脱皮、麻面、起砂现象，分格条牢固、显露、基本顺直，踢脚线光滑平直、高度基本一致，水泥砂浆，细石混凝土等局部无明显细小收缩裂纹和轻微麻面；整体水磨石表面光滑，无明显裂纹和砂眼，石粒密实；理石、磨石、陶瓷锦砖等板块面层，颜色调配均匀，无明显裂纹和缺棱掉角，安装牢固，接缝填嵌密实、平直、均匀；木地板表面平整光滑，无戗茬、毛刺，板面缝隙基本严密。

好：在一般基础上，颜色均匀一致，线格方正顺直，踢脚线高度一致，出墙均匀，水泥砂浆和细石混凝土无砂眼、抹纹；整体水磨石表面光滑，石粒显露均匀，格条顺直清晰；理石、磨石、陶瓷绵砖等板块，无缺楞掉角、无污痕，非整砖使用部位适宜；长地板缝隙严密。

(7)楼梯、踏步、护栏

①楼梯、踏步

一般：必须粘结牢固，无空鼓，无明显裂纹、起砂、脱皮，高宽度基本一致，相邻两步高差符合要求。

好：在一般基础上，无裂纹、脱皮、麻面，高宽度一致，防滑条顺直。

②护栏

一般:镶钉牢固,位置基本正确,表面光滑,线角顺直,接缝严密,割角整齐,木护栏无明显戗槎和刨痕。

好:在一般基础上,位置正确,出墙一致,棱角方正,不露钉帽,木护栏无戗槎和刨痕。

附:厕浴间。阳台泛水、抽气(风)孔道、细木护栏

①厕浴间

一般:地面坡度、坡向合理,无倒坡,孔洞、槽、盒、管道背面抹压整齐、方正,无渗漏。

好:在一般基础上,浴盆、厕台高度适宜。

②阳台泛水

一般:无明显倒坡,泄水管长度、坡度适宜,无积水。

好:在一般基础上,泄水管长度、位置一致。

③抽气(风)孔道

一般:尺寸、位置、配件符合要求,无积渣,有抽气功能。

好:在一般基础上,安装牢固、方正,墙缝严密,抽气良好。

④细木护栏

一般:镶钉牢固,位置基本正确,表面光滑,线角顺直,接缝严密,割角整齐,无明显戗槎、刨痕。

好:在一般基础上,位置正确,出墙一致,棱角方正,不露钉帽,无戗槎、刨痕。

(8)门窗

外门窗应进行抗风压、气密性、水密性以及开关试验。

①木门窗

一般:框与墙体间空隙基本嵌填饱满,开关灵活,小五金齐全,刨面平整光滑、木螺丝拧牢,缝隙基本符合要求。

好:在一般基础上,扇不回弹,缝隙均匀符合要求,小五金型号、规格符合要求,刻槽深度一致、边缘整齐、位置正确。框与墙体间空隙嵌填饱满,扇面无裂纹。

②钢门窗、涂色镀锌钢板门窗

一般:安装牢固,关闭严密,无倒翘,开关灵活,附件齐全,方便适用,与墙体间空隙嵌填饱满,基本无锈蚀。

好:在一般基础上,开启无阻滞、回弹,附件位置正确、牢固,无锈蚀。

③铝合金门窗

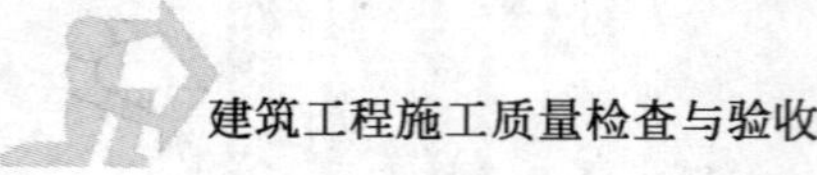

一般：安装牢固，关闭严密，开关灵活，间隙基本均匀，附件齐全、牢固、灵活，与墙体间空隙嵌填材料，与非不锈钢紧固件接触面作防腐处理，表面洁净，无明显划痕、碰伤，排水孔位置正确、畅通。

好：在一般基础上：间隙均匀，附件位置正确，表面美观、光滑、无划痕、碰伤、锈蚀。

④塑料门窗

一般：安装牢固，固定点距窗角、中横框、中竖框150～200mm，固定点间距不大于600mm；关闭严密，开启灵活，与墙体间隙填嵌材料密实，密封条不脱槽，且接缝基本严密、不卷边，排水孔位置正确畅通，表面洁净，平整光滑，大面无明显划痕、碰伤。

好：在一般基础上，密封条平整、大面无划痕、碰伤。

⑤特种门窗

一般：安装位置正确，安装牢固，开关或旋转方向正确且灵活，自动门的感应时间符合限值要求；表面基本洁净，无明显划痕和碰伤。

好：在一般基础上，表面洁净、无划痕和碰伤。

⑥玻璃

一般：裁割尺寸正确，安装平整稳固，表面无斑污，座底灰油灰平满，粘结牢固，钉子或钢卡数量符合要求。

好：在二般基础上，表面洁净，无油污，油灰与裁口齐平、光滑。

附：涂料

①木质面涂料

一般：大面无透底、流坠、皱皮，有光亮，且光滑均匀，分色线平直，颜色一致，刷纹通顺，不污染五金、玻璃，无异味。

好：在一般基础上，小面明显处无锈底、流坠、皱皮，无明显刷纹，有光泽。

②金属面涂料

一般：同木质面涂料，其中有底涂料的不得有反锈现象。

好：在一般基础上，同木质面涂料且无反锈。

③墙面涂料

一般：无脱皮、漏刷、反锈、透底、反碱和混色，无异味。

好：在一般基础上，有光亮，颜色一致，无明显刷纹，线条平直。

关于建筑给排水与采暖工程、建筑电气工程、通风与空调工程、电梯工程、智能建筑工程等观感质量检查内容略。

5. 单位工程综合验收结论

单位(子单位)工程5大条件验收合格后，各参加检验方共同同意商定后，由建设单位填写“综合验收结论”，综合验收结论应为“通过验收”。

四 建设单位提交工程竣工验收报告

工程竣工验收合格后，建设单位应当在3日内向工程质量监督机构提交工程竣工验收报告和竣工验收证明书。工程质量监督机构在工程竣工验收之日起5日内，向备案机关提交工程质量监督报告。

工程竣工验收报告应包括以下内容：

1. 工程概况：描述工程名称、工程地点、结构类型层次、建筑面积、开竣工日期、验收日期；

2. 简述竣工验收程序、内容、组织形式；

3. 建设单位执行基本建设程序情况；

4. 勘察、设计、监理、施工等单位工作情况和执行强制性标准的情况；

5. 工程竣工验收结论：应描述验收组对工程结构安全、使用功能是否符合设计要求，是否同意竣工验收的意见；

6. 附件：勘察、设计、施工、监理单位签字的验收文件。

第二节 建筑工程竣工备案制

《建设工程质量管理条例》第四十九条规定：“建设单位应当自建设工程竣工验收合格之日起七日内，将建设工程竣工验收报告和规划、公安消防、环保等部门出具的认可文件或者准许使用文件报建设行政主管部门或其他有关部门备案”。建设部以第78号令的形式发布了《房屋建筑工程和市政基础设施竣工验收管理暂行办法》。建设工程竣工验收备案制度是加强政府监督管理防止不合格工程流向社会的一个重要手段。

主要规定如下：

1. 建设单位应当自工程竣工验收合格之日起15日内，向工程所在地的县级以上地方人民政府建设行政主管部门备案。

2. 建设单位办理工程竣工验收备案应提交以下材料：

(1)房屋建设工程竣工验收备案表。

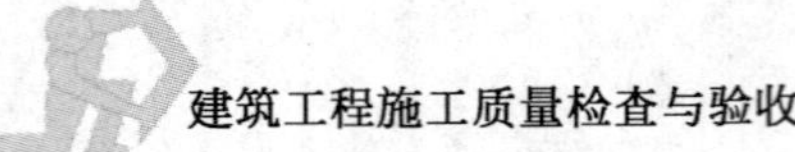

(2)建设工程竣工验收报告(包括工程报建日期、施工许可证号,施工图设计文件审查意见,勘察、设计、施工、工程监理等单位分别签署的工程验收文件及验收人员签署的竣工验收原始文件,市政基础设施的有关质量检测和功能性试验资料以及备案机关认为需要提供的有关资料)。

(3)法律、行政法规规定应由规划、消防、环保等部门出具的认可文件或者准许使用的文件。

(4)施工单位签署的工程质量保修书、住宅工程的《住宅工程质量保修书》和《住宅工程使用说明书》。

(5)法规、规范规定必须提供的其他文件。

3.备案机关收到建设单位报送的竣工验收备案文件,验证文件齐全后,应当在工程竣工验收备案表上签署文件收讫。

工程竣工验收备案表一式两份,一份由建设单位保存,一份留备案机关存档。

4.工程质量监督机构应当在工程竣工验收之日起5日内,向备案机关提交工程质量监督报告。

小知识

房屋建筑工程和市政基础设施工程竣工验收备案管理暂行办法

中华人民共和国建设部令

第78号

《房屋建筑工程和市政基础设施工程竣工验收备案管理暂行办法》已于2000年4月4日经第22次部常务会议通过,现予发布,自发布之日起施行。

部长　俞正声

二〇〇〇年4月7日

第一条　为了加强房屋建筑工程和市政基础设施工程质量的管理,根据《建设工程质量管理条例》,制定本办法。

第二条　在中华人民共和国境内新建、扩建、改建各类房屋建筑工程和市政基础设施工程的竣工验收备案,适用本办法。

第三条　国务院建设行政主管部门负责全国房屋建筑工程和市政基础设施工程(以下统称工程)的竣工验收备案管理工作。

县级以上地方人民政府建设行政主管部门负责本行政区域内工程的竣工验收备案管理工作。

第四条 建设单位应当自工程竣工验收合格之日起15日内，依照本办法规定，向工程所在地的县级以上地方人民政府建设行政主管部门(以下简称备案机关)备案。

第五条 建设单位办理工程竣工验收备案应当提交下列文件：

(一)工程竣工验收备案表；

(二)工程竣工验收报告。竣工验收报告应当包括工程报建日期，施工许可证号，施工图设计文件审查意见，勘察、设计、施工、工程监理等单位分别签署的质量合格文件及验收人员签署的竣工验收原始文件，市政基础设施的有关质量检测和功能性试验资料以及备案机关认为需要提供的有关资料；

(三)法律、行政法规规定应当由规划、公安消防、环保等部门出具的认可文件或者准许使用文件；

(四)施工单位签署的工程质量保修书；

(五)法规、规章规定必须提供的其他文件。

商品住宅还应当提交《住宅质量保证书》和《住宅使用说明书》。

第六条 备案机关收到建设单位报送的竣工验收备案文件，验证文件齐全后，应当在工程竣工验收备案表上签署文件收讫。

工程竣工验收备案表一式两份，一份由建设单位保存，一份留备案机关存档。

第七条 工程质量监督机构应当在工程竣工验收之日起5日内，向备案机关提交工程质量监督报告。

第八条 备案机关发现建设单位在竣工验收过程中有违反国家有关建设工程质量管理规定行为

的，应当在收讫竣工验收备案文件15日内，责令停止使用，重新组织竣工验收。

第九条 建设单位在工程竣工验收合格之日起15日内未办理工程竣工验收备案的，备案机关责令限期改正，处20万元以上30万元以下罚款。

第十条 建设单位将备案机关决定重新组织竣工验收的工程，在重新组织竣工验收前，擅自使用的，备案机关责令停止使用，处工程合同价款2%以上4%以下罚款。

第十一条 建设单位采用虚假证明文件办理工程竣工验收备案的，工程

竣工验收无效，备案机关责令停止使用，重新组织竣工验收，处20万元以上50万元以下罚款；构成犯罪的。依法追究刑事责任。

第十二条 备案机关决定重新组织竣工验收并责令停止使用的工程，建设单位在备案之前已投入使用或者建设单位擅自继续使用造成使用人损失的，由建设单位依法承担赔偿责任。

第十三条 竣工验收备案文件齐全，备案机关及其工作人员不办理备案手续的，由有关机关责令改正，对直接责任人员给予行政处分。

第十四条 抢险救灾工程、l临时性房屋建筑工程和农民自建低层住宅工程，不适用本办法。

第十五条 军用房屋建筑工程竣工验收备案，按照中央军事委员会的有关规定执行。

第十六条 省、自治区、直辖市人民政府建设行政主管部门可以根据本办法制定实施细则。

第十七条 本办法由国务院建设行政主管部门负责解释。

第十八条 本办法自发布之日起施行。

第七章
单位工程质量验收实例

【职业能力目标】

学完本章，你应会：

综合运用“统一标准”和各专业验收规范，对单位工程进行各层次的划分和验收，并形成正确的验收记录。

【学习要求】

熟悉单位工程的整个验收层次的划分和验收过程。

【本章说明】

工程实际施工中，遇到的大部分项目都是单位工程，如一栋住宅楼、一栋教学楼、一栋办公楼等。单位工程的划分层次前面已经介绍。本章按“检验批→分项工程→子分部工程→分部工程→单位工程”的顺序介绍一栋多层住宅结构工程各验收层次的划分和验收过程。

第一节 工程概况

某多层住宅工程概况见表 2-141。

工程概况 表 2-141

工程名称	××住宅工程	工程地址	××市××区××路
工程类型	□√1.建筑；□2.设备安装；□3.装修工程		预(概)算建安工作量
	□√1.新建；□2.扩建；□3.改建		××万元

续上表

<table>
<tr><td>工程名称</td><td colspan="3">××住宅工程</td><td>工 程 地 址</td><td colspan="2">××市××区××路</td></tr>
<tr><td>投资类别</td><td colspan="4">□1.外资；□2.合资；□3.国有；□4.集体；□√5.民营</td><td>其中：
桩基</td><td>（万元）</td></tr>
<tr><td>建筑面积</td><td colspan="2">××m^2</td><td>层次</td><td>地下1层、地上6层</td><td>土建</td><td>××万元</td></tr>
<tr><td>结构类型</td><td colspan="2">底框结构（一层框架
5层砖混结构）</td><td>开工日期</td><td>2007年×月×日</td><td>安装</td><td>××万元</td></tr>
<tr><td>完工日期</td><td colspan="2">2008年×月×日</td><td>验收日期</td><td>2008年×月×日</td><td>装修</td><td>××万元</td></tr>
<tr><td colspan="4">单位名称</td><td>资质等级</td><td>法人代表</td><td>项目
负责人</td></tr>
<tr><td>建设单位</td><td colspan="3">××集团开发有限公司</td><td></td><td>×××</td><td>×××</td></tr>
<tr><td>勘察单位</td><td colspan="3">××勘察设计院</td><td>甲级</td><td>×××</td><td>×××</td></tr>
<tr><td>设计单位</td><td colspan="3">××建筑设计院</td><td>甲级</td><td>×××</td><td>×××</td></tr>
<tr><td>监理单位</td><td colspan="3">××建设监理有限公司</td><td>甲级</td><td>×××</td><td>×××</td></tr>
<tr><td rowspan="4">施工单位</td><td>总包</td><td colspan="2">××建设集团有限公司</td><td>一级</td><td>×××</td><td>×××</td></tr>
<tr><td>分包</td><td colspan="2">××装饰装修工程有限公司</td><td>专业一级</td><td>×××</td><td>×××</td></tr>
<tr><td>分包</td><td colspan="2">××机电工程有限公司</td><td>专业一级</td><td>×××</td><td>×××</td></tr>
<tr><td>分包</td><td colspan="2">××电梯有限公司</td><td>专业一级</td><td>×××</td><td>×××</td></tr>
<tr><td rowspan="9">结构及装修概况</td><td>基础（含地下室）</td><td colspan="5">地基持力层为坚硬黏土层，II类场地土，钢筋混凝土满堂基础，基础和混凝土外墙混凝土强度等级为C30，外设SBS卷材防水</td></tr>
<tr><td>主体结构</td><td colspan="5">底框结构，一层为框架，二至六层为砖混。混凝土强度等级：一至六层为C30；砌体工程：一层为小型空心砌块填充墙，M5混合砂浆，二层及以上为多块砖承重墙，M7.5混合砂浆</td></tr>
<tr><td>屋面</td><td colspan="5">平屋面。设保温层，找平层，SBS高聚物改性沥青卷材柔性防水层</td></tr>
<tr><td>楼、地面</td><td colspan="5">地下室：40厚C20细石混凝土，随浇随抹；一层至六层：40厚C20细石混凝土，随浇随抹，上面由用户设计施工</td></tr>
<tr><td>门窗</td><td colspan="5">门为钢质防火门、铝合金门，外窗为塑钢窗、铝合金窗</td></tr>
<tr><td>外装饰</td><td colspan="5">12厚1∶1∶4混合砂浆底，1∶1∶4混合砂浆面，外墙涂二度涂料</td></tr>
<tr><td>内装饰</td><td colspan="5">混合砂浆底，纸筋灰面，内墙涂料二度，卫生、厨房门面砖</td></tr>
<tr><td>水暖卫</td><td colspan="5">室内给水系统、室内排水系统、卫生器具安装、室内采暖系统等</td></tr>
<tr><td>电气</td><td colspan="5">变配电室、供电干线、电气动力、电气照明安装、防雷及接地安装</td></tr>
</table>

注：地下室车库，一层为商场，二层及以上为住宅。该工程长度为60m，宽12m，高18.6m。

第二节 子分部工程、分项工程和检验批划分

依照施工图设计文件、合同约定、施工组织设计及项目特点，依据《建筑工程施工质量验收统一标准》(GB 50300—2001)第 4.0.4 条和第 4.0.5 条规定，在该住宅楼施工前，经建设、监理、施工单位商议决定，各分部工程、子分部工程、分项工程和检验批按如下规律划分。

一 分部工程的划分

该住宅楼工程是一个单位工程，按照“统一标准”，可划分为地基基础工程、主体结构工程、装饰装修工程、屋面工程、给水排水及采暖工程、建筑电气工程六个分部工程。无电梯安装工程、智能建筑工程、通风与空调工程三个分部工程。

以下省略给水排水及采暖工程、建筑电气工程两个分部工程。

二 子分部工程、分项工程的划分

一般来讲，六层住宅工程可以不设子分部工程，本工程按划分子分部工程进行介绍。

子分部工程和分项工程的划分完全按照“统一标准”中《建筑工程分部(子分部)工程、分项工程划分》表(表 1-2)进行划分，根据施工图纸和合同文件，涉及的子分部工程、分项工程就有，否则就不设该子分部工程和分项工程。针对本工程的实际情况，子分部工程和分项工程划分见表 2-142。

三 分项工程检验批的划分

地基基础分部工程中的土方开挖分项工程、土方回填和地下室底板混凝土施工均划分为一个检验批，地下室墙体和顶板分开施工，并分成两个施工段；主体分部工程的分项工程按每楼层、变形缝(流水段)划分为两个检验批，分段施工，1～18 轴为一段，18～38 轴为一段，一层框架结构柱与梁板同时施工，不再分开，并据此收集整理施工技术资料和组织验收。

装饰装修工程：一般抹灰外墙按每 500m^2 为一批，共六批，室内按不少于 50 个自然间划分检验批，本工程按一层一批共 6 个检验批。其它分项按相应的检验批划分规定划分。

屋面工程所含各分项工程均分两段施工。

施工验收过程中检验批若有变更,由建设、监理、施工单位另行商议确定。

该工程分项工程检验批划分见表 2-142。

××住宅工程子分部、分项工程和检验批划分计划表　　表 2-142

分部工程	子分部工程	分项工程	检验批	
			编号	检验批名称
01 地基基础分部工程	0101 无支护土方工程	010101 土方开挖	01010101	土方开挖工程检验批质量验收记录
		010102 土方回填	01010201	土方回填工程检验批验收记录
	0106 混凝土基础(包括地下室)	010601 模板(安装)分项工程(I)	01060101	(基础 1~36 轴)模板安装工程检验批质量验收记录
			01060102	(地下室墙柱 1~18 轴)模板安装工程检验批质量验收记录
			01060103	(地下室墙柱 18~36 轴)模板安装工程检验批质量验收记录
			01060104	(地下室顶板 1~18 轴)模板安装工程检验批质量验收记录
			01060105	(地下室顶板 18~36 轴)模板安装工程检验批质量验收记录
		010601 模板(拆除)分项工程(III)	01060101	(基础 1~36 轴)模板拆除工程检验批质量验收记录
			01060102	(地下墙柱 1~18 轴)模板拆除工程检验批质量验收记录
			01060103	(地下墙柱 18~36 轴)模板拆除工程检验批质量验收记录
			01060104	(地下室顶板 1~18 轴)模板拆除工程检验批质量验收记录
			01060105	(地下室顶板 18~36 轴)模板拆除工程检验批质量验收记录
		010602 钢筋(原材料及加工)分项工程(I)	01060201	(基础 1~36 轴)钢筋加工工程检验批质量验收记录
			01060202	(地下室墙柱 1~18 轴)钢筋加工工程检验批质量验收记录
			01060203	(地下室墙柱 18~36 轴)钢筋加工工程检验批质量验收记录
			01060204	(地下室顶板 1~18 轴)钢筋加工工程检验批质量验收记录
			01060205	(地下室顶板 18~36 轴)钢筋加工工程检验批质量验收记录
		010602 钢筋(安装)分项工程(II)	01060201	(基础 1~36 轴)钢筋安装工程检验批质量验收记录
			01060202	(地下室墙柱 1~18 轴)钢筋安装工程检验批质量验收记录
			01060203	(地下室墙柱 18~36 轴)钢筋安装工程检验批质量验收记录
			01060204	(地下室顶板 1~18 轴)钢筋安装工程检验批质量验收记录
			01060205	(地下室顶板 18~36 轴)钢筋安装工程检验批质量验收记录

续上表

分部工程	子分部工程	分项工程	检验批	
			编号	检验批名称
01 地基基础分部工程	0106 混凝土基础(包括地下室)	010603 混凝土(原材料及配合比)(I)	01060301	(基础垫层 1～36 轴)混凝土原材料及配合比检验批质量验收记录
			01060302	(基础 1～36 轴)混凝土原材料及配合比检验批质量验收记录
			01060303	(地下室 1～18 轴)混凝土原材料及配合比检验批质量验收记录
			01060304	(地下一层 18～36 轴)混凝土原材料及配合比检验批质量验收记录
			01060305	(地下室顶板 1～18 轴)混凝土原材料及配合比检验批质量验收记录
			01060306	(地下室顶板 18～36 轴)混凝土原材料及配合比检验批质量验收记录
		010603 混凝土(施工)(II)	01060301	(基础垫层 1～36 轴)混凝土施工检验批质量验收记录
			01060302	(基础 1～36 轴)混凝土施工检验批质量验收记录
			01060303	(地下室墙柱 1～18 轴)混凝土施工检验批质量验收记录
			01060304	(地下室墙柱 18～36 轴)混凝土施工检验批质量验收记录
			01060305	(地下室顶板 1～18 轴)混凝土施工检验批质量验收记录
			01060306	(地下室顶板 18～36 轴)混凝土施工检验批质量验收记录
		010604 现浇结构、外观尺寸偏差	01060401	(基础垫层 1～36 轴)现浇结构外观尺寸偏差检验批质量验收记录
			01060402	(基础 1～36 轴)现浇结构外观尺寸偏差检验批质量验收记录
			01060403	(地下室墙柱 1～18 轴)现浇结构外观尺寸偏差检验批质量验收记录
			01060404	(地下室墙柱 18～36 轴)现浇结构外观尺寸偏差检验批质量验收记录
			01060405	(地下室顶板 1～18 轴)现浇结构外观尺寸检验批质量验收记录
			01060406	(地下室顶板 18～36 轴)现浇结构外观尺寸检验批质量验收记录
	0105 地下防水子分部	010503 卷材防水	01050301	(地下室底板 1～36 轴)SBS 卷材防水工程检验批质量验收记录
			01050302	(地下室外墙 1～36 轴)SBS 卷材防水工程检验批质量验收记录
		010507 细部构造	01050701	(地下室 1～36 轴)细部构造工程检验批质量验收记录

续上表

分部工程	子分部工程	分项工程	检验批	
			编号	检验批名称
02主体结构分部工程	0201混凝土结构	020101模板（安装、预制构件、拆除）分项工程（I）	02010101	（一层1～20轴）模板安装工程检验批质量验收记录
			02010102	（一层18～36轴）模板安装工程检验批质量验收记录
			02010103	（二层1～18轴）模板安装工程检验批质量验收记录
			02010104	（二层18～36轴）模板安装工程检验批质量验收记录
			02010105	（三层1～18轴）模板安装工程检验批质量验收记录
			02010106	（三层18～36轴）模板安装工程检验批质量验收记录
			02010107	（四层1～18轴）模板安装工程检验批质量验收记录
			02010108	（四层18～36轴）模板安装工程检验批质量验收记录
			02010109	（五层1～20轴）模板安装工程检验批质量验收记录
			02010110	（五层18～36轴）模板安装工程检验批质量验收记录
			02010111	（六层1～18轴）模板安装工程检验批质量验收记录
			02010112	（六层18～36轴）模板安装工程检验批质量验收记录
			02010113	（屋面1～18轴）模板安装工程检验批质量验收记录
			02010114	（屋面18～36轴）模板安装工程检验批质量验收记录
		020101模板（安装、预制构件、拆除）分项工程（III）	02010101	（一层1～20轴）模板拆除工程检验批质量验收记录
			02010102	（一层18～36轴）模板拆除工程检验批质量验收记录
			02010103	（二层1～20轴）模板拆除工程检验批质量验收记录
			02010104	（二层18～36轴）模板拆除工程检验批质量验收记录
			02010105	（三层1～20轴）模板拆除工程检验批质量验收记录
			02010106	（三层18～36轴）模板拆除工程检验批质量验收记录
			02010107	（四层1～20轴）模板拆除工程检验批质量验收记录
			02010108	（四层18～36轴）模板拆除工程检验批质量验收记录
			02010109	（五层1～18轴）模板拆除工程检验批质量验收记录
			02010110	（五层18～36轴）模板拆除工程检验批质量验收记录
			02010111	（六层1～20轴）模板拆除工程检验批质量验收记录
			02010112	（六层18～36轴）模板拆除工程检验批质量验收记录
			02010113	（屋面1～18轴）模板拆除工程检验批质量验收记录
			02010114	（屋面18～36轴）模板拆除工程检验批质量验收记录

续上表

分部工程	子分部工程	分项工程	检验批	
			编号	检验批名称
02主体结构分部工程	0201混凝土结构	020102钢筋（加工、安装）分项工程（I）	02010201	（一层 1～39 轴）钢筋加工检验批质量验收记录表
			02010202	（二层 1～36 轴）钢筋加工检验批质量验收记录表
			02010203	（三层 1～39 轴）钢筋加工检验批质量验收记录表
			02010204	（四层 1～39 轴）钢筋加工检验批质量验收记录表
			02010205	（五层 1～39 轴）钢筋加工检验批质量验收记录表
			02010206	（六层 1～39 轴）钢筋加工检验批质量验收记录表
		020102钢筋（加工、安装）分项工程（II）	02010201	（一层 1～18 轴）钢筋安装工程检验批质量验收记录
			02010202	（一层 18～36 轴）钢筋安装工程检验批质量验收记录
			02010203	（二层 1～18 轴）钢筋安装工程检验批质量验收记录
			02010204	（二层 18～36 轴）钢筋安装工程检验批质量验收记录
			02010205	（三层 1～18 轴）钢筋安装工程检验批质量验收记录
			02010206	（三层 18～36 轴）钢筋安装工程检验批质量验收记录
			02010207	（四层 1～18 轴）钢筋安装工程检验批质量验收记录
			02010208	（四层 18～36 轴）钢筋安装工程检验批质量验收记录
			02010209	（五层 1～18 轴）钢筋安装工程检验批质量验收记录
			02010210	（五层 18～36 轴）钢筋安装工程检验批质量验收记录
			02010211	（六层 1～18 轴）钢筋安装工程检验批质量验收记录
			02010212	（六层 18～36 轴）钢筋安装工程检验批质量验收记录
			02010213	（屋面 1～18 轴）钢筋安装工程检验批质量验收记录
			02010214	（屋面 18～36 轴）钢筋安装工程检验批质量验收记录
		020103混凝土（原材料及配合比、施工）分项工程（I）	02010301	（一层 1～18 轴）混凝土原材料及配合比检验批质量验收记录
			02010302	（一层 18～36 轴）混凝土原材料及配合比检验批质量验收记录
			02010303	（二层 1～20 轴）混凝土原材料及配合比检验批质量验收记录
			02010304	（二层 18～36 轴）混凝土原材料及配合比检验批质量验收记录
			02010305	（三层 1～18 轴）混凝土原材料及配合比检验批质量验收记录
			02010306	（三层 18～36 轴）混凝土原材料及配合比检验批质量验收记录

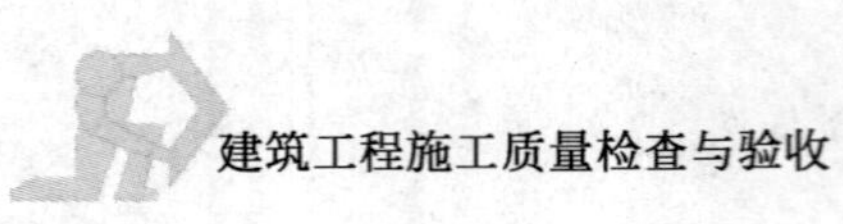

续上表

分部工程	子分部工程	分项工程	检验批	
			编号	检验批名称
02主体结构分部工程	0201混凝土结构	020103混凝土(原材料及配合比、施工)分项工程(I)	02010307	(四层 1～18 轴)混凝土原材料及配合比检验批质量验收记录
			02010308	(四层 18～36 轴)混凝土原材料及配合比检验批质量验收记录
			02010309	(五层 1～18 轴)混凝土原材料及配合比检验批质量验收记录
			02010310	(五层 18～36 轴)混凝土原材料及配合比检验批质量验收记录
			02010311	(六层 1～18 轴)混凝土原材料及配合比检验批质量验收记录
			02010312	(六层 18～36 轴)混凝土原材料及配合比检验批质量验收记录
			02010313	(屋面 1～20 轴)混凝土原材料及配合比检验批质量验收记录
			02010314	(屋面 18～36 轴)混凝土原材料及配合比检验批质量验收记录
		020103混凝土(原材料及配合比、施工)分项工程(II)	02010301	(一层 1～18 轴)混凝土施工检验批质量验收记录
			02010302	(一层 18～36 轴)混凝土施工检验批质量验收记录
			02010303	(二层 1～20 轴)混凝土施工检验批质量验收记录
			02010304	(二层 18～36 轴)混凝土施工检验批质量验收记录
			02010305	(三层 1～18 轴)混凝土施工检验批质量验收记录
			02010306	(三层 18～36 轴)混凝土施工检验批质量验收记录
			02010307	(四层 1～18 轴)混凝土施工检验批质量验收记录
			02010308	(四层 18～36 轴)混凝土施工检验批质量验收记录
			02010309	(五层 1～18 轴)混凝土施工检验批质量验收记录
			02010310	(五层 18～36 轴)混凝土施工检验批质量验收记录
			02010311	(六层 1～18 轴)混凝土施工检验批质量验收记录
			02010312	(六层 18～36 轴)混凝土施工检验批质量验收记录
			02010313	(屋面 1～20 轴)混凝土施工检验批质量验收记录
			02010314	(屋面 18～36 轴)混凝土施工检验批质量验收记录

续上表

分部工程	子分部工程	分项工程	检验批	
			编号	检验批名称
02主体结构分部工程	0201混凝土结构	020105现浇结构（结构、设备基础）分项工程（Ⅰ）	02010501	（一层1～18轴）现浇结构外观及尺寸偏差检验批质量验收记录
			02010502	（一层18～36轴）现浇结构外观及尺寸偏差检验批质量验收记录
			02010503	（二层1～18轴）现浇结构外观及尺寸偏差检验批质量验收记录
			02010504	（二层18～36轴）现浇结构外观及尺寸偏差检验批质量验收记录
			02010505	（三层1～20轴）现浇结构外观及尺寸偏差检验批质量验收记录
			02010506	（三层18～36轴）现浇结构外观及尺寸偏差检验批质量验收记录
			02010507	（四层1～18轴）现浇结构外观及尺寸偏差检验批质量验收记录表
			02010508	（四层18～36轴）现浇结构外观及尺寸偏差检验批质量验收记录表
			02010509	（五层1～20轴）现浇结构外观及尺寸偏差检验批质量验收记录
			02010510	（五层18～36轴）现浇结构外观及尺寸偏差检验批质量验收记录表
			02010511	（六层1～20轴）现浇结构外观及尺寸偏差检验批质量验收记录
			02010512	（六层18～36轴）现浇结构外观及尺寸偏差检验批质量验收记录
			02010513	（屋面1～18轴）现浇结构外观及尺寸偏差检验批质量验收记录
			02010514	（屋面18～36轴）现浇结构外观及尺寸偏差检验批质量验收记录
	0203砌体子分部工程	020304填充墙砌体	02030401	（一层）填充墙砌体工程检验批质量验收记录
			02030402	（地下室）填充墙砌体工程检验批质量验收记录
		020305配筋砖砌体分项工程	02030501	（二层1～18轴）配筋砌体（混水）工程检验批质量验收记录
			02030502	（二层18～36轴）配筋砌体（混水）工程检验批质量验收记录
			02030503	（三层1～18轴）配筋砖体（混水）工程检验批质量验收记录表
			02030504	（三层18～36轴）配筋砖体（混水）工程检验批质量验收记录

续上表

分部工程	子分部工程	分项工程	检验批	
			编号	检验批名称
02主体结构分部工程	0203砌体子分部工程	020305配筋砖砌体分项工程	02030505	(四层 1～18 轴)配筋砌体(混水)工程检验批质量验收记录表
			02030506	(四层 18～36 轴)配筋砌体(混水)工程检验批质量验收记录
			02030507	(五层 1～18 轴)配筋砌体(混水)工程检验批质量验收记录
			02030508	(五层 18～36 轴)配筋砌体(混水)工程检验批质量验收记录
			02030509	(六层 1～18 轴)配筋砌体(混水)工程检验批质量验收记录
			02030510	(六层 18～36 轴)配筋砌体(混水)工程检验批质量验收记录
03装饰装修分部工程	0302抹灰工程子分部	030201一般抹分项工程	03020101	(南立面室外 6～4 层)一般抹灰工程检验批质量验收记录
			03020102	(南立面室外 3～1 层)一般抹灰工程检验批质量验收记录
			03020103	(北立面室外 6～4 层)一般抹灰工程检验批质量验收记录
			03020104	(北立面室外 3～1 层)一般抹灰工程检验批质量验收记录
			03020105	(西立面室外 6～1 层)一般抹灰工程检验批质量验收记录
			03020106	(东立面室外 6～1 层)一般抹灰工程检验批质量验收记录
			03020107	(地下室室内)一般抹灰工程检验批质量验收记录
			03020108	(一层室内)一般抹灰工程检验批质量验收记录
			03020109	(二层室内)一般抹灰工程检验批质量验收记录
			03020110	(三层室内)一般抹灰工程检验批质量验收记录
			03020111	(四层室内)一般抹灰工程检验批质量验收记录
			03020112	(五层室内)一般抹灰工程检验批质量验收记录
			03020113	(六层室内)一般抹灰工程检验批质量验收记录
			03020114	(一至三层顶棚)一般抹灰工程检验批质量验收记录
			03020115	(四至六层顶棚)一般抹灰工程检验批质量验收记录
	0301建筑地面子分部工程	030101基层(水泥混凝土)分项工程(VII)	03010101	(地下室)水泥混凝土垫层工程检验批质量验收记录
			03010102	(一层)水泥混凝土垫层工程检验批质量验收记录
			03010103	(二层)水泥混凝土垫层工程检验批质量验收记录
			3010104	(三层)水泥混凝土垫层工程检验批质量验收记录
			03010105	(四层)水泥混凝土垫层工程检验批质量验收记录
			03010106	(五层)水泥混凝土垫层工程检验批质量验收记录

续上表

分部工程	子分部工程	分项工程	检验批	
			编号	检验批名称
03装饰装修分部工程	0301建筑地面子分部工程	030101基层(水泥混凝土)分项工程(VII)	03010107	(六层)水泥混凝土垫层工程检验批质量验收记录
			03010108	(六至四层楼梯)水泥砂浆面层工程检验批质量验收记录表
			03010109	(三至地下一层楼梯)水泥砂浆面层工程检验批质量验收记录
			0302××	面层分项工程由用户确定并自装
	0308涂饰子分部工程	030801(室外)水性涂饰分项工程	03080101	(南立面外墙)水性涂料涂饰工程检验批质量验收记录
			03080102	(北立面外墙)水性涂料涂饰工程检验批质量验收记录
			03080103	(东立面外墙)水性涂料涂饰工程检验批质量验收记录
			03080104	(西立面外墙)水性涂料涂饰工程检验批质量验收记录
		030801(室内)水性涂饰分项工程	03080101	(地下室内墙)水性涂料涂饰工程检验批质量验收记录
			03080102	(一层室内)水性涂料涂饰工程检验批质量验收记录
			03080103	(二层室内)水性涂料涂饰工程检验批质量验收记录
			03080104	(三层室内)水性涂料涂饰工程检验批质量验收记录
			03080105	(四层室内)水性涂料涂饰工程检验批质量验收记录
			03080106	(五层室内)水性涂料涂饰工程检验批质量验收记录
			03080107	(六层室内)水性涂料涂饰工程检验批质量验收记录
	0303门窗工程子分部工程	030302金属门窗安装分项工程(III)	03030201	(一单元金属分户门)金属门安装工程检验批质量验收记录
			03030202	(二单元金属分户门)金属门安装工程检验批质量验收记录
			03030203	(三单元金属分户门)金属门安装工程检验批质量验收记录
			03030204	(四单元金属分户门)金属门安装工程检验批质量验收记录
			03030205	(一至四单元金属幢号门)金属门安装工程检验批质量验收记录
		030303塑料门窗分项工程	03030301	(一层塑料门窗)塑料门窗安装工程检验批质量验收记录
			03030302	(二层塑料门窗)塑料门窗安装工程检验批质量验收记录
			03030303	(三层塑料门窗)塑料门窗安装工程检验批质量验收记录
			03030304	(四层塑料门窗)塑料门窗安装工程检验批质量验收记录
			03030305	(五层塑料门窗)塑料门窗安装工程检验批质量验收记录
			03030306	(六层塑料门窗)塑料门窗安装工程检验批质量验收记录

续上表

分部工程	子分部工程	分项工程	检验批	
			编号	检验批名称
03装饰装修分部工程	0303门窗工程子分部工程	030305门窗安装	03030501	(六至四层门窗玻璃)门窗玻璃安装工程检验批质量验收记录
			03030502	(三至一层门窗玻璃)门窗玻璃安装工程检验批质量验收记录
	0306饰面板(砖)子分部	030602饰面砖粘贴分项工程	03060201	(一层厨、卫间)饰面砖黏贴工程检验批质量验收记录
			03060202	(二层厨、卫间)饰面砖黏贴工程检验批质量验收记录
			03060203	(三层厨、卫间)饰面砖黏贴工程检验批质量验收记录
			03060204	(四层厨、卫间)饰面砖黏贴工程检验批质量验收记录
			03060205	(五层厨、卫间)饰面砖黏贴工程检验批质量验收记录
			03060206	(六层厨、卫间)饰面砖黏贴工程检验批质量验收记录
	0310细部子分部工程	031004护栏与扶手制作与安装分项	03100401	(六至四层)护栏和扶手制作与安装工程检验批质量验收记录
			03100402	(三至一层)护栏和扶手制作与安装工程检验批质量验收记录
04屋面分部工程	0401卷材防水屋面子分部工程	040101屋面保温层	04010101	(屋面 1～18 轴)屋面保温层工程检验批质量验收记录表
			04010102	(屋面 18～36 轴)屋面保温层工程检验批质量验收记录表
		040102屋面找平层	04010201	(屋面 1～18 轴)屋面找平层工程检验批质量验收记录表
			04010202	(屋面 18～36 轴)屋面找平层工程检验批质量验收记录表
		040103卷材防水层分项工程	04010301	(屋面 1～18 轴)卷材防水层工程检验批质量验收记录
			04010302	(屋面 18～36 轴)卷材防水层工程检验批质量验收记录
		040104细部分项工程	04010401	(屋面 1～36 轴)细部工程检验批质量验收记录
05 建筑给水排水及采暖分部工程(略)				
06 建筑电气分部工程(略)				

第三节　各分项工程检验批和分项工程的质量验收

一 分项工程检验批的验收

表 2-142 给出了本工程所包括的分项工程和检验批。关于分项工程检验批的验收合格条件前面已经介绍，这里以土方开挖分项工程检验批为例介绍分项工程检验批验收的程序。

某工程土方开挖施工过程中分为两段施工，形成两个检验批，检验批的名称和编号为《土方开挖分项工程检验批质量验收记录》01010101 和《土方开挖分项工程检验批质量验收记录》01010102。

对于每一个土方开挖分项工程检验批的质量验收，按下列程序进行：

第一段土方开挖完成→施工单位质检员自检→施工单位评定质量→向专业监理工程师申报验收→专业监理工程师抽检验收→给出验收结论→进行下道工序。

施工单位自检应按表 2-143 进行，自检后评定其质量，形成表 2-144。

专业监理工程师收到报验单后，依然按表 2-143 抽检，抽检合格后给出验收结论，形成表 2-145。验收通过，进行下一道工序。

01010102 检验批和其他分项工程检验批质量验收均按此进行。

土方开挖分项工程检验批验收记录　TJ 010101□□　　　表 2-143

<table>
<tr><td>工程名称</td><td></td><td colspan="3">检验批部位</td><td></td><td>施工执行标准名称及编号</td><td></td></tr>
<tr><td>施工单位</td><td></td><td colspan="3">项目经理</td><td></td><td>专业工长</td><td></td></tr>
<tr><td>分包单位</td><td></td><td colspan="3">分包项目经理</td><td></td><td>施工班组长</td><td></td></tr>
<tr><td>序号</td><td colspan="5">GB 50203—2002 的规定</td><td>施工单位检查评定记录</td><td>监理(建设)单位验收记录</td></tr>
<tr><td rowspan="3">项目</td><td colspan="5">允许偏差或允许值(mm)</td><td rowspan="3">实测值</td><td rowspan="3"></td></tr>
<tr><td rowspan="2">柱基基坑基槽</td><td colspan="2">挖方场地平整</td><td rowspan="2">管沟</td><td rowspan="2">地面基层</td></tr>
<tr><td>人工</td><td>机械✓</td></tr>
</table>

续上表

主控项目	1	标高		−50	±30	±50	−50	−50		
	2	长度、宽度	由设计中心向两边量	+200 −50	+300 −100	+500 −150	+100	—		
	3	边坡		设计要求						
一般项目	1	表面平整度		20	20	50	20	20		
	2	基底土性		设计要求						
施工单位检查评定结果				项目专业质量检查员：　　　　年　月　日						
监理(建设)单位验收结论				专业监理工程师： (建设单位项目专业技术负责人)　　　年　月　日						

土方开挖分项工程检验批验收记录　TJ 01010101　　　表 2-144

工程名称	××工程	检验批部位		施工执行标准名称及编号	建筑地基基础工程施工工艺标准(QB×—2005)
施工单位	××建设集团公司	项目经理	××	专业工长	××
分包单位	/	分包项目经理	/	施工班组长	/

序号		GB 50203—2002					施工单位检查评定记录	监理(建设)单位验收记录
项目		允许偏差或允许值(mm)					实测值	
		柱基基坑基槽	挖方场地平整		管沟	地面基层		
			人工	机械 ✓				

续上表

项目	序号	项目		柱基基坑基槽	挖方场地平整（人工）	挖方场地平整（机械）	管沟	地面基层	实测值									监理（建设）单位验收记录
主控项目	1	标高		－50	±30	±50	－50	－50	20	25	－10	－15	48	40	30	20		
	2	长度	由设计中心向两边量	＋200 －50	＋300 －100	＋500 －150	＋100	—	10	58	99	95						
		宽度							29	79	85	97						
	3	边坡		设计要求					1：0.5符合设计要求									
一般项目	1	表面平整度		20	20	50	20	20	26	15	30	35	12	23				
	2	基底土性		设计要求					土性为××，与地质勘探报告相符									
施工单位检查评定结果	经检查，工程主控项目、一般项目均符合设计和《建筑地基基础工程施工质量验收规范》(GB 50202—2002)的规定，评定合格。 项目专业质量检查员：××　　××××年××月××日																	
监理（建设）单位验收结论	专业监理工程师： （建设单位项目专业技术负责人）　　年　月　日																	

土方开挖分项工程检验批验收记录　TJ 01010101　　表 2-145

工程名称	××工程	检验批部位				施工执行标准名称及编号	建筑地基基础工程施工工艺标准（QB×—2005）
施工单位	××建设集团公司	项目经理	××			专业工长	××
分包单位	/	分包项目经理	/			施工班组长	/
序号	GB 50203—2002					施工单位检查评定记录	监理（建设）单位验收记录
项目	允许偏差或允许值(mm)					实测值	
	柱基基坑基槽	挖方场地平整		管沟	地面基层		
		人工	机械✓				

续上表

主控项目	1	标高		−50	±30	±50	−50	−50	20	25	−10	−15	48	40	30	20		经检查，标高、长度、宽度、边坡符合规范要求
	2	长度	由设计中心向两边量	+200 −50	+300 −100	+500 −150	+100	—	10	58	99	95						
		宽度							29	79	85	97						
	3	边坡		设计要求					1∶0.5符合设计要求									
一般项目	1	表面平整度		20	20	50	20	20	26	15	30	35	12	23				经检查，表面平整度、基土性均符合规范要求
	2	基底土性			设计要求				土性为××，与地质勘探报告相符									
施工单位检查评定结果				经检查，工程主控项目、一般项目均符合设计和《建筑地基基础工程施工质量验收规范》(GB 50202—2002)的规定，评定合格。 项目专业质量检查员：××　　××××年××月××日														
监理（建设）单位验收结论				同意施工单位评定结果，验收合格 专业监理工程师：××× （建设单位项目专业技术负责人）　　××××年××月××日														

二 各分项工程的验收

分项工程的验收合格条件前面也已经介绍，其验收的具体步骤可归纳为：分项工程完成后，施工单位自检→汇总并填写"××××分项工程质量验收记录"→项目专业技术负责人在记录上签字→向专业监理工程师（建设单位项目技术负责人）申请验收→专业监理工程师（建设单位项目技术负责人）组织验收。

下面仍以土方开挖分项工程为例进行，说明分项工程的质量验收。

某工程土方开挖施工过程中分为两段施工，形成两个检验批，分别为010101001、010101002。两个检验批施工完成后均通过验收，并形成了合格的检验批验收记录。同时，施工单位经现场检查，两个检验批的区段全部覆盖了土方开挖分项工程的范围，相交处也符合要求；资料完整。土方开挖分项工程采用表1-6进行统计并按要求签字即可，形成的验收记录见表2-146；若一次性开挖完成，只有一个检验批，也应该按第一篇表1-6进行统计并按要求签字认可，形成的验收记录略。

土方开挖分项工程验收记录　TJ 010101　　　表 2-146

<table>
<tr><td>工程名称</td><td colspan="2">××工程</td><td>结构类型</td><td>框架</td><td>检验批数</td><td>2</td></tr>
<tr><td>施工单位</td><td colspan="2">××建设集团公司</td><td>项目经理</td><td>××</td><td>项目技术负责人</td><td>××</td></tr>
<tr><td>分包单位</td><td colspan="2">/</td><td>分包单位负责人</td><td>/</td><td>分包项目经理</td><td>/</td></tr>
<tr><td>序号</td><td>检验批部位、区段</td><td>施工单位检查评定结果</td><td colspan="4">监理(建设)单位验收结论</td></tr>
<tr><td>1</td><td>①～⑤轴</td><td>√</td><td colspan="4">合格</td></tr>
<tr><td>2</td><td>⑥～⑩轴</td><td>√</td><td colspan="4">合格</td></tr>
<tr><td>3</td><td></td><td></td><td colspan="4"></td></tr>
<tr><td>4</td><td></td><td></td><td colspan="4"></td></tr>
<tr><td>5</td><td></td><td></td><td colspan="4"></td></tr>
<tr><td>6</td><td></td><td></td><td colspan="4"></td></tr>
<tr><td>检查结论</td><td colspan="2">施工单位检查结论：
①～⑩轴土方开挖质量均符合《建筑地基基础施工质量验收规范》(GB 50202—2002)的要求，该分项工程合格。
项目专业技术负责人：××
××××年××月××日</td><td>验收结论</td><td colspan="3">验收结论：
同意施工单位检查结论，验收合格。

监理工程师：××
(建设单位项目专业技术负责人)
××××年××月××日</td></tr>
</table>

分项工程的质量验收也应建立在自检合格的基础上进行。

其他各分项工程按此步骤进行验收。

第四节　子分部工程和分部工程的验收

一　子分部工程的验收

前面介绍过一些子分部工程如地下防水子分部工程、建筑地面子分部工程、混凝土子分部工程等的验收，此处不再重复。

以地下防水子分部工程为例，进行说明。

地下防水子分部工程的验收，应按规定的分部（子分部）工程表格（表 1-7）进行验收。地下防水子分部工程 4 个合格条件的验收见本篇第一章有关的内容。验收后形成的表格见表 2-147。

地下防水工程子分部工程验收记录　TJ 0105　　表 2-147

<table>
<tr><td>工程名称</td><td>××工程</td><td>结构类型</td><td>底框</td><td>层数</td><td>地上 6 层
地下 1 层</td></tr>
<tr><td>施工单位</td><td>××建设集团有限公司</td><td>技术部门
负责人</td><td>×××</td><td>质量部
负责人</td><td>×××</td></tr>
<tr><td>分包单位</td><td>/</td><td>分包单位
负责人</td><td>/</td><td>分包技术
负责人</td><td>/</td></tr>
<tr><td>序号</td><td>分项工程名称</td><td>分项工程
检验批数</td><td>施工单位
检查评定</td><td colspan="2">验收意见</td></tr>
<tr><td>1</td><td>改性沥青卷材
防水层</td><td>2</td><td>√</td><td colspan="2" rowspan="5">地下防水子分部工程各分项工程验收合格。</td></tr>
<tr><td>2</td><td>细部构造</td><td>1</td><td>√</td></tr>
<tr><td>3</td><td></td><td></td><td></td></tr>
<tr><td>4</td><td></td><td></td><td></td></tr>
<tr><td>5</td><td></td><td></td><td></td></tr>
<tr><td colspan="3">质量控制资料</td><td>√</td><td colspan="2">各分项工程质量控制资料齐全</td></tr>
<tr><td colspan="3">安全和功能检验
（检测）报告</td><td>地下防水渗漏
检查记录合格</td><td colspan="2">经验收地下未发现渗漏现象</td></tr>
<tr><td colspan="3">结构实体检验报告（混凝土
子分部验收发生）</td><td>/</td><td colspan="2">/</td></tr>
<tr><td colspan="3">观感质量验收</td><td>各分项工程观感
质量良好</td><td colspan="2">同意施工单位评定</td></tr>
</table>

续上表

验收单位	分包单位	项目经理：×××	年 月 日
	施工单位	项目经理：×××	××××年××月××日
	勘察单位	项目负责人：×××	年 月 日
	设计单位	项目负责人：×××	××××年××月××日
	监理（建设）单位	各分项工程均符合设计及规范要求，质量控制资料及安全和功能检验（检测）报告齐全，合格，观感质量良好，同意施工单位评定结果，验收合格。 总监理工程师：××× （建设单位项目专业负责人）	××××年××月××日

注：改性沥青卷材防水层和细部构造分项工程所包括的检验批数见表2-142。

其他子分部工程的验收可参阅地下防水子分部工程进行。

二 分部工程的验收

1.房屋建筑分部工程验收的条件

（1）完成工程设计与合同约定的各项内容。

（2）质量控制资料（包括两块报告）已收集完整，监理（建设）单位经过审查符合要求并出具了书面审查意见。

（3）需要进行监督抽检的主要分部工程其抽检结果已符合要求。

（4）工程质量监督机构责令整改的质量问题已全部整改完毕。出现过质量事故的工程已严格按照质量事故处理程序进行了处理。

（5）桩基工程中经备案的桩基测试报告已提供，竣工图已完成，并有施工、监理（建设）单位的签章，现场已破桩到位。

2.参加房屋建筑主要分部验收的人员

人员应包括总监理工程师（建设单位项目负责人），勘察、设计单位项目负责人和施工单位项目负责人及技术、质量负责人等。同时监理单位（建设单位）应在验收前3天将验收的时间、地点及参加验收人员的名单书面通知工程质量监督机构。

3.房屋建筑主要分部工程的验收程序

施工单位自检合格后，即可向总监理工程师申请分部工程的验收，验收的程序见前面有关内容。

4. 验收合格条件

见前面有关内容。

5. 分部工程验收记录

分部工程的验收前面已经介绍，以主体分部工程为例，按表1-7进行验收，所形成的验收记录见表2-148。

主体结构分部工程验收记录 表2-148

<table>
<tr><td>工程名称</td><td colspan="2">××工程</td><td>结构类型</td><td>底框</td><td>层数</td><td>地上6层
地下1层</td></tr>
<tr><td>施工单位</td><td colspan="2">××建设集团有限公司</td><td>技术部门负责人</td><td>×××</td><td>质量部负责人</td><td>×××</td></tr>
<tr><td>分包单位</td><td colspan="2">/</td><td>分包单位负责人</td><td>/</td><td>分包技术负责人</td><td>/</td></tr>
<tr><td>序号</td><td>子分部工程名称</td><td>分项工程数</td><td>施工单位检查评定</td><td colspan="3">验收意见</td></tr>
<tr><td>1</td><td>混凝土结构</td><td>7</td><td>√</td><td colspan="3" rowspan="5">主体结构各子分部工程验收均符合有关规范规定要求。主体结构各主要构件的截面尺寸、轴线位置及楼层标高符合设计要求</td></tr>
<tr><td>2</td><td>砌体结构</td><td>2</td><td>√</td></tr>
<tr><td>3</td><td></td><td></td><td></td></tr>
<tr><td>4</td><td></td><td></td><td></td></tr>
<tr><td>5</td><td></td><td></td><td></td></tr>
<tr><td colspan="2">质量控制资料</td><td colspan="2">√</td><td colspan="3">各子分部工程质量控制资料齐全</td></tr>
<tr><td colspan="2">安全和功能检验（检测）报告</td><td colspan="2">砂浆试件抗压报告值等符合设计要求，主体各功能测试合格</td><td colspan="3">同意施工单位评定</td></tr>
<tr><td colspan="2">结构实体检验报告(混凝土子分部验收发生)</td><td colspan="2">混凝土强度实体检测符合，其中墙试验报告编号为2006-02608，等效养护龄期强度达到设计要求的135%；板试验报告编号为2006-02808，等效养护龄期强度达到设计要求的145%</td><td colspan="3">同意施工单位评定</td></tr>
<tr><td colspan="2">观感质量验收</td><td colspan="2">混凝土的表面平整度、截面尺寸、标高及洞口尺寸、位置均符合设计要求和(GB 50204)的规定，观感质量为“好”</td><td colspan="3">同意施工单位评定</td></tr>
</table>

续上表

验收单位	分包单位	项目经理	年 月 日
	施工单位	项目经理:×××	××××年××月××日
	勘察单位	项目负责人:×××	××××年××月××日
	设计单位	项目负责人:×××	××××年××月××日
	监理(建设)单位	各子分部工程均符合设计及规范要求,质量控制资料及安全和功能检验(检测)报告齐全,合格,观感质量良好,同意施工单位评定结果,验收合格。 总监理工程师××× (建设单位项目专业负责人) ××××年××月××日	

注:混凝土工程和砌体工程子分部所包含的分项工程数见表 2-142。

第五节 单位工程的竣工验收

单位工程的竣工验收需要经过验收准备、施工单位自验、初验收和正式验收几个阶段,其具体程序和组织前面已经介绍。

单位工程竣工验收记录按表 1-8 进行,结合第一篇第三章和第二篇第六章的有关介绍进行验收,本工程形成的单位工程质量竣工验收记录见表 2-149。

××单位工程质量竣工验收记录 表 2-149

工程名称	××工程	结构类型	底框结构	层数/建筑面积	六/×××
施工单位	××建设集团	技术负责人	×××	开工日期	××
项目经理	×××	项目技术负责人	×××	竣工日期	××

序号	项目	验收记录	验收结论
1	分部工程	共 6 分部,经查 6 分部 符合标准及设计要求 6 分部	经各专业分部工程验收,工程质量符合验收标准
2	质量控制资料核查	共 22 项,经审查符合要求 22 项, 经核定符合规范要求 22 项	质量控制资料经核查共 22 项符合有关规范要求
3	安全和主要使用功能核查及抽查结果	共核查 14 项,符合要求 14 项, 共抽查 4 项,符合要求 4 项, 经返工处理符合要求 0 项	安全和主要使用功能共核查 14 项符合要求,抽查其中 4 项使用功能均满足
4	观感质量验收	共抽查 14 项,符合要求 14 项, 不符合要求 0 项	观感质量验收为好
5	综合验收结论	经对本工程综合验收,各分项分部工程符合设计要求,施工质量均满足有关质量验收规范和标准要求,单位工程竣工验收合格。	

续上表

参加验收单位	建设单位	监理单位	施工单位	设计单位
	（公章） 单位（项目）负责人 ××× ××××年××月××日	（公章） 总监理工程师 ××× ××××年××月××日	（公章） 单位负责人 ××× ××××年××月××日	（公章） 单位（项目）负责人 ××× ××××年××月××日

一 分部工程

第一栏中的6个分部工程是指地基基础工程、主体结构工程、装饰装修工程、屋面工程、给排水及采暖工程、建筑电气工程6个分部工程。表2-142已经列出。

二 质量控制资料核查

第二栏中的核查资料项数是根据表2-149-1统计所得。

单位工程质量控制资料核查记录　　表2-149-1

工程名称		××工程	施工单位	××建设集团有限公司	
序号	项目	资料名称	份数	核查意见	核查人
1	建筑与结构	图纸会审、设计变更、洽商记录	14	设计变更、洽商记录齐全	××× ×××
2		工程定位测理、放线记录	9	定位测量准确，放线记录齐全	
3		原材料出厂合格证书及进场检（试）验报告	48	水泥、钢筋、防水材料等有出厂合格证及复试报告	
4		施工试验报告及见证检测报告	82	钢筋连接、混凝土抗压强度试验报告等符合要求，且按30%进行见证取样	
5		隐蔽工程验收表	35	隐蔽工程检查记录齐全	
6		施工记录	2	地基验槽、钎探、预检等齐全	
7		预制结构、预拌混凝土合格证	——		
8		地基、基础、主体结构检验及抽样检测资料	6	基础、主体经监督部门检验，其抽样检测资料符合要求	
9 10		分项、分部工程质量验收记录	37	质量验收符合规范规定	
11		工程质量事故及事故调查处理资料		无工程质量事故	
		新材料、新工艺施工记录			

续上表

序号	项目	资料名称	份数	核查意见	核查人
1	给排水与采暖	图纸会审、设计变更、洽商记录	6	洽商记录齐全、清楚	××× ×××
2		材料、配件出厂格证及进场检（试）验报告	26	合格证齐全，有进场检验报告	
3		管道、设备强度试验、严密性试验记录	2	强度试验记录齐全符合要求	
4		隐蔽工程验收表	15	隐蔽工程检查记录齐全	
5		系统清洗、灌水、通水、通球试验记录	8	灌水、通水等试验记录齐全	
6		施工记录	1	各种预检记录齐全	
7		分项、分部工程质量验收记录	13	质量验收符合规范规定	
1	建筑电气	图纸会审、设计变更、洽商记录	3	图纸会审、设计变更、洽商记录齐全、清楚	××× ×××
2		材料、配件出厂合格证及进场检（试）验报告	14	材料、主要设备出厂合格证书齐全，有进场检验报告	
3		设备调试记录	1	设备调试记录齐全	
4		接地、绝缘电阻测试记录	4	接地、绝缘电阻测试记录齐全符合要求	
5		隐蔽工程验收表	24	隐蔽工程检查记录齐全	
6		施工记录	2	各种预检记录齐全	
7		分项、分部工程质量验收记录	7	质量验收符合规范规定	

结论：　　同意验收

施工单位项目经理：　　　　监理工程师：××

××××年××月××日　　　　（建设单位项目负责人）：××××年××月××日

注：本表中的数据根据应有和已有资料汇总得出（如《建筑与结构》分项、分部工程验收记录份数 37 是按表 2-142 统计所得）。

 安全和主要使用功能核查及抽查

第三栏中的数据根据表 2-149-2 统计所得。

单位工程安全和功能检验资料核查及主要功能抽查记录 表 2-149-2

工程名称		××工程	施工单位	××建设集团有限公司		
序号	项目	资料名称	份数	核查意见	抽查结果	核查(抽查)人
1		屋面淋水试验记录	1	试验记录齐全		
2		地下室防水效果检查记录	1	检查记录齐全		
3		有防水要求的地面蓄水试验记录	6	厕浴间防水记录齐全	合格	
4		建筑物垂直度、标高、全高测量记录	1	记录符合测量规范要求		
5		抽气(风)道检查记录	1	检查记录齐全		
6	建筑与结构	幕墙及外窗气密性、水密性、耐风压检测报告	1	“三性”试验报告符合要求		××× ×××
7		建筑物沉降观测测量记录	1	符合要求		
8		节能、保温测试记录	—			
9		室内环境检测报告	1	有害物指标满足要求		
10		砌体裂缝检查验收记录	—			
11		钢结构分部(子分部)工程有关安全及功能的检验和见证检测项目检查记录	—			
1		给水管道通水试验记录	1	通水试验记录齐全	合格	
2		暖气管道、散热器压力试验记录	—			
3	给排水与采暖	卫生器具满水试验记录	1	满水试验记录齐全	合格	××× ×××
4		消防管道、燃气管道压力试验记录	—			
5		排水干管通球试验记录	1	试验记录齐全		
1		照明全负荷试验记录	1	符合要求		
2		大型灯具牢固性试验记录	—		合格	
3	建筑电气	避雷接地电阻测试记录	4	记录齐全符合要求		××× ×××
4		线路、插座、开关接地检验记录	24	检验记录齐全		

结论：

对本工程安全、功能资料进行核查，基本符合要求。对单位工程的主要功能进行抽样检查，其检查结果合格，满足使用功能，同意竣工验收。

施工单位项目经理：××× 总监理工程师：×××

××××年××月××日 （建设单位项目负责人） ××××年××月××日

注：抽查项目由验收组协商确定。

四 观感质量检查

工程观感质量检查的评价来自表 2-149-3。

工程观感质量检查记录 表 2-149-3

工程名称		××工程					施工单位			××建设集团有限公司					
序号	项目		抽查质量状况										质量评估		
													好	一般	差
1	建筑与结构	室外墙面	√	√	√	√	√	○	√	√	√	√	√		
2		变形缝	√	√	√	√	√	√	√	√	√	√	√		
3		水落管、屋面	√	√	√	√	√	√	√	√	√	√	√		
4		室内墙面	√	√	√	√	√	√	√	√	√	√	√		
5		室内顶棚	√	√	√	√	○	√	√	√	√	√	√		
6		室内地面	√	√	○	√	√	√	√	○	√	√	√		
7		楼梯踏步护栏	√	√	√	√	√	○	√	√	√	√	√		
8		门窗	√	√	○	√	√	√	○	√	√	○		√	
1	给排水与采暖	管道接口、坡度、支架	√	√	√	√	√	○	√	√	√	√	√		
2		卫生器具、支架、阀门	√	√	√	√	√	√	√	√	√	√	√		
3		检查口、扫除口、地漏	√	√	√	√	√	√	√	√	√	√	√		
4		散热器、支架	√	√	√	√	√	√	√	√	√	√	√		
1	建筑电气	配电箱、盘、板、接线盒	√	√	√	○	√	√	√	○	√	○	√	√	
2		设备器具、开关、插座	√	√	√	√	√	√	√	√	√	√	√		
3		防雷、接地	√	√	√	√	√	√	√	√	√	√	√		
1	通风与空调	（下略）													
2															
3															
4															
5															
1	电梯														
2															
1	智能建筑														
2															
3															
观感质量综合评价			好												

结论：

工程观感质量综合评价为“好”，验收合格。

施工单位项目经理：××× 总监理工程师：×××

200×年×月×日 （建设单位项目负责人） 200×年×月×日

注：1. √代表“好”；○代表“一般”；▽代表“差”。

2. 质量评价为“差”的项目应进行返修。

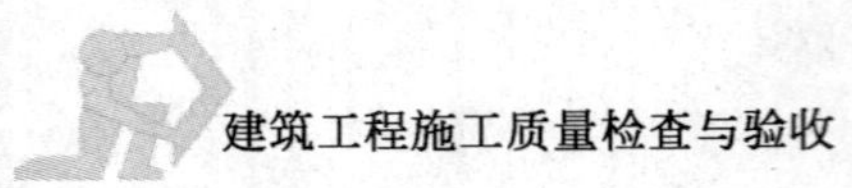

五 综合验收结论

在表 2-149 中,“综合验收结论”一栏由建设单位填写。

六 签名盖章

各参加单位签名盖章(法人章)。

小知识

注册建造师和注册监理工程师

注册建造师:

注册建造师,是指通过考核认定或考试合格取得中华人民共和国建造师资格证书,并按照有关规定注册,取得中华人民共和国建造师注册证书和执业印章,担任施工单位项目负责人及从事相关活动的专业技术人员。

注册建造师分有一级、二级之分。

根据《中华人民共和国建筑法》和《建设工程质量管理条例》的有关规定,人事部、建设部对建设工程项目总承包及施工管理的专业技术人员实行建造师执业资格制度。建设部组织成立建造师执业资格考试专家委员会,负责一级、二级建造师执业资格考试大纲的拟定和一级建造师考试的命题工作。一级建造师执业资格考试的具体考务工作由人事部人事考试中心负责。

一级建造师的报名条件为:

凡遵守国家法律、法规,具备下列条件之一者,可以申请参加一级建造师执业资格考试:

1.取得工程类或工程经济类大学专科学历,工作满 6 年,其中从事建设工程项目施工管理工作满 4 年。

2.取得工程类或工程经济类大学本科学历,工作满 4 年,其中从事建设工程项目施工管理工作满 3 年。

3.取得工程类或工程经济类双学士学位或研究生班毕业,工作满 3 年,其中从事建设工程项目施工管理工作满 2 年。

4.取得工程类或工程经济类硕士学位，工作满2年，其中从事建设工程项目施工管理工作满1年。

5.取得工程类或工程经济类博士学位，从事建设工程项目施工管理工作满1年。

注册监理工程师：

注册监理工程师，是指经考试取得中华人民共和国监理工程师资格证书，并按照本规定注册，取得中华人民共和国注册监理工程师注册执业证书和执业印章，从事工程监理及相关业务活动的专业技术人员。

建设部和人事部共同负责全国监理工程师执业资格制度的政策制定、组织协调、资格考试和监督管理工作。

注册监理工程师报名条件为：

凡中华人民共和国公民，具有工程技术或工程经济专业大专(含)以上学历，遵纪守法并符合以下条件之一者，均可报名参加监理工程师执业资格考试：

1.具有按照国家有关规定评聘的工程技术或工程经济专业中级专业技术职务，并任职满3年。

2.具有按照国家有关规定评聘的工程技术或工程经济专业高级专业技术职务。

附件

附件 1　分部、子分部、分项工程编号表

一	01 地基基础分部工程												
	子分部工程 / 分项工程			01	02	03	04	05	06	07	08	09	10
				无支护土方	有支护土方	地基及基础处理	桩基	地下防水	混凝土基础	砌体基础	劲钢管混凝土	钢结构	
	序号	名称											
01地基基础分部工程	1	土方开挖	010101	●									
	2	土方回填	010102										
	3	排桩墙支护(I)(II)	010201		●								
	4	降水与排水	010202		●								
	5	地下连续墙	010203		●								
	6	锚杆及土钉墙支护	010204		●								
	7	加筋水泥土桩墙支护	010205		●								
	8	沉井与沉箱	010206		●								
	9	钢或混凝土支撑	010207		●								
	10	灰土地基	010301			●							
	11	砂和砂石地基	010302			●							
	12	土工合成材料地基	010303			●							
	13	粉煤灰地基	010304			●							
	14	强夯地基	010305			●							
	15	振冲地基	010306			●							
	16	砂桩地基	010307			●							
	17	预压地基	010308			●							
	18	高压喷射注浆地基	010309			●							
	19	土和灰土挤密桩复合地基	010310			●							
	20	注浆地基	010311			●							

续上表

一	01 地基基础分部工程												
	子分部工程		01	02	03	04	05	06	07	08	09	10
	分项工程		无支护土方	有支护土方	地基及基础处理	桩基	地下防水	混凝土基础	砌体基础	劲钢管混凝土	钢结构	
	序号	名称											
01地基基础分部工程	21	水泥粉煤灰碎石桩复合地基 010312			●							
	22	夯实水泥土桩复合地基 010313			●							
	23	水泥土搅拌桩工程 010314			●							
	24	静力压桩工程 010401				●						
	25	预应力管桩工程 010402				●						
	26	混凝土预制桩(钢筋骨架)工程(I)(II) 010403				●						
	27	钢桩工程(I)(II) 010404				●						
	28	混凝土灌注桩工程(I)(II) 010405				●						
	29	防水混凝土 010501					●					
	30	水泥砂浆防水层 010502					●					
	31	卷材防水层 010503					●					
	32	涂料防水层 010504					●					
	33	金属板防水层 010505					●					
	34	塑料板防水层 010506					●					
	35	细部构造 010507					●					
	36	锚喷支护 010508					●					
	37	复合式砌筑 010509					●					
	38	地下连续墙 010510					●					
	39	盾构法隧道 010511					●					
	40	渗排水、盲沟排水 010512					●					
	41	隧道、坑道排水 010513					●					
	42	预注浆、后注浆 010514					●					
	43	衬砌裂缝注浆 010515					●					

续上表

二	02 主体结构工程								
	子分部工程 / 分项工程			01 混凝土结构	02 劲钢管混凝土结构	03 砌体结构	04 钢结构	05 木结构	06 网架和索膜
	序号	名称							
02主体结构分部工程	1	模板(安装、预制构件、拆除)(I)(II)(III)	010601,020101	●					
	2	钢筋(加工、连接)(I)(II)	010602,020102	●					
	3	混凝土(原材料及配合比施工)(I)(II)	010603,020103	●					
	4	预应力(原材料、制作、安装、放张封锚)(I)(II)(III)	020104	●					
	5	现浇结构(结构、基础)(I)(II)	010604,020105	●					
	6	装配式结构(预制构件、装配)(I)(II)	020106	●					
	7	砖砌体	010701,020301			●			
	8	混凝土小型空心砌块砌体	010702,020302			●			
	9	石砌体	010704,020303			●			
	10	填充墙砌体	020304			●			
	11	配筋砖砌体	010703,020305			●			
	12	钢结构焊接(I)(II)	010901,020401				●		
	13	紧固件连接	010902,020402				●		
	14	钢零部件加工	010903,020403				●		
	15	单层钢构件安装	020404				●		
	16	多层钢构件安装	020405				●		
	17	钢构件组装	020406				●		
	18	钢构件预拼装	020407				●		
	19	钢网架安装	020408				●		
	20	压型金属板安装	020409				●		
	21	防腐涂料涂装	010905,020410				●		
	22	防火涂料涂装	010906,020411				●		
	23	木屋盖工程(方木和原木)	020501					●	
	24	胶合木结构	020502					●	
	25	轻型木结构(规格材、钉连接)	020503					●	
	26	木结构防腐、防虫、防火	020504					●	

续上表

三	03装饰装修分部工程											
	子分部工程 / 分项工程		01	02	03	04	05	06	07	08	09	10
			建筑地面	抹灰	门窗	吊顶	轻质隔墙	饰面板(砖)	幕墙	涂饰	裱糊与软包	细部
	序号	名称										
03装饰装修分部工程	1	基层(基土垫层)工程(I) 030101	●									
	2	基层(灰土垫层)工程(1I)(III) 030101	●									
	3	基层(砂层和砂垫层)(III) 030101	●									
	4	基层(碎石垫层和碎砖垫层)(IV) 030101	●									
	5	基层(三合土垫层)(V) 030101	●									
	6	基层(炉渣垫层)(VI) 030101	●									
	7	基层(水泥混凝土垫层)(VII) 030101	●									
	8	基层(找平层)工程(VIII) 030101	●									
	9	基层(隔离层)工程(IX) 030101	●									
	10	基层(填充层)(X) 030101	●									
	11	水泥混凝土面层工程 030102	●									
	12	水磨石面层工程 030103	●									
	13	水泥钢屑面层工程 030104	●									
	14	防油渗面层工程 030105	●									
	15	不发火(防爆)面层工程 030106	●									
	16	砖面层工程 030107	●									
	17	大理石和花岗石面层工程 030108	●									
	18	预制板面层工程 030109	●									
	19	料石面层工程 030110	●									
	20	塑料板面层工程 030111	●									
	21	活动地板面层工程 030112	●									
	22	地毯面层工程 030113	●									
	23	实木地板面层工程 030114	●									
	24	实木复合地板面层工程 030115	●									

续上表

三	03 装饰装修分部工程											
	子分部工程 / 分项工程		01 建筑地面	02 抹灰	03 门窗	04 吊顶	05 轻质隔墙	06 饰面板(砖)	07 幕墙	08 涂饰	09 裱糊与软包	10 细部
	序号	名称										
03装饰装修分部工程	25	中密度(强化)复合地板面层工程 030116	●									
	26	竹地板面层工程 030117	●									
	27	水泥砂浆面层工程 030118	●									
	28	一般抹灰工程 030201		●								
	29	装饰抹灰工程 030202		●								
	30	清水墙砌体勾缝工程 030203		●								
	31	木门窗制作与安装工程 030301			●							
	32	金属门窗(钢、铝合金、涂色镀锌板门窗) 030302			●							
	33	塑料门窗 030303			●							
	34	特种门窗 030304			●							
	35	门窗玻璃安装 030305			●							
	36	暗龙骨吊顶 030401				●						
	37	明龙骨吊项 030402				●						
	38	板材隔墙 030501					●					
	39	骨架隔墙 030502					●					
	40	活动隔墙 030503					●					
	41	玻璃隔墙 030504					●					
	42	饰面板安装 030601						●				
	43	饰面砖粘贴 030602						●				
	44	玻璃幕墙 030701							●			
	45	金属幕墙 030702							●			
	46	石材幕墙 030703							●			
	47	水性涂料涂饰 030801								●		

续上表

三	03 装饰装修分部工程												
	子分部工程 / 分项工程			01 建筑地面	02 抹灰	03 门窗	04 吊顶	05 轻质隔墙	06 饰面板（砖）	07 幕墙	08 涂饰	09 裱糊与软包	10 细部
03 装饰装修分部工程	序号	名称											
	48	溶剂型涂料装饰	030802								●		
	49	美术涂料涂饰	030803								●		
	50	裱糊	030901									●	
	51	软包	030902									●	
	52	橱框制作与安装	031001										●
	53	窗帘盒、窗台板和散热器罩制作与安装	031002										●
	54	门窗套制作与安装	031003										●
	55	护栏和扶手制作与安装	031004										●
	56	花饰制作与安装	031005										●

四	04 屋面防水分部工程							
	子分部工程 / 分项工程			01 卷材防水屋面	02 涂膜防水屋面	03 刚性防水屋面	04 瓦屋面	05 隔热屋面
04 屋面防水分部工程	序号	名称						
	1	保温层	040101,040201	●	●			
	2	找平层	040102,040202	●	●			
	3	卷材防水层	040103	●				
	4	涂膜防水层	040203		●			
	5	细石混凝土防水层	040301			●		
	6	密封材料嵌缝	040302			●		
	7	平瓦屋面	040401				●	

续上表

四	04屋面防水分部工程							
04屋面防水分部工程	子分部工程 / 分项工程			01 卷材防水屋面	02 涂膜防水屋面	03 刚性防水屋面	04 瓦屋面	05 隔热屋面
	序号	名称						
	8	油毡瓦屋面	040402				●	
	9	金属板材屋面	040403				●	
	10	细部构造	040104,040204,040304,040404	●	●	●	●	
	11	架空屋面	040501					●
	12	蓄水屋面	040502					●
	13	种植屋面	040503					●
五	05建筑给水、排水与采暖分部工程							
六	06建筑电气安装分部工程							
七	07智能建筑分部工程							
八	08通风与空调分部工程							
九	09电梯分部工程							

注：有●者为该子分部工程所含的分项工程。

附件2 《工程质量保修书》范例

发包人(全称)：××学院

承包人(全称)：××建设集团股份有限公司北京分公司

发包人、承包人根据《中华人民共和国建筑法》、《建设工程质量管理条例》和《房屋建筑工程质量保修办法》，经协商一致，对××学院教师住宅小区第18栋楼签订工程质量保修书。

一、工程质量保修范围和内容

承包人在质量保修期内，按照有关法律、法规、规章的管理规定和双方约定，承担本工程质量保修责任。

质量保修范围包括地基基础工程、主体结构工程、屋面防水工程、有防水要求的卫生间、房间和外墙面的防渗漏，供热与供冷系统，电气管线、给排水管道、设备安装和装修工程。经双方约定如下：

1. 土建部分：基础工程、主体结构工程、屋面防水工程及粗装修。

2. 电气部分：照明、配电、动力、插座。

3. 暖卫部分：暖气、给排水、卫生洁具。

二、质量保修期

双方根据《建设工程质量管理条例》及有关规定，约定本工程的质量保修期如下：

1. 地基基础工程和主体结构工程为设计文件规定的该工程合理使用年限。

2. 屋面防水工程以及有防水要求的卫生间、房间和外墙面防渗漏为 5 年。

3. 装修工程为两年。

4. 电气管线、给排水管道、设备安装工程为两年。

5. 供热与供冷系统为两个采暖期、供冷期。

6. 住宅小区内的给排水设施、道路等配套工程为 1 年。

质量保修期自工程竣工验收合格之日起计算。

三、质量保修责任

1. 属于保修范围和内容的项目，承包人应当在接到保修通知之日起 7 天内派人保修。承包人不在约定期限内派人保修的，发包人可以委托他人修理。

2. 发生紧急抢修事故的承包人在接到事故通知后，应立即到达事故现场抢修。

3. 对于涉及结构安全的质量问题，应当按照《房屋建筑工程质量保修办法》的规定，立即向当地建设行政主管部门报告，采取安全防范措施：由原设计单位或者相应具有资质等级的设计单位提出保修方案，承包人应实施保修。

4. 质量保修完成后，由发包人组织验收。

四、保修费用

保修费用由造成质量缺陷的责任方承担。

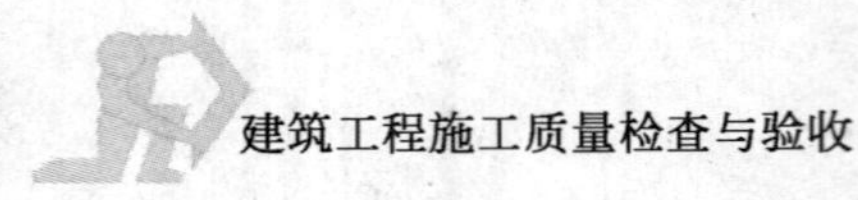

五、其他

双方约定的其他工程质量保修事项：

外墙装修、室内装饰、人为故障损坏以及甲方供应的卫生洁具、灯具、插座、开关等不在保修范围内。

本工程质量保修书，由施工合同发包人、承包人双方在竣工验收前共同签署，作为施工合同附件，其有效期至保修期满。

发包人（公章）　　　　承包人（公章）

法定代表人：（签字）　　　　法定代表人：（签字）

2007 年 4 月 20 日　　　　2007 年 4 月 20 日

附件 3　《住宅质量保证书》范例

建设单位××学院　　　　施工单位××建设集团股份有限公司

设计单位××规划设计研究院　　监理单位××建设监理咨询有限公司

工程名称	××学院教师住宅小区 18 楼	结构类型	砖混、框架
建筑面积	3960m²	层数	5 层
坐落地址	海淀区向阳新村东路		
地基基础和主体结构：设计文件规定的合理使用年限			
屋面防水：保证 5 年内不渗漏，负责保修 5 年			
墙面、有防水要求的房间、地下室：同上			
墙面、顶棚楼层：保修 2 年			
地面：保修 2 年			
门窗及五金配件：三性符合要求，保修 2 年			
管道：2 个采暖期			
供水系统（冷、热）：2 年			
卫生洁具：2 年			
灯具、开关：2 年			
工程质量验收评价意见：通过验收			
说明：24 小时服务，随叫随到			××年×月×日

附件 4-1 《住宅使用说明书》范例

工程名称	（略）	结构类型	砖混、框架
建筑面积	（略）	层数	5
坐落地址	（略）		
装饰、装修：初装修			
给排水、采暖、消防、燃气：见附件 4-2			
电气（配电负荷）：见附件 4-2			
智能建筑：见附件 4-2			
电梯：无			
承重墙、保温墙、防水层、阳台等部位：见附件 4-2			
其他需说明的问题：见附件 4-2			
单位： （略） 盖章：　　××××年×月×日			

附件 4-2 住宅使用说明书（详释）

尊敬的住户：

为了您今后在住宅使用过程中更好地发挥房屋的功效，我们按专业分别对其使用功能和装修施工中应注意事项说明如下，希望您遵守所述事宜，使您住的称心，用的满意。

一、土建专业

功能简介

1. 住房的户型为三室一厅，一个厨房，一个卫生间，南北阳台均已封闭。

2. 本住宅为砖混结构，抗震设防烈度为 8 度，墙体为 200mm 厚混凝土承重空心砌块，外附 55mm 厚 ZL 聚苯颗粒保温材料。室内墙体局部内附 60～80mm 厚水泥增强聚苯保温板。所有墙体均为承重墙。

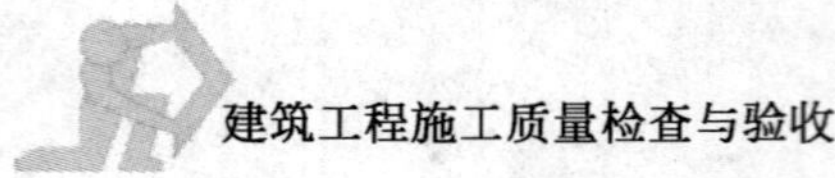

3. 卫生间、厨房的地面和墙面均采用聚氨酯防水材料防水(卫生间墙面防水高度1.8m,厨房墙面防水高度1.1m)。

4. 户窗及南北阳台为白色塑钢窗,进户门为钢制装饰型防盗门并配有6把钥匙。

5. 依据初装修标准,顶棚、墙面为耐水腻子,所有房间地面为水泥毛地面,预留了20mm用户地面做法厚度。

使用、装修注意事项:

1. 卫生间地面及墙面1.8m高,厨房地面及墙面1.1m高,均有聚氨酯防水层,住户在装修时,严禁破坏防水层,以免向其他住户或房间渗、漏水。除卫生间和厨房地面外,其他房间的地面均未做防水处理,应避免用水冲洗或浸泡,以免水渗入下层或相邻房间。

2. 本工程所有墙体均为承重墙,住户在进行装修时严禁改变墙体的结构位置,不可在墙体和梁板上开洞、开槽,特别是五层住户在装修时禁止在顶板上开洞。

3. 住户在使用过程中,塑料门窗应轻拉轻推,不可生拉硬拽。进户门为防盗门,住户不应擅自拆卸或更改门的结构。

4. 厨房内设有通风管道,这些风道可用于排气扇或抽油烟机排油烟,通风管道的孔洞已预留好。由于其内部子母通道的特殊性,住户在装修时不得拆改管道或孔洞位置,以免影响自身和其他住户的正常使用。为了您的安全,安装燃气热水器的住户,不得将燃气热水器的排气管接入以上通风管道,而应将此排气管道直接通过玻璃窗引出户外。

5. 户内部分承重墙附有保温板,保温板墙面距承重墙70~80mm。不可直接在保温板上固定设备。如确需固定设备,应固定在保温板内的承重墙上。

6. 住户应在指定位置安装空调室外机(均已预留),非预留位置不要安装空调室外机,更不要固定在阳台两侧带有外保温材料的墙体上。

7. 房屋东西外墙附有55mm厚的外保温材料,严禁在此墙上固定设施或剔凿、开洞,以免雨、雪水浸入室内。

8. 住户在装修过程中,严禁在室内搅拌砂浆和混凝土及堆放装修材料。

9. 住户在装修过程中,材料搬运应保护楼梯间的地面、墙面、楼梯栏杆、扶手,不要擦碰。

二、水暖卫专业

功能简介

1. 本住宅热源由锅炉房直接提供,采用分户计量的方式供暖(暂时未装计量表),通过每户楼梯间的流量分配箱将采暖热水送入每户。箱内流量分配器将户内分为两个供暖循环回路。流量分配器内有总的供回水阀门,每个循环回路也安装有供回水阀门。

2.户内采暖管道敷设在地面垫层内,管道为PB管(聚丁烯管)。散热器选用辐射对流暖气片。暖气片连接处有三通调节阀,用户可以调节该阀的开度,以满足房间的温度;对暂时没有使用的房间可以将此阀调节到最小或关闭以减少热量损失。暖气系统在您入住前,已完成暖气片、管道系统的耐压实验,并已完成热工调试。

3.上水系统采用热镀锌钢管丝接,每户安装有DN15的水表(卫生间、厨房各一只)。排水系统采用UPVC塑料管,一层单独排水。卫生间安装有排水地漏,卫生间和厨房预留了卫生器具的排水口,每层排水立管安装了伸缩节,一、三、五层安装了检查口,以便维修检查,所有下水管道均已畅通,经检验合格,并封堵完好。

使用、装修注意事项:

1.地面内敷设有暖气PB管。住户在装修过程中,严禁在地面所示PB管标识线(黄线)左右各200mm范围内剔凿、打眼。

2.严禁拆改暖气系统,以免漏水或影响取暖效果。

3.严禁改动各种已有的上、下水管线设施。用户根据需要,只能在水表后接出自己的上水管线。装修时严禁将水表遮挡,应为查表提供方便。

4.住户在装修施工中应进一步保持下水口的封堵状态,以免杂物或水泥浆堵塞下水管。

5.住户装修时为了美观,需要封闭排水立管时,必须在排水立管上的检查口处预留不小于200mm×250mm的检修操作孔。

6.制作暖气罩的住户要预留排气阀和三通调节阀的检修操作孔。

三、电气专业

功能简介

1.在户内门厅里有两个电气箱,其中较低处的电气箱为电视分配器箱,由楼层引进信号,分配到各个房间;较高处的电气箱为电源配电箱,其中左起第一个开关为户内电源总开关,第二个为户内照明开关,带漏电保护的开关分别控制厨房、卫生间插座和各房间的低位插座,其他为各房间的空调插座控制开关(详见配电箱中的标识)。

2.每户的最大用电容量为7kW。其中照明开关控制的线路最大使用容量不超过3kW;漏电保护开关和空调开关控制的每条插座线路,最大使用容量不

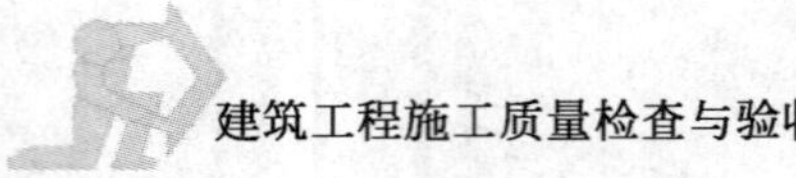

超过 3kW。

3. 楼梯间电表箱内，安装有供电局的磁卡电表，其购电卡和使用说明书另行发放。将来用电，住户需到工商行购买。

4. 在门厅靠楼道的墙面上已安装对讲话机，以方便用户与楼门口处的来访者联系和开门，请施工中保护好。

使用、装修注意事项：

1. 住户若要更换开关、插座面板，一定要选择功能相同、质量可靠的产品，以免影响使用和造成安全隐患。

2. 所有电源、电视、电话线路，住户不得擅自更改，由于住户更改引起的故障，责任自负。

四、天然气专业

功能简介

1. 我院新征地教师住宅小区的采暖、食堂和民用住户均采用天然气燃料。您入住的房屋内天然气管道和天然气表已安装完成，同时对户内及户外的整个天然气管网系统作了防泄露压力试验，并已验收合格。

2. 根据天然气使用的安全要求，厨房与其他房间必须相对封闭隔离。天然气公司为确保住户安全使用，通气之前要检查此项规定的落实情况。因此，我们根据要求，在厨房和门厅之间设置了推拉门，以避免在意外情况下，天然气泄露流入其他房间。

使用、装修注意事项：

1. 住户因没有能力对天然气管线作压力试验，因此在装修施工中严禁拆改户内管线、节门和表，以免造成漏气等安全隐患。

2. 住户在装修过程中，不得将天然气计量表、节门、泄气口及管线包封。有此情况，天然气公司不予通气，同时也影响今后的安全检查维修。

3. 住户自行负责燃气器具的安装、维修、保养，但必须由具有相应资质的单位承担。

4. 使用天然气用户必须注意安全，按"使用须知"操作。

五、其他事项

装修管理

1. 希望住户自觉遵守装修管理规定和本文所述要求，加强对各自选择的装修施工企业的管理，既装修好自己的房屋，又维护好公共利益。

2. 住户装修施工一定要选择有资质的施工企业，尤其装修施工中的电气、水暖卫等专业的工人，更要有相应的资质和较好的素质。

预留项目：

1. 电视：在您装修施工完成后将准时开通，届时我们将与小区服务管理处联系确定。

2. 楼宇防盗对讲门：为避免装修施工损坏，目前先安装临时木门，待装修完成后，您入住时，再安装开通。

3. 燃气系统：为避免装修施工造成漏气安全事故，待您完成装修施工后入住时，我们将与天然气公司联系通气。

4. 电话：学院基建处在您装修施工完成后将会为您协调解决。

××××年×月×日

参考文献

[1] 建筑工程施工质量验收统一标准.GB 50300—2001.北京:中国建筑工业出版社,2001.

[2] 建筑地基基础工程施工质量验收规范.GB 50202—2002.北京:中国建筑工业出版社,2002.

[3] 砌体工程施工质量验收规范.GB 50203—2002.北京:中国建筑工业出版社,2002.

[4] 混凝土结构工程施工质量验收规范.GB 50204—2002.北京:中国建筑工业出版社,2002.

[5] 钢结构工程施工质量验收规范.GB 50205—2002.北京:中国建筑工业出版社,2002.

[6] 屋面工程质量验收规范.GB 50207—2002.北京:中国建筑工业出版社,2002.

[7] 地下防水工程质量验收规范.GB 50208—2002.北京:中国建筑工业出版社,2002.

[8] 建筑地面工程施工质量验收规范.GB 50209—2002.北京:中国建筑工业出版社,2002.

[9] 建筑装饰装修工程质量验收规范.GB 50210—2001.北京:中国建筑工业出版社,2002.

[10] 建筑给水排水及采暖工程施工质量验收规范.GB 50242—2002.北京:中国建筑工业出版社,2002.

[11] 通风与空调工程施工质量验收规范.GB 50243—2002.北京:中国建筑工业出版社,2002.

[12] 建筑电气工程施工质量验收规范.GB 50303—2002.北京:中国建筑工业出版社,2002.

[13] 智能建筑工程施工质量验收规范.GB 50339—2003.北京:中国建筑工业出版社,2003.

[14] 电梯工程施工质量验收规范.GB 50310—2002.北京:中国建筑工业出版社,2002.

[15] 毛龙泉等.建筑工程质量检查与验收手册.北京:中国建筑工业出版社,2002.